# 大正時代の工芸教育
京都市立陶磁器試験場附属伝習所の記録

前﨑信也 編

宮帯出版社

本扉挿図：堂本印象《陶器試験場の窯》紙／水彩、1910年
（京都府立堂本印象美術館蔵）

口絵1　京都市立陶磁器試験場 外観（京都市産業技術研究所蔵）

口絵2　京都市立陶磁器試験場及び付属伝習所所在地

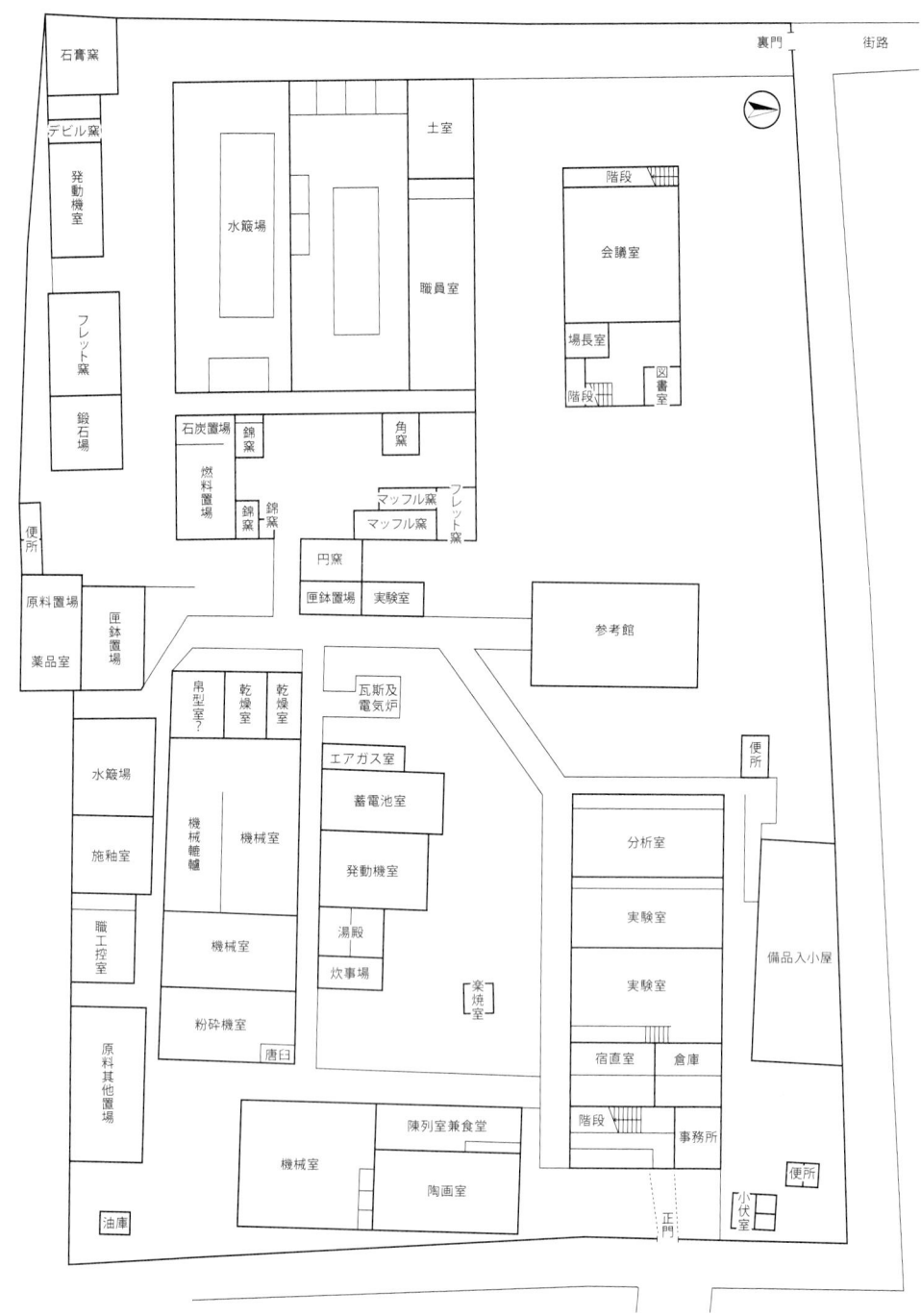

口絵 3　京都市立陶磁器試験場見取図
（京都市立陶磁器試験場編『創立二十周年記念日記録 大正五年四月二十八日』京都市立陶磁器試験場、1916 年の挿図を元に作成）

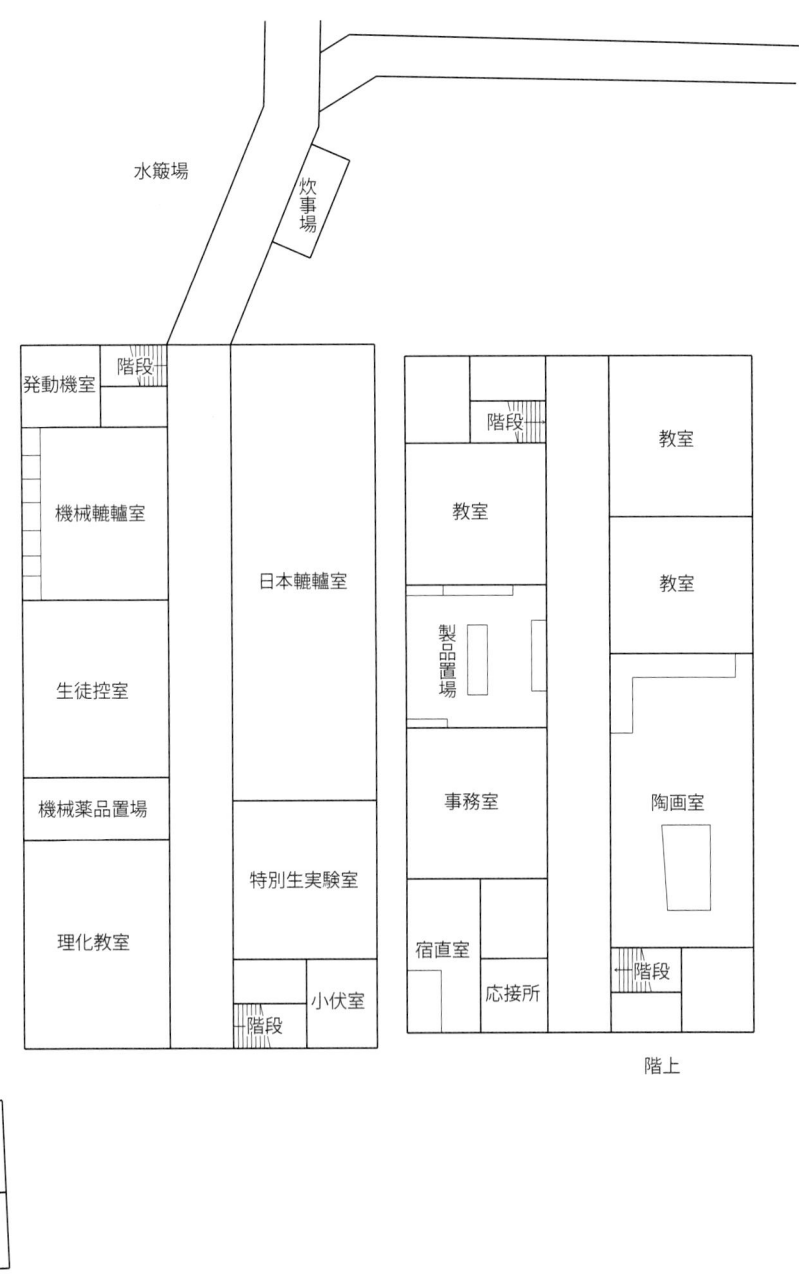

口絵4　京都市立陶磁器試験場附属伝習所見取図
（京都市立陶磁器試験場編『創立二十周年記念日記録 大正五年四月二十八日』京都市立陶磁器試験場、1916年の挿図を元に作成）

口絵5　京都市立陶磁器試験場参考館（京都市産業技術研究所蔵）

口絵6　京都市立陶磁器試験場参考館入口（京都市産業技術研究所蔵）

口絵7　京都市立陶磁器試験場電気窯及瓦斯試験室（絵葉書、個人蔵）

口絵8　京都市立陶磁器試験場陶画室
（絵葉書、河井寬次郎記念館蔵）

口絵9　京都市立陶磁器試験場ドイツ式円筒窯外観（林俊光『京都の明治文化財建築・庭園・史跡』京都文化財保護基金、1968年、127頁より転載）

口絵10　京都市立陶磁器試験場ドイツ式円筒窯の窯出し
（京都市産業技術研究所蔵）

口絵11　植田豊橘　青磁耳付花瓶
33.1 cm（個人蔵）

口絵13　菊池左馬之助（素空）　松上鶴巣図
絹本著色、125.6 cm×40.2 cm（個人蔵）

口絵12　目釜新七　花三嶋茶碗
高6.8 cm、口径13.2 cm、高台径4.5 cm
1951年11月12日、昭和天皇の御前で制作した作品（個人蔵）

口絵15　岐美竹涯　英雄末路図
1897年、絹本著色、135.5 cm×71.8 cm
（京都市立芸術大学資料館蔵）

口絵14　柴原希祥（魏象）「暮遅し」
1907年、絹本著色、192.5 cm×112.5 cm
（京都市立芸術大学資料館蔵）

口絵17　濱田庄司　呉須絵土瓶
高 6.3cm、幅 15.0cm、径 12.6cm
1926年、河井寛次郎の窯で制作されたと
思われる（益子陶芸美術館蔵）

口絵16　河井寛次郎　白磁人物文壺「誕生歓喜」
1915年、高17.5 cm、径16.5 cm
（河井寛次郎記念館蔵）

口絵 18　松林鶴之助　かんぎく図
1930年、紙本著色、26.0 cm×18.51 cm
（松林鶴之助『筆の間にまに』1930年、朝日焼松林家蔵）

大正時代の工芸教育――京都市立陶磁器試験場附属伝習所の記録　目次

大正時代における京都市立陶磁器試験場及び附属伝習所の活動について（前﨑信也）………5

はじめに 5

朝日焼松林家蔵 松林鶴之助関係資料 8

陶磁器試験場設立までの京都の窯業 12

京都市立陶磁器試験場の研究成果 18

二代場長 植田豊橘 19

大正五年（一九一六）陶画科 26

大正六年（一九一七）特別科 29

おわりに 33

参考資料 「黄磁青磁の植田豊橘氏」 34

日記（大正五年） ………………………………………… 43

コラム1 京都工藝品展覧会 47

コラム2 皇族の奉迎・奉送 49

コラム3 豊公祭 58

コラム4 京都市立陶磁器試験場創立二十周年記念式 67

コラム5 アート・スミスの宙返り飛行 81

| コラム6 | 縣祭 96 |
| --- | --- |
| コラム7 | アート・スミスへ送られた花瓶 103 |
| コラム8 | 伏見の大洪水 109 |
| コラム9 | 衛生大掃除 121 |

日記（大正六年） ………………………………… 139

| コラム10 | 李王純宗の入洛 160 |
| --- | --- |
| コラム11 | 大正六年の大水害 182 |
| コラム12 | 大正天皇の入洛 192 |
| コラム13 | 提灯行列 195 |
| コラム14 | 御前楽焼 197 |

陶磁器試験場附属伝習所 答辞 ………………… 213

あとがき 217

参考文献 221

| | |
|---|---|
| 掲載画像一覧 | |
| 事項索引 315 | |
| 人名索引 311 | |
| | 323 |
| 製図原稿用寸法 | 303 |
| 三橋先生 製型講義 | 245 |
| 製陶法(其二) 大須賀先生 講義 | 133 |
| 製陶法 | 25 |
| 三橋先生 特別科一学年 | |
| 濱田先生 登り窯講義 | 3 |

# 大正時代における京都市立陶磁器試験場及び附属伝習所の活動について

前﨑 信也

## はじめに

伊東翠壷、河合榮之助、河井寬次郎、河村熹太郎、五代清水六兵衛、楠部彌弌、小森忍、近藤悠三、松風嘉定、六代高橋道八、高山泰造、濱田庄司、松林光斎、八木一艸……。二十世紀に活躍した陶芸家として知られる彼等には共通点がある。それは皆、本書が取り上げる京都市立陶磁器試験場及附属伝習所にゆかりのある陶芸家だということだ。

明治維新後の日本において、京都は美術工芸の近代化の中心地であった。明治四年(一八七一)日本で初めての博覧会の西本願寺での開催や、明治十三年(一八八〇)日本初の公立画学校である京都府画学校の設立からもその先進性は明らかである。同様に、窯業の分野でも近代化に対する施策は明治初期から始まっている。明治三年(一八七〇)に京都府により設立された舎密局では、ドイツ人化学者ゴットフリート・ワグネル(一八三一～一八九二)を雇用し、陶磁器・七宝・硝子等を研究・指導させた。明治二十年(一八八七)にはフランス式の直立円窯を擁した京都陶器会

社が、明治二十五年（一八九二）には同志社にハリス理化学校陶器科が設立されている。このような窯業の近代化施策の中でも、最も成功した例として知られるのが、明治二十九年（一八九六）創立の京都市陶磁器試験所（後に京都市立陶磁器試験場と改名、本文では以下、陶磁器試験場とする）である（口絵1）。陶磁器試験場では当時最新の技術を用いて多種多様な研究が進められた。更に後進育成のために明治三十二年（一八九九）から始められた伝習生の育成は評価が高く、明治四十四年（一九一一）には京都市立陶磁器試験場附属伝習所（以下、附属伝習所とする）が、翌年廃校になった京都市立第三高等小学校（現在の京都市立開晴小中学校）の校舎内に設立された。陶磁器試験場と附属伝習所は、冒頭でも挙げたように、近代の陶芸や窯業を支えた多くの人材が関わったことで知られている。

二十世紀の京都を代表する陶芸家、五代清水六兵衛（一八七五～一九五九）は陶磁器試験場について以下のように述べている。

ながい習慣的な制作にのみ耽（ふけ）ってゐた京焼の業界に、この試験所が開設され、その溌溂（はつらつ）とした活躍は、たしかに業界にめざましい反響を喚び起こし、種々なる方面に多大の啓示を與へた。科學的な知識に基づいて、合理的な仕事をする事が出来るやうになつた。この指導機關がよろしかつた為めに、京都の陶磁界は非常に進歩し發達する事を得るに至つたと云ふ事が出来やうとおもふ。

このように陶磁器試験場と附属伝習所は京都窯業の発展に重要な役割を果たした。しかし、現存する資料が少なく、その業務の実態については未だ不明な点が多い。この原因となったのが大正九年（一九二〇）の陶磁器試験場の国立への移管である。それにともない、市立時代の設備や図書類は新しく紀伊郡伏見（現在の京都市伏見区）に建

設された国立陶磁器試験場が引き継いだ。[6]市立陶磁器試験場関連の資料がこの時にどのように扱われたのかは不明である。しかし、国立試験場、並びに京都市の管理として残った京都市陶磁器講習所も、この後何度かの組織改編による移転等を経験しており、その過程で多くの文書類が遺失したと考えられている。

数少ない市立時代の陶磁器試験場に関する資料として現存が知られるものに、京都府立総合資料館の資料群、[7]及び、技手であった濱田庄司（一八九四〜一九七八）と河井寛次郎（一八九〇〜一九六六）による試験報告書がある。[8]陶磁器試験場旧蔵の陶磁器類は京都市立芸術大学、及び国立陶磁器試験場の後身である独立行政法人産業技術総合研究所中部センター（以下、産総研）に所蔵されている。[9]また、陶磁器試験場やその関係者が写る古写真が、京都府立産業技術研究所、並びに河井寛次郎記念館に保管されている。[10]更に、初代場長である藤江永孝（一八六五〜一九一五）の伝記『藤江永孝傳』（故藤江永孝君功績表彰會、一九三三年）、技師であった濱田庄司による回顧録『窯にまかせて』（日本経済新聞社、一九七六年）等に、陶磁器試験場に関する記述を散見することができる。[11]松風嘉定（一八七〇〜一九二八）の伝記『聴松庵主人傳』（内外出版、一九三〇年）、陶磁器試験場に関する先行研究の多くは、主にこれらの資料をもとに行われてきた。昭和三十七年（一九六二）藤岡幸二氏によってまとめられた『京焼百年の歩み』（京都陶磁器協会）は、京都府立総合資料館所蔵の資料を中心に、近代京都の窯業を検討した基礎研究であり、陶磁器試験場に関する最初期の研究である。[12]昭和六十二年（一九八七）の鎌谷親善氏の「京都市陶磁器試験場（Ⅰ）（Ⅱ）」（『化学史研究』）には、試験場の設立から国立移管までの歴史について極めて詳細な考察がなされている。平成九年（一九九七）、京都市工業試験場窯業技術研究室より刊行された『京都市陶磁器試験所創設一〇〇周年記念誌』（京都市工業試験場）には、陶磁器試験場の沿革年表や歴代職員の名簿などが掲載されている。翌年、京都国立近代美術館で開催された『京都の工芸〈1910-1940〉』展の図録では、松原龍

一氏によって、陶磁器試験場の卒業生で結成された「赤土」や、市立から国立への移管について述べられている。[13]

そして、陶磁器試験場で忘れてならないのは、佐藤一信氏による、ゴットフリート・ワグネルに関する研究、及び産総研所蔵の陶磁器試験場研究や陶磁器試験場旧蔵作品に関する研究であろう。佐藤氏の研究により、ワグネルと京都の窯業の関係や、陶磁器試験場の試作の変遷が明らかとなり、陶磁器試験場が果たした役割の重要性が再認識されたといっても過言ではない。[14]

本書の目的は、上記の先行研究で度々論じられてきた陶磁器試験場の歴史的・陶芸史的意義に挑戦するというものではない。それよりも、陶磁器試験場と同様に評価の高かった附属伝習所の実態とはいかなるものであったのかに注目する。京都の窯業界を担う後進の育成機関として重要な役割を果たした附属伝習所であるが、その資料は陶磁器試験場よりも更に少なく、これまでその実態はほとんど知られていなかった。そこで、本書では京都の近代陶磁器を牽引した多くの陶芸家や窯業技術者が学んだ附属伝習所について、特に技術の近代化に注目しながら、可能な限り具体的かつ詳細に、その活動と教育の実態を明らかにすることを目的としているのである。

　　朝日焼松林家蔵　松林鶴之助(まつばやしつるのすけ)関連資料

本書の中心は、大正五年(一九一六)から大正八年(一九一九)に京都市立陶磁器試験場附属伝習所の伝習生であった松林鶴之助(一八九四〜一九三二：画像1)が遺した記録である。松林鶴之助は、宇治の朝日焼を代々営む松林家の十二世松林昇斎(一八六五〜一九三三)の四男として生まれた。大正十一年(一九二二)から約二年半の英国留学中に、英国人陶芸家バーナード・リーチ(一八八七〜一九七九)の依頼を受けて日本式の登窯を建造し、リーチの若い弟子たち

8

# 大正時代における京都市立陶磁器試験場及び附属伝習所の活動について

に製陶法の指導をしたことで知られる人物である。この松林が英国留学前に専門的な窯業の知識を学んだのが、大正五年四月から三年間通った附属伝習所であった。当初は陶画科に入所したが、成績が優秀であったために翌年特別科へ転入している。写生や図案の授業が中心となる陶画科とは違い、特別科は窯の構造や型の製造法、素地や釉薬の試験が中心となる窯業技師者養成課程であった。大正八年三月の卒業式で卒業生総代として答辞を述べたのが松林であったことからも彼の優秀さを知ることができる。

近年、松林家(現当主は朝日焼十五世松林豊斎氏)において松林靏之助が遺した資料が大量に発見された。その中には彼が伝習生であった時の授業ノート、試験結果、日記、研究論文などが含まれていた。本書は既に全文を刊行した『九州地方陶業見学記』以外の資料中から、資料的価値が高いと思われる資料について翻刻をし、掲載するものである。これらの資料の発見によって、当時の窯業の技術水準を示し、約百三十名に及ぶ附属伝習所卒業生が、いかなる教育を受けていたのかの一端を把握することが可能となった。つまり、大正時代の美術工芸教育を考える上でも重要な資料となるものである。

**画像1 松林靏之助**
(大正12年、朝日焼松林家蔵)

9

# 松林家所蔵　松林靄之助関連資料中　京都陶磁器試験場関連資料一覧（*は本書掲載の資料）

日記
- 『大正五年』（陶画科在籍）*
- 『大正六年』（特別科在籍）*

授業ノート（特別科在籍時・大正六年〜八年）
- 『製陶法』*
- 『製陶法（其二）』*
- 『濱田先生登り窯講義』*
- 『三橋先生　製型講義』*
- 『山内先生講義　硬質陶器』
- 『物理学筆記帳』
- 『科外講義集』
- 『釉薬の組成』

実験ノート（特別科在籍時・大正六年〜八年）
- 『Experiment No1』（素地試験報告）
- 『実験帖　釉薬試験結果　釉薬之第一号』
- 『実験帖　釉薬試験結果　釉薬之第二号』
- 『上絵具、マヂョリカ[マジョリカ]、硬質陶器』（素地・釉薬試験結果）
- 『大正六、七年特別科生徒釉薬試験結果』（二冊）
- 『窯焚報告集』

10

調査報告（特別科在籍時・大正七年～八年）

『製図原稿用寸法』（浅見五郎助、丸山、伏見沢田宗和園、清風與平窯）＊

『石川県陶業地方見学記』（大正七年

『九州地方陶業見学記』（大正八年）

その他

「通告簿」（大正六年、特別科一年生）

「陶磁器試験場附属伝習所卒業式答辞」（高山泰造・大正六年、松林靏之助・大正八年）＊

　松林の遺した記録の価値は窯業関係に留まらない。日記には、大正時代に宇治に住み、京都市内に通う一学生の日常を垣間見ることができる。毎朝の通学時に繰り広げられる京阪電気鉄道と関西鉄道の汽車との競争や、伏見一帯でしばしば起こる洪水の様子、祇園祭前の恒例行事であった衛生大掃除など、失われてしまった京都の風景が描かれている。

　中でも印象的であるのは人々の生活と皇室との関わりである。代々続く宇治の窯元として知られる朝日焼には、明治天皇第六皇女である竹田宮恒久王妃昌子内親王（一八八八～一九四〇）や、有栖川宮威仁親王妃慰子（一八六四～一九二三）、女官長として昭憲皇太后に仕えた高倉寿子典侍（一八五九～一九四三）など多くの皇室関係者が訪れている。朝日焼のように皇室関係者と直接関係を持つというのは特別なことだが、当時の一般の人々も皇族と触れ合う機会は少なくはなかった。例えば、天皇皇后両陛下や皇太子殿下が入洛の際には、市内の学生が招集され奉迎・奉送が行われている。大正六年（一九一七）十一月の両陛下

11

京都滞在時には、京都市内の全学校の生徒数万人が大提灯行列を行い、皇居の周りを行列したという。本書では、日記の中に現れるこういった行事について、当時の新聞記事などを用いてコラムとして紹介している。

## 陶磁器試験場設立までの京都の窯業

近代の京都の窯業に関しては、先述の『京焼百年の歩み』や中ノ堂一信氏の「明治の京焼──その歴史」[18]に詳しいが、ここでは明治二十九年の京都市陶磁器試験所の設立に関わる歴史を簡単におさらいしておきたい。安政五年の開国以降、日本の陶磁器業は一大転換期と呼ぶべき変化を経験した。全国各地の生産地が、世界に広がる新たな市場をめざして切磋琢磨し、生産規模は短期間で拡大した。十八世紀初頭まで世界の陶磁器産業の中心であった景徳鎮の磁器が太平天国の乱以降低調を続けている中、日本が争ったのはドイツ・イギリス等の欧州諸国である[19]。

**画像2　七代 錦光山宗兵衛**
（錦光山和雄氏蔵）

江戸時代からの高級陶磁器生産地である京都も、外国貿易に進出するという全国的な流れに巻き込まれていく。歴史的に京都の陶磁器の中心は公家な茶道具・食器生産である。それ故に京都を離れたこと、廃仏毀釈による仏教寺院の衰退は、窯業の存続を揺るがす大問題であった。こういった上顧客を失った結果、新しい市場として海外に目を向ける陶家も現れる。江戸時

代から粟田口を代表する陶家である錦光山窯の七代錦光山宗兵衛(きんこうざんそうべえ)（画像2）は外国貿易を始めたきっかけについて以下のように述べている。

明治の初年頃に米國人でムい(ゴザ)ましたか一人参りまして、亡父はかねての計畫を述べ、未だ言葉も分らぬ自分でムい(ゴザ)ますが、兎も角亡父と談じまして、亡父はかねての計畫を述べ、製品をも示し、ここで初めて外國貿易に着手しようとの意思を確かめました。其時分には非常に困難であったそうで、通辨などもここで初めてムい(ゴザ)ませんから、僅かに手眞似などで双方の意向を呑込むのでムい(ゴザ)ますが、其また外人の傲慢は太甚しいもので、折角此方で苦心した製品を見せましても、自分の氣に入らぬか何かすると、直ぐ靴で其品を蹴返す。それを見て、アヽ之ではいかぬと、また着色等を改ためるといふ鹽梅(アンバイ)で、其他なか〲苦しみました。

外国人相手の商売の難しさを物語る記録であるが、たとえ外国人商人に製品を足蹴にされようとも、彼等との取引から得ることのできる利益は魅力的に違いなかった。慶應三年（一八六七）のパリ万博、明治六年（一八七三）のウィーン万博等で紹介された安価で目新しい日本陶磁器は世界的な好評を獲得する。関西の陶磁器業者にとっては明治元年（一八六八）の神戸港の開港によって輸送費が軽減されたことが、外国貿易に進出する大きなきっかけとなった。特に欧米で好評を博したのは輸出向けの薩摩焼である。錦光山や帯山、丹山などの粟田焼の陶家は、薩摩焼に倣った輸出向け京薩摩の生産によって明治維新後の混乱を乗り切ったのである。

明治十四年（一八八一）頃になると順調な貿易拡大の流れに変化が生じる。時の大蔵大臣、松方正義（一八三五〜一九二四）の緊縮財政政策によって引き起こされたいわゆる「松方デフレ」がそれである。国内不況に端を発する貿

易不況は明治十四年から十七年頃まで続いた。この間、欧米市場を主戦場としていた粟田焼の陶家は売り上げが半減し、壊滅的な打撃を受けたとされる。

ようやく経済が落ち着いた頃から、窯業の回復を計って新しい施策が打ち出される。明治十九年(一八八六)、まずは商工組合が設立された。清水・五条坂が所属したのは京都陶磁器商工巽組合、粟田口が所属したのは同民組合(明治二十七年に巽組・民組は合併して京都陶磁器商工組合となる)である。組合設立の目的は、地域内の製陶家・陶画家・問屋が一体となって京都の窯業の新興を図るというものだ。それまでは、各陶家が独立して営業を行うというスタイルが一般的であったが、この方法では、刻一刻と変化する時代の流れについて行くことが困難になっていたのである。

組合設立の前年、日本の産業界に大きな変化をもたらすこととなる専売特許条例が施行された。この条例により、国が技術の価値を認めて製品の専売を認めたことにより、それまで「秘伝」とされてきた技術が公開しても価値のあるものとなった。例えば、明治時代の美術陶芸界を代表する人物に三代清風與平(一八五一～一九一四:画像3)がいる。彼はかつて友人に自らが発明した技術を教えた逸話の中で以下のように述べている。「私には別に秘傳といふものはない、唯一事一事決して忽せにせず、研究に研究を重ねて、之を製品の上に応用するのである。」この言葉からも、新しい技術に対する意識の変

**画像3　三代 清風與平**
(*Harper's Weekly*, New York, January 22, 1898より転載)

14

化を感じることができるだろう。

専売特許条例の導入は、一方的に欧米諸国から先進技術を学ぶという時代から、日本人自らが新しい技術を生み出す時代に入ったことを意味する変化でもあった。こうして、明治二十年代全国の窯業地で新技術に対する研究がそれまでよりも積極的に進み始めるのである。更に、窯業の技術革新は国内外の陶磁器市場における日本陶磁器のシェアを広げるためにも不可欠なことでもあった。破損しやすく急激な温度変化に弱いという日本陶磁器の脆弱性は輸出時に常に問題となっており、その問題の克服は最優先の課題として捉えられた。その他にも、松割木よりも安価な石炭を用いた窯の研究や、輸出先の嗜好を反映したデザインの導入、碍子・陶歯・タイルといった陶磁器以外の窯業製品の開発等、取り組むべき技術的課題を挙げればきりがなかった。

こうした全国的な潮流とはうらはらに、明治二十年代の京都では急速に進む技術の変化への対応が遅れる。これは当時の業界を代表する六代錦光山宗兵衛（一八二四〜一八八四）、丹山青海（一八三三〜一八八六）三代高橋道八（一八二一〜一八七九）、幹山伝七（一八二一〜一八九〇）等が相次いで他界したことが一因とされている。それに追い打ちをかけるように、明治二十八年に京都で開催された第四回内国勧業博覧会では、三代清風與平が一人健闘したのみで、京都のかつての優位が失われていることも明らかとなった。そこで、京都市内の窯業を指導し、最新の技術を研究する機関が必要であるという声が高まったのである。

明治二十九年三月十九日、京都市議会は京都市陶磁器試験所の創設を含む明治二十九年度予算案を可決した。粟田口の七代錦光山宗兵衛と清水・五条坂の松風嘉定（画像4）をはじめとする京都陶磁器商工組合幹部が計画し、市当局を説得した成果である。施設の建設場所は商工組合が提供した五条橋東五丁目五番地に定められ、同年十月、試験室等中心的な建物が完成した。そして、明治三十一年（一八九八）一月全設備が完成する。初代の所長（場長）と

なったのは、金沢出身で明治二十七年（一八九四）東京工業学校陶器玻璃科を卒業し、ワグネルの助手を務めたこともある藤江永孝（画像5）である。しかし、当時藤江はまだ三十二歳と若く、当初はその実力を疑問視する声があった。そこで、藤江本人と京都の窯業者の要望として藤江を海外に派遣して最新の窯業を学ばせることに決まった。

農商務省からの派遣が決まり、明治三十一年（一八九八）十月に藤江はまず清国窯業の視察を行う。そして、明治三十二年八月から二年間は、ドイツ及びオーストリアに留学して製陶技術を学んだ。藤江は帰国後、すぐに欧州での経験から施設拡張の必要性を説き、明治三十五年（一九〇二）陶磁器試験場は梅林町の土地に拡張されることとなった。翌年完成した施設に移設の際、「京都市陶磁器試験所」は農商務省令により、「京都市（立）陶磁器試験場」(27)と改名された。施設拡張後の規模は、敷地約九百坪、建物は大小合わせて三十六棟あり、まさしく国内有数の窯業研究機関である(28)（口絵3）。大正元年（一九一二）の京都地籍図と土地台帳を確認すると、京都市梅林町五七六〜五八一番地及び五条橋東六丁目五二五番地が京都陶磁器試験場敷地となっている（画像6）。また隣接する竹村町

画像4　松風嘉定（藤岡幸二『聴松庵主人傳』内外出版、1930年より転載）

画像5　藤江永孝（故藤江永孝君功績表彰会編『藤江永孝傳』故藤江永孝君功績表彰会、1932年より転載）

大正時代における京都市立陶磁器試験場及び附属伝習所の活動について

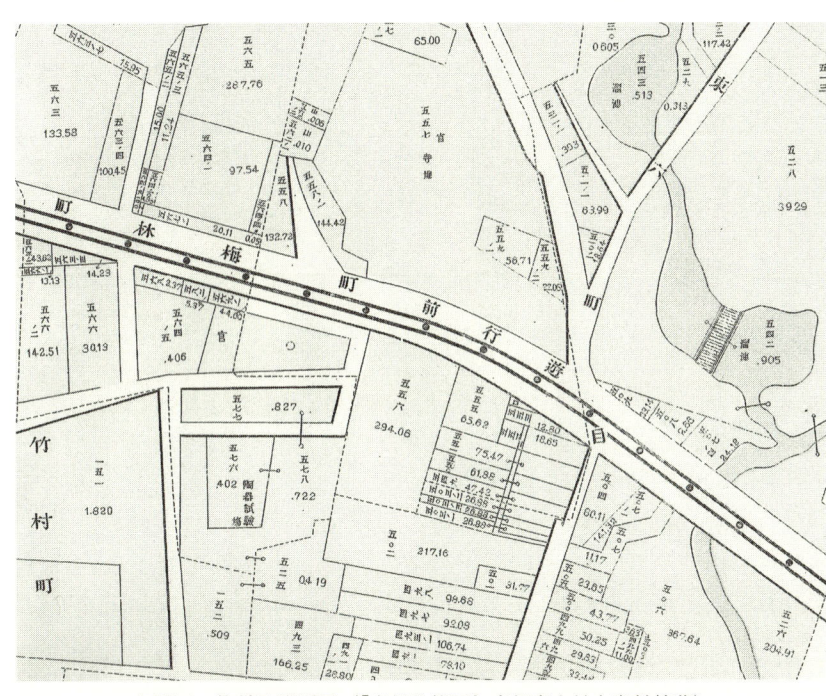

画像6　梅林町附近図（『京都地籍図』京都府立総合資料館蔵）

一五二二番地も京都市の所有であり、大正五年当時の陶磁器試験場の見取図と照らし合わせてみると、その南側の五条橋東六丁目四九三番地（錦光山宗兵衛他一名の所有）も敷地に含まれているように見える。これらの敷地は現在の若宮八幡宮の東、京都陶磁器会館の西側であり、現在は東山区社会福祉協議会やすらぎ・ふれあい館とその周辺の駐車場一帯にあたる。

## 京都市立陶磁器試験場の研究成果

近代の京都の窯業は一言で言い表すことができる程単純なものではない。美術陶芸の分野で活躍していたのは、後に帝室技芸員となった三代清風與平（一八五一～一九二二）、初代伊東陶山（一八四六～一九二〇）、初代諏訪蘇山（一八五二～一九二二）等。輸出用の装飾品は七代錦光山宗兵衛、工業用製品には高山耕山や入江道仙、工業

17

製品を中心に多分野にまたがる製品を扱う松風嘉定等、あらゆる種類の製品を高品質で生産することが京都窯業の特長であった。陶磁器試験場はこの多様性を生かした発展をサポートするための試験を行う役割を担ったのである。

明治四十四年(一九一一)、東京高等工業学校窯業科で教鞭をとっていた板谷波山(一八七二～一九六三)は陶磁器試験場の果たしていた役割について以下のように述べている。

特筆すべきは京都の陶磁器が近来非常に變化しつゝ、進んで行くことである。是れは一つは府(市)立の陶器試驗所が有つて、それが實業家と旨く連絡を取つて行く爲めである。即ち試驗所で總て研究したことを實業家に報告すると、實業家は直にそれを参考して色々に工夫を凝らす。此の如くにして其の時々に變化したものを作り出すのである。此の試驗的の仕方が着々行はれて行くといふのは、京都の窯業界が面目を新たにする上に於て、大なる原動力となつて居るのである。(30)

実施される試験は、その時々に必要とされていた新技術の開発を主とし、窯業者の依頼に応じて行われる試験もあった。試験の成果は市内の陶業者に公開された。(31) こうして設立から大正六年九月までに実施された試験は二千六百余件、作成された図案は六百六十余件である。この間に視察のために、邦人述べ一万六千七百余人、外国人は六千六百人が来場したと記録されていることからも、陶磁器試験場への注目度を知ることができるだろう。(32) 開設から国立移管までの二十三年間に陶磁器試験場が研究をし成果を挙げたものは以下である。一～六はいずれも近代の京都窯業を象徴する新技術であり、七～九はヨーロッパの最新意匠を採用したデザイン研究である。(33)

一、製造法の機械化（原料の粉砕、土の調合、釉薬の調合、エイログラフ等）
二、素地、釉薬、顔料の改善
（ア）硬質磁器の研究（耐酸耐アルカリ化学磁器、高圧電気碍子）
（イ）硬質陶器の研究（白色無貫入硬質陶器）
（ウ）有色素地の研究（青磁、黄磁、象牙磁等）
（エ）釉薬、顔料の改善、製法の研究（石灰釉、結晶釉、青磁釉、辰砂釉、マット釉、人工呉須等）
（オ）新製品の完成（半磁器、マジョリカ焼）
三、窯の改良（石炭窯、ガスの応用、各種欧式窯からの応用・改良）
四、ゼーゲル錐の製造・頒布（明治三十一年から頒布を開始。当初は無料、四十一年からは実費で販売）
五、耐火材料、建築用タイル等の研究（耐火煉瓦、建築用貼付タイル）
六、焼石膏製造法、及び其の応用研究（粘土型から石膏型へ転換。輸入品から国産品への転換）
七、図案の改良（従来の中国陶磁器の写しに加え、欧風陶磁器の文様の導入。陶磁器奨励会を開催）
八、作品製作（遊陶園を創立し陶磁器のデザインを研究・制作し東京で展覧会を開催）
九、参考品の陳列（外国の最新式製品の収集・展示、試験成果品の展示）
十、伝習生の養成（計一一三〇名余りが卒業）

二代場長　植田豊橘(うえだとよきち)（一八六〇〜一九四八：画像7）

　大正四年（一九一五）に場長の藤江永孝が急逝し、二代の場長として白羽の矢が当たったのが、植田豊橘である。

植田は東京工業学校でワグネルの助手を長年務めており、ウランを用いた黄釉を発明するなどの成果を残している（参考資料一）。藤江よりも五歳年上の植田は既に窯業界を引退し、当時は三菱傘下の高砂製紙に勤務していた。(34) しかしながら、陶磁器試験場開設にあたり、当初は場長の候補として藤江ではなく植田が推されていたという背景もあり、藤江の急逝を受けて二代場長として呼び戻されたのである。(35) 場長が植田豊橘に変わった大正四年は松林鶴之助が伝習所に在籍する前年にあたる。植田は

**画像7　植田豊橘**（個人蔵）

大正九年に陶磁器試験場が国立に移管されると、新しい国立試験場の場長となり昭和五年（一九三〇）に退職している。(36)

大正五年に東京高等工業学校を卒業し、陶磁器試験場の技手となった濱田庄司は当時の仕事について以下のように述べている。

仕事は素地、釉薬、絵の具、各種の窯の構造と焚き方、大小機械のすえ付けなどで、五人の技術員が分担して行った。私たちの技術部のほかに、図案部があった。場長の植田豊橘先生は温厚な方で、河井と私には試験の結果を生かした作品の発表まで許した。(37)（口絵16）

多様な試験を着実に遂行するためには知識と技能を持った人材の確保が必要である。そこで、濱田のような東

大正時代における京都市立陶磁器試験場及び附属伝習所の活動について

**画像8　東京高等工業学校 本館 全景**（大正2年、東京工業大学提供）

京都高等工業学校窯業科（画像8）の卒業生を中心に、最新の窯業知識を有する技術者が集められた。この当時、陶磁器試験場では濱田の他にも大須賀真蔵（一八八八〜一九六四）、河井寛次郎（一八九〇〜一九六六）、川崎正男（生没年未詳）、小森忍（一八八九〜一九六二）、瀧田岩造（生没年未詳）、平木臻（生没年未詳）、三橋清（生没年未詳）等が技術的な試験を行っていた（画像9〜11）。一方、図案部にはかつて東京高等工業学校窯業科卒業後、旭焼製造場にてワグネルの意匠・図案制作に関わった菊池左馬太郎（一八七九〜一九二二、号：素空）がいた（口絵13）。その下に福田直一（生没年未詳）、吉嶋次郎（生没年未詳）等が所属していた（画像9、10）。陶磁器試験場での図案や意匠研究、遊陶園の活動については佐藤氏の研究に詳しいので、ここでは植田場長時代に実施された技術的な試験について触れてみたい。

大正四年から九年の陶磁器試験場の成果で特に注目すべきは有色素地の研究である。黄色や緑色の色土に黄釉や青磁釉を掛けるこの技法は植田自らが手がけた研究で、釉薬でのみ色を付けるそれまでの技法よりも色に深みが増す。植田が作成した青磁は東京で開催された遊陶園の展覧会で大変な好評を博したということが、大正六年の『京都日出新聞』掲載の記事で詳しく紹介されている（参考資料一二）。この技法を使って作成された青磁耳付花瓶が、大正四年の大正天皇の即位の儀の際に、京都市からの献上品と

21

**画像9　陶磁器試験場職員 集合写真**（大正2年5月）
前列右から：橋本祐造・ランゲー・藤江永孝・富田直詮・瀧田岩造・寺澤知爲
中列右から：古谷貞次郎・福田直一・三橋清・梅原政次郎・河村禮吉・大須賀真蔵
後列右から：木山ハツエ・中村哲夫・吉島次郎・平木臻・目釜新七・安場史郎
（故藤江永孝君功績表彰会編『藤江永孝傳』故藤江永孝君功績表彰会、1932年より転載）

**画像10　陶磁器試験場職員 集合写真**（大正5年～6年）左から濱田庄司・福田直一・三橋清・小森忍・河井寬次郎・平木臻・瀧田岩造（河井寬次郎記念館蔵）

大正時代における京都市立陶磁器試験場及び附属伝習所の活動について

**画像11　皇室献上の青磁花瓶・香炉と陶磁器試験場関係者 集合写真**
前列右より：大須賀真蔵・平木臻・橋本祐造・瀧田岩造・七代錦光山宗兵衛・（青磁香炉・青磁花瓶）・松風嘉定・寺澤知爲・小森忍、二列目中央：植田豊橘（河井寛次郎記念館蔵）

して選ばれている（画像11、口絵11）[41]。釉薬ではなく土に色を付けるというこの技法は、桃色の色土を使って五代清水六兵衛が大正四年（一九一五）に完成させた大礼磁にも応用されている[42]。

有色素地のような新発明の他にも、陶磁器試験場では京都の窯業者の要請に応じた研究を行っていた。釉薬・顔料・焼石膏の研究はその好例といえるだろう。先述の濱田の回想によると、大正三年に始まった第一次世界大戦の影響で呉須が中国から入らなくなり、人工呉須の開発が急務となった。この研究は成功し、大正六年十一月に「支那呉須代用品の製造法」として植田の名で特許（特許番号：三一七三三）を取得している[43]。

濱田によれば、人工呉須の試験の後には一万種の釉薬試験を行った。マッフル窯という小型の窯で三日に一回釉薬の試験を行い、合計で青磁五千種、辰砂三千種、天目二千種を試験したという[44]。

大正四年、附属伝習所に模型科が開設されている。これは京都で石膏型を利用した型成形が一般的になったことと関係がある。明治四十二年頃から陶磁器試験場では西洋式の石膏型の研究に取り組み始めた。当時、石膏型の原料となる焼石

23

膏はアメリカやドイツからの輸入品だったが常に不足しがちであった。そこで藤江が発案し国内産の焼石膏の生産を試みた。本研究は全国から原料を集めて試験を行ったが、途中で研究資金が不足したために農商務省商工局からの補助金を得て進められた。藤江の死後は三橋清や平木臻が研究を継承し、大正六年に農商務省商工局から『京都市立陶磁器試験場石膏試験報告』が刊行されている。[45]

このように藤江亡き後を任された植田の下、陶磁器試験場は引き続き多くの成果を上げた。結果として藤江の時代から待望されていた陶磁器試験場の国立移管の道が開ける。明治末年頃から、国会では工業技術の研究体制の充実のために、ドイツやイギリス、アメリカに倣って国立の陶磁器試験機関を設けるべきとの議論が始まっていた。経済の低迷と第一次世界大戦の勃発で一時止まっていた議論は大正四年頃に本格化する。京都は愛知・岐阜の国立試験場誘致活動と争ったが、陶磁器試験場が日本で唯一の専門試験機関として成果を上げ、人材を養成してきた実績から、京都に国立試験場を設立することが決まったのである。

大正九年一月、市立陶磁器試験場が有する財産はすべて国に寄付され、同年十二月に敷地五千坪を擁する国立陶磁器試験所が開所した。[46]植田豊橘は国立試験所の所長に就任。三橋清や福田直一等は技師として採用された。

これに伴い、京都市立第三高等小学校の建物を使って運営されていた附属伝習所は閉鎖。市立陶磁器試験場の施設は京都市立陶磁器講習所と改名され、陶磁器試験場で技師をつとめた大須賀真蔵を場長に据えて附属伝習所にかわって伝習生の育成を続けたのである。[17]

## 京都市立陶磁器試験場附属伝習所

陶磁器試験場の数ある業績の中でも、最も評価されたのが本書が注目する伝習生の養成である。なぜなら陶磁器試験場の研究成果を世に広めたのは、試験場や伝習所で実際に新しい技術に触れ、その価値を知っていた彼等だったからだ。特に初期の陶磁器試験場については、京都市内の実業家がその成果を信用せず採用を控えるという問題があった。これを解決するには、陶磁器試験場と実業家間を橋渡しする存在が必要であり、そこで初代場長の藤江が考えだしたのがこの伝習生制度である。

明治三十二年から始まった伝習生制度最初の伝習生の中には六代高橋道八（一八八一〜一九四一）が含まれている。高橋道八以外にも、三代清風與平や四代清水六兵衛、初代伊東陶山等名家の子息が次々と伝習生となり陶磁器試験場で学ぶようになった。これにより、陶磁器試験場の研究成果は徐々に京都の窯業に浸透していったのである。

そして、明治四十四年に、京都市立陶磁器試験場附属伝習所の設立が決まる。校舎は翌年廃校となった京都市立第三高等小学校の校舎の半分を使用した（口絵4）。当初は陶画科と轆轤科があり、この二科の他にも、技術者の養成を専門とする特別科が設けられていた。大正四年からは更に模型科が増設された。

伝習生制度が予想以上の好成績を示したため、初代場長の藤江は試験場事業の一環として学校の設立を企てた。

大正九年の国立移管までに卒業した伝習生は百三十名余り。京都府立総合資料館所蔵の『京都市立陶磁器試験場業績概要』には伝習所の主要な卒業生として以下の二十五名が挙げられている。

高橋道八、清水祥次、河村蜻山、松林義一、新開完八路、井本米泉、吉田長三郎、池田泰山、梅原政治郎、小川文斎、酒見文治、中川城南、河合榮之助、伊東翠壷、八木一艸、楠部彌弌、河村喜太郎、岡本為治、松風嘉定、浮田楽徳、和気亀亭、松林鶴之助、井上久治、高山泰造、井上格夫

彼らが媒介となって陶磁器試験場の最新の研究成果が京都の窯業界に広まっていったのである。五代清水六兵衛の言葉を借りれば、「傳習生を養成して、しっかり仕込んで、種を蒔いて置かれたのが、皆一人前になり、それが色々研究を重ねて今日に至つた」のである。一方、この伝習所で行われていた教育の詳細はこれまで殆ど知られていなかった。しかし、本書掲載の松林鶴之助が遺した附属伝習所関連の資料は極めて詳細に記述されている。これにより、松林が初年に在籍した陶画科と二年目から転籍した特別科の授業内容をかなり正確に把握することができるようになった。

## 大正五年（一九一六）陶画科

陶画科の学生生活については本書の日記をご覧いただくこととし、ここでは、松林の日記から再現することのできる大正五年の陶画科の時間割や、担当教授、教授内容について紹介したい。表1は日記の記述から再現した陶画科一年生時の一週間の時間割である。

表1　京都市立陶磁器試験場附属伝習所陶画科一年の時間割（大正五年）

| | 1 | 2 | 3 | 4 | 5 | 6 | 7 |
|---|---|---|---|---|---|---|---|
| 月 | 実習 | 実習 | 実習 | 実習 | 作文 | 読本 | 体操 |
| 火 | 修身 | 随意 | 運筆 | 運筆 | 実習 | 実習 | 実習 |
| 水 | 化学 | 運筆 | 物理 | 実習 | 実習 | 実習 | 実習 |
| 木 | 用器画 | 美術 | 物理 | 実習 | 実習 | 実習 | 実習 |
| 金 | 写生 | 写生 | 写生 | 写生 | 英語 | 読本 | 習字 |
| 土 | 珠算 | 製陶法 | 運筆 | 運筆 | 実習 | 実習 | 実習 |

26

これらの授業を授業時間の多い順に並べ(括弧内は時間数)担当した教諭を記したものが以下である。陶画科であるので、陶画の実習や運筆・写生を中心とした内容となっている。残念ながら、修身・美術・習字・珠算・体操を担任した教師の名前には触れられていないので不明である。

実習（陶画）　（十八）　吉嶋次郎
運筆（毛筆画）（五）　柴原希祥・三吉武郎？
写生　　　　　（四）　柴原希祥
物理　　　　　（二）　平木臻
読本　　　　　（二）　中村哲夫
用器画　　　　（二）　福田直一
製陶法　　　　（二）　大須賀真蔵
化学　　　　　（二）　大須賀真蔵
英語　　　　　（二）　大須賀真蔵
作文　　　　　（一）　中村哲夫
美術　　　　　（一）　〔不明〕
修身　　　　　（一）　〔不明〕
習字　　　　　（一）　〔不明〕
珠算　　　　　（一）　〔不明〕
体操　　　　　（一）　〔不明〕

運筆と写生は京都市立美術工芸学校の柴原希祥(一八八五～一九五四)が担当していた。柴原希祥(巍象とも。本名は巍造)は岡山県高梁出身の日本画家で、文展、帝展などに入選を重ねるなど京都画壇で活躍したことで知られる。柴原希祥は竹内栖鳳(一八六四～一九四二)に師事し、明治三十八年に京都市立美術工芸学校を卒業、同校で明治四十年から助手、大正二年(一九一三)から助教諭を務めていた。市立の学校であるという繋がりから、伝習所での授業も受け持ったのであろう。日記には運筆を教えたもう一人の講師として三良及び三好という人物が登場する。これは名前から京都市立絵画専門学校で明治四十三年(一九一〇)まで講師を務めた三吉武郎(生没年未詳)の可能性が高いが詳細は不明である。いずれにしても陶画の基本となる運筆や写生は画家による本格的な絵画教育が行われていた。実習の陶画は試験場技師の吉嶋次郎が担当していた。松林の日記を元に、彼が運筆(毛筆画)・写生・実習(陶画)の授業で描いた題材を表にしたのが表2である。

表2 陶画科一年の運筆(毛筆画)・写生・実習(陶画)の題材

| 題材 | 運筆(毛筆画) | 写生 | 実習(陶画) |
|---|---|---|---|
| | 金鳳花 | 春野芥子 | 菊 |
| | 大根 | かたばみ草 | 毘沙門崩し |
| | 石蕗花 | 擬宝珠 | 毘沙門 |
| | なでしこ | 麦 | 麻 |
| | 芥子の花の散った絵 | スウィートピー | 雷紋 |
| | たんぽぽ | 提灯花 | 七宝 |
| | オモダカ | 水引草 | 白梅 |
| | 水引草 | ダリヤ | 鳳凰 |
| | 水仙 | カブト虫 | 彼岸桜 |
| | | 青梅 | 松竹梅 |
| | | アザミ | オモダカ |
| | | バラ | 葉蘭 |
| | | 人参 | 水(睡)蓮 |
| | 結木 | | |

陶画は毘沙門や雷紋といった模様から、鳳凰や薔薇など徐々に複雑な題材に進んでいくのが見て取れる。松林鶴之助関連資料には彼が昭和五年に有田の馬場久次という人物に贈った『筆の間にまに』という写生帖が含まれている。そこにあるカタバミや百日草・寒菊といった植物のスケッチ(口絵18)は、極め

28

大正六年（一九一七）　特別科

松林鶴之助は大正五年の一年間を陶画科で過ごした後、成績優秀とのことで特別科に転籍を許されている。特別科の時間割は陶画科とはかなり異なる。表3は大正六年の日記から再現した当時の時間割である。陶画科では授業の半分以上が運筆・写生・用器画・実習（陶画）という絵や文様を描く時間にあてられていた。しかし、特別科では陶画科にはなかった科学・数学・実験・彫刻・轆轤の授業があり、より総合的な内容で授業が行われている。以下はそれぞれの授業を授業時間数の多い順に並べ（括弧内は一週間の授業時間数）、担当教諭を示したものである。

て詳細・忠実に描かれているが、これは伝習所の陶画科時代に基礎が養われたものであろう。近代に盛んに発刊された図案集が教育に利用されていることも日記から知ることができる。また、古谷紅麟著『工藝之美』（芸艸堂、一九〇八年）で山田直三郎著の『ふきよ勢』（芸艸堂、一九一三年）を写している。松林は運筆の授業を陶磁器試験場で借りて帰り、父や兄にも見せたという。これらはいずれも工芸図案集が実際に教育の場で利用されていたことが分かるのである。

表3　京都市立陶磁器試験場附属伝習所特別科一年の時間割（大正六年）

| | 1 | 2 | 3 | 4 | 5 | 6 | 7 |
|---|---|---|---|---|---|---|---|
| 月 | 写生 | 写生 | 写生 | 英語 | 陶画 | 陶画 | 陶画 |
| 火 | 化学 | 数学 | 陶画 | 陶画 | 実験 | 実験 | 実験 |
| 水 | 化学 | 化学 | 用器画 | 彫刻 | 彫刻 | 彫刻 | 彫刻 |
| 木 | 轆轤 | 轆轤 | 英語 | 製陶法 | 轆轤 | 轆轤 | 轆轤 |
| 金 | 数学 | 物理 | 物理 | 英語 | 実験 | 実験 | 実験 |
| 土 | 運筆 | 運筆 | 用器画 | 実験 | 実験 | 実験 | 実験 |

実験（十）　大須賀真蔵
陶画（五）　吉嶋次郎
轆轤（五）　目釜新七
彫刻（四）　三橋清
写生（三）　岐美竹涯
英語（三）　河井寛次郎
化学（三）　川崎正男
数学（二）　濱田庄司
物理（二）　平木臻
運筆（二）　柴原希祥
用器画（二）　山口先生
製陶法（一）　瀧田岩造

この年から写生は柴原に代わり岐美竹涯（みちよしちくがい）（生没年未詳、口絵15）が担当した。岐美は谷口香嶠（たにぐちこうきょう）に師事し、美術工芸学校で教授を務めた人物である。そして、英語は大須賀から河井寛次郎にかわっている。また、用器画を担当した山口という人物の名は不明である。

表4は大正六年に運筆・写生・陶画・轆轤・彫刻の授業で制作した題材である。新しく始まった轆轤の授業の担当は目釜新七（一八八七～？）。市立陶磁器試験場、国立陶磁器試験場、京都府立陶工補導所で轆轤を教えた、近代

表4　特別科一年時の運筆・写生・陶画・轆轤・彫刻の題材

| 題材 | 運筆 | 写生 | 陶画 | 轆轤 | 彫刻 |
|---|---|---|---|---|---|
| | 朝顔 | 菊 | 藤 | 煎茶茶碗 | 桃 |
| | 菖蒲 | 豆 | 茴香 | 水引 | 柿 |
| | 栗 | なでしこ | 石竹 | 向付 | 葡萄 |
| | 柳 | アマリリス | | 六ヶ割なで角鉢 | 河骨 |
| | 美女柳 | ダリヤ | | 四角なで角向付 | 菖蒲 |
| | 萩 | 笹百合 | | くり込み | えんどう豆 |
| | 芍薬 | 竹 | | 鉄鉢 | 茄子 |
| | | 瓢箪の花 | | 湯呑の長いの | 木蓮 |
| | | 白粉草 | | 壺 | |
| | | 薄 | | | |
| | | 黄鐘葭 | | | |
| | | 菊 | | | |

京都を代表する轆轤指導者である（口絵12）。題材は煎茶茶碗から始まり壺で終わり、彫刻は桃から始まり木蓮で終わっている。当然のことながら、いずれも比較的簡単な形から複雑な形に進んで行っていることがよくわかるだろう。

松林鶴之助関連資料中の講義ノートで本書に掲載したのは『製陶法』、『製陶法（其二）』、『濱田先生登り窯講義』、『三橋先生　製型講義』の四件であり、いずれも特別科在籍時のものである。化学の川崎正男学校窯業科卒業の瀧田岩造と大須賀真蔵、『製陶法』、『製陶法（其二）』も同校卒業の濱田庄司による。『製陶法』、『濱田先生登り窯講義』を担当したのは東京高等工業学校窯業科卒業の瀧田岩造と大須賀真蔵、『製陶法』、『製陶法（其二）』も同校卒業の濱田庄司による。化学の川崎正男の授業ノートは現存していないが、松林の日記に「硝石の講義となり、筆記は川崎先生が高等工業学校に於て教へられるのと同じ工合で早いのに閉口した」とある。このように多くの授業の内容が、東京高等工業学校で教えられ(53)

ていた内容を踏襲したものであったと推測できる。濱田はこの他にも数学の授業を担当し、東京高等工業学校窯業科で学んだ窯業計算法を教えていた。(54)

東京高等工業学校窯業科と附属伝習所での教育の関係については松林のノートの内容にもあらわれている。

『製陶法』、『製陶法（其二）』の内容は、陶磁器材料、試験方法、材料準備法、釉薬、加飾法、焼成法、窯構造など、

陶磁器生産・研究における基礎的な知識が中心となっている。講師は東京高等工業学校窯業科卒業の瀧田岩造と大須賀真蔵である。興味深いことに、この松林のノートの内容は、東京高等工業学校がまだ東京職工学校の時代にワグネルに師事した北村彌一郎（一八六八〜一九二六）が著した「製陶法」と似ている。また、東京高等工業学校卒業で、農商務省東京工業試験場に勤務の後、有田工業学校、福島県立工業学校、京都市立第二工業学校で窯業を教えた城島守人（一八八三〜？）という人物がいる。京都府立総合資料館に所蔵されている城島守人編『製陶法』（京都陶磁器青年連絡会、一九六四年）も、松林のノートとの共通点が少なくない。松林のノートでは省略されてしまっている図が少なからずあるが、北村と城島の本に掲載されている図中にあてはまるものがあるように思われる。明治から大正時代、附属伝習所のような窯業教育機関でどのような内容の講義が行われていたのかは、これまであまりわかっていなかった。しかし、この三件の史料の近似性から、東京高等工業学校窯業科で用いられていたテキストが、北村の「製陶法」、松林の二冊の『製陶法』講義ノート、城島の『製陶法』と近いものであったと推測できる。

では最後に、本書掲載の残りの資料についてみてみよう。『濱田先生登り窯講義』は、おそらく課外授業として教えられたものだろう。ここで注目すべきは、京都の登り窯の実測図である。濱田の講義ノートには、小川文斎、木村越山、井上柏山、丸山の登り窯、清水六兵衛、福田、京都陶器会社の窯（二基）、錦光山、安田の窯を実測した結果が表として掲載されている。更に本書に掲載した「製図原稿用寸法」には、浅見五郎助、沢田宗和園、清風與平の窯の実測図とスケッチが含まれている。ほとんどの登り窯が既に取り壊されており、本資料ほど詳細な京都の窯の寸法は他に類をみない。この中で清水六兵衛家の登り窯とされているのは、後に河井寛次郎が購入した窯であり河井寛次郎記念館に現存している。この中で浅見五郎助家の登り窯については、本資料と平成十九年（二〇〇七）時に実施された調査結果を元に、一島政勝氏が再現した構造図を掲載させていただいた（参考資料Ａ・Ｂ、三〇六、七頁）。そ

大正時代における京都市立陶磁器試験場及び附属伝習所の活動について

れによると、構造は完全に一致するわけではなく、一九二〇年から二〇〇七年の間に少なくとも一度は建て直されていることが分かる。

松林は附属伝習所卒業直前の大正七年後半から大正八年初頭にかけて、滋賀、三重、愛知、岐阜、石川、福岡、佐賀、長崎、熊本、鹿児島の窯業地を巡り、京都でしたことと同じように陶磁器窯の実測調査を行った。石川県については『石川県陶業地方見学記』が、九州五県については『九州地方陶業見学記』が現存している。この調査のきっかけとなったのが、附属伝習所での濱田の登り窯の授業だった可能性が高い。

『三橋先生　製型講義』は、長年石膏型の研究を進め、大正六年に農商務省の報告書を作成した石膏研究の第一人者、三橋清によるものである。三橋は彫刻の授業を受け持っており、原型の製作から、石膏型による作品の制作という授業だったのだろう。そして、本書には掲載できなかったが、その他のノートや実験帖にはマジョリカ焼の試験や、硬質陶器に関するものが含まれている。いずれも陶磁器試験場の研究成果の代表的なものとして挙げられているものである。つまり、陶磁器試験場で長年蓄積されてきた技術の実践、そして東京高等工業学校窯業科で教えられていた最新の知識、この二つを同時に学ぶことができるのが附属伝習所だったと言えるのである。

おわりに

京都市立陶磁器試験場及び附属伝習所は、近代に活躍した多くの陶芸家や窯業技術者を輩出した。本書掲載の松林鶴之助関連資料が我々に教えてくれるのは、日本有数の窯業研究機関としての陶磁器試験場が果たした役割

である。高い試験水準と、優秀な卒業生の教育という実績がなければ、大正九年の国立移管は達成されることはなかっただろう。それを支えたのは、技術研究に重きをおき支援を続けた京都陶磁器商工組合であり、ワグネルの流れを汲む東京高等工業学校窯業科卒業生を中心とする技術者たちであり、附属伝習所で学んだ京焼陶家の子弟たちであった。松林鶴之助関連資料が教えてくれる附属伝習所での教育の実態とは、まさしく基礎から陶磁器の作り方を学ぶというものである。知識としては窯業に関わる物理・化学・数学を教え、実践的な技術としては、素地や釉薬の調合、窯の構造と焚き方、轆轤や石膏型での成形方法、作品のデザインが教えられた。その経験から卒業生たちは自らの進む道を選び、発展著しい窯業や陶芸の分野に進んでいったのである。

大正八年三月二十五日の附属伝習所の卒業式で、松林鶴之助は卒業生総代として答辞を読んでいる。

仮令諸先生の慈下を去ると雖も、今や日進月歩、物質的高上〔ママ〕の時に当り、斯界の前途た、遼遠なり。故に諸先生の補足を仰ぎ、屈せず撓まず研磨勉励して奮起活動し、国家の為めに尽し、斯界の功益を計らんことを誓ふものなり。(59)

この日の松林と同じ気持ちを胸に秘め、それぞれの分野で切磋琢磨した附属伝習所の卒業生たち。彼らこそが二十世紀の京都の窯業・陶芸の発展の中心を担っていたのである。

**参考資料1**　「黄磁青磁の植田豊橘氏(上)」(『京都日出新聞』大正六年六月二十二日朝刊二頁)

陶磁器に黄色の釉を塗つたのがある。これは錦窯即ち上繪して一旦焼上つた器物の上に黄色の釉を塗つて錦窯とて、能くお集會の餘興に樂焼をする窯のやうなもので軽く焼いてつけるのである。イヤ黄色ばかりではない、いろいろの色繪もこの錦窯のが多いのである。

其錦窯で焼いたものでも色は決してはげぬから差支はない。然し所謂上繪だから、上面の繪でどこかに落付がない。そこで外の染付即ち青繪のやうに地から黄色の釉を塗つて其上に上釉をかけてほんとうに焼いて見たいことは日本の陶工が昔から苦心して居る處で、成功せぬ處であつた。

窯業家は然し却々法螺ではない多忙なので己れ進んで之を研究するものがなかつた。然るに今の陶磁器試験場長植田豊橘氏が東京高等工業學校に居らるる頃に黄釉を發明した。それは酸化ウラニュームを釉藥に混ずるので、之を酸化焔で焼いた處が、略成功した。(60)

唯一言に斯う言つて仕舞へば何でもないが、其是に至るまでの経路には言語に盡せぬ苦勞のあつたのは申迄もない、が夫は專門に屬するから見合せる。然し氏はこの結果には滿足せず、始終之を念頭に置いて機會ある毎に研究をつゞけた。さうして先年今の任に京都に就いた。

又從來の陶器の無地の色は其何色たるを問はず、其色釉をかけて焼いたのだが、外國には色土とて色を土に混じて之を製作する。然し其色素には又俄に知るべからざるものがあつた。氏は之をも研究する事數年、遂ひ大正四年五月頃この色土の製法を發明した。さうしてこれを先年來工夫した黄色釉を應用して、ここに黄磁と名づけた。

何分色は塗つたのではなく、土其物の色で、これに釉をかけたのだから、底から色かあつて、何となう玉質のものに對する感じがある。温かく且柔かい。この黄磁の成功したのが即ち、此間の東京の會で百圓に賣れた菓子器である。氏は非賣品として出したかつたがさうもならぬ事情があつて飛離れた百圓の札をつけたのに志立鐵次

郎氏か購入したのである。黄磁以外に別に青磁を作つた。毘沙門堂は其優なものである。ここに其寫眞を掲げて先づ其形式を示す。

## 参考資料2　「黄磁青磁の植田豊橘氏（下）」『京都日出新聞』大正六年六月二十三日朝刊一頁

毘沙門堂青磁は勿論其色が主ではあるが、寫眞には出ないけれども其形式も亦非常によい。其の鳥耳の腹の具合、肩のフクラミ等に得も言はれぬ味がある。氏は今度其凡てを模して而して成功した。この花瓶を三園會陳列會の日、非賣品であるし、東京の數寄者がどの邊に迄陶器が見江るかを試驗すべく、中澤博士は第一日は之を隅の方にさもヤクザ物の如くに配置した。さうして博士は鼠をねがける猫のやうに注意の眼を瞻はつて居た。豈料らんや午後に一觀覽人は久しく其前に立止つて居ると見ると忽ち賣約係の方へ來て、非賣品とありますが、いくら高くても構はぬから賣て下さいと懇々頼み入れた、然し試驗場の非賣品だからて斷つた。こんな人があつたので博士も嬉しく、二日目から相當の場所に陳列したら、サア堪らぬ、いくらでもよいよいの連中が三人も四人も現はれた。

東京は矢張廣い夫丈眼が利く人もあるので遊陶園の人も非常に喜んだ、氏も之丈の作が更に出來ぬ事もないから、どうかして先口に之を讓らうかしらんと言つて居る。が然し餘程惜しさうに見江る。さもあらう青磁は鐵を釉薬に混じて還元土として作るから、これも黄磁同樣色土として作るから、同じく底に玉の如き潤ひが漂ふて居る。骨董好では青磁は釉をかけたもので高臺が赤くないと承知すが、同じ色で更によい味の出る以上、今日の陶器として色土で作つて敢て差支はない。

六兵衛氏の大禮磁も矢張植田氏の色土の發明から教へられて別の色土を作つたのである。六兵衛氏は更に朝陽磁も作り海碧磁も作つた。こんな風で氏の發明は更に之を傳授された有爲の人によつて更に新なるものが出來た。陶器界に新鮮の空氣を與へる、斯くてこそ試驗場が意義あるものと爲る。

黄磁青磁の外氏は高工時代辰砂磁をも研究して居る。當時の作品が僅に一點氏の許に殘りあるが、其釉には所謂ピーチブルームの完全なる色が現はれて居る。思ふに今後この點に新なる研究が出來て、再び窯業界を喜ばせるであらう。

陶器の畫に純然たる寫生風の繪を試みたのも氏が高工時代の事である。唯これには畫をかくの力が直に器物の上に現はれるのだから、其の筆先を得る事が頗る困難である。これに就ては今日の畫家に於ても氏の研究を助けるべく努力してほしいものである。

**註**

（1）明治四年の京都博覽會については以下を參照。丸山宏「明治初期の京都博覽會」（吉田光邦編『万国博覧会の研究』思文閣出版、一九八六年、二三一〜二四八頁）。三井高福、小野包賢、熊谷直孝『博覽會目録』（一八七一年）。

（2）京都府畫學校については以下を參照。京都市立藝術大學百年史編纂委員會編『百年史京都市立藝術大學』（京都市立藝術大學、一九八一年）二五〜二九頁。並木誠士、青木美保子、清水愛子、山田由希代『京都 伝統工芸の近代』（思文閣出版、二〇一二年）一九八〜一九九頁。

（3）ゴットフリート・ワグネルについては以下の文献に詳しい。愛知県陶磁資料館編『近代窯業の父ゴットフリート・ワグネルと万国博覧会』（愛知県陶磁資料館、二〇〇四年）。

（4）京都陶器会社及びハリス理化学校陶器科については以下を参照。藤岡幸二『京焼百年の歩み』（京都陶磁器協会、

（5）五代清水六兵衛「研究時代」《都市と藝術》二二号、一九三三年、三四～三九頁）三九頁。

（6）藤岡前掲書（一九六二年）、一一四～一一五頁。

（7）京都府立総合資料館所蔵の資料には、京都市立陶磁器試験場編『京都市立陶磁器試験場報告書控 明治三十年度～明治四十二年度』（京都市立陶磁器試験場、一八九八年～一九一〇年）、同編『本場創立沿革答申書』（京都市立陶磁器試験場、一九〇二年～一九〇五年）、同編『創立三十周年記念日記録 大正五年四月二十八日』（京都市立陶磁器試験場、一九二〇年）、農商務省商工局編『京都市立陶磁器試験場石膏試験報告』（農商務省商工局、一九一七年、京都市編『請願書』（京都市、一九一七年）などがある。この他にも、同資料館所蔵の藤岡幸二関連資料の中に陶磁器試験場関連の資料が数件含まれている。

（8）「大正六年十二月末河井技手報告書」「大正九年六月濱田技手試験報告」の二件である。佐藤一信「ジャパニーズ・デザインの挑戦—産総研に残る試作とコレクション」（愛知県陶磁資料館編『ジャパニーズ・デザインの挑戦—産総研に残る試作とコレクション』愛知県陶磁資料館、二〇〇九年、八～一五頁）二二頁。

（9）産業技術総合研究所が所蔵する陶磁器については以下を参照。独立行政法人産業技術総合研究所『収蔵品（陶磁器）総目録』（独立行政法人産業技術総合研究所、二〇〇九年）。京都市立芸術大学が所蔵する作品は、同大学資料館の京都市立芸術大学芸術資料館オンライン収蔵品目録に収録されている。

（10）京都市産業技術研究所は、京都市立陶磁器試験場の国立移管時に分かれた京都市陶磁器講習所を大正十五年（一九二六）に吸合併した京都市立工業研究所の後身である。

（11）河井寛次郎は京都陶磁器試験場で技手として大正四年から数年間勤務したが、当時の陶磁器試験場職員の写真が多く現存している。本書で掲載した陶磁器試験場職員の写真はすべて河井寛次郎記念館所蔵のものである。

（12）藤岡前掲書『京焼百年の歩み』は京都陶磁器協会のホームページで全文が公開されている。（URL: http://kyototo-jikikaikan.or.jp/100years/）

（13）松原龍一「京都の工芸〔1910-1940〕」（京都国立近代美術館編『京都の工芸〔1910-1940〕伝統と変革のはざまに』京

（14）佐藤一信氏の諸研究については参考文献リストを参照されたい。

（15）松林鶴之助の英国留学とバーナード・リーチとの関係については以下を参照。前﨑信也「バーナード・リーチの窯を建てた男——松林鶴之助の英国留学（一）〜（四）」（『民藝』七一七〜七二〇号、二〇一二年）。

（16）本書二一五頁参照。

（17）大正八年一月、松林鶴之助が行った九州五県四十余の陶磁業者の調査記録。附属伝習所の卒業論文としてまとめられたものと思われる。有田では香蘭社・深川製磁・辻精磁社・酒井田柿右衛門工場などを、また高取焼・唐津焼・高田焼・大川内焼・三川内焼・薩摩焼などかつて御用窯として栄えた陶家・陶業地の、大正期の経営や登り窯・技術の様子が詳細に描写されている。前﨑信也『松林鶴之助　九州地方陶業見学記』（宮帯出版社、二〇一三年）。

（18）中ノ堂一信「明治の京焼—その歴史—」（京都府立総合資料館文化資料課『明治の京焼』京都府立総合資料館友の会、一九七九年）。

（19）景徳鎮磁器の低調と欧州陶磁器のアジア進出については以下を参照。前﨑信也「明治期における清国向け日本陶磁器（一）」『デザイン理論』六〇号、意匠学会、二〇一二年、七五〜八七頁。

（20）黒田　譲『名家歴訪録上』（一九〇一年）三三一頁。

（21）日本の陶磁器輸出に神戸港が果たした役割については以下を参照。前﨑信也「明治期における清国向け日本陶磁器（二）」『デザイン理論』六二号、意匠学会、二〇一三年、六九〜八二頁。

（22）藤岡前掲書（一九六二年）二八〜二九頁。黒田前掲書、三三二頁。

（23）京都市陶磁器商工組合は、明治三十三年に、商工省の認可を受けて京都陶磁器商工同業組合と改名された。陶磁器試験場敷地内にあり、錦光山宗兵衛、平岡利兵衛、松風嘉定、中村孝蔵、浅見五郎助が歴代の組合長をつとめたが、昭和十一年に解散している。現在の京都陶磁器協会の前身となる京都陶磁器工業組合は、従来の商工同業組合とは別に昭和九年に、商工分離する形で設立された。ここには粟田口・清水五条坂の陶家の他にも、日吉町、泉涌寺、伏見の組合員も含まれた。京都陶磁器工業組合は、昭和十八年に京都陶磁器統制組合に移行し、昭和二十八年、この統制組合の資産

(24) 専売特許条例が近代の陶磁器に与えた影響については以下を参照。藤岡前掲書（一九六二年）、四一頁、一三四～一五二、二〇九頁。與・平家から見た「写し」をめぐる京焼の十九世紀」（島尾新・彬子女王・亀田和子編『写し』の力——創造と継承のマトリクス』、思文閣出版、二〇一四年、七三～一一〇頁）。

(25) 黒田前掲書、三一頁。

(26) 中澤岩太「京都陶磁器試験場創立二十周年記念式場ニ於テ所感ヲ述フ」『創立二十周年記念日記録』（一九一六年、京都府立総合資料館蔵）。この中澤の公演の内容は、藤岡前掲書（一九六二年）、六三～六七頁、にも掲載されている。森仁史「近代日本と陶磁器制作——美と製造の宿命」（独立行政法人産業技術総合研究所『収蔵品（陶磁器）総目録Ⅰ収蔵品目録』六～一三頁）八頁。

(27) 資料には「京都市」と「京都市立」という表記が混在するため、本書では京都市立に統一した。

(28) 京都陶磁器試験場の創設・規模及び藤江永孝に関する内容は以下の資料の記載を元にした。故藤江永孝君功績表彰會前掲書、四四～六六頁、藤岡前掲書（一九三〇年）、一一〇～一一一頁、京都市編前掲書、中澤前掲書、鎌谷親善「京都市陶磁器試験場明治二十九年～大正九年（Ⅰ）『化学史研究』四十号、一九八七年、九八～一二五頁、京都市工業試験場窯業技術研究室編『京都市陶磁器試験所創設一〇〇周年記念誌』（京都市工業試験場、一九九七年）一頁、「京都陶磁器試験所」『読売新聞』一九〇二年十二月二十日朝刊二面。

(29) 板谷波山「京都附近の陶器と其特徴（一）」『美術之日本』第三巻二号、一九一二年、一九～二三頁）二〇～二一頁。

(30) 京都地籍図については赤石直美氏にご教示いただいた。稲津近太郎編『京都市及接続町村地籍図附録 第二編 下京之部』（京都地籍図編纂所、一九一二年）八一頁。同編『京都市及接続町村地籍図 第二編 下京之部』（京都地籍図編纂所、一九一二年）二八三、二九〇～二九二頁。

(31) 藤岡前掲書（一九六二年）、六七～六八頁。

(32) 京都市編前掲書。

(33) 陶磁器試験場の業績リストは以下の資料掲載の内容を元に作成。陶磁器試験所編『商工省所管陶磁器試験所業績大要』

（34）陶磁器試験所、一九三二年、三十三〜三十七頁、故藤江永孝君功績表彰會前掲書、六十二〜六十六頁、藤岡前掲書（一九三〇年）、一一二〜一一四頁、同前掲書、一九六二年、六二一〜八四頁。

（35）藤岡前掲書（一九三〇年）、一七頁。

（36）中澤前掲書。

（37）植田豊橋については以下も参照されたし。愛知県陶磁資料館編『ジャパニーズ・デザインの挑戦──産総研に残る試作とコレクション』（愛知県陶磁資料館、二〇〇九年）七〇〜七七頁。

（38）濱田庄司『窯にまかせて』（日本経済新聞社出版局、一九七六年）六五頁。

（39）東京高等工業学校が明治時代の窯業教育について果たした役割については以下を参照。前﨑前掲書『松林鶴之助　九州地方陶業見学記』三一〇〜三一五頁。

（40）ここに挙げた陶磁器試験場職員の履歴については重複を避ける為に本書掲載の「日記（大正五年）」、「日記（大正六年）」中の脚注を参照いただきたい。

（41）佐藤一信「京都の陶家・清水六兵衞家について──初代から五代を中心に」（愛知県陶磁資料館学芸課編『陶家の蒐集と制作Ⅰ 清水六兵衞家 京の華やぎ』愛知県陶磁資料館、二〇一三年、一七〇〜一八一頁）一七九〜一八〇頁。

（42）一九一五年頃の植田の息子の日記には、黄土の磁器作品が東京での展覧会で評判がよかったとの記述がある。佐藤前掲書、一三三頁。

（43）陶磁器試験場の研究成果と大礼磁の関係については佐藤一信氏によって既に指摘されている。佐藤前掲書（二〇一三年）、一八〇頁。

（44）前﨑前掲書（二〇一四年）、一〇五頁数。

（45）濱田前掲書、六六頁。

（46）三橋　清「石膏の製試験」『故藤江永孝君功績表彰會前掲書）三六〜三八頁。この試験の報告書は、農商務省商工局編『京都市立陶磁器試験場石膏試験報告』（農商務省商工局、一九一七年）である。

（47）陶磁器試験場の国立移管の経緯については以下を参照。鎌谷親善「京都市陶磁器試験場明治二十九年〜大正九年（Ⅱ

（47）『化学史研究』四一号、一九八七年、一四七〜一六三頁。
（48）藤岡前掲書（一九六二年）、一一四〜一一六頁。
（49）故藤江永孝君功績表彰會前掲書、五二〜五四頁。
（50）故藤江永孝君功績表彰會前掲書、八四〜八五頁。
（51）『京都市立陶磁器試験場業績概要』（一九三一〜一九三三頃）
（52）五代清水六兵衛「故人の賜」（故藤江永孝君功績表彰會編『藤江永孝傳』一九三三年、四〇〜四二頁）四〇頁。
（53）京都市立絵画専門学校及び美術工芸学校には三良・三好という名の教諭は存在しない。おそらく三吉武郎の間違いであると考えられる。京都市立芸術大学百年史編纂委員会編前掲書、三六、三八、五〇九、五一一頁。
（54）本書一七六頁。
（55）濱田庄司前掲書。
（56）北村彌一郎「製陶法」（大日本窯業協会編『工學博士北村彌一郎窯業全集 第二巻』大日本窯業協会、一九二九年）、一八六頁。
（57）城島守人の経歴については以下を参照。「城島守人履歴書」有田町歴史民俗資料館所蔵。前崎前掲書（二〇一三年）、二六七頁。
（58）『石川県陶業地方見学記』は二〇一五年の刊行を予定している。『九州地方陶業見学記』は既刊。前崎前掲書、二〇一三年。
（59）本書二二五頁。
（60）本書『製陶法』一一五頁参照。

# 日記（大正五年）

画像1　松林家 家族写真（左端が鶴之助）（朝日焼松林家蔵）

# 凡例

一、翻刻部分は原則として原文通りの表記とした。但し、適宜句読点を追加・省略したところがある。また、一部の異体字を新字体あるいは旧字体に変更した。

一、原註の（ ）、原文にあるルビはそのままとした。

一、原文の段落改めは原則として原文通りとしたが、冒頭を一字下げたところがある。

一、翻刻文中の編者註および編者によるルビは〔 〕で括った。

一、ひらがなとカタカナが混在していたため、外来語とルビ以外のカタカナはすべてひらがなに変更した。

一、仮名の「ゑ」を「江」と記されている箇所はすべて「ゑ」に変更した。

一、送り仮名などの表記のゆれについては修正せず原文のままとした。

一、判読の難しい文字は□とした。

一、原本にある挿図・表には特にキャプションを付していない。

一、新たに追加した写真にはキャプションおよび所蔵先・出展等を付した。

一、コラムは編者が挿入したものである。

一、注釈の付いていない人物に関する詳細は不明。

日記（大正五年）

画像2「宇治川水力発電所及寶塔ヲ望ム」（手前の家屋が松林家）（絵葉書、個人蔵）

四月一日（土）　天氣　雨天

豫記　林半人

試驗所入學式に行く

起床は五時にして朝飯を早く食べる。それから母様にも起床して戴いて、試驗場の正科陶画分科の入學式に兄様に連れられて京都へと行く。中書嶋で本線に乗り換へると京都行の急行で中書嶋京都間を十六分間で行った。行くと式には早過ぎるので試驗所の内部を見て歩いた。なか〴〵機械なども沢山に据って居る〔口絵7〕。洋式円窯〔口絵9・10〕も焚いて居た。すると熱電氣を應用して拵へた熱度計のパイロメーターには感心した。それから十一時に入学式が始り、十二時過ぎに終った。何分にも前の第三高等小学校を半分使用して居る事故大変廣い。それから箱屋へ行き、四條通で學生帽を買ひ、三條の停留所で學生定期乗車券を買ふ。それから歸って晝飯を食べ、謡の先生が来れると謡の稽古もする。夕飯後は例の如し。

四月二日（日）　天氣　曇天　寒暖　六十度

豫記　林豊吉

京都烏丸駅　大聖寺まで行く

起床は先づ普通。朝飯後新築を開けてから窯場で安南の口切りの手傳ひをしてから、ふと臺所へ行くと、ホーチョー（包丁）を砥いでくれとの事で砥いであげる。それから母様のいしいしと云ふヨモギダンゴ（蓬団子）を手傳ふ事になった。何分にも、土を常からもみつけて居るので上手にもんであげ、それからいろいろの模様の型でをして上げると母様がつつまれる。畫飯後は一時半頃から京都の大聖寺へ其のいしいしの團子を拵へて行く事となり、着物を着替へて行く。京阪電車は定期で乗っても乗らなくとも同じな所から行く事になったのである。行くと、長い間待って御前も歸って来られ、竹田宮殿下から頂戴したお菓子を戴く。歸りに工藝品展覧会（コラム１、画像３・４）を見て歸る。夕食後は例の如し。

## 四月三日（月）　天氣　曇天　寒暖　六拾度

豫記
　林豊吉
　謡の稽古
　鶴亀を習ふ

朝飯後は新築を明けてから新聞も見ると、昨日来られたのは竹田妃殿下であったが解った。次に私の京阪電車の定期乗車券の挟み物を拵へる。すると店からよびに来たので行くと、國華新聞の森本が大阪の人を連れて来て、七円六拾銭の急須を買ふので行く。畫飯後はパス挟を拵へ終へて干して置く。それから小包を二つ詰める。新築へと廻もって茶菓を供す。それからパス挟を拵へ終へて干して置く。すると大倉組の金森さんと、森本組の廣橋さんが来る。新築へと廻もって茶菓を供す。それから謡の先生が来られ小段治をさらへと喧嘩をし、ウンとひどい目に會はすと父様や母様から叱られた。

## コラム1　京都工藝品展覧会

京都工藝品展覧会は大正五年一月十五日から四月三十日まで、岡崎公園大典記念京都博覧会場跡地において開催された。これは、大正四年十二月十九日に閉会した大典記念京都博覧会会場を大正五年一月以降も拝観許可したところ、全国各地からの来場者の増加が見られたため、この機を生かして京都工芸品の展示をしたのである。第二会場の二階中央参考室には、市内窯業家の秘蔵の作品が展示された。

出品者は、清水六兵衛、高橋道八、清風與平、三浦竹泉、平岡利兵衛、伊東陶山、谷口長次郎、和気亀亭、寺澤恒一、眞清水蔵六、宮永東山、赤尾

画像3　第二會場全景（京都市役所『京都工藝品展覧会報告』中西印刷合名会社、1917年、京都府立総合資料館蔵）

画像4　参考室古陶器陳列（京都市役所『京都工藝品展覧会報告』中西印刷合名会社、1917年、京都府立総合資料館蔵）

半左衛門、宇野五山、高橋清山、及び京都市陶磁器試験場である。出品作は江戸期以降の京焼（粟田口、清水・五条坂）であり、陶磁器試験場からの出品は「古粟田酒瓶」「古粟田鉢」「潁川作色絵皿」「與三兵衛作色絵皿」「保全作赤呉須茶碗」「乾山作松画長皿」「保全作金襴手鉢」であった。

（京都市役所編『京都工藝品展覧会報告』中西印刷合名会社、一九一七年）

今度鶴亀を習ふ。のどの工合が大変乏しく聲を出すと痛くはれよって困った。夕飯後は例の如し。

四月四日（火）　天氣　晴天

豫記　林豊吉　今夜は窯焚き

起床は五時にして朝飯を終ると新聞を妹や兄様のまだ夢さへ活んで居る頃に開けてから、着物を着替へてから六時十分の電車で試驗場へ行く。行くと七時。まだ一時間もあるのと草履を買いに行き、歸ると半時間は待つ。それから式場に入って手伝から。今日は授業はないから教室のかたづけ事をして、それから自分の場席を定めてから、一應の話を聞き正午頃退出する。歸途、紙と筆とを買って歸る。家へ歸ると着物を着替へて必要品の筆洗の注文に行く。歸ると又洋ケーの帳面を買いに□へ焼物をもって行った。歸とイシ〳〵團子の型を拵へる。それから明日の用意をそれ〴〵する。夕方には戸を閉め、夕飯後は窯焚きを手傳い、それから新築へ歸り、日記を認め、手習い止めて明日の用意をして九時半の入床。

四月五日（水）　天氣　曇天

豫記　林（窯焚の翌日）

起床は四時半にした。朝飯後は着物を着替へて、私の籍を奇留して居る岩城さんの宅を尋ぬべく三番の電車で行く。下寺町の太子堂まで岩城さんに長芋をもって行き、それから傳習所へ行くと間もなく授業が始まり、先づ化學、次に美術、それから實習は雷門の模様を書くのであった。雷門も割合に手間の入るものであった。午前中に四時間の授業を受けて晝に弁当を食べると、約一時間の間は遊び、それから一時間は實習をやり、それから皇

日記（大正五年）

后陛下が御所へ入らせられるについては、市立の試験所の傳習生としてお迎ひに行かねばならぬので、御所の迎春門のすぐ前、直ち御山内の最も位置のよい所で奉迎申し上げ〔コラム2〕、それからすぐ電車で歸ると、手帖と筆洗を取りに行き、夕飯後は例の如し。

四月六日（木）　天氣　曇天

豫記　　林豊吉

起床はちょうど五時。それから手水を□で使ひ、朝飯後は新築を開けてから着物を着替へて行く。相変らず六時十分の電車で行く。授業は用器畫から始まるのであるが、用器畫の先生が来られぬので實修をやる。次に美術は高等小學を終ったものは行かなくともよいので實修をやる。次に物理學は試験場から三十五、六と見る雄辯の先生が来て、物理學はかくなものと云ふ事丈けで次から講義があるので、四時間目の実習をやる。昨日の雷紋を清書する。弁当を食べてから三時間の實習に四枚の今日の清書を更に三枚一寸むづかしいものを出して戴いて、時間が来て授業を終へ当番をしてから電車で歸ると五時。夕飯後は今日三枚出された手本の内一枚を書く。九時四十分の入床。

コラム2　皇族の奉迎・奉送

松林鶴之助の日記には入洛する皇族の奉迎・奉送に参加したことについての記載が何度も見られる。その手順について、同日の『京都日出新聞』に説明されている。大正五年四月五日午後二時五十二分、貞明皇后は京都駅に到着して直ちに京都市内の各学校の生徒は御苑内において奉迎することとなった。建礼門前通路の西側に東面して南側から、京都帝国大学の学生の並ぶ位置は二十番目。通過されてから二丁（約二二〇メートル）を過ぎれば解散してもよいとされ、雨天時には雨具の着用が許可されていた。

（「各學校の奉迎」『京都日出新聞』大正五年四月五日朝刊一面）

四月七日（金）　天氣　曇天

豫記　木

　起床は五時半。朝飯後は急いで着物を着替へて行ったが、もー一分間も遅かったなら六時三十分の電車には遅れると云ふ、きはどい所で乗れた。行くと、今日は毛筆の實習で美術學校から柴原と云ふ先生が來られて、道具が揃ふて居らぬ所から雜話を聞いた。其の九点の用具に一つ一つ説明せられ、繪具や筆は買ふべき所まで教へて下さった。午後は化學の時間に御所の事など話され、讀書、習字は本がなく、讀書の時は話を聞き、習字の時は實習をやった。それから當番をしてから歸ると、柴原先生に教へられた烏丸二條下ル石田放光堂へ行って棒繪具を買ふて歸る。宇治へ歸ると六時頃、父樣は歸りが遅いので心配して居られたとの事、夕飯後は早速と棒繪具をアイと茶とを解いた。入床は九時四十分。

四月八日（土）　天氣　晴天

豫記　林豊吉

　起床は五時。朝飯後は新築を開けてから着物を着替へて六時二十分に家を出る。六時半の四番電車で行く。先づ珠算から始まり、次に製陶法の講義の筆記。次二時間は陶畫の實習をなし、午後は美術學校の三良と云ふ先生から、寫生の豫習として敷寫しをやる。なか〳〵先生は氣の利き過ぎる程もコワイ先生であった。それから土曜日で大掃除をやって歸る。今日は三良先生氣を利かして早く終はれたので、歸りが早く五時前に歸れた。それから着物を着替へると繪具を解く。夕飯の後も繪具解をする。それから新築へ歸ると兄樣は床の間へ桃の花を活けて居た。九時三拾分には寝る。

日記（大正五年）

明日は日曜日でも午前七時二十分に御所へ集合して皇后陛下を奉送せねばならぬ。

四月九日（日）　天氣　晴天　寒暖　七十三度

豫記　林豊吉

謡　頼政[22]

目が四時に醒めてすぐ様に起床し、それから寝間をたたみ、茶を沸して朝飯を終ってすぐ着物を着替へてから、皇后陛下が還行の奉送に行く。中書嶋で日ノ出を見、御所へ七時十分前に着いた。それから七時五拾分に皇后陛下を奉送申し上げ、歸途、厚ミノ拭[美濃紙]、皿や筆、筆卷を買ふて歸った。歸ると繪具解をす。晝飯後も一生險明に繪具解をする。繪具よりもアキオが勝って解けぬものはアキオを入れる。それから細工場でかろひ物は極僅した。それからいし〱團子の手傳ひで例の如くやる。出来ると私も頂戴する。それから瓦屋からドテの木をぬきに来たのを見て居ると、謡の先生が来られ、謡の稽古を始め、鶴亀をさらへ、頼政を少し習ふ。夕飯後は入浴の後、新築へ歸って日記を認め、少しの讀書の後、九時十分の入床。[懸命][土手]

四月十日（月）　天氣　雨天

豫記　林豊吉

起床が遅かったので下女が起しに来た。朝飯を終へて直ちに着物を着替へて行くと、六時三十分の電車で都合はよかった。それから試験所へ行ったのは七時四十分。先づ實習から始まり、陶器用畫の清書をする。なか〱むづかしい物で閉口した。すると心臓の工合が悪いので、何時早引するか解らぬ事を大菅先生[画像5]に告げてお[大須賀][24]

51

四月十一日（火）　天氣　曇天

豫記　林豊吉

起床は五時十分。例の如く朝飯を終ってから、妹が其のクラスメイトに出すレターをポストまで携へて行く。行くと尚四拾分も間があるので紙を買ひに行くなどした。[からかみ]唐紙を用いたのも生れて始めてである。授業は先づ修身、山次三時間が柴原先生の運筆で、生れて初めて一本一円の筆で書いた。電車は三番の六時十分ので行った。

く。午后は作文の一時間の授業を受けた丈けで、後二時間は早引する。歸途、明日入用な大硯と敷布でさがしまはる。歸ると四時。

今日又一人陶画科へ入學したものがある。是で一年生も八人になった。然し一人は始めから休んで今に来ぬものが居るから、実は七人で二年生は八人居るが、いつも皆来て居るから、或はそれ以上かも知れぬ。夕飯後は例の如し。

画像5　大須賀眞蔵
（河井寛次郎記念館蔵）

画像6　吉嶋次郎
（河井寛次郎記念館蔵）

日記（大正五年）

田君は、先に少し稽古した事がある丈に運筆は上手である。午後も三時間の実習で吉嶋先生の模様である【画像6】。それから授業を終って、当番は昨日私が早引したから、今日は私一人がすると云ふてやると、沢田など二年生の連中も大いに手傳つてくれて、五條の停留場へ来ると塩小路の方が偉い煙が上って居る。やがて半鐘がなる。電車で通ると、塩小路の停留場のすぐ西の家がもえて居た。帰宅後、繪の具を解く。

四月十二日（水）　天氣　曇天

豫記　林豊吉

起床は遅かったので下女が起しに来た。それから朝飯を終へて六時三十分の電車で行く。授業は化學、次に美術の時間は實習を、三時間目から實習でむづかしい物が終るとどん／＼易いのをやった。午後は、もー易い分の模様は大概やったので、まだ書かぬ分をさがし出して書き、次に又一段、段の違ふむづかしい手本を三枚出された。然し時間も来て、尚も繪具の内、胡粉がないので明日の事として、番ノ当の後歸った。歸宅すると繪具を一生險明にする。夕飯後今日から御所の拜觀が出来る為めに、電車は沢山の人で乘りにくい。昨日電車で歸りに見た塩小路の火事は七軒焼けたりとの事。入床は十時。

四月十三日（木）　天氣　晴天

豫記　林豊吉

起床は遅かったので下女が起しに来て、三十分間の間に朝飯を終へ、寝具をたたみ便所へ行き、着物を着替へ

て弁當を詰めてもって行くと、六時三十分の電車に四分間しかない。急いではしって行って、やうやう遅れずに乗れり。電車の中で茶色の繪具すりもした。試驗所へ行くと三拾分間は暇があった。先づ福田先生〔画像7〕の用機画で用具の話、次に美術はやらずに實習を。物理は、伎師の先生から天然自然の固體液體氣体の三體の説明があった。それから後は、實習で胡粉を用いる繪は少しむずかしいもので、三枚の内一枚はやり損じをしてやり直しをした。其のやり直しも半途にして時間が來て、掃除當番後、退出した。電車は偉い人で困った。歸ると五時半夕飯までは遊んで、夕飯後は今日使ふべき繪具解きをした。入床は十時になった。

## 四月十四日（金）　天氣　晴天

豫記　林豐吉

起床は五時二十分。六時半の四番電車までに一時間と十分、昨日とは少しゆっくりした。昨日から不出來の繪具の茶色を浮鉢で電車の中でする。用あって五條から四條まで切符を買ふて行き、四條下ル寺町で買ひ物の後、

日記（大正五年）

画像9　平等院の夜櫻（京都府久世郡役所『京都府久世郡写真帖』1915年、京都府立総合資料館蔵）

試験所へ行っても遅れなかった。先づ授業は、金曜日で毛筆畫の実習から始まり、キンポーゲの清書を三時間もかかって清書する。それから春野げし［芥子］の写し物にかかった。是も半途にして時間が来るので私は実習をやる。次が化學は英語を教へられるので私は実習をやる。中村先生［画像8］から本を買ふ。昨陶画の実習で一枚粉を用ふる菊の繪のやり直しを清書して出す。次に色々のものを五枚出して戴いた。それから讀方は今日買ひたての新本で手習ひ、書き方も又今日買ふたばかりの新本で手習をした。それから当番をして歸ると、居に一ぱい［杯］の人。荷造も一つした。夕飯後は繪具解も一つ二つしてから拾時の入床。宇治川の堤の桜も開き、宇治町営、氣を利かして電燈を点じたので、夜櫻でにぎやかで美くしく見える［画像9］。

四月十五日（土）　天氣　雨天

起床は五時。朝飯後少し早過ぎるので犬を連れ

## 四月十六日（日） 天氣　曇天

豫記　林豊吉

起床は六時。朝飯後は新築を開けてから、着物を着替へて京都へ買い物に行く。先づ母様に戴いた五円も、唐紙を一本（二百枚）を買ふと三円五十戔、それから用機〔器〕画用の曲尺一尺の一厘目さしを買ふと、錦の魚屋でカマボコと、都合五軒へ行って歸ると十一時半。畫飯後は、殊に千代紙を二枚買ふて来たのを箱屋へと、謠の先生が来られると、謠の頼政の稽古をする。画紙四枚が三十二戔。他に箱屋へと、錦の魚屋でカマボコと、都合五軒へ行って歸ると十一時半。畫飯後は、殊に千代紙を二枚買ふて来たのを箱屋へと、謠の先生が来られると、謠の頼政の稽古をする。それから夕飯後は繪具を洋紅と袋緒の二色をとき、それから手紙を一通書いてから、九時四十分に入床。今日は花見で宇治も随分とにぎやかであった。

て出ると、雌犬が来て又雄犬が来て大喧嘩をする。それから犬をおひ、次に十五分の間があるのでゆっくりと行った。電車の中でも大分待って、行くと三十分の暇があった。それから製陶法の講義。次に三好先生の毛筆画二時間は運筆の写し物でむづかしいので閉口したが、大いに努力の結果ついに清書する事を得直しをせよと云はれた。私が、初めから書き直せ、とやられたのは今日が初めである。午後は陶画の実習で、一枚に二つ書いた内一つが悪くて書き模様は自分で得も書き得ぬので、私に何の彼の尋ねに来るので教へてやる。それから歸るにも雨が降って居るので傘かなし。金子や山田などビシヤモン崩しの手傳もしてやる。〔毘沙門〕或はアサ〔麻〕、或はビシヤモン〔毘沙門〕などの〔審査〕のシンサ官と片山発電所長とが来て居て、新築の電燈は特許を受けるがよいと進められた。それから土曜日とて大掃除をする。小川君に大谷前の停留所まで傘を着せてもーて歸ると、特許局

日記（大正五年）

四月十七日（月）　　天氣　晴天

豫記　　林豊吉

起床は五時二十分。朝飯を終ってから着物を着替へて行く。六時三十分発の電車は一番汽車といつも競争する。(34)一番汽車がもう宇治川水電の水捨場あたりへ行った時分に発車して追越す所は何よりも愉快である。中書嶋から五條へは満員で乗れぬ。次に来たのも満員であったが無理に乗って行く。それから先づ授業は実習から始まり、書き直しを書いてからは、まだやらぬ分を十六枚やる事になった。弁当を食べてからは、一時間の授業の後、早引して帰る。中書嶋から宇治町營電燈の前の伎手ノ奥村君に出會した。踊るか早いか細工場で磁器の急須の穴明を手傳ふ。流石に桜が咲いて居る丈あって、沢山に人が来てやかましく、その聲が聞江る。夕飯後は新築へ歸って、まだ解けぬ洋紅を解く。柴原先生は粉の繪具はゼラチンで棒繪具はアキヲでと言はれたので、洋紅の粉の繪具をゼラチンで解くと面白く解けず妙な事になった。それで又色々工夫して、終りて、また新らしいのを解いて、前のは後から工夫する事にした。

四月十八日（火）　　天氣　晴天

豫記　　林豊吉

　　日吉神社へ

起床は五時半。朝飯後例の如く停留所(36)〔画像12〕へと行くと、車掌臺に車ショー〔掌〕が立って居る様に見江たので走って行くと、何の事かは郵便配達夫であった。それから京都へ着くと七時二十分。それから箱宗へよってから、試驗所の門を通って傳習所へ行くと、まだ早く大分待った。修身は話のみ。次に、皆柴原先生の運筆三時間に前の

## コラム3　豊公祭

大正四年八月一八日、豊臣秀吉が正一位に叙されたことを受け、大正五年四月十五日から十九日まで豊公廟の太閤坦にて祝賀祭がとりおこなわれた。午前十時、金子宮司が祝詞を奏した後、玉串を奉り、参拝者協賛会発起人等も続いて玉串を奉納。次に裏千家千宗室氏の献茶式があり、式が終ったのは正午。それから饗宴場で直会として饗応が始まった。午後一時からは、大江、茂山両社中の能狂言が披露された。当日の天気は快晴で多くの一般参詣者が訪れたという。松林が述べるように豊国神社でも同様の祝賀祭が行われていたのであろう。

（『日出新聞』大正五年四月十九日朝刊二頁）

**画像10　京都 豊公廟**
（高木秀太郎『近畿名所』関写真製版印刷、1930年）

**画像11　豊国神社**
（石川兼治郎『新撰京都名所』（フジヤ書店、1912年）

日記（大正五年）

**画像12　宇治停留所**
（京都府久世郡役所『京都府久世郡写真帖』1915年、京都府立総合資料館蔵）

**四月十九日**（水）　天氣　晴天

豫記　林豊吉

起床は五時二十分にして、それから朝飯を終つてから例の如く行くと、瓦屋の由さんも走つて行くので私も走る。すると乗るか早いが出た。中書嶋では運轉臺へも上れず、下段でまことにこはかつた。それから夜學校前の雜貨店へ巻紙を買ひに行くと、行くと七時半。それから夜學校前の雜貨店へ巻紙を買ひに行くと、[日釜]轆轤科の目賀田先生が居る［画像13］。尋ねると此の雜貨店は目賀田先生が経營して居るのであつた。それから先づ授業は化學から始

分を清書して、それから又新らしいものを習ふ。午後は、當番をしてから第一教室へ全部生徒を集められた。それから大須賀先生から豊臣秀吉の話があり、次に級長、福級長の示令を渡され、私も陶画分科の級長になつた。副級長は山田君である。それから豊国神社へ参つた［コラム3、画像10・11］。豊臣秀吉に正一位をくられたので、其の奉祝で大変ににぎやかに能などの餘キョー［興］もあつた。それから寺町四條下ル所までお使いに行き、歸ると用器画の帳面をとぢる用意をし、表紙に入れるバフン紙［馬糞］を買ひに行き、夕飯後は入浴の後とぢると十時三十分の入床。

## 四月二十日（木） 天氣 曇天

豫氣 林豊吉

起床は五時。朝飯後は、今日から綿入の着物をぬいで合せの軽い着物で行った。行くと三拾分は待ち、先づ、用器畫の授業は三角定規を揃ひで買う事を一人うけ合って居る中村先生が等ん閑に附して居かれた為め、私こそ必用品の六品は揃ふて居るもの〳〵、他の者に揃ふて居らぬ所から、完全な稽古が出来なかった。それから実習を一時間。次に物理學ついては天文學上の面白い話なども聞いた。私が手傳った。次に終りまでの実習で模様の五十餘枚もいよ〳〵書き終り、次の日から生地に書く順備をした。すると、電車は中書嶋までのので大変楽であった。歸とすぐ様業を終って當番をして、箱屋の箱宗へよって歸る。それから課母様のして居られるイシ〳〵團子をもみ事丈手傳ふと、夕飯後は其の型を拵へる。父様は杉本、瀧両役場員の退

後は散髪に行って歸ると、朝鮮人参を戴いて新築へ歸る。日記を認め十時の入床。

画像13 目釜新七
（河井寛次郎記念館蔵）

る。陶畫の実習の豫習としての手かための模様も七枚となった。午後は一通の手紙を認めると割合に暇取って、午後の一時間目に少し遅れた。それから夜學校前の切手賣捌店で切手を買ひ、近くのポストへ入れてから実習にかかって、七枚の内五枚まで書き、残る所は僅か二枚になった。此の二枚がむづかしいもののみとなった。三時四十分に退出し、電車で都合よく歸って急須の穴明を手傳ひ、四時二十分に退出し、電車で都合よく歸って当番をして、夕飯

日記（大正五年）

画像14 「宇治橋ヨリ見タル菊屋全景」（絵葉書、個人蔵）

**四月二十一日**（金）　天氣　曇雨

豫記　林豊吉

階下の食堂で弁当

起床は午前三時にして、母様の手傳をして團子をする。それが出来ると朝飯を食べてから、其の出来たこの團子を重箱に入れて下寺町の太子堂へもって行く。それから先づ毛筆画から授業は始まり、春野げ[弁子]しの写し物を清書して出す。それから又新らしい手本を出して戴いた。そして半分を程書くと時間が来て、弁当を食べ様とすると、食堂で食べよ、陶画家に限って分れて食べなくともよいと云はれるので、階下の食堂で始めて弁当を食べた。すると轆轤科では一人が二茭づ、出合ふて茶を入れて居る。それから午後は化學の時間は實習をやった。此の實習で始めてコシ[腰]高の煎茶茶碗に雷門[紋]を書いた。話を聞くと五十枚程の模様を書くに一ヶ

職の送別會の為めに菊屋[画像14]へ行かれ、それか為め父様に似た聲で助けを求める聲がして心配したが何でなかった。父様は無事。

61

月以上もかかつて、生地に着手したのは大概五月頃で、岩井君の二十八日位が早い方であつたのが、私は此の四月の二十一日に約一週間も早くやつた道理で、歸ると、御手洗から叔父様と其の息と其の嫁さんの父親とが來て居られる。夕飯後、入床は十時過ぎ。

四月二十二日（土）　天氣　雨天

豫記　林豊吉

起床を母様に促された。六時三十分の電車で行く。何分にも雨が降るので、嵩（かさ）が高い上に、電車が運轉を開始するとヒューと好な音がするので不思議に思ふて居ると、深草で車庫から他の別の電車を引出して客を乗せ変へて京都へ着いた。即ち動き出すとヒューと云ふ音のするのは、故ショーが起つて居たのである。行くと珠算は今日は不成績で、次は製陶法、次二時間は三好先生の運筆の写し物をする。あたりまへは今日は運筆であつたのが、運筆の用意のあるものは私一人しかないので写し物になつた。弁当に□私がもつて行つた。正池尾の茶を入れると一同大喜び。それから陶画の実習は三時間に、コシ高の煎茶々碗に雷門、七寶、其他五通の模様を書いた。當番の後、踊ると五時半。今日、繪具解を三つ買ふて歸り、三年生が書いた運筆の清書を一枚もらつて歸つたのを見せる。夕飯後は、謠を歌ひ乍ら母様の按摩をして新築へ歸ると、塩田海の燈ロー流しをやつて居るのを見た□寝る。

四月二十三日（日）　天氣　雨天

豫記　林豊吉

日記（大正五年）

四月二十四日（月）　天氣　晴天

豫記　林豊吉

起床は五時半。朝飯後は靖雄を京都へ連れて行く。用意で下駄を買ひに行く。歸ると着物を着替へて京都へ連れて行く。先づ東本願寺に参り、次に西本願寺に参り、次に二條のリ宮。次に御所を出るともう一時。それから動物園、次に第二會場大禮館、次に工藝品展覽會の第一會場から出ると、うどん屋へ入って、親子丼を注文すると、おり悪しく品切れでうどんを食べて出て、先づ京極を通り、四條から五條までは寺町を五條の停留場からも電車で歸るともう六時。間もなく夕飯を食べる。それから新築へ歸る。今日靖雄さんにはエーヤトルピートを、私には試し皿、ま定の鉛筆を二ダース買ふて来た。鉛筆はビー。エッチ印の普通用として都合のよいいろであった。それから靖雄さんに、歸って今日京都へ行った事を話しできるかと尋ねると、一向に話の出来ないのも京都へは始めてゞあるから無理もない。次に靖雄さんは工展で樂隊を聞いたのは生れてから始めてとは驚いた。動物園でも始めてのものが多かった。

母様に起床を促されて、例の如く包みを調へて行くと、六時半の電車はいつもならば六時二十八分發の一番汽車を競争にお定りであるのに、今日に限って競争氣のない運手は、知りつゝ、まけるのは不愉快であった。行くと何の事やら授業はない。朝から當番である。それは来る二十八日が試験所の創立二十周年記念日であるので、其の用意の為めにやるので、私は圖画室を五人よってやる事になった。一年生の山田も一緒に當番する事になると、山田豊之助は大變ずるい男で歸ってしまふ。私は終りまで一生験明にやって此の間から清書した陶画の模様の全部を點をつけて返して戴く。百點のもの七つ、最下點が七十點、平均九十四點になるが、同じものゝ内、両方と

も平均にすると九十点になる。[採]彩点は甲の認定である。それを戴ると三時四十分に帰る。帰ると、返してもろーた陶画の清書の全部をまとめて帖面にとぢる用意をし、夕飯後は十時までかかってとぢる。入床は十時。

## 四月二十五日（火）　天氣　雨天

豫記　林豊吉

今日は傳習所へ行っても掃除であるから、昨日私の従弟が廣嶋から来て居るので案内に連れて歩かねばなりませんから休まして戴く、と云ひ頼んで置いたから、安心して靖雄さんを奈良へ案内して行った。汽車で一時間二十分で奈良へ到着すると、三條通りを春日神社へ、それから二月堂からお茶殿で携へた弁当を食べる。それから大佛殿内に入って大佛を見て、午后一時十五分発の汽車で帰る。靖雄さんの不行儀も今更なけれども、閉口され
る事シバ〴〵あった。奈良では鹿で大分に病まされ、此の横着ものも今日も泣き出すかと思はれた事もあった。それから大森先生が来られて謡の稽古を頼政のおさらひをして戴き、夕飯後は今日奈良で買ふて来に靖雄の手帳へ此の間からの事を書いてやると、福田会が、又川のトロー流しで、[灯籠]川が美しく書く事もよい加減にして置いて十時の入床。

## 四月二十六日（水）　天氣　晴天

豫記　林豊吉

起床は五時半。朝飯を終へてから何にも持たずに行く行く。中書嶋では大変に沢山の人で乗れず、次の電車で京都へ行くと、七時二十分に五條へ着き、傳習所へ行くともう各室は文展の紫色の幕を張りめぐらして、陶画室

# 日記（大正五年）

## 四月二十七日（木）　天氣　晴天

豫記　林豊吉

起床が遅かった為めに、朝飯を終へてから急須の穴明を六つ手傳ふて、七時十分の電車で行かうとすると、乗り遅れて七時三十分の電車で行った。傳習所へ着くと八時二十四分で、つまり二十四分の遅刻となった。それから陳列を手傳ふ事となり、文部省の美術展覽会のマクを借りて来て室を包む。随分と美しうなった。来賓休憩室へは外國産のロックードやまじょりか焼の結構なものばかりを、或は京都の各名家の作品を少しづつ列べる事となり、大いに手傳ひ、それから巾拾尺餘、長さは二拾五間もある大きいマクの小さいのが入用であるので、細川きぬ子と一緒の電車で談り合いした。何分にも大きいので閉口した。それから圖画室の額皿を掛け拭ひなど手傳ひ正午歸った。歸り道京都へ嫁入した細川きぬ子と一緒の電車で談り合いした。別に之と他の用意は手傳はなかった。夕飯後は入浴して居るとお宮の神主の嫁さんと娘がくる。明日はいよ／＼

〔口絵8〕は三間に四間位の大きい地圖を書き、其の上へ各産地の陶器を乗せてある。其の中、京都府の所には、此の朝日焼も釣瓶形が一つ乗って居た。それから人形が沢山ならべてあり、第二教室第一教室圖画室も美しくしてあった。それから休憩室から棚の焼物を箱に入れて第一教室と圖画室へ運び、十時過ぎに私は託して歸った。宇治へ歸ると十一時。晝飯後は、店の荷造りをしたり、或は細工場で急須の穴明をした。□父さんは東京から歸ってお茶を買いに行かれ、歸られると又靖雄さんを京都の夜景を見せんが為めに連れて行かれた。□父様は九時に歸られぬ。帽も買ふてやられるらしいので、今井か或は石川呉服雑貨部支店かを教へた。夕飯後は、別に認めるべき事もない。京都で多分學生

四月二十八日（金）　天氣　晴天

豫記　林豊吉

兄様が夢を見て居る時に起す。まだ手前四時であったが起床した。それから叔父様が下女を連れて帰られるに下女を連れて叔父様は帰られるので、朝早く私は中書嶋まで一緒に送って行く。

ついて、早朝の電車で帰るので其の用意をする。それで朝飯を終へると早速と行く。すると五時五十分の電車に乗って中書嶋へ着くか早いか、電車が来て下女の荷物を積み込むも敢へず発車したので、動いて居る間に下りたので叔父様とは挨拶すら出来なかった。それから京都へ着くと六時四十分。長い間遊び、手傳もし、試験所までは何回となく使いに行き、十時に式が始まり、場長、府知事代理、井上京都市長、陶器組合、商工組合から代表的式辞の次に、中沢工學博士［画像15］の大演説には退屈の中にも面白く聞く事一時間四十分。午飯の後は一番金賞の参考品室のカン視役［監］をつとめた。それから午後五時過。あたりへならは十時半まで夜の演説を聞かなければならぬのであるが身体が弱いからとて帰った。帰ると夕飯後の話に聞けば、今日西本願寺の御前が来られた、との事。［コラム4］

画像15　大正7年還暦當時の中澤岩太博士（中沢岩太博士喜寿祝賀記念会『中沢岩太先生喜寿祝賀紀念帖』中沢岩太博士喜寿祝賀記念会、1935年、6頁）

四月二十九日（土）　天氣　晴天

兄様が音さしたので目が醒め、時に四時。それから妹を起し、朝飯の後着物を着替へて行く。電車は六時五十

## コラム4 京都市立陶磁器試験場創立二十周年記念式

大正五年四月二十八日、京都市立陶磁器試験場附属伝習所の講堂を会場として、陶磁器試験場の二十周年を記念式が午後十時から挙行された。式は瀧田岩造の開会の辞で始まり、場長の植田豊橘が式辞の後、試験場の業績の紹介を行った。次に、府知事代理として香川商工課長の祝辞、井上密市長の告辞、商工会議所の稲垣副会頭の祝辞、陶磁器商工同業組合長の七代錦光山宗兵衛の祝辞と続いた。その後は松林が「退屈の中にも面白く」聞いた中澤岩太の大演説である。この時の内容は明治期の京都の窯業史をわかりやすくまとめたものであり、『京焼百年の歩み』に全文が掲載されている。最後に農商務省の北村彌一郎の祝辞を以て、一時間四十分の式は終了した。

その後、植田豊橘が来賓を相手に場内に設置された展示の案内を行った。この時の展示については『京都日出新聞』に非常に詳細な内容の解説がある(参考資料三〜五)。陶磁器の原料から成形・施釉・焼成と、素人でも陶磁器の製作過程が分かる展示があり、生徒や青年会の作品等も展示されていた。陶磁器試験場の試作品は二十年間の成果を五年ごとに分けており、時代ごとの進歩がわかる展示だったという。同日の夜に行われた講演会には松林は参加しなかったが、その内容は中澤岩太が「窯業ニ関シテ」、武田五一(一八七二〜一九三八)が「器物ノ形容ニ就テ」、北村彌一郎が「米国ノ窯業ニ就テ」であった。

### 参考資料三「近代陶磁史を語る陳列」
(『京都日出新聞』大正五年四月二十八日夕刊二頁)

廿八日擧行の陶磁器試驗場創立二十年記念式には來賓に本館内試驗室、容積檢定、熱量計室、膨張測定室、透水試驗室、分析室、窯場、作業試驗室、襲品時代陳列室、附属傳習所の原料標本、轆轤、生徒作品、青年會員製、各國作品制作地地圖等を觀覽せしむるが、最趣味あるは製品時代陳列室なるべし、左に其の大要を記さん。

陳列室は本館構内の一室に在り、明治二十九年創立以來の代表的製品を五年宛四期に別ちて陳列した

れば我京都の近代陶磁史を實物を以て語るものと見るべし陳列凡て二百餘点に達し居らん。

第一期は花瓶最多数にして窯變盛行の時代と見るべく、黄紅白紫の自在なる釉色に坐に當年場長以下の努力を偲ばれ、京都陶磁界の之が爲に感化を受けたる事の多きを察せらる、陶史研究上忽にすべからざる部分に属す。

第二期、此期に於てはマジョリカの使用傳はつて、同場が率先して之を試みたるものにして、平皿に之が事實を語る使用未だ熟せざる處ありと雖、其糅氣を帯びたる處に寧ろ雅味あるを見る。更に陶土を以て造花を製する事も行はれて今陳列さる、は薔薇なるが、花辨、枝葉薄き事實物に異らず。形態亦完全なるも、如何せん色彩自然に遠かりて細工の寫生的なるは第一の缺点なり。且薄き陶器の事とて脆弱にして毀損し易きより、勢ひ廣く用ひらる、に至らず、遂に廢滅に歸したるなるべし。

第三期に葵模様の花瓶あり。花は金色にして肌は漆器のイヂに似て言ふべからざる雅味あり、このイヂを作るには場員の研究の善ならざるを察すべし而して其の金の塗方亦巧にして板金を嵌めたるに似

たり。樹下人物の花瓶の呉須畫は木地に模様を彫り繪具を注したるもの、又青磁、銀、金の標本もあり青磁は成功に近きを覺へたり。又極彩色模様に似たる花瓶は釉を塗り繪をつけ更に釉をかけて焼き、繪具が釉と釉との間に介まりたるものなり。

第四期、こゝに藍繪の女を表はしたる花瓶あり。[須]素焼に磐砂を引くして水分の吸收を止めて呉州に油を混じて油繪具の如くして繪を描き而して之に艶消釉を掛けたるなり。もしこれに普通の釉を掛くれば繪は鮮明に現はる。此品外國品陳列室にある參考とすべし。又花瓶に江石繪の木彫調子を出したるものあり。巧妙驚くに堪へたり。黄磁の鉢は土を黄色とし塗り重ねて模様を作りたるもの、堆朱或は幾度も土を塗り色土を塗りて繪作りて安定せしめて焼きたる皿等、いづれも數年の新しき進歩を示す。

# 参考資料四 「素人の見たる陶磁器製造法（上）」

《日出新聞》大正五年四月三十日夕刊二頁

■陶磁器試験場の工場が今度の記念式に一切開放されて、陶磁器製造の順序が素人にも略理解されて、これでは迂闊に茶碗も破れぬとツクツク感じた。然し世間が皆之を知つて下女迄が破らぬようになつたら開放は却て持つた棒でドツかれるのだが、滅多にそんな気遣はない。陶器屋諸君須らく安心して可なり。

■マア最初が土だ、土も石、石も土、其の種類の多い事は数へ盡されぬ。さうして肝心の京都には陶器に適した土がない。皆地方から輸入を仰いで居る。高取、萩、伊萬里、萬古、九谷。夫々土の相異なるは勿論だが、蛙目、木節抔（ママ）の土が最多く使用される。蛙目は粘りがあつて淡路（ママ）から出るし、木節はどこやらから出る、夫から石にも長石、方石、珪石抔科學的分類がある、土や石の名を覚える丈でも大変だ。

■昔は土や石は石臼で搗いたが、今では大きい圓筒の中に之を納れる、圓筒には球形の燧石（類）がある、此圓筒は機械の働で廻轉すると入つた土や石は眼を暉

はして居る中に燧石が容赦なく之を揉合てスリつぶして仕舞ふ。

■夫から又別の方法では大きな鐵製篩の上に、廻轉砥石式の堅い石が二箇並行して廻轉しつ、更に篩の中をまはる事地球の私轉（晝夜の別）公轉（四季の別）とあるがようにしてはたらく、石が一旦此篩に入られるものなら堪らぬ、忽ち粉にして篩落される。

■斯くて粉になった石は、傾斜した浅い箱の上から流し落す、箱の底には細い鐵板が横に並行に打つけて、之に電氣をかけると、磁石力を起こして粉末中の鐵粉を吸取つて仕舞ふ。

■土の方には又水を濾す組織になつて居つて、それが溝を流れて精粗夫々の槽に落ちて自ら區別される、この溝を通る時には、磁石があつて溝を□□て居鐵分を上へ吸取つて仕舞ふ、こんなに鐵分なく鐵を吸收するのは鐵材騰貴の爲ではない鐵分があると焼た時に結果が悪いからだ、鐵は此社會では大いに嫌はれる。

■夫から肉皿のやうな多数に同形のものを作るには機械轆轤があつて、□も極まる、厚みも極まる、此處却々經便で人間はなぜこんなに無性なのだらうか

と疑ふた、然し松風君は人間が無性で器械を使はうとすると却つて機械が人間を使ふとの警語を吐いて居る。

こんなにハイカラな場所にも別に日本式の手轆轤、蹴轆轤を使つて居る室もある、蹴轆轤とは足ではすので大きな花瓶などを作る、さうして両方の轆轤の間に和洋折衷式のがある。

## 参考資料五 「素人の見たる陶磁器製造法（下）」
〔「京都日出新聞」大正五年五月一日夕刊二面〕

■形が出來て素焼がすむと釉をかける、此かけ方に西洋式の機械は拝見せなんだ。釉にはイス灰釉と、イシ灰とある、イス灰は日本流に少し青味がある、イシ灰は乳白色だ、これで夜店で陶器を行くと見える。

■素焼の儘で釉をかけてから輕く焼くのが西洋式だ。何から何まで西洋人は日本人の逆を行くと見える。

■窯は日本のは五條坂には誰でも見て居るが、これには一つ西洋式の円筒形のがある。煉瓦で直径六尺、高さ七尺計に築いたので厚さは一尺もあらう。外の

地下から石炭を燃くと其火が中に籠つて火氣が底へ潜つて、周囲から上へ昇ると、其餘焔で上部に積んだものが素焼となる。餘焔で素焼を作るのは日本でも西洋と同じ事。

■窯の周囲に處々四角い穴がある。色見穴と言て、外から火の色で焼け加減を察する。此の穴は中の土の溶度知るべきものを置いて之をも認知する仕掛で能く行届いてある。中に入つて立つと何だか腰がこそばい。

■この圓窯を築くに就てこんな事がある。板谷波山氏が日暮里に細君と二人で窯業を初めて当時、夫婦して圓窯を築いてもどうしても圓く出來ぬので、夫婦悲観する事甚しい。

■或日波山君が外出すると煉瓦の第烟突の基礎を築くのに棒を横に中央から絲で釣つて、夫れをくるくるまはして見當を取つて居た。波山君成程と感心して帰つて早速之を試みて成功した。この窯が即ち板谷の夫婦窯と言て名高い。波山君今は東京で一派の窯業家に数へられて居る。

■又錦窯即ち上繪を焼付ける窯も却々大層で、煉瓦で積上げ、中は四角い臺に載せてある處を見ると、

# 日記（大正五年）

何だか火葬場のやうな心地がした。
■火葬場から連想したのだらうが、陶器製造の機械を巡々に見て行くと地獄の組織も此通にしたらどだらう。釘抜で下を抜いたり、針の山へ登らせたり、大きな岩で挾む抔あまりに原始的だ。地獄にもチト新知識を輸入したらどうだらう。
■製造法と違うが、一室に大きな日本全國を描いて輪郭に各種の陶器を並べて其産地を絲でつないで示したのはよい。又燒物番附があつて東の横綱が瀬戸燒民吉、西の横綱が伊萬里柿右衛門、陶業者の東の横綱が陶磁會社、西の横綱が平岡萬珠堂とあつた。これは昨年中の産額や、營業税に因て作つたものである。

分の六番で行く。今日は朝の間は少し淋しく試驗所を見物に行つた。すると窯場の電燈が點かぬので、私が工夫して點じる様にすると、窯の中へ三角錐のとけたものを入れて、それに電燈であだかも窯を焚いて居る所をのぞいた様にしてあつた。それから傳習所へ歸る。又試驗所へ行つて一枚十錢の樂燒の薄茶々碗を一枚書いておく。それから傳習所で昨日と同じ参考室の當番で見張ふと試驗所へ行くと、案の如出來て居てもつて歸る。午後は學校の生徒な
ども澤山來る。朝の樂燒が出來て居らふと試驗所に兄樣が來て居た。それから私は販賣店の所で荷造と燒場を手傳ふ。五時過になつて歸る途中箱宗へもよつた。それで兄樣を案内してまはる。
歸と六時。夕飯後は新築へ歸つた。日記を認める他、別に用はない。九時には入床する。

豫記 林豊吉

四月三十日（日）　天氣 雨天

起床は早く、朝飯後は久し振りに新築を開けてから、神様に御神酒を上げてから、京都へお使ひに行く。序に六角通の堤中で繪具皿の最小の豆皿を五枚買ひ、次に寺町の紙屋で赤黒のクロースを一尺買ひ、それから使の宗へ行き、歸り途につく。五條から電車で大阪の婦人團で男は私一人。歸途は中書嶋までの電車で客が少く楽であった。歸と十一時四十分。晝飯後は買ふて来た豆皿で早速と繪具を解き、それからよく陶畫模様集の帖面をとぢる仕度をする。店へ出ると佐古の表具屋が来て居た。厚ミノ紙の帖面をとぢる仕事にするのでむづかしく、大分に時間を用し、電燈も点いたので、新築を閉め、夕飯を終へてからすぐ新築へ歸ると、すぐ帳面とぢにかかる。一生險明になって八時には大略仕上げした。ちゃんと洋装に製本したのを買ふと、拵へるよりも約半額で出来るもの、手間の入る事を思へば買うのも決して高くはないと思った。

豫記 五月一日（月）　天氣 曇天

京都へ二度の往復

起床を早くして弁当丈をもって行く。八時の始まりに当番と云ふものも二十週年記念の後かたづけを午前中に平げる。矢張り授業があるもの、様に、美術學校からは三好先生は来られたが授業はなく、一學年生は圖画室を掃除する。

それをするにしても、私が六分、後の四分を皆がした。金子は遊びたさに仕事をイヂビる。山田は本来のノラ。

# 日記（大正五年）

## 五月二日（火）　天氣　晴天

起床は遲く、急いで朝食を食べてから着物を着替へて居ると汽車の音がするので、定めし一番の上りであると思ひつめて行くと下りであったので、例の如く六時三十分の電車に乗る事が出來た。行くと、修身に次いで三間が毛筆畫の運筆で、前の瓦を清書して次に大根、それから弁當を食べると陶畫の實習を三時間。此の間にゴスの乳鉢を失ったので、又他に新らしいのを戴く。それから一時間はゴスをすり、二時間に雷門を書く。筆の都合も大變あって、最初上繪用の骨書筆で失配〔敗〕し、次に毛筆畫用の骨書筆の大の小位のもので先づ書ける樣になってから、今日は三つしか書けなかった。それから當番を圖畫室をしてから歸ると、電車は五條を四時二十五分發で、中書嶋を四時四十分發ので、何より都合よく歸る事が出來たから三十分間で歸れた。妹は今日少し風氣味でいが〳〵して居った。

よく働く堀は休んで居るので、働くものは私一人。此の掃除を六分通り私が引受けてやってしまふと、尚も標本運びを手傳ひ、其の後十一時二十分に歸る。歸ると十二時二十分。晝飯にもって歸った弁當を食べ、それから風呂水をくみ、焚き、それから繪を書いて居ると、又京都へ行くべき用が出來てお使ひに行く。歸って夕飯を食べて居る最中に宇治驛長が來る。嫁さんと他に一人の二十歳位の別嬢〔べっぴん〕さんを連れて來られ、新築で十時過まで話し合はれたる後、あとじまいして寢る。

画像16　官幣大社八坂神社（絵葉書、個人蔵）

五月三日（水）　天氣　晴天

豫記　林豊吉

例の如く朝飯後、包を調へて行くと、六時三十分の電車は例の如く一番汽車との競争に先早ぎて、途中で徐行し又競争。余程運轉手も競氣の多い人間である。傳習所へ行くと七時十分。化學から授〔授業〕は早まり、化學符号の水はH2O水素はOと云ふ事、及び水の電氣分解は二ボルト以上でアンペアを多くする事など。次に、実習はとう〳〵雷〔紋〕門を十一個書いた。弁当を食べてから、午后一時間目の授業今や遅しと待って居ると、大須賀先生が来てもう歸る仕度をせよとの事。運働場で隊を組み、八阪神社〔画像16〕へと行き、八阪〔坂〕神社の昇格祭を見て、こゝで解散し各自自由に歸る。電車が宇治に着くと大山火事が見える。家へ歸てしばらくすると、有栖川宮妃殿〔下〕が二輛の自動車にて来られ、新築へ早速と上られる。約一時間半の後、歸られてから、私は陶画参考画を書き、夕飯後も又他の一つを書き、両方を仕上げした。入床は九時。

五月四日（木）　天氣　晴天

日記（大正五年）

豫記　林豊吉

起床は早く朝飯後例の如く包を調へて行くと、不動さんの下で、即ち北本前の郡長の家まで来ると電車は出た。到し方なしに行くと、次のが普通に乗って行く六時三十分ので遅れて居らぬ。相変らず気車と競争して、今日は電車がまけた。行くと福田先生から用器画、次に実習に一週間半も遅れて生磁にかかった山田君、今日から陶画の実習で、今日は雷門を卒業して七寶をやる。私の次に一週間半も遅れて生磁にかかった山田君、今日から陶画の実習で、今日は雷門を卒業して七寶をやる。私の次に物理を一時間、次の四時間目から陶画の実習で、今日は雷門を卒業して七寶をやる。私の次に一時間、次に物理を一時間、次の四時間目から陶画の実節を引くべき素焼の据える稽古をやって居る。午後はダミのゴスを拵へてから、足らぬ様になったゴスを三度目の頂戴をしてする。時間が来て三十分間の休には魚の図案を写し取りをする。稲本の筆屋が来て三本を二十一戔で買ふ。それから三時四十分に授業を終へてから、当番の後一軒使を終へて歸ると客人があった。急須の穴明も少し手傳ふ。夕飯後は新築へ歸ってから、今日見取りをして来た游魚の図案を書き終へる。聞けば久世郡長、後藤善二氏は昨夜八時頃此の世を去られしとぞいたはしけれ。

五月五日（金）　天氣　晴天

豫記　五月五日始めての習字の清書

電車に乗ってから筆と一緒の紙を直した。するとスモー取〔相撲〕も乗る。電車は早く出た為めに気車とは競にならず。五條へつくと井野君との約束上クロースを買ひに寺町へ行き、それから松原から傳習所へ行く。柴原先生の毛筆画の石蕗花〔つわぶき〕の繪には大いに閉口した。何分にも二年生にも少しむづかしい位の繪ではないが、とうとう四時間か、ってやりとげた。弁當は金時豆の焚いたので、大変に美味で、閉口するのも無理はないのであるが、此の間用器画の福田先生から英語をどこまでやった化學は英語であるので、実習して居ってもよいのであるが、

画像17　官幣大社稲荷神社　神幸祭 神輿渡御（絵葉書、個人蔵）

## 五月六日（土）　天氣 曇天

今日は稲荷祭[61][画像17]で傳習所も休であるから、先づ朝飯後は細工場で急須の穴明を手傳ふ事三枚九十個の後、新築を掃除してから電燈の笠の割れたのも取のけをしてから、晝飯後は烏丸通二條で放光堂へ行って、コロムミール[62]を一両目と管形繪具瓶一個とチューブ入ランプブラック一色とを買ふてから、南へ東へ南へ東へと歩いて建仁寺町五條下ル石桓町の商号箱宗の佐谷士宗兵衛方へ行き、注文してある箱をもてる丈もって割る。すると稲荷祭の御輿カキ連[昇]

かと尋ねられたので、今日一度何所あたりをやって居るかを見に行った。するとアルハッベット[アルファベット]のスモールレッター[58]をやって居た。大須賀先生は餘り英習字の上手な人でないので少し工合が悪い。次が習字で、次にキャピタルレッター[59]をやってから次が読書。次が習字で、習字始めての清書をした。それから御幸町アヤ[綾]小路下ル所で紙箱の注文してあるのを取りに行って歸ると、大森先生が来て居られ小袖曽我[60]の稽古をした。夕飯後は二人乗のやかましい自動車が通る。

日記（大正五年）

**画像18　宇治温泉**（京都府久世郡役所『京都府久世郡写真帖』1915年、京都府立総合資料館蔵）

**五月七日（日）**　天氣　雨天

豫記　林は休み

今日は日曜日で休みである上、雨が降って居る所から朝はゆっくりと寝て、朝飯を終へると、先づ細工場で急須穴明を一枚してからは、新築で巴崩しの圖案を一圖書く。それから他の用事もあって晝になり、晝飯を終へると、大阪の十合呉服店から焼物を何時取りに来られるかを電話で尋ねる為め温泉 [画像18] へ行って、先づ温泉に十合呉服店の人が居るかを尋ねる。それから伏見の五二番の澤文へかけて中の團列を見てから、急行の電車で中書嶋まで来て、宇治行きに乗ると降りてくれと云ふ。面倒乍ら降りると、京都から来た電車の四十七号が宇治行きとなって是に乗って歸り、急須の穴明を又二枚する。夕飯後は風呂の順番の来るのを待って居ると、やがて兄様が来て、風呂は輪〔輪ヵ〕が切れて入れない、と。何の事やら待ぼけとは此の事。それから八時四十分に入床する。雨は降り出した。明日は日曜である。願はくば夜の間に降ってしまい朝に晴れてほしい。

五月八日（月）　天氣　晴天

豫記　林豊吉

兄様に起されてから朝飯後は急いで行く用意をしたが、六時三十分には間に合はず、六時五十分の電車で行くと、行くと三十分餘り待つ。實習に七寶で火薬所の職工と車掌とが大喧嘩をやって居る。其の為に五、六分間は遅れた。二年生が三人と一年生では私が一人、都合四人が上繪のフク〔福〕の下地塗を手傳ふ。大分むづかしい仕事であるが、丁寧にやって居るとなか〳〵面白い仕事で、是も實習の一部分である。それから三時間の間に五本半を仕上げした。品は二十周年紀念の一輪生である。五尺五寸ある私を四寸七分とをして踊り途に箱宗で箱を取りに金を沸ふ。それから井野君に連れられて表紙を買ひに行く。宇治へ歸ると五時四十分。夕飯後は吉竹の英習字の習字帖を拵へてやる。入床は九時半。
弁當を食べると綴り方、次が讀本、最後が體操の時間に身長と胸圍を計る。五尺五寸ある私を四寸七分とは計器が悪い。それから胸圍は二尺七寸に差が一寸七分（差とは息を吸ひたる時と出したる時との差）。

尋ねると、目下舟行をして居るので確かな事は解らぬが、舟で宇治まで上り取りに行かれるであらーとの事。それで歸ると店で荷造を手傳ふ。それから三時半頃に十合呉服店の人が来て、紙箱入の煎茶々碗を十七組鐵橋の下について居る伏見の屋形舟までもって行く事となり、茶碗カゴ〔籠〕に入れて荷ふて行く。歸ると父様も郡長の葬式から歸って居られる。私は新築で此の間買ふて来た五十枚の白鹿紙を一枚戴いて英習字帖を拵へる。夕飯後も引續き英習帖をやる。それから日記を認めると九時半の入床。

日記（大正五年）

## 五月九日（火） 天氣 晴天

豫記　林豊吉

五時の氣笛が遠き宇治まで聞えて居るのは伏見の綿ネルである。此の音に目を醒まして行く仕度をする。朝飯を終へると、用意調へて行くと、細川君（申）いまだ學生服で手水を使った所。電車は六時半のでの汽車は一足先へと行った後から追ふて美事に勝った愉快さ。行ってから、授業は修身は次の授業にさし支へるまでの講義は少し手心が悪い。運筆は唐紙を三枚も使ひ乍ら清書は出来ず。弁当を食べると、昨の当番の工合が悪いからとて大分にごて〲した。それから試驗所へ行って手傳ひ事。実習も面白い。実習一輪差の花器に上繪のフクをやる下塗りで、今日は少しなれた故でが二時間半に七本した。三時二十分に早引をする。電車は三分程遅れた爲めに中書嶋で二十分待つ。歸と謠の大森先生来て居られたが謠の稽古は止めた。胸が苦しいので無理をしてはならぬのと、一つは聲を出さうとすると、のとが痛いので困った。それが爲め稽古は止めたのである。それから朝鮮人参と卵を戴く。夕飯後は新築へ歸る。餘り逸強もせずして九時過ぎの入床。

## 五月十日（水） 天氣 晴天

豫記　林豊吉　中嶋君入學

例の如く六時三十分の電車は氣車と競争するのも今日で最終。明日電車の時間が変る。授業は、修身は筆記の後の説明講義が長過ぎて、次の運筆の実習の時間に差支へが出来る。次の回からもーすこし、少ししまふて戴かぬと閉口。運筆は一生險明にやったが、とう〲清書は出来ぬ。弁当を食べると畫の休みの時間には英習字帖も書き、それから白梅の圖案を寫す。やがて、午後第一時間目の授業からは試驗所へ行って、例の上繪の地塗を手

## 五月十一日（木）　天氣　晴天

豫記　林豊吉

スミスの宙返を見る。Art Smith

目が醒めた所勝負に起床すると四時半。それから朝飯を終へ、新築を開けてから用意を調へると、四品を携へなければならぬ。電車の時間も変た事であるから、少し早くはあるが行くと、六時二十分発で行くと、七時に五條へ着く。傳習所へ行ってから八時の定刻までは英習字帖を書き、それからリン[鈴]が鳴ると、図画室へ集まって用器画の先生遅しと待たんとするや、今日は授業なく傳習所の生徒全員を連れてスミス氏の宙返り飛行を見物に行くので、私丈は電車で行く。すると飛行機は組立中。定められた所に居ると、自動車で廣告に廻って来て、后[午后]の二時に飛行の豫定との事で、携へた弁当を食べ様としてもハシ[箸]がない。其の段は陶画科は筆を箸として食べたがいよいよ飛行したのは三時頃。先づ西の方から滑走して見る暇もなく離陸して、急角度に昇りつ、両手を上げて萬歳をなし、京都を訪ねてから頭上に戻り、両ヨク[翼]から花煙の煙をはきつ、宙返りを初める。見終って宇治へ歸ると四時半。それから洗濯。夕飯後は二枚の急須の穴明をした。[コラム5、画像19・20]

傳ふ。それから又傳習所へ歸ってからは、七寶の下繪の稽古も仕上げてしまふ。それから急いで歸ると、中書嶋を四時四十分発の電車に間に合ふた。今日は京阪電車の從業員の慰勞園遊會が塔の嶋にあって、それに来た一從業員の車掌らしいのが店先で酒にゑひ、たほれて居る。其の友人は實際閉口して居た。夕飯後は細工場へ入ってから、急須の穴明をしてから風呂へ入り、今日写して来た圖案の清書をする。今日美術学校卒業生が入學して来た。それから寝る。

80

日記（大正五年）

## コラム5　アート・スミスの宙返り飛行

京都における最初の宙返り飛行はアメリカ人飛行家アート・スミス（一八九四〜一九二六）によってなされた。大正四年（一九一五）にサンフランシスコで開催されたパナマ太平洋博覧会で活躍した興行師の櫛引弓人（くしびきゆみんど）（一八五九〜一九二四）は、博覧会でアクロバティック飛行を披露したスミスを日本に招待し、全国各地で興行を行った。大正五年五月十一日午後三時、スミスの飛行を一目見ようと深草練兵場に集まったのはおよそ十万人。午後二時、スミスは自動車で場内に登場し、無造作に新カーチス式飛行機に乗り込み発進、離陸後五分で五千フィートの高度に達した。まずは市内に向かい、七条駅上空で引き返し、大きな弧を描きつつ宙返りすること十二回。観衆は我を忘れて喝采した。練兵場上空に戻ると翼の両端から黄色い煙を出す。十五分間の飛行の後、無事に着陸すると群衆は雪崩をうってスミスの機体に押し寄せた。飛行の成功を称え、井上市長からは記念メダル、京都新聞社社長からは花束が贈られた。その後、スミスは機上に登り群衆の歓呼に答えたという。

（「ス氏今日深草練兵場に飛ぶ」五月十日夕刊二頁／「ス氏と京都市同上」「深草の大飛行」五年五月一二日朝刊二頁）

画像19　米人冒險飛行家スミス氏の妙技（絵葉書、個人蔵）

画像20　スミス氏飛行機橫轉飛行（絵葉書、個人蔵）

## 豫記　林豊吉

### 五月十二日（金）　天氣　晴天

　四時半の起床。朝飯後は新築を開けてから用意を調へても、尚早いのでかどはきをする。やがて豊吉が来る。新聞を見る。それから包をもって行く。六時二十分の電車は珍らしくも五條までひっそりして居た。今日は朝からの毛筆画で新らしく手本を戴いて書く。なか〳〵むづかしいので閉口した。どの手本も、どの手本も一つとして易いのはない。それから四時間を終へてから弁当を食べると図案写しをした。一寸急に出来ぬので、一時間目の化學の時間は、行かなくともよいので私は図案写しをした。第二時間目は読書。第三時間目、朝から数へると七時間目の最終の時間には書き方で、次から清書の用意をすべくの習字。やがて終へると陶画室の掃除をする。それから絵の手本を一部拝借して歸る。歸ると五時二十分。それから店の手傳の後、細工場で急須の穴明をしてから夕方の仕度をし、夕飯後も残る急須の穴明をしてから新築へ歸って、修身の書取り物の清書をする。それから明日の用意の後寝る。

### 五月十三日（土）　天氣　晴天

　電車は時間が十一日から変って汽車とは競争が出来ぬ事となった。試験所へ行くと七時三十分。第一時間目は珠算で、今日は二題違算をした丈で、あとは全部よく、先づ成績はよかった。次に製陶法、次二時間が運筆、大根の絵はまだ清書が出来ぬ。弁当を食べると一生險明[懸命]に圖案写しをする。五時間目のリンが鳴る。然し半写しであるから、かまはずに図画室で写して居ると、后后第一時間も過ぎてからやう〳〵陶画室へ行くと、吉嶋先生は居られぬ。階下にも居られぬ。納屋のとなりの素焼窯とならんだ所の上絵窯をつめて居られる。それからそこ

日記（大正五年）

へ行ってやるべき仕事を尋ねると、しばらくまてとの事。それから吉嶋先生は窯を詰め、焚きつけてから陶画室へ来て、私の手本を木炭でほんのあたり丈書いて下さった。それから、皿を二十枚よいのを寸法を合してより出して一枚書くと時間が来て、今日の出番はなく歸る時に、工藝の美と云ふ圖案の本を借りて歸る。

五月十四日（日）　天氣　晴天

日曜でもあるし、今日は朝から昨日借りて来た圖案を寫す。なか〳〵むづかしいものばかりであるので、先づ寫し易い様なものから始める。父様は窯前でいそがしい中にも、殊に私に此の圖案を寫すべく時間を與へて下さったので結構である。尚他にも光琳の繪、寫生の手本等を借りて来てある。工藝の美は一部上中下の三冊で幾十円と云ふ貴重な品であるので大切に扱ふ。父様や兄様にも見せる。晝飯後も一生懸命にやる。何程一生懸命にやっても百に六拾は寫しかねる。然し何人でも退屈はするし、そーは行かぬ。なるままに昨日買ふて歸ったコバルトをゼラチンで解き、早速と使へる様にする。夕飯後も一生懸命に十二時までやった。

五月十五日（月）　天氣　晴天

豫記　林豊吉

昨日の寫しの續きをやる。コロミールや粘粉を解くともう十時半。一つ寫して午後は金や銀が入用なので父様に頼んで京都へ買いに行く。序に箱宗とゾー彦（象）とへ使いにも行き、繪具を買ふて歸ると間もなく急須の穴明を手傳ふ。それから散髪に行く。夕飯後は入浴の後、十二時迄は一生懸命に寫し物をした。勿論日記も書かずに寝たので、此の日記は十三、十四、十五日は一緒にかためて十六日の手前十時半から十一時十分迄の間に認めた。

五月十六日（火）　天氣　晴天

豫記　林豊吉

今日で休みも終りである事故、一層急いで写す。然し写し易いものは皆先に写したので、写しにくいもののみとなったので閉口した。どうしても写らぬので買いに行く。帰るとすぐ様写し始める。畫飯後はは朝の續きの写しにくい、むづかしい物ばかりをやる。なか〲むづかしく紫レーキやグリーンなどの繪具のない為めに色が充分出なかった。それから、夕方になると京都の府會議員で辨護士の谷口様が来られる。谷口様は八時過まで歸られた。十一時半に入床したが沢山の虫が飛んで入ったのと蚊との為めになか〲寝つかれず、眞に寝たのは午前一時であった。

［コッピーイング・カーボンペーパー］コッピーイングカーボンペーパーで写そーとすると、錻力板がないのでも様写し始める。
［ブリキ］錻力板
［懸命］一生險明
【注記省略】

五月十七日（水）　天氣　雨天

豫記　林豊吉

また起床を促されて起きる。朝飯後は新築を明けてから行く仕度をして行くと、運轉手でない□が中書嶋まで運轉して行った為めに、大変乗心地が悪かった。七時の電車で行くと一つ乗り遅れると、運転手になる。第一時間目は化學。次に随意の一時間。次から実習。
［午］后後は今日から燃紙の写し取りを學ぶので、紫色（コピーヴァイオレット）鉛筆で繪の上をなでくり、然して竹紙をはり、フノリの薄い水でなでると写るのを、燃紙で書いては他の皿に写すのである。美術學校を卒業してから入學した中嶋君、模様の本を一冊貸してくれた。当番の後、寺町四條下ルゾー彦と烏丸二條下ル放光堂へ行

［捻紙］燃紙
［布糊］フノリ
［捻紙］燃紙
［象］ゾー

日記（大正五年）

繪具を買ひ歸ると六時半。夕飯後、新築で繪具ときをしてから入床は十時過ぎ。

五月十八日（木） 天氣 雨天

六時二十分の電車で行き七時二十分には傳習所へ行く。先づ第一時間目の用器畫は福田先生来られなかった為めに隨意に復習の時間となり、私は轆轤科の鈴木に英語を教へる。次が美術の隨意行動時間に圖案の寫し物をする。それから物理には私と轆轤科の宇野とが一番に成績よろしく目立った。四時間目からが實習。弁当を食べると實習は鳳凰のジュンスイ（純粋）模様を皿に書くのについてネン（捻）紙の使用法も教へた。それから大須賀先生から陶畫全部が喝られる。当番の後、六角通富小路角の金翠堂と、寺町四條下ゾー彦（象）とへ使ひに行き歸ると六時。夕飯後は一生險明（懸命）に寫して来た圖案の清書をする。入床は十時半。

五月十九日（金） 天氣 雨雲

六時二十分の電車で、行く道に箱宗へよってから傳習所へ行くと、七時二十分寫生の用意をする。それから時間が来ると、カダ（タ）バミ草の清書をする。此の間の分は少しよろしくない点があるので書き直して居ると、柴原先生も書き直したがかろーとの事。拾七日に買ふた本狸の骨筆は大変に使ひよい。それから授業中に色々の事も尋ねる。先づ畫風の事。四條風とか狩野とか丸山とか土佐派とかを教へて戴き、次に繪の構圖の事について尋ねて大いに得る所あった。然し私が尋ねる事は皆相当に尋ねる所の價のある事であって尋ねて居るべきものでないとして、一般にて説明を聞かされたので、何の事はない美術史の構義（講義）である。后午（午後）は英語の一時間は圖案寫し、次が讀本、それから弁当を食べる時に、珍らしく小川一か弁当をもって来た。私一人が知って居るべき所あった。

85

次が習字。當番の後、箱宗へよって、朝注文して居いた桐の箱を拵てもろーて歸ると六時。すぐ圖案の清書を。

夕飯後も同じくやり、入床は十時半。

## 五月二十日（土）　天氣　晴天

起床は遅く驚いて、朝飯も急いで食べ、急いで行くと六時二十分の電車に間に合ふた。それから、電車の中では両方に女學生が腰を掛けたので、煙草で苦められる事はなかった。私等の樣な煙草のきらいな者などの乗る京阪電車などの中で、煙草を呑む人は眞無茶である。珠算は今日も成績よろしく大概出來た。それから製陶法は講義の前後した爲めに少し閉口した。次に運筆の寫し物で二時間の間にやう〳〵なでしこの清書をした。弁当を食べると陶画室で此頃稽古して居る所の鳳凰の圖を寫す。それから授業はなく、明白のショウ勵会の爲に大掃除をして踊ると、二時二十何分かの急行に乗ると、非常なハイカラな女がとなりへ来る。中書嶋からは、又京阪電車の内最も優秀なる昨日まで最急行に運轉して居た三十七号で、深草から入れて來た所へすぐ歸る。美くしく乗心地よろしく、毎日此の電車に乗りたいと思った。踊ると高倉典侍か来て居られ、窯場には佐官の堪せんが来て居り、私は、ハマタタキを手傳ひ、かてい物もし、九時迄に寝る。夕飯後は今夜は間もなく、

## 五月二十一日（日）　天氣　曇天

豫記　林豊吉

　起床は早からず遅からす。朝飯の後はお金を戴いてから志津川の粘粉屋まで行く。そして粘粉を一近買ひ

# 五月二十二日（月） 天氣 晴天

豫記 林豊吉

実習四 讀一、作一、体一

起床は遅く、朝飯を終へてから急いで行くと、七時発の電車でちょーどよかった。掃除をやるのは私一人と云ふてもよい。他の者は皆自分の机を自分の席にもってくる位のもの。それが出来たのは、第一時間目の中頃。それから実習にかゝる。それから此の間からの鳳凰を書く。午前の四時間は終ると、弁当を食べると、午後は第一時間目が作文の時間には、中村先生から作文についての説明であるが、手は脚氣昇進以来から振ふので因るが、先づ此の振ふ手を書き工合によって無理からしづめて書く。中村と云ふ先生は横の話を餘りし過ぎる人で、いつも乍ら根元の話が短くなる。讀本は復習の後に漢文をやる。

に行くと思ひきや、紛ではなくでノリ[糊]の様な工合にしてあったので、竹ノ皮に入れてもらーて歸る。手のだるい事おびただしい。歸ると即ち奨励会に出席の為めに行くとまだ早く、一時間と十時五十分に式は始まる。然して十一時五分に歸って十二時二十分発の中書嶋を電車で歸って、晝飯を食べると一時。をもらーた後、出品をよく見て、それから歸ると即ち式は僅々拾五分で終りを告げて、私も奨励会からは五等賞の褒賞[赤字]それからかしひ物をするやら、ハマタキ[叩き]を手傳いなどした。六月の五日は刻一刻とせまって来るのに、品物は少ないので皆一生險命[懸命]である。それから窯場へ電燈を点けてからも長い間仕事をした。夕方には店に長い間同じ客人が居て、母様は閉口しられた。夕飯後、新へすぐ歸った。試験所へ入學以来の表を拵るべく用意した。明日は再ひ褒賞をもって行ってお金を頂くのである。

第七時間目の體操は遊む。皆のやつて居るのを見て居ると、山田君もかけ走りからぬけて来る。それから當番の後歸る。宇治へ着いたのは五時二十分。歸ると、今、柳原典侍が歸られたと云の所で家はひつくり返る程も忙しくして居られた。夕飯後は例の如し。

## 五月二十三日（火）　天氣　晴天

豫記　林豐吉

　　修一、運筆三、實習三、美術の角田房次

六時二十分の電車で、乘替の所で北本前の郡長に會ふ。それから五條へ着くと七時途中で菓子を買ふて行く。先づ修身科の授業は、毎度乍ら手心の悪い講義振りで、次の授業に支度へるので閉口。それから行くと七時二十分。運筆は十二日からつかまへて居る大根を清書して、次にむづかしいものを出して載いた。それから一生險明［懸命］にやる。書いて居るのは遅いが、遅い乍らに休まずやるから、次が實習三時間で一生險明［懸命］にやる。私のやり方は眞に一生險明［懸命］にやるから、他の者とは大變早いものが出来る。私の以外で煎茶々碗以外のものをやつて居るものは、山田福級長と堀尾と金子とである。堀尾はショー油注［醬］をやつて居る。當番の後歸ると、電車の中で角田房次と云ふ人に知り合になる。電車を降りて歸る道、母樣に追つく。歸つて何もせず、夕飯後は入浴の後新築へ歸る。明は大津でスミスの宙返り飛行がある。

それから唐紙を取りに行くと、退屈して遊びに行つたなど云ふて居る者がある。それから先生の居られぬ間に小便に行かうと思ふて、便所で先生に出會す。おりの悪い時は悪いものである。弁当を食べると、

日記（大正五年）

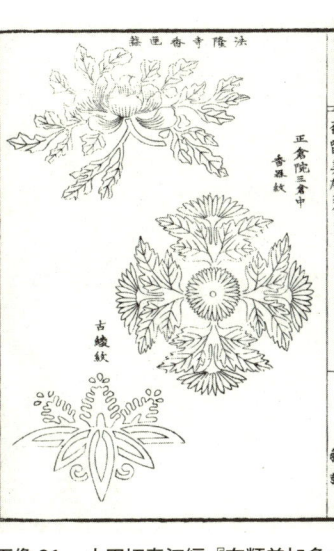

画像21　小田切春江編『奈類美加多』
（1882年、京都府立総合資料館蔵）

五月二十四日（水）　天氣　晴天

豫記　化一、實習六の所、早引の為め五時間

授習所へ行ってから、伊藤君に金曜日に試験が受け得られる様に英語を教へる。時間が來て化學は面白い。酸素の製法實驗では何人も樂しかった。次から六時間が實習で、此の間から弁当を食べてす鳳凰の繪を書くのも骨書き丈は仕上げるから、弁当を食べてから薄茶を岩井君と小川君とに呑ます。岩井君は二年生の内で一番人のよい男であるが、二年生の小川一君は頭が非常に大きく、ダイモンのあだ名があるで、活発な面白い繪では一番成績がよい。少し耳が遠い小さい聲で話は出來ぬ男。弁当を食べてからはダミをする。すると母様が來て、今日は一時間早引をして長寺町の日新堂と云ふ紙箱屋へ行って、注文してある紙箱をもって歸ってくれとの事。承知とて母様は傳習所を見て歸られる。私は約束を履行して一時間早引し、間違いなく紙箱をもって歸る。此の時、雨がしびつて居た。歸ると母様は兄様と手傳して、柳原二位局様のお買上の品物をつめる。夕飯後は中島君に借りた奈類美加多〔画像21〕を寫す爲めに十一時を過ぎて寝る。

五月二十五日（木）　天氣　雨天

豫記　隨意一、實一、物一、實三

六角皿

画像22　国賓旅館（長楽館）（京都府立総合資料館蔵）

朝来の豪雨は正しく南洋のスコールである。傘を差して停留所へ行くまでの痛々しさ。着物も何もズブぬれになった。然し六時二十分の電車に間に合ふて五時に着くと、雨は小降になって来て、五條坂の中野商店では注文してあった乳鉢が出来て荷物が増す。今日は用器画の為めに、獨逸から取りよせた液墨までもって歩いて居る上に、雨で閉口した。それに用器画の先生は何としてか来られない。到し方ない。随意に復習する。次が美術であるが私は実習を。次が物理で水の歴力の試験で何よりも面白く、次四時間目からが実習に。もー鳳凰の繪は仕上げて、今夜は私は四色使用の六角の皿をする。當番の後歸ると、中書嶋から母様と一緒の電車で、中書嶋を五時二十分発であった。母様は村井の長楽館〔画像22〕で色々のものを頂戴して来られた。電車が宇治へ着くと母様は上林春松さんへ二位のお局様からの金一封をもって行かれる。歸ると繪具解をする。夕飯後は一所懸命に写し物をする。中島君の貸してくれた奈類美加多と云ふ本は大変に写しにくい本である。

## 五月二十六日（金）　天氣　晴曇天

豫記　村豊吉

実毛筆四、英一、讀一、習一

母様に起された。例日の入床が十一時を過ぎる為めに、自然に起床が遅くなって母様から注意を受けるに至った。朝飯の後、新築を開けてから六時二十分の電車で行く。それから彼岸櫻の手本を戴き骨書を少して時間が来た。授業は毛筆画の写し物で、新らしく芥子の花の散った後の繪を選んで四時間足らずで清書した。今日は曇天の上、耕山とも一一軒窯を焚いて居るので、偉い煙でにはかに暗くなって困った。弁当を食べると后午の第一時間が化學の時間に。英語の今日は先づ試験で私も試験を受ける。勿論四種のアルハベト位は朝飯前の事である。ローマ綴は振り假名を附けさ、れた。讀本習字の後、第一教室へ全部集まると、三年生と特別私は信樂地方へ行くについて、一年二年生は宇治へ行く事になったと。因った事には私が案内しなければならぬ。朝日焼の工場も見せてくれとの注文には閉口。歸って其の話をすると父様も閉口して居られたが、工場は何人にも見せぬ事にせられた。
夕飯後は二十四、五、六の三日ノ分の日記を認めて、繪具解と他に調べ物をして十時半の入床。

## 五月二十七日（土）　天氣　雨天

豫記　旅行の止め

起床も早くした。今日は一年生、二年生と三年生の内、信樂地方へ行かなかった所の者二、三人とが宇治へ遠足の旅行をするのであったが、どーも曇って雨が降りそーなので、朝飯後、取不敢行って見ると、授習所には定刻の八時、今や遅しと待ち構へて居る約四十人。皆弁当を用意の軽装であった。やがて教員室で八時の来るまで話し合ふて

五月二十八日（日）　天氣　曇天

豫記

市川安吉

　起床は少し遅く、朝飯を終へるとすぐ様に一所懸命に写し物をなすべき竹紙の薄葉にドーサを引くべく、焼ミョーバンとゼラチンを火でかけて解いて、新築の次の間で毛布四枚を借りて、五十枚の薄葉と六枚の大長厚美濃紙と二枚の唐紙に引くと十一時になった。窯場からはトッカケヒッカケ手傳へくくと云ふて来る。引いた紙のしまつをすると、仕事に着替へて、窯場へ手傳ひに行くと畫飯で、飯後は手傳をする。今日は安さんが来て居る。
　昨夜父様が頼みに行かれると、二十八日は一週間も向ふの様なつもりで二十八日に行くとの約束。さて今朝なると二十八日は今日であるので早速やって来たが、来て左様に話して一同を笑はせたが、私等も今日来て一寸不思議な感がして、二十八日は今日と聞いて驚いた。

居る間に雨が降って来た。至し方かないから止むかと待って居る事一時間。すると金翠堂が来て頼んで置いた六色の繪具をもって来てくれる。それから遠足は中止して、俄に臨時記念構演会となって、第一教室に於て日本海の大海戦の大勝談があってから、歸り途にドーサを引くべきゼラチンと焼ミョーバンを買ふて歸ると十二時二十分。畫飯の後新築で薄葉の竹紙にドーサを早速と引く事八枚。それから写し物や繪具解をする。おかげでリスリンを入れる事を覚えて大実際むづかしいが、始めの間に充分と苦しんで覺えると後で楽である。繪具を解くのも分上手になった。夕飯後は十一時まで一所懸命に写し物をする。

日記（大正五年）

五月二十九日（月）
豫記　実四、作文、讀体

五月三十日（火）
豫記　修身一、運筆三、実習三

五月三十一日（水）　天氣　曇天
豫記　化一、実六
京都へ二度の往復

六月一日（木）　天氣　曇天
豫記　隨一、実一、物一、実四

六月二日（金）
豫記　毛筆四、隨一、讀方一、習字一
毛筆画彼岸櫻清書

六月三日（土）　天氣　晴天

豫記　村豊吉　珠一、製陶一、運二、実習三、京都へ三度の往復

母、朝は約束によって四時に起して下さる。直に起床の後朝飯を終へると、すぐ様に五時の一番電車で京都へ行き、長寺町の日新堂と云ふ紙函屋へ行って歸ると七時。それから一寸朝飯を食べ足してから、包を調へてハカマ〔袴〕は電車の内ではくべくもって行く。七時二十分の電車で五條につくと七時五十五分。急いで傳習所へ行って、今始まると云ふ所少しも遅れなかった。授業は珠算が一時間、製陶法は第一教室で一時間、次が運筆の二時間で此の時金翠堂が来て居た。それで武士と云ふ骨書と、他に美人と云ふ骨書二本を買ふ。それから運筆は自分ゟ清書こそ出さぬがよく出来た。午後の三時間の実習は何やら嫌であった。

授業を終へると、土曜日とて大除除の後、長寺町の日新堂で紙ハコ〔函〕を、金翠堂で墨斗をもって歸ると、又すぐ其の足で長寺町の日新堂へ金を拂ひ、金翠堂で墨斗の金を拂ひ、歸り道に二、三品文具を買ふて歸る。稲荷から父様と一緒に歸ると、九時四十分夕飯の後入浴して新築へ歸る。日記を認めて寝る。時に入床十二時。

六月四日（日）　天氣　決晴　寒暖　八十八度

母様に起されて起床後は、朝飯を終へてから直ちに新築を開けて掃除にかゝる。父様の命ぜられるが儘に手傳ふ。暇には紫〔柴〕原先生と約束のタンポヽをさがし廻る。晝飯後は手水鉢の水替へに神酒を上げ、風呂を流して手傳ふ。次に豊がすぐくんで焚く。それから公会堂〔画像23〕へ二回に品物を運ぶ。それからは是とて書くまでもない色々の手傳ひ。夕飯後は兄様と共に運筆の稽古をして十時半の入床。今日十時頃に支那人の焼物にカスガイ止め〔鎹〕をする者が来て、私の拭し皿に二つ穴を明けてもらい。其の焼物や硝子に穴を明ける所の錐は、先にダイヤモンドの入ったドリル〔ドリル〕カスガイでたくみにとめてくれた。

日記（大正五年）

**画像23　公會堂の全景**
（京都府久世郡役所『京都府久世郡写真帖』1915年、京都府立総合資料館蔵）

豫記　林豊吉

**六月五日**（月）　天氣　晴天

　目の醒まし様は少し遅く、朝飯後は先づ新築を掃除する。それから店の客人は何時でも来いと待つ間に糊紛をする。それから私は母様に一重物を出して戴いて着る。お宮さんの鳥井の所には、京都から軽業師が来てしきりに太鼓にぎくく敷くやって居る時には見に行く。客人の少ない時には晝飯を食べる。晴天でも雨の降る時と人の出は変らぬ様な氣がする。奈良の植常に大和の豪農の□□□□も皆例年の通り来られる。植常には新新の風呂も見せる。夕方になると宇治町から螢を一千匹逃がしてくれとの事で、袋に入ったものをもってくる。夕飯後は新築の周圍に螢をまく。今日妹は一日軽業と手品を具て居るかと思ふと、着物を着替へて縣さんへ行きなどしてほとんど出て居た。大阪あたりの人は大変に螢を珍らしがる。生まれて始めての螢を取ったなど云ふ者もある。〔コラム6、画像24〕

## コラム6　縣祭

「暗夜の奇祭」とも呼ばれる縣神社のお祭り。毎年六月五日の深夜、一切の灯が禁じられ暗闇の中を梵天渡御が行われるためその名がある。江戸時代後半には既に京・大阪から多くの参詣客を集め、宇治を代表する祭りであった。午前四時頃から始まる祭礼には毎年数万人が参加したという。宇治一帯では、活動写真や見世物、屋台などで賑った。以前は遠方からの参詣者の移動手段は主に船であったが、大正二年開通の京阪電車宇治線が大正四年から終夜三分毎の臨時運転を始めたため、電車での移動が主流となり始めていたという。

（宇治市歴史資料館編『よみがえる鉄道黄金時代――宇治を走った汽車・電車』宇治市歴史資料館、二〇〇〇年、二〇～二二頁）

画像24　**縣神社**（京都府久世郡役所『京都府久世郡写真帖』1915年、京都府立総合資料館蔵）

**六月六日**（火）

豫記　修身一、運筆一、実三ノ所ノ一

氣分悪くして早引する

## 六月七日（水）　天氣　雨天

豫記　化學一、隨一、実五

起床が遅かった為めに宇治発の電車は七時二十分ので行くと、神谷さんの養子と一緒で、六地蔵からは宇治郡長と又一緒、五條に着くと七時五十五分。それから傳習所へ着くとすぐリン（鈴）が鳴り、授業は化學で、次が美術で、私等は随意で箱宗へ行った。序に杉本と云ふ文房具店でペーパーホルダーを買ふ。それからは実習をやる。弁当のおかずは味つけのけで餘り美味でもなかった。午後の三時間の実習には熱心に一所懸命にやると、松竹梅の繪も、もー骨書き丈は大部分出来た。それから當番の後、歸りがけには雨が降って居て、中書嶋まで来ると宇治行きは今出たばがりで電車が見えて居る。至し方もなく二十分間待って五時発ので歸ると、今度は神谷さんと一緒であった。箱の事で大いに喝られ、それから運筆の稽古を一所懸命にやる。夕飯後は入浴の後、写し物を一所懸命にやって、拾時にはしまふて寝る。

## 六月八日（木）　天氣　雨模様

豫記　駄費一、隨一、物理一、実四

起床は五時。朝飯後は新築へ歸ってからは、包を拵へて着物を着替へてから六時二十分の電車で行く。先づ石桓町の箱宗へよってから授習所へ行くと七時十分。それからは友の英習字帖を書いてやり、リン（鈴）がなると試験所へ行って福田先生を尋ねると居られぬので、用機畫（き）はなく、轆轤科で特別科の轆轤の稽古振りを見て居ると思ひきや、陶画室では吉嶋先生から実習をやって居る。それで私も実習をやる。次の時間も実習。物理の時間には轆轤科の□□が大変に平木先生（引）［画像25］からしかられる。四時間目からが実習で、弁当を食べると水道で弁当をす

**画像 25　平木臻**
（河井寛次郎記念館蔵）

## 六月九日（金）　天氣　晴曇

豫記　写生四、随一、讀一、習一

　六時二十分の電車で行くと、七時には傳習所へ着いた。先づ英語の手本を書いてやり、授業は毛筆画の写生から始まり、私は携へたギ寶珠[擬]を写生する。先づ三時間にして清書して出すと、先生はよく出来たとの事で私が一番早かった。それから麥[麦]の写し物をする。それから柴原先生から写生の説明があった。其の内で私のが一番よかった。先生は私のを皆に見せられた。それから弁当はないので五條坂まで晝飯を食べに行く。それから傳習所へ歸って圖案を写す。それが出来るとすぐに陶画を一つ書く。次に讀方、次が習字で、当番の後、御幸町髙辻上ル所で来る。十六日の團扇展覧会に出品すべき白無地の團扇を買ふて歸る。宇治へ歸ると五時半。謡の先生が来て居られ聞いて居る。それから夕飯後は新築へ入浴の後、歸ってから写し物をする。

　ぐ洗ふて置く。午後は一時間目に松竹梅の繪を上ってから、次に皿にオモダカの繪にネン[捻]紙を糊をして乾くまでの間遊ぶ代りに、古代模様の圖案を圖畫室で写して居ると、陶画室でやれとの事で陶画室で写して居り、当番をしてからは箱宗へ箱を取りに行き、長い間待って五時へ来ると五時四十分。中書嶋[張][沢潟]を六時発で歸ってからは筆洗の水留をして、夕飯後は入浴の後、一所懸命に奈類美加多[経]の写し物をする。入床は十一時過ぎ。

# 日記（大正五年）

## 六月十日（土） 天氣 晴天

豫記　珠算一、運筆寫し物三、實習三（駄質にも）

昨夜の入床は十一時半。それから蚊にせめられて僅に二時間位は寝たであろーが、どーしても沢山の蚊でたまらぬ所から、居間の電燈を引張って来て取るに、居るも〱二十以上も取るし、三時になり四時になり夜は明けたので、少し早いが起床してから下の室の母様を起し、茶を沸し、朝飯後は新築を開け、それから包を調へてから傳習所へと行く。母様も京都へ行かれるので五條まで一緒に行った。傳習所へ行ってからは一生懸命に製陶法の寫し替へをする。すると英語の知らぬ者に英語を書いてやりなどした。先づ第一時間が珠算、次の製陶法の時間は大須賀先生の都合で實習で、三好先生の運筆の寫し物を三時間やる事になった。それから弁当を食べると午後が陶画の實習で、オモダカのネン紙をおし終ると、午後第一時間目の即ち朝から五時間目から骨書にか〱った。一時間程にして拾一個を書き終りダミにか〱った。ダミは濃淡二種でむづかしい。それから三時になると主任の大須賀先生が第一教室へ集れとの事で行くと、朝鮮まで逃げた勝田を退學所分にした話の後、土曜日の大掃除をしてから歸る。電車は大聖寺の御前様と一緒で歸った。

## 六月十一日（日） 天氣 晴天

朝飯を終へるとすぐ様に朝顔園〔93〕へ行って寫生の材料を見に行くと思はしいものはなく、四本をもって歸って、新築の書齋で寫生をすぐにしよーと思ふと、光線の工合が悪いので、しばらくは寫し物をしてから寫生にか〱った。書までには先づチョーチン花〔提灯〕の寫生を團扇に書き、それから晝飯を食べると、すぐスウイートピー〔スウィートピー〕の寫生をした。次に奈類美加多の寫し物をする。夕飯後も一所懸命にやる。母様や父様は螢の為に

よい御苦労様で見張りをして居らねば、箱ぐるめにもって歸ってしまふのであるから堪らぬ。螢狩の連中にもあつかましい者が随分とある。

六月十二日（月）　天氣　晴天

豫記　實四、作一、讀、随一

六時四十分の電車で行く。月曜日の事とて授業は實習より始まる。所が先生の用事が多い為めに、午前中四時間目迄には書いても次の手本を書いてもらう事が出来なかつた。オモダカのダミ〔沢瀉〕をしてしまふてから、次の手本を書いてもらう一間は圖案寫しをやつて居る。

弁当を食べてからは次の用意をする。先づ午後は作文で、先生が口語體の文を書かれるのを□文體に作替へるのである。次が讀本。次が體操の時間には休ましてもらって、吉嶋先生に頼んで、四角い大きな鉢に手本を書いて戴いてから、燃紙〔捻紙〕を張付けて置くと、體操も終つて、一緒に當番をしてから歸る道、電車の中で上林理學士に會ふと、歸宅は五時半。夕飯後は寫し物に油が乗って来て、知らず知らずの間に十二時になつた。

六月十三日（火）　天氣　雨後曇

豫記　修一、運三、實三、電車停電

朝飯を終へてからは包を調へて行くと、天理教のあたりで電車は出た。七時の電車で行く。上林とも一緒で中書嶋で京都行きの六〇号の電車に乗ると、素晴らしい美人が私の方を見て居る。今少し繪が上達して居れバよい、何よりのモデルであつたのを。美術學校の角田君とも同車で、電車が今しも大手筋に着かうとする一町程も手前

で、電車は二十二分間の停電をした為めに、五條の停留所で證明書を取って行った。行くと五分間おくれた修身は書取り。運筆はオモダカを清書してから次に水引草のお手本を書いて戴く。それから二、三枚習ふと時間が来て、弁当を食べてからはコバルトブリュー〔ブルー〕のインクと、又別に赤インクを買ひ、三時間の実習後、当番も終って帰り、夕飯後は十時過まで写し物をし、妹にせわれて寝る。

**六月十四日（水） 天氣 晴天**

豫記 化學、随一、実五

二時過ぎに目が醒めて寝られぬ。がさ／＼して蚊張の中へ蚊を入れるのみ。遠慮と決心から起床したのは三時。次の間へ電燈を点じ、日曜日以来の日記を此所まで認めると、夜はほのぼのと明けかけた。それから朝飯の後、包を拵へて行くと六時四十分のにはずれて、七時発で授習所へは七時四十分に着いた。授業は化學より始る。

**六月十五日（木） 天氣 曇天**

豫記 用器画一、随一、物理一、実四

六時二十分の電車で行く。包の他に筆に團扇、甲蟲、繪具など非常に持ち物は多かった。それから傳習所へつくと七時十分。先づ図画室で團扇に宇治の風景図案を書く。時間が来て、授業は用器画から始まり、次の美術の時間は随意であるから團扇に用ふるエメラルドグリーンの繪具解をする。次の物理は主として実験で、空氣の圧力試験で面白かった。次の陶画の実習の時間には、試験所へ繪の書けたものを運んだ。弁当を食べてからの休の時間に團扇は仕上げた。どーやら私のが一番よいらしい。次の実習には先生が手本を書いて下さるまでの間を図

案の写し物をする。

六月十六日（金）　天氣　雨天

豫記　休（林）

毛筆三、科外一、随一、讀一、習一

電車は六時四十分のので行く。今日はいよ〳〵團扇の展覧会となった。午前三時は写生、写し物をする。それから四時間目からいよ〳〵團扇展覧会となる。先生は批評役であるから、皆目どれがどれやら知られぬ黒板に、ピンで止めた團扇の批評をせられる。先生に團扇に書くべき繪はどー云ふ繪がよいかと云ふ所の概論の後、運筆、圖案、写生の三つに分類して、其の順に批評せられると、三年生の沃田君が第一席、次が三年生の中井君で、私のよいと思った景色圖案は餘り写生に氣取り過ぎた点の為めに、［配］酌色の成績程に圖案が悪いとの事。弁当がないから食べに行く。序に［ついで］ガラス屋で繪具ビン［瓶］を買ひ、床屋で散髪する。讀本、習字の二時間の後、当番をして歸って、夕飯後は十一時まで写し物をする。

六月十七日（土）　天氣　雨降

豫記　珠一、製陶法一、運三、実三

妹が蚊帳をた、む音に醒まされての起床は少しおそく急いだ。詰果は六時四十分の電車に乗れた。車中でとなりの人の新聞を見ると、飛行家スミスも北海道で落ちて、治療一か月を要する傷をした。スミスの様な名人でも落ちるのであるから、下手な飛行家の落ちるのも無理はない［コラム7、画像26］。授習所へ行って授業の始まるま

## コラム7　アート・スミスへ送られた花瓶

アート・スミスは六月十六日、札幌において飛行大会を開催した。午後三時二十分に離陸し約三〇メートルの上空でエンジンが故障した。そのまま着陸すると観客の中に落ちて多数の死傷者を出す恐れがあったため、右に旋回して墜落。ラジエーターの下敷きとなり、右大腿骨を骨折し全治一カ月の怪我を負った。スミスは京都で無料飛行を行い、市民へ多大な印象を与えた恩義もあるとして、京都市から見舞いと餞別の意を込めて記念品を贈呈されることとなった。そこで選ばれたのが、陶磁器試験場が制作した《染付唐草文花瓶》である。花瓶の口縁には金際が施されていたという。この花瓶は七月十六日朝、スミスが療養中の東京帝国ホテル宛に送られた。

(「スミス氏墜落負傷す」『東京朝日新聞』大正五年六月十七日朝刊五頁、「スミス氏に花瓶を贈る」大正五年七月十六日夕刊二頁)

**画像26「スミス氏に花瓶を贈る」**
(『京都日出新聞』大正5年7月16日夕刊2頁)

では月別時間表を線引く。授業は珠算、次に製陶法、次二時間が運筆で水仙を書く。弁当の後にも月別時間表の線引をする。それから午後第一時間目は燃紙貼り〔捻紙〕。それから羽箒（ほうき）を買ひに行き歸ると實習を土曜日の事とて二時十分までして大掃除の後、寺町へ出て白雲紙を買ふて歸ると大森様が来て居られ、夕飯後は入浴の後寫し物をする。

六月十八日（日）　天氣　晴天

豫記　林休み

起床は割合に早く、朝飯後は直ちに新築で奈類美加多の写し物をする。写生もしたいが中嶋君に一日も早く返したいと思って写し物にか、った。なか／＼密なる繪であるから、彩色こそないけれどもなか／＼暇が入る。熱心に本と少しも違いのない様に写すべく心掛けてやるから尚暇が入るが、今日で全部写し終そーである。晝飯を食べてからも一生懸命にやったお蔭で、三時頃には写す丈は寫し終ったが、線引きにか、る事は出来なかった。夕方には風呂焚をする。夕飯後は入浴してから漢文を父様から教へて戴いてから、新築へ歸って種々かたづけ事などの後に、少しは写し物は書加へをしてから日記を認めて、連日の寝の足らぬのをおぎなふべく、今夜は九時半に別に寝る。今日は臼を直しに石屋が来て居た。明日も来るらしい。

六月十九日（月）　天氣　曇天

豫記　林は休み

　實四、作一、讀一、隨一

日記（大正五年）

六月二十日（火）　天氣　雨天

豫記　林豊吉来る

修身一、軍運三〔運筆〕（水引草）、実三（ばらん燃紙はり〔捻紙〕）

起床四時四十分。宇治発六時二十分の電で六時五十五分に五條へ。寺町四條下ル西側のハケ屋でハケを買ふて、松原を通り六波〔六波羅カ〕から授習所へつくと七時二十分。授業は先づ修身で米国リンコーン〔カ〕の話。今日から二週間の停学も終って宇野から授習所へ来た。太いやつは太いと見え、一向にはづかしくも思って居らぬ。次三時間は運筆で、清書は勿論自分さへよいと思ふものも出来ぬ。柴原先生から大須賀先生の氣附かれた点を注意せられる。それから実習は吉嶋先生から手本を書いて戴く間、燃紙〔捻紙〕をはってかはく間に、ふきよせと云ふ参考書を写す〔画像27〕。それから実習は吉嶋先生から手本を書いて戴く間、ふきよせも三枚半（七ぺーべ〔ジ〕）を写して時間が来て、圖画室を当番の後、五條の橋本の薬屋でニカワ〔膠〕を買ふ帰り、ドーサ〔ドゥサ〕を竹紙三十五枚に引く。夕飯後、入浴の後、新築でドーサ〔ドゥサ〕のカタづけ事などして、日記を認めてから十時過ぎに寝る。

画像27　山田直三郎『ふきよ勢』
（芸艸堂、1913年、京都府立総合資料館蔵）

六月二十一日（水）　天氣　雨天

豫記　化學一、随一、実五

国画室へ名フダ

宇治発六時二十分の電車で、但し起床は四時二十分。傳習所へついてから此の間から頼んである中村先生は一向書いて下さらぬので、とう〳〵私が名を書いて、圖畫室の机へはった。糊も五厘買ふた。化學の時に窒素と空氣。次随意の時間に『ふきよせ』の下巻を写す。次の実習には燃紙（捻紙）をおし、午後にかく。畫休にもふきよせを写す。午後二時間の授業を終へてから帰ると、大森先生が来て居れたが、私はふきよせを一所懸命に写す。夕飯後は入浴の後、一所（懸命カ）に十一時まで懸って約半分を写す。

六月二十二日（木）　天氣　晴天　寒暖

豫記　用器画一、随意一、物理一、実四

起床時に四時四十分。朝飯は母様と兄様とが大聖寺へ行かれるのと、七條まで一緒に行く。伊藤君は私に鏡餅形の蓋物をくれて、傳習所へついて七時二十分。前髪と云ふ甲虫をもって来たのを素焼の中へ入れて置く。第一時間目が用器画、次が随意、三時間目が物理、四時間目からは、松の繪を書いて焼いてもらう一事になった。休の間にふきよせの写し物もも止めてから、先生鉄粉をもらう一事する。弁当は巻ずしで御馳走であった。次に一時までの休にはふきよせを写す。授業が始まると（葉蘭）バランの繪を鉄粉で書き出す。二年生以上は試験場へ生地を取りに行った。ドン〳〵運ぶ〳〵。色々のものを運ぶ。大きいものも沢山運んだ。私の小刀がしれぬ様になる。当番は小寸土曜日の大掃除程もした。然も陶画室の一番大きい所であった。帰宅したのが六時十分前。夕飯後は入浴の後、なるみかた中巻の写し物をする。入床十一時半。

六月二十三日（金）　天氣　晴天

豫記　写生四、英一、讀一、科外

起床は五時。六時二十分の電車で今日写生すべき大きいダリヤの花をもって行く。中書嶋から納屋町の南城紙店(97)へ行くと、目的の厚ミノ四バンかなく、大手節から電車で五條へ下車するともダリヤはシナビて居る。傳習所へついてからも一生懸命に水あげ法(98)を構ず。写生はシナビて居るものであるから、仕方なしに小さい方を写生する。所がダリヤたるや二年生でもむづかしい花であるから、到し方なく科外の時間にやる。カブト虫は早速と写生して居る。弁当を食べるもすぐにやる。化學の時間少しの間に今日出来かねてたダリヤの写生は出来上る。当番はせずして他の人が皆してくれて、中書嶋発四時四十分の電車で歸る。夕飯後は十一時まで写し物をする。

六月二十四日（土）　天氣　雲風

豫記　珠一、製陶法筆記、運筆写物二、実三

起床は六時十分前。六時二十分の電車ニは十秒時間程の差で乗りおくれ、六時四十分ので行く。授業は珠算で悪い算盤で閉口した。それから次が製陶法で筆記をする。次が書まで運筆の写し物をして、中嶋君も一緒に十一時頃までやる。中嶋君は四時間目はどこへやら行ったと思ふと、陶画室で陶画の図案をやって居る。私は青梅の清書が出来ずじまい。弁当を食べてからは他人の筆洗。道樂なしまい方を、私が全部水を捨て、洗ふておく。午後は陶画の実習が三時十分まであって、其の間にバラン(葉蘭)の繪の煎茶々碗丈を仕上げてから、当番も圖画室の大掃

六月二十五日（日）　天氣　雨天

豫記　寫生、寫し物

起床は六時半。朝飯後は寫し物を一枚の後、寫生の材料をさがしてから、寫生を白雲紙八つ切に書く。晝飯後は三時に寫生が出來て、それからは繪具ときを夕方までする。

六月二十六日（月）　天氣　雨天

豫記　實四、作一、讀一、科外一

起床は六時半。

七時の電車で授習所へつくと七時五十分。それから便所へ行き吉嶋先生は九時頃に来られる。實習は三時間目に平けて、四時間目は圖案寫しをする。弁当を食べると文具店杉本から傳言を叶君にしてられたので、午後の作文、讀方、それからの體操の時間に科外構話の後に杉本へ行って、一個二十三戔で買ふて、歸途七條から電車で歸る。午後一時から三時までの雨の降り方は梅雨と思へぬ。まるで夏の夕立である。中書嶋まで来ると宇治川はえらい水である。沿線は水がもー尺でレールがかくれる程の所まで来て居る中にも、觀月橋から御稜［陵］前、御陵前から六地藏の間の低い所は、五、六寸でレールへ水がくる。宇治へつくとまだ鐵橋の下は大丈夫。歸宅して見ると、濱

除で、私も褌［ふんどし］とジバン［襦袢］二丁になってやると、他の人達も一所懸命にやるので大変に早く出来た。歸宅すると褌と手拭の洗濯をして習字もやる。夕方には橋喜が遊びに来て居て、天理教の借家に黒猫の子が沢山居るとの事。夕飯後は入浴の後、新築で十一時まで習字と寫し物をする。電車の都合はよかった。

108

日記（大正五年）

## コラム8　伏見の大洪水

京都府南部は明治期から昭和中期にかけて度々洪水の被害にあっている。大正五年六月二十五日夜、連日降り続いていた雨は更に勢いを増し、二十七日早朝に宇治川観月橋付近で六尺の水深を示した。特に伏見では被害がひどく、大手筋一帯は一面の濁水に包まれ、床上浸水数十戸を含む被害個数は約六百戸であった。京阪電車宇治線は宇治駅から六地蔵付近までが浸水のため二十六日午後七時より運転を中止し、二十七日に至っても開通しなかったという。京都府南部の洪水は昭和三十年代以降に洪水対策として天ケ瀬ダムなどが完成するまで続いた。

（「各川増水」『京都日出新聞』大正五年六月二六日夕刊二頁、「豪雨と被害」『京都日出新聞』大正五年六月二七日夕刊二頁）

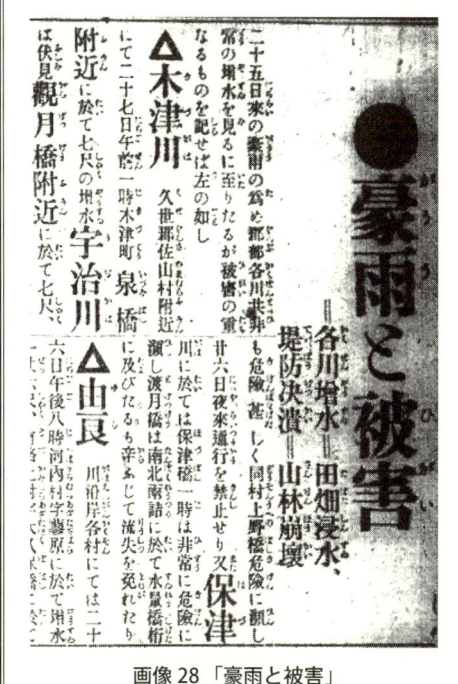

画像28　「豪雨と被害」
（『京都日出新聞』大正5年6月27日夕刊2頁）

は一番上から水が二、三寸も上って居る。夕方になって、もー水が一尺五寸増すると、水電は停電すると云ふので、ランプの掃除を三人係でする。夕飯後は発電所を見に行くと、七つのアーチは皆水面下にかくれて居る。なるほど水電も閉口して居ると思った。帰って十時半までの写し物。入床十時五十分。〔コラム8、画像28〕

## 六月二十七日（火）　天氣　曇天

豫記　京坂[阪]電車不通

修一、運筆三、実三

京阪電車は中書嶋宇治間不通為めに汽車で行く。桃山で下車して大手筋から五條へ。下車して行ってから圖画室の掃除の後、授業は修身の書取り。次が運筆は水引草。弁当を食べてからは実習で、手本を書いてもらー迄の間ふきよせ下巻を写す。

当番の後、帰途をやはり大手すぢ[筋]までの電車で桃山から汽車で帰る。夕飯後は入浴の後新築で写し物をする。

雨はまた降り出した。

## 六月二十八日（水）　天氣　曇天

豫記　化學は科外的に

実六

京阪電車が通じるか通しないかが解って居らぬので、先づ六時までに停留場へ行くと通じるとの事。六時十分に出発して、三十何分か、って中書嶋へ着くと云ふ。徐行もゝ歩いて居る様な徐行であった。授習所へ行く

日記（大正五年）

と七時二十分。それから山田君の洋江〔紅〕を解いてやる。化學の時間は中村先生が休まれたので、二年生と一緒に理科室で化學に入用な定義と英語とで、次から六時間の實習をやる事になった。水蓮のむづかしい盛繪で、鉄粉の骨書に、鉄粉のダミ〔彩〕とグリーン二号を拵へてする事二時間餘。それから白盛とゴスダミ〔呉須〕〔彩〕との繪具を使ふので、二年生のやって居るよりも餘程むづかしかった。當番の後大須賀先生から本を借りて、化學の元素の名を英語で写して、五時過に傳習所の門を出る。帰宅は六時。夕飯後は十一時までの写し物。ふきよせの下巻三拾枚の内二十九枚まで書いた。

六月二十九日（木）　天氣　晴曇

豫記　用器画、随一、物一、実四
水蓮〔睡〕の盛

六月三十日（金）　天氣　半晴

豫記　写生　写し物（アザミ）〔薊〕　実二（化　讀の随）、習一

六時二十分と云ふ電車、不通後始めて二十分間毎の今日から運轉で行く。傳習所へ行くとまづ圖畫室を、次陶畫室を半分掃除してから實習の燃紙〔捻紙〕はりをする。時間が来ると圖畫室で写生。写し物此の間のアザミ〔薊〕は何所やらが悪いので書き直しをする。それから骨書を終て、着色は四時間か、った。終に書く事を得ず。次の日に清書すると思って事にした。弁当を食べるとすぐに陶畫の實習をやる。化學の時間も讀方の時間も實習を。習字は清書と思って行くと何の事やら違ふたので、至し方なく授業を受ける。それから陶畫室を掃除の後、歸るも正に五時。夕飯後

は十時半までのなるみかた中巻の写し。十八ページ、十九ページを写す。入床は十一時過ぎ。

七月一日（土）　天氣　朝雨後曇

豫記　珠一、製陶法一、運筆二、実三

六時発の電車で行った為に早くて、六時五十分に傳習所へ行く。圖画室と陶画室とを美しく掃除してから、陶画の実習を十分間の後、珠算をやる。次に製陶法は話で筆記はなかった。弁当を食べると陶画の実習を三時十分までやって、土曜日の事であるから廊下を大掃除してから、二條通御幸町西十一番の檜と云ふ謠の本の発賣元へ行って、本の表紙五枚と其の糸とで二十二戔で買ふて踊る道、寺町三條下る所で牛乳屋に出會ふ。中書嶋から宇治までは、又レールぎり〳〵まで水が来て居るので、電車は除行する為、延着又延着で規定の時間に運轉不可能となって居る。夕飯後入浴の後、十時までの写し物をする。

七月二日（日）　天氣　曇天

豫記　村は休む

起床は六時頃。朝飯後早々に中止して、写し物をする。なるみかた中巻の十二から始める。畫飯後は下駄箱の掃除をした。午前中は神棚へお神酒を上げる。午後も熱心に写し物。夕方には風呂を沸し、夕飯後はお使にも行き、十一時までの写し物をする。

〔水無月〕〔餡〕ミナヅキのアン餅をもらふ。それから新築を明けてから、写生をし様と思ひ、材料が餘りに複雑に過ぎたので

112

# 日記（大正五年）

## 七月三日（月）　天氣　朝雨後曇

豫記　実四、作一、讀一

体は休む

父様が起しに来られた時に五時三十分。朝飯の後、妹が新らしく縫ふてくれた上等の着物を着て行く。七時二十分に着し、例の紙屋へよって竹紙を買ふて行く。実習から授業は始まる。上等の着物の上へ白色のオーバーコートを着て授業する。水蓮の鉄粉の骨書を、弁当を食べてからも午後の授業が始まるまでの間に書いて、骨書丈は書き終った。次が作文、次が讀方、次の体操は休んで、此の間に當番をしておく。それから時間が来て、体操も終って皆が来ると歸る。松原から寺町を二條まで行く間に、妹に頼まれた雑誌を買ふべく尋ね廻ったがない為めに、烏丸二條下ル石田放光堂へ行って黄口のコロミール〔黄色〕〔コロミール〕を一両目買ふて歸る。歸ると大阪朝日新聞記者が来て居た。夕飯後は十一時までの写し物をして、寝様として居ると、用心が悪いと母様が云ふて来られる。

## 七月四日（火）　天氣　曇夕雨

豫記　修一、運三の内一時間は先生無し、実習三

昨日と同じく六時四十分の電車で行き、行くと二年生の級長桶谷君〔⑩〕は圖画を掃除して居るのを手傳ふ。授業は修身で、少しばかり筆記してから話で、次が運筆で畫までであるが、先生は美術學校の生徒をつれて皇太子殿下の奉迎にステーションへ行かねばならぬので、一時間早く歸られた為、四時間目の一時間は先生無しであった。〔⑫〕水蓮の花の圖案にグリーン二号の盛の葉を仕上げると時間が来て、当番の後、歸と中書嶋発が五時。車掌は此の間まで五條の開札係〔改〕であったのが、今日は宇治

## 七月五日（水）

豫記　化一、随一、実五

線の車掌となって居て、なれぬ為か車中でひもにぶら下って居た。今日はアイデアの写し物を三つした。（四ページ）。入床は十一時。帰宅後は夕方まで遊び、夕飯後は入浴の後、写し物。

## 七月六日（木）　天氣　晴後雨

豫記　用器画一、随一、物理一、実習四

## 七月七日（金）

豫記　写生四、化學一、讀一、習字清書一

奈良から植木屋が来る

宇治発六時四十分の電車で行き、六波羅から松原へ出て、花屋でバラの花を買ふてから傳習所へ行って写生の用意をする。時間が来ると写生はバラ〔薔薇〕（ローズ）の赤のをする。一寸骨書は中嶋君に聞いて書く。彩色は思ふ様に出来たのでもって行くと、あっさり過ぎるとの事で、又塗る。まだあっさり過ぎた様なものになってしもーた。弁当を食べてからも写生を彩色した。午后〔後〕は化學、次に讀方、次に清書と書き方をした。当番の後、松原から寺町へ出て、妹に頼まれた雑誌を買ふて帰ると、大森さんが来て居られ、兄様は謡の稽古を。奈良からは植木屋が来て、鋏を入れて居るので、其の枝の切ったものかたづけるのを手傳ふ。

日記（大正五年）

夕飯後は例の如く、入浴の後十一時までの写し物をする。

## 七月八日（土）

豫記　珠一、製一、運筆写し物二、実三
　　　水蓮[睡]仕上る。陶画試験始まる。

六時四十分発の電車で行く。授業は珠算、相変らず二題加算が違ふた。次が製陶法の筆記。次が運筆の写し物で、今日は小川君の墨を借りてやう〳〵清出[清書カ]来た。弁当を食てからは、陶画の実習で、とう〳〵むづかしかった水蓮[睡]を仕上げた。それから兄様の使ひで試験場へ行って瀧田先生〔画像29〕に色見を頼む。土曜日の事とて当番がやかましいから、すぐ傳習所へ行くと三時十分には二十分間があったので、試験の生地を出して掃除をしておく。それから当番の後、すぐ電車で歸と五時半。風呂焚をする。夕飯後はスケーチュールタイムテーブル[スケジュール]を拵へて、それから□線を引き、今夜は写し物は何もせずに寝る。

画像29　瀧田岩造
（河井寬次郎記念館蔵）

## 七月九日（日）

豫記　箱宗へ
　　　三條通御幸町西南角　大谷様へ
　　　松風会社工場見物〔画像30〕

起床は五時。朝飯の後用あって先づ京都の箱宗へ行き、次に三條通り御幸町西南角の大谷と云ふ立派な家へ焼物をもって行って、

**画像 30　松風工業株式会社 本社及び第一工場**
（藤岡幸二『聴松庵主人伝（松風嘉定）』内外出版、1930 年）

金十四円十菱を受取ってからは、三條の停留所へ行くと用便がしたくなり、足してから東福寺停留所に降りて、待って居てくれた横山君と二人で松風会社へ行く。横山君は父君を連れて来られると挨拶の後、廣い工塲を何くれとなく一、一説明して案内して下さった。先づ第一工塲の機械轆轤を以て碍子を造る所から、石料粉末室、其の他窯塲から碍子の電氣試験まで見せて下さった。一應見て辯して、踊りに大手節で下車して、紙屋の南條へ行き、竹紙二丈を買ふて歸り畫飯後は写し物をする。夕方にはお使いに行く。荷桶で風呂水を川からくみ焚きつける。植木屋の切り落す枝を運ぶ。雨は降りてくる。身体はビショぬれになってかたづける。ヒゲもソル。コンパスの烏口もとぐ。夕飯後は入浴の後、一ページの写し物の後寝る。

七月十日（月）　天氣　曇　時雨

豫記　実四、作一、讀一、体は休む

　皆試験

七月十一日（火）　天氣　晴天

日記（大正五年）

豫記　修一（試験）、実習三（試験）、運筆三の内二、一は早引
　　　水引草清書

電車は六時四十分発で行く。傳習所へつくと七時二十分。それから修身は試験で

七月十二日（水）　天氣　曇天
豫記　化學一（試）、美術一（仝）、実五

七月十三日（木）　天氣　雨後曇
豫記　用器画一、随一、物理（試験）、実四

七月十四日（金）　天氣　晴天
豫記　写生の續き一、写し物三、製陶法試験一、讀方一、習方試験一

六時四十分の電車で行く。傳習所へ行ってから圖画室の掃除をする。それから製陶法の試験の下調をする。写生が清書が出来て居らぬから、写生から始めて清書してしまい、前週の續きになって居る写生の写し物をするのであるが、時間が来ると写生の写し物をつけて下さった。「アザミ〔薊〕は九十点、バラ〔薔薇〕は八十三点、水引草の運筆は八十五点、青梅の運筆は八十点であった。次に人参の写し物でむづかしい事おびたゞしく閉口した。畫飯の弁当を食べてからは、製陶法の試験の下調をして居るとリン〔鈴〕が鳴る。試験の場所は第一教室で、一番が陶磁器の種類、二番が陶磁器の異名、三番が

117

野見の宿祢、加藤四郎左衛門、行基菩薩、李参平の時代を書くので、垂仁天皇、後堀川天皇、聖武天皇、豊公時代と答へる。四番が我國に於ける磁器の産地等であった。讀方の次が書方の試験の次が当番して歸。歸って風呂水をみて焚き、夕飯後はドーサを三拾九枚引いてから入浴して、ドーサを引いた紙や、あとかたづけで十時になり、写し物はせずに寝る。

## 七月十五日（土）　天氣　晴天

豫記　珠算ノ試験一、製陶法一、運筆二（水仙）、実習三

相変らず六時四十分で行く。行ってから五條郵便局で振替の紙をもらって傳習所で書き、郵便局へもって行き、歸ってから理化実験室に書いてある製陶法の筆記をし、次に運筆を二時間やった。珠算の試験が終ると弁当を食べてから、吉嶋先生の時には先生は一寸身体が悪くて来られぬからとの事。先生なくして実習をやる。三時十分になると土曜日の大掃除をして、歸ってから萬両の木の写生をする。入浴後夕飯後は十時までの写し物をする。

## 七月十六日（日）　天氣　晴天　寒暖　八十八度半

四時半の起床で、朝飯後は新築で先づ昨日の萬両の写生の仕上げをする。それからコロムミール黄口の繪具、エメラルドグリーン、胡紛、コバルト等の繪具を解くべく用意して、コロムミールは上出来に解けた。工兵十大隊は又架橋演習に来て居るので、材料士官と軍醫とが遊びに来る。それから外の用意も手傳ひ、晝飯後は四時まで写し物をして、四時から風呂水をくんで焚く。それから写し物も少ししたが、そー出来るものでない。

日記（大正五年）

画像31　宇治川架橋 演習作業中（絵葉書、個人蔵）

**七月十七日**（月）　天氣　晴夕立催し　寒暖　九十五度

豫記　林豊吉今日より来る

今日は祇園祭で休であるから、起床は六時。朝飯後は恵心院［画像32］へ行って見たが、思はしい花もなく、野菊をもって歸って来て先づ写生をする。書齋は朝の間は日光が甚だしく差し込んで、日当同様で光線が餘りに多過ぎて、写生に工合が悪く、塗った繪具が一寸乾かぬので、下へ降りて新聞を見る。それから写生を仕上げると写し物をする。畫飯後は褌を川へ入って洗濯してから、其の序に風呂水をくみ、写し物をする。四時頃からは天候が一變して風が荒くなり、雲の足が目立って今日も夕立が来そーであった。向い側は嶋半分以西は雨が白く降って居るが、こちらは餘り降らなかった。兄様は此の間植木屋が来て屋根の瓦を一枚割ったのを差し替よとの事で、屋根へ上ってやとなかなぬけけぬ。兄様と二人掛りでやうやく替へる。夕飯後は入浴の後、新築でしばらく父様と共に八時まで冷み、八時から九時半までの写し物をする。兄様も面黒い運筆をやる。入床は拾時過ぎ。

119

**画像32　惠心院**
（京都府久世郡役所『京都府久世郡写真帖』1915年、京都府立総合資料館蔵）

七月十八日（火）　天氣　晴後雨模様

豫記　林豊吉

修身一、運筆三、実三

六時二十分の電車に遅れて、四十分のに約二十分待つ。それから五條へ着いたのは七時十五分頃。傳習所へ行って七時二十分。先づ圖画室を掃除してから第一時間目が修身で、中村先生、前に何所迄講義したかを忘れてしまふて、同じ所のくり返しは辛かった。運筆に水仙は随分ときばってやったが、とう〳〵三時間に唐三枚二十四を書いて清書が出来なかった。弁当を食べると昼休の間に硯を美くしく洗ふて置く。午後は実習で傳習所から繪の書けたものを運ぶ事前後五回。非常に手間の入ルハ繪も今日一つ仕上げた。それから時間が来ると当番をして、歸り道には雨が降りかけた。京都も衛生大掃除〔コラム9〕をやって居るので、疊をたゝく音が聞え、四時四十分発（中書嶋）で歸ったから、宇治へ着くと五時。歸って少しばかり焼物運びを手傳ひ、夕飯後は〔後欠〕。

日記（大正五年）

## 七月十九日（水）

天氣　晴天

豫記　化學一、隨には散髮、實習二、午後は休む

受信　神戸青年會より夏期講習會につき

番茶をもって行く衛生大掃除

起床は五時二十分。電車は六時四十分のに。大きい番茶の袋をかたげて一所懸命に走って行って、やうやくにして乘るとすぐ出た。黄バク〔黄檗〕までは、車掌臺に袋を落ちぬ樣にオーバクから中書嶋までは中へ乘り、中書嶋から五條までは車掌臺に番茶の爲めに居た。五條から試驗場までかたげて行くしんどさ。授業は化學で一酸化炭素。次に隨意の時間に散髮に行くと、一人待ったので實習の時間の三時間目の中程まで、か、った。實習を午前中やって、午後は衛生大掃除を手傳ふべく歸ると、歸宅したのが一時過ぎ。晝飯を食べていよく手傳ふたのが二時過から。本當によく手傳ふた。今度の宇治警察署長はディシプリーヌ〔ディシプリン〕[15]的にやるので、三回も見に來て一人誤解して一時間も下らぬ事を云ふた

## コラム9　衛生大掃除

京都市では夏季のコレラの予防を主な目的として、毎年七月に衛生大掃除を行っており、当時は京都の夏の風物詩であった。大掃除の前後には市内各学校において種々の余興を添えて人を集め、衛生思想を普及する衛生講和会が開催された。大正五年には衛生思想が相当普及しその重要性を市民が自覚し始めたとして、人集めの余興なしの講和会が開かれることとなったという。また、前年までの衛生掃除のさいには、京都府警察部の衛生課が担当していたこともあり、所轄署の警官によって各家の臨検が行われていた。中には掃除が不行き届きであると叱責し、再三掃除のやり直しをさせる警官もおり問題となっていた。そこでこの年から所轄署の警官は監視をするに留まり、掃除の監督自体はそれぞれの町の総代に一任されることとなったという。

（「市民の衛生思想」五年七月十九日朝刊二頁）

巡査があるそーである。夕方には雷が鳴り、夕立が今にも来そーなので一所懸命に入れる。夕飯後は入浴してから新築へ歸って、圖案を一つ拵へるとブゥーン〳〵と妙なる音がして、何やらーとビラふ間もなくパッ〳〵と電燈がして、暗くなると思ふと消燈する。ランプをすぐ點じると五分間にして點燈した。入床は十時半。

七月二十日（木）　天氣　晴天

豫記　用器畫試驗一、隨一、物理は實習、實四

七月二十一日（金）　天氣　晴大風

豫記　寫生四、化一、讀一、書一

二十分の電車にはづれて、例の如く四十分發で行き、先づ松原の花屋で結木を買ひ寫生の材料とする。梢子紙の長いのにドーサを引いた紙であるから、つぎめのない長いので氣持がよい。四時間で誰も彼も清書の出來るものはないので、明日の運筆の寫し物は寫生の續きをしてもよい事になった。午後は化學は硫黄と亞硫酸で、讀方は私が入學以來始めて漢文を読む。次に習字で時間の來る五分も前に終へて、廊下を掃除の後、校門を出ると、松原から寺町へ出て、寺町の電氣屋で電球を買ふて歸ると、中書嶋へ四十一分の電車は一分遅れて、宇治行きとの連絡つかす中書嶋で待つ事二十分。すると天氣は一變して、大暴風が俄に來て、、停留場の人目をもてなす廣告看板は爲に倒れ、停留場もゆるぎ、上林理學士は曰く、風の爲めに列車の轉覆せし經驗あれば、運轉中暴風が側面より來らば、ダツ線位の事なしとても云へずと。尚電車の如き三十哩以上の速力に於ては、其のロードカーブの大部は空氣の低抗なりと。歸宅して五時。夕飯後は入浴して掃除のした後の美くし

122

日記（大正五年）

い室で写し物で十一時になる。兄様は謡に行ってまた歸らぬ。

七月二十二日（土）
豫記　珠一、製陶法一、運筆の時間に写生二、実習三

七月二十四日（月）
豫記　実四、作文一、讀方一、科外一

七月三十一日（月）
豫記　京都行
起床は五時。朝飯後は七時の電車で京都へお使ひに行く。五條に下車すると、先づ五條通りを車で建仁寺町へ行き、次に建仁寺町を上って阪本シェードクローブ店へ行き、シェード四枚を買ひ、歸途五條通の大塚で石ケン〔鹸〕を買ふて歸ると九時。僅か二時間で京都行の用事、然も三軒へ行って来た。それから此の間買ふたヲレンヂレーキを解き。

八月一日（火）
豫記　黄ノ天地
目が醒めて戸を開けると驚いた黄色の天地。空のはて、山の裾まで黄色となって居るには何事かと案じた。や

123

八月十二日（火）　天氣　晴但し雨模樣

豫記　林豊吉

　　歸途　放光堂　大森
　　　大聖寺へ

　起床は五時。朝飯後はすぐ用あって京都へ行く。用意をしてから行くとき用事を聞くと、大聖寺へ物をもって行くので、七條から市電で烏丸、今出川まで行き大聖寺へ行くと、小僧が出て来て上らずに品物を渡す。歸り道に放光堂と寺町二條の繪具屋、次に謠の大森先生のお宅へ本をもって行く。それから五條から歸る。歸って新築で繪を書かうとすると叱られて掃除を手傳ふ。晝飯後は新築の風呂を焚き、新築の臺所と玄關の庭とを掃除してから、外の腰板とを洗ひ、それから足を洗ふたのが午後の五時前。それから後は今日買ふて来たばかりの岱赭末の繪具とゼレチンとリスリンとで少しばかり解

がて時移って段々と消えた。朝飯後は七時の電車で、今日が英語學校へ通ふ事になった。先づ姉小路の彩雲堂で繪具の箱を買ふて、すると代金は取ってくれぬ。他に小さなコバルト一つもくれる。英語學校へ行くと早速イングリッシュ・ラングエイジ・プリマーの二から稽古を始める事、八時四十分から十一時過まで。歸りに箱宗へよって箱をもって歸ると十二時半。古本で他の人の名が書いてあるので、名を消すべく上から圖案を書いて美くしいものとする教科書三冊の内、二冊は明日の英語の豫習と今日の復習をやって九時に終へ、日記を認めてから十時過ぎの入床。今日英語學校の家に居る娘、歸りは大正琴を面白くも彈じて居た。雨は降り續けて川は濁り少し増水した。
夕飯後は入浴の後、胡粉一個分の代金丈け拂ふ

日記（大正五年）

き皿で指でするのに一時間餘もかゝって、すはれたのも氣の毒と際してか、臨時に温泉と変へて下さった。明日は五時からお使いに伏見へ行く。かれた母様が用あってすはれたので、夕飯後は入浴してから新築へ歸ると妹がよびに来た。行くと伏見へ行あてられて居たのも氣の毒と際してか、臨時に温泉と変へて下さった。明日は五時からお使いに伏見へ行く。めて寝る。今日髙倉様の御使が来て荷物を一つもって来られた。そこへやって来た役場と軍隊の人は大隊本部に

註

(1) 松林鶴之助の母、松林みねのこと。

(2) 陶磁器試験場初代場長藤江永孝（一八六五〜一九一五）（本書一六頁参照）は、明治三十四年に二年間の欧州留学より帰国し、明治三十八年頃にドイツ式の円筒式倒焔式石炭窯を建造した。上層が素焼、下層が本焼として使用した二階建の窯。昭和四十八年（一九七三）二月十五日、土地整備のため取り壊された（林俊光『京都の明治文化財──建築・庭園・史蹟』京都府文化財保護基金、一九六八年、一二六頁）。

(3) Pyrometer 物体の表面温度を熱放射を感知して測定する装置のこと（本書「製陶法」七〇、七六頁参照）。

(4) 第三高等小学校は現在の京都市立東山開睛館の前身。陶磁器試験場とほぼ隣接する同校は、明治四十五年（一九一二）に廃校となり、陶磁器試験場附属伝習所がその建物を使用していた。

(5) 林豊吉（生没年未詳）は松林家の使用人。

(6) いしいしとは女房言葉で「おいしいおいしい」の意。団子のことを差す。

(7) 京都市上京区御所八幡町にある臨済宗系単立の尼門跡寺院。尼五山の一（平凡社編『京都・山城 寺院神社大事典』平凡社、一九九七年、四四七頁）。

(8) 竹田宮恒久王（一八八二〜一九一九）のこと。北白川宮能久親王第一王子。明治三十九年（一九〇三）、竹田宮家を創設。大正八年（一九一九）、スペイン風邪が原因で薨去。

(9) 能の曲名。中国古代の王宮での新春の節会、鶴と亀が舞いを舞い、皇帝へ千年万年の寿命を捧げると、皇帝みずか

125

⑩ 竹田宮恒久王妃昌子内親王(一八八八〜一九四〇)。明治天皇第六皇女。

⑪ 松林鶴之助の妹、松林こまのこと。

⑫ 朝日焼十二世松林昇斎(一八六五〜一九三三)のこと。

⑬ 能の曲名。三条の小鍛冶宗近は御剣を作るという勅命を受ける。しかし、相槌を打つ物が見つからない。そこで稲荷明神に祈ると、童子が現れ加護を約束した。宗近が鍛冶台をしつらえて祈ると霊狐が現れて相槌となり、名剣小狐丸を作り上げるという話。西野春雄他編『能・狂言事典』(平凡社、一九八七年) 六二一〜六三三頁。

⑭ 松林義一、後の朝日焼十三世松林光斎(一八九一〜一九四七)のこと。

⑮ 白毫寺(京都府京都市下京区本塩竈町)のこと。本尊が聖徳太子立像であるため太子堂と通称される。下寺町とは五条通南側の富小路通周辺の寺院が密集している地域を指す。

⑯ 貞明皇后(一八八四〜一九五一)のこと。公爵九条道孝(一八三九〜一九〇六)の四女。明治三十三年、嘉仁親王と結婚し皇太子妃となる。大正元年(一九一二)、明治天皇崩御に伴い皇太后となる。

⑰ 松林鶴之助は明治四十一年(一九〇八)莵道尋常高等小学校(現在の宇治市立莵道小学校)を卒業している。

⑱ 柴原希祥・巍象(本名は巍造、一八八五〜一九五四)[口絵14]。岡山県高梁出身。竹内栖鳳(一八六四〜一九四二)に師事。明治三十八年、京都市立美術工芸学校を卒業。同校では明治四十年から助手、大正二年から助教諭を務めていた。大正六年からは絵画専門学校の嘱託教員も兼任している。文展、帝展などに入選を重ねるなど京都画壇で活躍した。戦後は展覧会の出品はせず、南禅寺の自宅で静かな作画生活を送ったという。柴原希祥の経歴については、京都造形芸術大学の田中圭子氏にご教示いただいた。

⑲ 石田放光堂は京都市中京区烏丸通二条下ルにある日本画用絵具専門店。初代石田吉作(一八四八〜一九一八)は大阪で絵具を扱う老舗絵惣に次男が婿入りしたことをきっかけに、製法の途絶えていた岩絵の具の復元に取り組んだ。明治時代中期には品質の高さで知られるところとなり、京都画壇をはじめとする近代以降の多くの画家へ絵具を提供した。放光堂については以下の文献を参照。赤石敦子「石田家所蔵書簡──近代日本美術と放光堂」(野村美術館学芸部

日記（大正五年）

(20) 微粒子の天然顔料に膠や蜜蝋を加えて棒状に固めた物。東京芸術大学大学院文化財保存学日本画研究室編『図解 日本画用語事典』（東京美術、二〇〇七年）四一頁。

(21) 京都美術工芸学校、及び京都絵画専門学校には三良という名の教諭はいない。おそらく三吉武郎の間違いであると思われる。京都市立藝術大学百年史編纂委員会『百年史京都市立藝術大学』（京都市立藝術大学、一九八一年）三三六、三三八、五〇九、五二一頁。

(22) 能の曲名。『平家物語』巻四「橋合戦・宮御最後」における源頼政の最後の戦いを描く。旅の僧が宇治で老人に出会い平等院に案内されると、そこには扇形に残された芝があった。僧が尋ねると、ここは源頼政が自害した場所であり、自分こそ頼政であると告げて消えてしまう。そして、その日の夜、僧のもとに頼政の霊が現れ、橋合戦での敗戦のようすを物語る。西野春雄他編『能・狂言事典』（平凡社、一九八七年）一五七～一五八頁。

(23) 四月五日の日記を参照。

(24) 大須賀真蔵（一八八八～一九六四）は福島県若松市生まれの窯業技師。明治四十四年（一九一一）に東京高等工業学校窯業科を卒業後、京都市窯業試験場で技師として勤務し、付属伝習所では松林鶴之助の製陶法・化学・実験の授業の担当をしていた。京都市陶磁器講習所技師長を経て、昭和二年（一九二七）に佐賀県窯業技師に任ぜられる。昭和三年（一九二八）からは佐賀県立第一窯業試験場の場長となり、昭和六年（一九三一）から十年（一九三五）まで佐賀県立有田工業学校の第九代校長も兼任した（有田工業学校有工百年史編纂委員会編『有工百年史』佐賀県立有田工業高等学校創立百周年記念事業委員会、二〇〇〇年、三七八～三七九頁）。その後、岐阜県多治見の日本タイル工業株式会社へ技術顧問として招聘され、晩年まで同社に勤務した。大須賀真蔵の履歴については、大須賀茂氏からご教示いただいた。

(25) 山田豊之助。詳細は不明。

(26) 吉嶋次郎（生没年未詳）のこと。吉嶋についての詳細は不明。故藤江永孝君功績表彰会『藤江永孝傳』（故藤江永孝君功績表彰会、一九三一年）に大正二年五月当時の陶磁器試験場場員として写真が掲載されているが、そこには吉嶋ではなく吉島とある。

127

(27) 大正五年四月十一日午後四時二十分頃、塩小路七条下る柳原町の檻褸商澤合名會社物置小屋より出火。隣の釘製造業辻野正次郎、坂田藤七外二軒を全焼し、同日五時に鎮火した。出火の際に大和大路七條下る酒井達次郎は高所より墜落し顔面其の他に重傷を負い、直ちに東亞慈惠病院に運ばれ治療をうけたという（「柳原町の火事」『京都日出新聞』大正五年四月十二日朝刊、二頁）。

(28) 貝殻からつくられる炭酸カルシウムを主成分とする白色の顔料。

(29) 福田直一（生没年未詳）。明治四二年頃（一九〇九）年頃より藤江永孝が歿した大正四年（一九一五）迄、京都市立陶磁器試験場技手として勤務。遊陶園に参加。後に国立陶磁器試験場の技師となり第二部部長を務めた（商工大臣官房秘書課編『商工省職員録』小松印刷所、一九二五～二六年、二九三頁）。一九三八年の国立陶磁器試験場の報告書等に論文が記載されている（本書参考文献を参照）。

(30) 中村哲夫（生没年未詳）。詳細は不明。

(31) 平等院鳳凰堂の境内から宇治川の畔までつづく桜はこの頃から電燈でライトアップされ、宇治は夜桜の名所となった。

(32) 京都府久世郡役所前掲書。

(33) 陶画科二年の小川一のこと。詳細は不明。

(34) 本資料には「かてひ物」「かろひ物」「かしひ物」という表記が現れるが、何を指しているのかは不明。

(35) 京阪電気鉄道の電車と帝国鉄道院関西鉄道奈良線の汽車のこと。当時の宇治の汽車・電車については宇治市歴史資料館編『よみがえる鉄道黄金時代――宇治を走った汽車・電車』（宇治市歴史資料館、二〇〇七年）、同編『ＪＲ奈良線開通111年記念 パノラマ地図と鉄道旅行』（宇治市歴史資料館、二〇〇〇年）に詳しい。

(36) Gelatin 動物性タンパク質のこと。無色透明な非結晶の物質。膠の主成分で日本画用絵具の膠着剤として使用される（R・J・ゲッテンス他編『新装版 絵画材料事典』美術出版社、一九九九年、一二五～一二六頁）。

(37) 京阪電気鉄道の宇治停留所のこと。宇治橋東詰にあり大正二年六月に完成。平等院鳳凰堂を模した建築は関西第一の停留所と称された。京都府久世郡役所前掲書。藻などを原料とする黄色いボール紙。

日記（大正五年）

(38) 目釜新七（一八八四～？）（口絵12）は津名郡立陶器学校の第一回卒業生。明治四十四年から陶磁器試験場技手。大正九年からは国立陶磁器試験場の助手・技手。昭和二十二年から京都府立陶工補導所指導員をつとめ、二十九年退官（井高帰山「津名郡立陶器学校に学んだ若者たち」『陶説』日本陶磁協会、三八七号、一九八五年六月〔五五～五九頁〕五六～五九頁。藤岡幸二『京焼百年の歩み』京都陶磁器協会、一九六二年、付録七一頁）。

(39) 箱宗（京都市東山区石垣町）は佐谷十宗兵衛によって経営されていた箱専門店。

(40) 宇治を代表する料亭、菊屋萬碧楼（宇治市宇治蓮華）のこと。明治十年（一八七七）の明治天皇の宇治行幸の際に行在所となって以来、皇族の宇治滞在の際に使用された。現在、菊屋の建物は中村藤吉平等院店になっている（京都府久世郡役所『京都府久世郡写真帖』一九一六年）。

(41) 宇治東部の山間にあった池尾村（宇治市池尾）に由来する。池の尾あるいは池尾は、江戸時代に煎茶あるいは玉露を生産し、宇治製煎茶の茶銘として広く用いられた。しかし山間部の茶の生産量は多くはなく、「池尾の茶」がすべて池尾で生産されたということはない。宇治製煎茶は問屋ごとに相性のいい複数の茶をブレンドして製品が仕立てられるため、池尾産の茶葉が入った茶ということである。池尾の茶については宇治市歴史資料館館長の坂本博司氏にご教示いただいた。

(42) 現在の大丸百貨店の前身。享保二年（一七一七）下村彦右衛門正啓（一六八八～一七四八）が京都伏見京町に呉服店「大文字屋」を開業。明治四十（一九〇七）年、株式合資会社大丸呉服店となる。大丸呉服店については、大丸二百五十年史編集委員会編『大丸二百五拾年史』（大丸、一九六七年）に詳しい。

(43) 創立二十周年記念の催事については本書六七頁のコラム4を参照。

(44) 文部省美術展覧会の略称、現在の日本美術展覧会（日展）の前身。明治四十年（一九〇七）に第一回展が東京の上野公園内、元東京勧業博覧会美術館で開催された。文展では毎年東京での陳列の後、京都でも陳列会を開催していた。陶磁器試験場でこの日張り巡らされた紫の幕は、この京都での文展陳列会に使われていた物であろう。文展については以下の文献等を参照。日展史編纂委員会編『日展史一 文展編一』社団法人日展、一九八〇年。同編『日展史四 文展編四』社団法人日展、一九八一年。

(45) 本資料の連絡先の欄には、石川県服雑貨店の住所が記載されており、京都市四條通御旅町京極東入るとある。

(46) Rookwood Pottery ルクウッド、ロックウッドと表記されることもある。アメリカ、オハイオ州シンシナティで陶器製品を生産した。創業者のマライア・ロングワース・ニコルスは、フィラデルフィア万博で日本の文物に触れ、日本の意匠を応用した作品を多く生産した。シカゴ、パリ、セントルイスといった万国博覧会で評価を受け、日本でも非常に注目されたことで知られる。ルクウッド・ポタリーについては以下の論文などを参照。清水真砂「日米交流 美の周辺（一四）ロックウッド窯（ポタリー）一――それは配達されなかった案内状から始まった」『日本美術工芸』六六五号、一九九四年二月、三六～四二頁、「同（一五）ロックウッド窯（ポタリー）二――ロックウッド窯の発展と陶工白山谷片郎」『日本美術工芸』六六六号、一九九四年三月、七四～八〇頁、「同（一六）ロックウッド窯（ポタリー）三――世紀末のアメリカ陶芸と日本」『日本美術工芸』六六七号、一九九四年四月、三四～四〇頁。

(47) マヨリカ焼ともいう。中世末期より一七世紀にかけてイタリアで生産された錫釉色絵陶器の総称。多様な器形に、紫、濃紺、オレンジ、黄、緑などで彩画される。同様の様式をあらわす語として用いられることも多く、イタリア産以外の作品にも用いられる（大阪市立東洋陶磁美術館他編『マジョリカ名陶展：イタリア・ファエンツァ国際陶芸博物館所蔵』日本経済新聞社、二〇〇一年、本書「製陶法」（其二）二〇一～二〇四頁を参照）。

(48) 植田豊橘（一八六〇～一九四八）については本書一九頁を参照。

(49) 第四代京都市長、井上密（一八六七～一九一六）。帝国大学法科大学を卒業し、京都帝国大学法科大学教授、法科大学長、京都法政大学教頭などを経て、第四代京都市長となる。在任期間は大正二年（一九一三）三月三十一日から大正五年（一九一六）七月十九日迄。専門は憲法学で著書多数（佐和隆研他編『京都大辞典』淡交社、一九八四年、五九頁）。

(50) 中沢岩太（一八五八～一九四三）のこと。東京大学理学部で化学を学び、近代における日本の化学工業を牽引した。京都では明治三十五年（一九〇二）に創設された京都高等工芸学校初代校長として、長年京都の美術工芸の指導者として活躍した。中沢岩太については以下の文献を参照。（中沢岩太博士喜寿祝賀記念会『中沢岩太博士喜寿祝賀記念帖』一九三五年）。米屋優「中澤岩太と京都の美術工芸」『京の美学者たち』晃洋書房、二〇〇六年）一四三～一六〇頁。神林恒道「中澤岩太の美術工芸観」（『デザイン理論』五十号、二〇〇七年）一〇九～一二三頁。

130

日記（大正五年）

(51) 浄土真宗本願寺派第二十二世法主、大谷光瑞（一八七六〜一九四八）のこと。第二十一世明如宗主の長男として生まれた。貞明皇后の姉、九条籌子と結婚。中国・インド・中央アジアを遊歴。シルクロードの踏査のため大谷探検隊を派遣し、学術研究資料の収集を行った。太平洋戦争中は内閣参議、内閣顧問を務めた。大谷光瑞については以下の文献を参照。大谷光瑞猊下記念会『大谷光瑞師の生涯』（大谷光瑞猊下記念会、一九五六年）。

(52) 提中金翠堂舗（京都市中京区大黒町）は、老舗の画材専門店。

(53) 酸化コバルトを主成分とする顔料。耐火度が高く磁器の焼成でも鮮やかな青色に発色するため、磁器の絵付けの際に最も一般的に使用される。

(54) 八坂神社は京都市東山区にある神社。元は祇園社と呼んだが、明治元年（一八六八）十一月十日に官幣大社となった。それを受けて大正四年（一九一五）五月十四日に官幣中社となり、大正五年五月二日に奉告祭（昇格祭）が行われた。八坂神社については以下の研究に詳しい。久保田収『八坂神社の研究』臨川書店、一九七四年）。

(55) 有栖川宮威仁親王妃慰子（一八六四〜一九二三）。旧加賀藩主前田慶寧侯爵の四女で、明治十三年（一八八〇）、有栖川宮威仁親王（一八六二〜一九一三）と結婚し親王妃となる。

(56) 文様の輪郭線の中を呉須で塗りつぶすこと。

(57) 井野君とは二代井野祝峰氏の兄で附属試験場卒業後、品川白煉瓦株式会社に勤務した井野悦三氏（一九〇一〜一九八〇）のことであると思われる。

(58) 稲本文華堂（京都市下京区朝妻町）は江戸時代から続く老舗の筆問屋。近代以降、稲本文華堂の筆は現在も京都の陶磁器業でひろく使われている。稲本文華堂の筆は現在も京都の陶磁器業でひろく使われている。

(59) Small letter 小文字のこと、Capital letter 大文字のこと。

(60) 能の曲名。曾我十郎・五郎の兄弟は父のかたき討ちの前に曾我の里の母を訪れる。原典となった『曾我物語』では、母から餞別として小袖が贈られたためこの名がある（西野春雄他編『能・狂言事典』平凡社、一九八七年、六三三〜六四頁）。

（61）稲荷祭とは稲荷神社の稲荷大神が年に一度氏子区域を巡行する祭。神幸祭では、五基の神輿に神璽が奉遷され、西九条の御旅所内の奉安殿に納められる。神輿は氏子祭（区内巡行）の間、京都市内の氏子区域を巡行する。環幸祭では、神輿が本社へ戻り神璽が本殿へ奉遷され無事の環御を祝う。

（62）図案絵具に使用されるクローム酸鉛のこと（本書「製陶法」クローム釉の項、一一五頁参照）。

（63）株式会社そごう・西武の前身。天保元年（一八三〇）に初代十合伊兵衛が大阪坐摩神社近くに「大和屋」を開業。明治十年（一八七七）大阪心斎橋筋に移転し十合呉服店として開店。明治十八年（一八八五）京都仕入店を開店。明治四十一年（一九〇八）、合名会社十合呉服店と改称した。そごうの歴史については以下の文献を参照。株式会社そごう社長室弘報室編『株式会社そごう社史』（そごう、一九六九年）。

（64）宇治温泉とは創業約一三〇年の旅館、亀石楼（宇治市宇治紅斉）のこと。明治二十七年に温泉が開かれた。当時は現在と異なり温泉旅館であった。

（65）株式会社京都綿ネル伏見工場は明治四十一年頃に竣工した。紀伊郡向島村字向島（現在の京都市伏見区向島）にあり、三万坪余の敷地を有し、当時最新の捺染機械などを導入。更紗捺染の製造を行い、当時日本有数の大工場として知られた（小川一真編『京都綿ネル株式会社創業十周年紀念写真帖』小川一真、一九〇七年参照）。

（66）古谷紅麟『工藝之美』芸艸堂、一九〇八年（石川県立図書館蔵）。

（67）象彦は京都の老舗漆器専門店。享保十六年（一七三一）、近江国小浜村出身の初代西村彦兵衛（一七一九〜一七七三）が、八代西村彦兵衛（一八八六〜一九六五）の時代には、皇室を始め、三井家や住友家の御用漆器の制作を行うなどして発展した。大正五年当時は象牙屋という屋号で寺町綾小路に店舗を構えていた。象彦の歴史については以下の文献に詳しい。三井記念美術館『華麗なる〈京時絵〉──三井家と象彦漆器』三井記念美術館、二〇一二年。

（68）レーキ顔料とは水溶性の染料に金属元素の化合物を加え沈殿させた顔料、もしくは染料をよく吸着する白色顔料に着色固着させたもの。透明度が高く鮮やかだが、耐光性に乏しい（東京芸術大学大学院文化財保存学日本画研究室編『図解 日本画用語事典』東京美術、二〇〇七年、四一頁）。

日記（大正五年）

(69) 大正四年九月から大正七年十一月まで京都府会議員を務めた谷口慶治朗（一八七二～？）のことか。谷口は林業家で弁護士ではないが、大正五年当時に府議会議員で谷口姓の人物は谷口慶治朗以外には存在しない（京都府議会事務局編『京都府議会歴代議員録』京都府議会、一九六一年、七七頁）。

(70) 捻紙（念紙、粘紙とも書く）は仲立とも呼ばれる。和紙に文様を写し、それを陶磁器の表面にこすり付けて転写する技法を「捻紙写し」という（矢部良明編『角川日本陶磁大事典』角川書店、二〇〇二年、一〇七七頁）。

(71) 小田切春江編『奈留美加多』（一九一三年）のこと。詳しくは注92を参照。

(72) 本狸の毛を用いた下絵の線描き用の筆のことと思われる。

(73) 京都市立陶磁器試験場で毎年行われていた京都陶磁器奨励会のこと。窯元ではなく職人を対象に、毎年テーマとなる画題・器物を定めての公募制であった（大日本窯業協会編「京都陶磁器奨勵會の描畫審査と褒章授與式」『大日本窯業協会雑誌』第七集八五号、明治三十二年［一八九九］五月、四〇頁。同編「京都陶磁器奨勵會」『大日本窯業協会雑誌』第七集八四号、一八九九年八月、四二二頁）。

(74) 高倉寿子（一八四〇〜一九三〇）のこと。明治元年（一八六八）一条忠香の女、美子（後の昭憲皇太后）が明治天皇の皇后になるに伴い宮中に入る。典侍、女官長を務めた。昭憲皇太后の崩御の後、辞職した（角田文衞『高倉寿子 明治帝の後に控えた女性』學燈社編『國文學：解釈と教材の研究』二五巻一三号、一九八〇～一八一頁。扇子忠『明治の女官長高倉寿子』叢文社、二〇一一年等を参照）。

(75) ハマを叩いて整形すること。ハマとは窯道具の一種で、焼成する器物と同じ素材を用いて造られる。焼成時に器物の下に置いて収縮による破損を防ぐ役割をする。

(76) かしひ物が何を意味するかは不明。

(77) 柳原愛子（一八五九〜一九四三）のこと。従一位柳原光愛の次女で大正天皇の生母。明治三年（一八七〇）、宮中に出仕し、明治五年から明治天皇に仕え、六年二月権典侍となり、明治八年に薫子内親王、十年に敬仁親王、十二年に嘉仁親王（大正天皇）を生んだ。明治三十五年に典侍となり、大正元年皇太后宮典侍となった。大正四年に従二位に叙されてからは二位局と呼ばれた（臼井勝美他編『日本近現代人名事典』吉川弘文館、二〇〇一年、一〇八九頁）。

(78) 二代堀尾竹荘か。
(79) 絵付けの輪郭線を描くこと。
(80) 長楽館は京都市東山区円山公園内に立つ旧村井吉兵衛京都別邸のこと。村井吉兵衛（一八六四～一九二六）は煙草業で財をなし、村井財閥を築いた実業家として知られる。米国人建築家ジェームズ・マクドナルド・ガーディナー（一八五七～一九二五）の設計で明治四十二年（一九〇九）に竣工。長楽館と名付けたのは伊藤博文（一八四一～一九〇九）。三階建一部地下一階の煉瓦造。京都市指定有形文化財。現在はホテル長楽館になっている。
(81) 宇治の茶問屋上林春松（現在の有限会社上林春松本店）のこと。初代上林権之佑（秀慶）が永禄年間（一五五八～一五六九）に宇治で製茶業を創業したとされる。代々江戸幕府の御茶御用を勤め、諸大名の庇護をうけた。大正五年は十二代春松（一九二六年歿）の時代上林春松家については以下の文献を参照。坪内淳仁「宇治茶師上林春松・尾崎坊有庵家と尾張藩御用茶詰」愛知大学『愛知大学綜合郷土研究所紀要』（第五十輯、二〇〇五年、一六五～一七四頁）一六六～一六七頁。
(82) 高山耕山陶器合名会社（京都市下京区五条橋東四丁目）のこと。大正七年に高山耕山化学陶器株式会社となる。高山家は鐘鋳町で陶器商を営む丸屋佐兵衛の弟の丸屋源兵衛が、明治初年に大阪造幣寮の建設に伴い硫酸瓶を受注したことから、化学陶器の製造を始める。松林鶴之助と一緒に英国留学を行った高山泰造（一八九九～一九八六）は、当時の代表中村（高山）幸治郎（一八六八～一九二〇）の四男。高山耕山については以下の文献に詳しい。石川晃「7 もう一つの京焼――高山耕山化学陶器（株）にみる京焼・化学陶磁器の黎明」（立命館大学COEアート・エンタテインメント創成研究 近世京都手工業生産プロジェクト編『京焼と登り窯――伝統工芸を支えてきたもの』立命館大学アート・リサーチセンター、二〇〇六年）二二八～二五〇頁。
(83) 膠水と明礬の混合水溶液のこと。和紙のにじみ止めや箔をおす時の接着剤として使われる（東京芸術大学大学院文化財保存学日本画研究室編『図解 日本画用語事典』東京美術、二〇〇七年、五八頁）。
(84) 硫酸アルミニウムカリウム含水物を指す。膠の硬化作用を促す働きをもつ。加熱した物を焼明礬という（東京芸術大学大学院文化財保存学日本画研究室編『図解 日本画用語事典』東京美術、二〇〇七年、五九～六〇頁）。

日記（大正五年）

(85) グリセリンのこと。
(86) 竹を原料として作った紙。
(87) 宇治神社の南側にあった、久世郡大典記念公會堂のこと。
(88) カスガイ（鎹）止めとは、破損した陶磁器やガラスの破片を金属の留め具を用い補修する技法。
(89) 朝日焼の北側にある菟道稚郎子（宇治神社のことであろう。宇治神社（宇治市宇治山田）は、藤原頼通が平等院を造営する際に鎮守社となった。祭神は菟道稚郎子（佐和隆研他編前掲書、八一頁）。
(90) 縣神社（宇治市宇治蓮華）のこと。祭神は木花開耶姫命。永承七年（一〇五二）、藤原頼通が平等院建立の際に、鬼門除けの鎮守社として勧請したとされる。佐和隆研他編前掲書、五頁。
(91) 平木臻（生没年未詳）のこと。詳細は不明であるが、焼石膏の研究で数件の論文を発表している。論文については本書参考文献の平木の箇所を参照。
(92) 小田切春江編『奈留美加多』（巻によって漢字が異なる）、明治十五年。本書の編者小田切春江が正倉院の宝物の意匠などを模写し掲載したものである。この他にも明治十五年の東京開催の絵画共進会出品された全国の古画の文様の模写なども掲載しているという。
(93) 宇治橋の西南、神明神社付近にあった宇治朝顔園のこと。上林松壽によって経営されていた。同園内には菊花壇もあり、当時は宇治の観光名所の一つであった。京都府久世郡役所前掲書。
(94) 京都市下京区寺町通仏光寺角で刷毛を扱う西村弥兵衞商店のことか。
(95) 山田直三郎『ふきよ勢』（芸艸堂、一九一三年、京都府立総合資料館）。工芸品向けの図案帖。
(96) 動物や魚の皮・骨などを煮沸し、その溶液からコラーゲンやゼラチンなどを抽出し、濃縮・冷却し凝固させたもの。日本画では岩絵具と混ぜて接着剤として用いられる。
(97) 京都市伏見区納屋町にあった南條紙店のこと。現在は有限会社南條として伏見区塩谷町で営業されている。
(98) 水あげ法とは切り花に水を吸いやすくさせるために用いる方法。花の種類によって種々の方法がある。
(99) 初代叶松谷、叶謙一（一九〇〇～一九六五、弟の叶光男（一九〇三～一九七〇）いずれかであると思われる。兄弟で共

135

(100) この頃陶磁器試験場付属伝習所に入所している。三代叶松谷氏によると、陶画科に所属していることから、絵付を専門としていた光男である可能性が高い。宇治川電気株式会社が行っている水力発電事業のことを指して「水電」と呼ばれた。宇治歴史資料館の小嶋正亮氏にご教示いただいた。

(101) 日展などで活躍し天目釉を得意とした初代桶谷定一(一九〇二〜?)か。

(102) 皇太子裕仁親王(一九〇一〜一九八九)は北陸沿岸見学のために七月三日東京をたち名古屋離宮(名古屋城)に一泊。翌朝名古屋をたち、京都を経由して、見学予定の舞鶴町の東端の松ヶ崎において大提灯行列を行った。新舞鶴駅から舞鶴港に移動し、巡洋戦艦生駒に搭乗した。その夜、生駒市民は舞鶴町の東端の松ヶ崎において大提灯行列を行った。翌日は海軍の水泳術競技などを見学した後、天橋立を訪問した(「皇太子殿下御出發」大正五年七月三日夕刊一頁、「東宮殿下御出發」

(103) 瀧田岩造(生没年未詳)のこと。瀧田は東京高等工業学校窯業科で技師を務めた後、京都市立陶磁器試験場の技師として勤務。後に大阪工業試験場の技師となった。瀧田は本書「製陶法」の講師。

(104) 松風陶器合資会社のこと。嘉永年間より陶器製造を営む松風家は当時は三代目松風嘉定(一八七〇〜一九二八)の時代。瀬戸の陶工であった井上延年の子として生まれ、明治二十一年から父とともに京都陶器会社に勤務。松風家二代目への養子となり、後に松風家を継ぐ。高圧碍子や人工歯の開発など、近代の京都窯業の近代化を代表する会社。松風については以下の文献に詳しい。藤岡幸二『聴松庵主人伝(松風嘉定)』(内外出版、一九三〇年)等に詳しい。また、京都府立総合資料館に松風に関連する資料の所蔵がある。

(105) 二丈はおよそ六・〇六メートル。

(106) 野見宿弥(生没年不詳)は『日本書紀』において埴輪を考案したとされる伝説的人物。殉葬の風習を垂仁天皇に提言したことにより葬送の諸事を任され、土師氏を名乗ったとされる。野見宿祢と埴輪の墓を建てることについては以下の文献に詳しい。小出義治「土師氏の伝承成立とその歴史的背景」『土師器と祭祀』(雄山閣出版、一九九〇年)二四〇〜二六一頁。寺川眞知夫「野見宿彌の埴輪創出伝承」『万葉古代学研究所年報』第七号、万葉古代

136

日記（大正五年）

(107) 加藤景正（生没年不詳）。鎌倉時代の陶工で、瀬戸焼の陶祖として知られる。通称は藤四郎、法名を春慶、加藤四郎左衛門と呼ばれることもある。貞応二年（一二二三）、道元と共に中国に渡り、製陶を学んだという。事実関係に未確認の点が多い伝説的人物（菊田清年「陶祖藤四郎の謎」『日本やきもの集成』三、平凡社、一九八〇年、一〇四～一〇五頁）。

(108) 行基（六六八～七四九）のこと。奈良時代の須恵器の窯を行基が全国に広めたという伝説があるため日本陶器の祖と呼ばれていた。行基と日本の陶業に関しては以下に詳しい。塩田力蔵「行基焼」《陶器大辞典》巻二、五月書房、一九八〇年、一三四一～一三四四頁。

(109) 李参平（？～一六五五）は、桃山時代から江戸前期の陶工。日本名は金ケ江三兵衛。鍋島直茂が慶長の役から帰還する際に渡日した。有田の泉山に白磁の原料となる陶石を発見し、天狗谷に窯を開いたとされる。有田の陶祖とされている（古伊万里調査委員会編『古伊万里』金華堂、一九五九年）。

(110) 垂仁天皇は第十一代天皇。生没年は不詳。

(111) 後堀川天皇（一二一二～一二三四、在位一二二一～一二三二）。鎌倉時代の第八十六代天皇。

(112) 聖武天皇（七〇一～七五六、在位七二四～七四九）。奈良時代の第四十五代天皇。

(113) 豊臣秀吉（一五三七～一五九八）の時代のこと。

(114) 真言宗知山派の寺。山号は朝日山。四季を通じて花で彩られるため「花の寺」として知られる。八二一年、弘法大師空海（七七四～八三五）によって開かれた青龍寺が、寛弘年間（一〇〇四～一〇一二）に恵心僧都の名でも知られる源信（九四二～一〇一七）によって再興されたためその名がある。恵心院については以下の文献に詳しい。宇治市歴史資料館『収蔵文書調査報告書一「白川金色院」と恵心院』（宇治市歴史資料館、一九九八年）。

(115) Discipline 規律正しいこと。

(116) ミツマタの別称。

(117) グラシンともいう。亜硫酸パルプを原料とする紙で透明度があり、光沢をもつ滑らかな紙。

(118) English Languae Primary か。

(119) 酸化第二鉄を主成分とする赤色系の顔料。中国山西省の代州で採取されたものが上質であったところからこの名が
あるという（東京芸術大学大学院文化財保存学日本画研究室編『図解 日本画用語事典』東京美術、二〇〇七年、四三頁）。

日記(大正六年)

四月十六日（月）　天氣（曇）

日課　写生　〃　英語　陶画　日田君入學

菊の写し物の清書。

英語はリーダー未着に付、講義的に the new Book と題するものを教はり、音読せしめらる。英原書を読む者、奥嶋、石田、中學校或はそれ以上の學力ある者は原書を貸し興へられ、ヤク付けしめらる。素地は鉄鉢形の菓子器である。松山の三人なり。午後は試験場より素地をもらひて、奨勵會の出品製作にかかった。

今日、美術學校圖案科卒業生の日田君入學試験に合格し明日より登校の筈。

四月十七日（火）　天氣（晴）　柴原先生に運筆を習ふ

日課　科學　數學　陶画　〃　実験　〃

化學は air 及び combustion の復習の時、先生からの質問に完全に答へ得る者は私のみであった。數學は割合むづかしく、陶画は吉嶋先生が昼まで来られぬので、柴原先生に運筆の手本を書いて戴いて、朝顔の運筆を習ふ。午後は実験にて大の組六人は水簸の番となり、本山木節を水簸する。川嶋、木下、私、宇野、伊藤、奥嶋の六人で面白い話で、こんな面白い事は他にあろーかと思はれた。明日は第三高等小學校の入學式の事とて、相当準備にかゝって居る。

四月十八日（水）　天氣（晴）　桃出来上る　調彫は次に柿

日課　化學　〃　用器画　調彫　〃　〃

日記（大正六年）

化學は炭酸瓦斯[ガス]の實驗の後、二時間目は試驗場へ米國から新歸朝の人がもって來た青色寫眞を見につれて行かれた。而して豫め說明も聞く。用器畫は始めて圖形を書いた。調彫[彫刻]は桃を仕上げて、次に柿にかかった。中村先生は物理の本が來たので取りに來いと云はれるから、いの一番に受け取った。

### 四月十九日（木） 天氣（晴）

日課 轆轤 〃 英語 〃 實驗 〃

轆轤は大變寒い朝の爲めに、てがかちかんで思ふ樣にならず。午後は實驗にて木節を二十貫水簸するについて、試驗所から臼を借りて來てはたいた。英語は物理の先生の都合で二時間續けに英語であった。川嶋、木下、私、宇野、伊藤、奧嶋の六人は水簸であるが、他の者は時計皿で面白い事をして居た。

### 四月二十日（金） 天氣（曇） 物理は電位

日課 數學 物理 〃 製陶法 轆轤 〃

數學は題のみ出された丈。物理は電氣學に入り電位の講義があった。製陶法は質問を以て日本の陶磁器を分類した。轆轤は十六ケの煎茶々碗を引いた。

### 四月二十一日（土） 天氣（晴）

日課 運筆 〃 用器畫 實驗 〃 〃 金紫製法實驗

菖蒲の運筆の淸書を一時間目にしてからは朝顏を習ふ。然し次の日でなければ朝顏は淸書が出來ぬ。

用器画は相変らず不得要領な先生で、第三高等の女生徒の体操をながめる者多く、先生も馬鹿にしられた授業振りである。実験の時間に大須賀先生が金から金紫（えんじ）の製法を実地に実験して見せて下さった。午後は実験も普通にした。最後の一時間は大掃除。金箔の大いさ、曲尺三寸五分角。一枚金五戔以上。四百枚にて一匁、三萬三千枚を重ねて曲尺の一分。

四月二十三日（月）

日課　写生　〃　英語　陶画　〃　〃

写生は豆の骨書丈で時間が来た。
英語は第三課をやった。読本が来たので大変授業が楽になった。午後の陶画は奨励會の出品を書いた。

四月二十四日（火）

画像1　濱田庄司
（河井寛次郎記念館蔵）

日課　化學　數學　陶画　〃　実験　〃　〃

化學は酸素の製法まで。數學は濱田先生[13]（画像1）が休まれてなし。
陶画は奨勵會の出品をやる。
午後は実験にて木節の水簸したものを擦り、まとめてからは操量の含水を計る。当番は風邪で休む。

## 四月二十五日（水）

日課　化學　〃　用器畫　調彫［彫刻］　〃　〃

化學は昨日の計算問題、即ち二一六グラムの酸化水銀より何升の酸素を得るか。但し三二グラムの酸素は二二・四リットルなり。

216 ＝ 15/4 ＝ 16 ＝ x ＝ 3.75 × 16/216 ＝ 0.28

32. ＝ 0.28 ＝ 22.4 ＝ x

右の式にて計算し、答一合〇・五六を得。用器は九番まで。調彫［彫刻］は午前中は先生が来られず。午後は柿を仕上げてブドー［葡萄］にかかった。まだ桃をして居る者もある。

## 五月一日（火）

二十六日七日は、二十八日の記念日の掃除で學科はなく、二十八日は展覧會をやり、三十日は二十八日の掃除で、午前中のみ。

日記　實驗　數學　陶畫　〃　實驗　〃

第一時了目の化學はなく、實驗をやり、數學は好成績を上げた。陶畫は遊んだ。それも圖案を考へるのが、考へがつかぬのである。グラウンドでは三高小の女生徒が、快活な體操で餘計に目が散った。午後は實驗をやる。

五月二日（水）

日課　化學　〃　用器画　調彫〔彫刻〕　〃　〃　〃

化學はオゾーンより水に入る。用器画は先生が教授振りが下手で、てんで不得要領でこまる。皆が質問すると、眞赤な顔になって困られるのは氣毒である。調彫〔彫刻〕は一生険明〔懸〕でとうとう七時間目の終りにブドー〔葡萄〕を仕上げた。次は河骨〔コウホネ〕である。

五月三日（木）　天氣（曇）

日課　轆轤　〃　英語　物理　實験　〃　〃

轆轤は相変らず先の續きをやる。それから出来た少しのものでも圍ふ〔かこ〕。英語はいの一番に私にリーチング〔リーディング〕をやらされた。物理は少し解りかねた点もあった。実験は乾操料試験と収縮試験と木節の水簸の後仕事等である。

五月四日（金）

日課　数學　物理　〃　製陶法　轆轤　〃　〃　電流抵抗

数學は復比例の説明と問題を映した丈。物理は電流及び抵抗で、抵抗ではオームの法則で長い間の講義で、E＝CRの公式について。説明が代数であるので解りにくい。製陶法は瀧田先生の都合で大須賀先生が。瓦について講義があった。

144

日記（大正六年）

午後は轆轤で水引を十五、六した。

五月五日（土）

日課　運筆　〃　用器画　実験　〃　〃

運筆は清書が出来なかった。

用器画は第一章の線及び点に関する第二章に入った。

昨日製陶法がなかったので、今日の四時間目にやってもらう筈であったが、瀧田先生の都合で又なく、実験をやった。午後も実験で土曜の大掃除の後、歸った。

五月七日（月）　天氣（曇）

日課　写生　〃　英語　陶画　〃　〃

写生は豆の葉の色彩が充分出来なかった。

英語は第五課を。〔リーディング〕リーディングも尋ねられもせなんだ。

陶画は藤の燃紙〔捻〕を取る様にして居いた丈。〔置カ〕

五月八日（火）

日課　化學　數學　陶画　〃　実験　〃

化學は總論の様な事を。化合物、元素、混合物成分の説明。

145

數學は英語に等しく、尋ねられもせなかった。
陶画は燉紙〔捻〕を書いておゐせる丈。おしたら二十枚以上もおせた。
実験は木節の乾燥と収縮試験。

## 五月九日（水）

日課　化學　〃　用器画　彫〔刻〕コク〔鏃〕　〃　〃

化學は水について加里石俰を用ひて、試験の実験に次いで化學は水の分解はプラチナと黒鉛の器による電氣分解と、それから、水の分解をプラチナと黒鉛の器による電氣分解と、ナトリウムの金属分解の実験。用器画は十八まで。
hard water soft water の別を化學式を以て表された。⑭
に来られた。河骨を半分出來た。

## 五月十日（木）（天氣（晴））

日課　轆轤　〃　用器画　調彫〔彫刻〕　〃　〃

轆轤は水引を拾ヶ以上した。
用器画は例の如く三題にて十八まで。
調彫〔彫刻〕は三橋先生〔画像2〕が休まれたので、模型科の先生が教へ

画像2　三橋 清
（河井寬次郎記念館蔵）

## 五月十一日（金）

調彫〔彫刻〕は三橋先生が休まれたので模型科の先生が来られて□噂〔町〕に教へられた。

146

日記（大正六年）

日課　數學　物理　〃　轆轤　〃

第一時間目には第一教室へ入って各級の級長、副長を定められ、私は副級長になった。それから數學は連比の塔を上げ、次に物理は電池の化學法定式によって説明せられた。それから製陶法の時間も物理にもらって、各自に電池を作るべく――くじびきによって渡されると、私はボルタ電池が宮崎君と一緒で當った。それから實驗にかゝって、石灰の煉瓦をこしらへ様としたが、どーしてもうまく出来ぬのは、元石が成型に都合のよい粘力がないからである。無理に六つも拵えた。大掃除はなく、伊藤君の宅で三十分ばかり遊んだ。

五月十二日（土）　天氣（曇雨）　運筆は第三橋の清書

日課　運筆　〃　用器画　實驗　〃　〃

運筆は清書した。次に又クツの手本を書いて戴いた。用器画は四題を平げて、今日は二十二までやった。

五月十四日（月）　天氣（晴）　英語の試驗

日課　寫生　〃　〃　英語　陶画　〃　〃

寫生は妓美先生が休まれたので清書も出来なかった。英語は臨時試驗をせられた。陶画はヴァルサンで骨書をした。中嶋君は十二日の徴兵驗査の結果甲種に合格した。

147

五月十七日（木）　天氣（晴）

日課　轆轤　〃　英語　實驗　〃　〃

轆轤は煎茶を上って、今度は向付の大きなものにかゝった。それから二時間目には實修中を江州の小學校の生徒が見に来て晴がましかった。

英語は第七課をやった。

物理の時間は一時間では實驗が出来ぬので止めになり實驗になった。實驗は木節の水しぼりに次いで、〔煉〕練瓦の重量を計り、粘力の試験をした。

五月十八日（金）　天氣（あられ）

日課　數學　物理　〃　製陶法　轆轤　〃　〃　〔初〕始めて製陶法

數學は問題を写した丈。

物理は各自に電池を作って見た。又各自が作るべき電池について尋ねられた時、一番完全な答をした者は私丈であった。電池をいよいよ作ると、ボルトメーター(20)と、アンメーター(21)で計り及び、シーリズ(22)でボルトを高めて電燈も點じて見た。

第四時了目は〔初〕始めて製陶法の講義があった。

轆轤は〔向付〕向ふ附を〔拾ヵ〕枝一枚引いた。

五月十九日（土）

148

日記（大正六年）

日課　運筆　〃　用器画　実験　〃
運筆は一所懸命にやったが清書が出来なかった。
用器画は二十五まで。
それから後は実験。

〔五月〕二十一日（月）
日課　写生　〃　〃　英語　陶画　〃
写生は植物園へ出てかきつばたの写生をした。それから圖画室へ入って清書する。骨書と地塗の出来た時に時間が来て止めた。
英語は pottery making と云ふ本を先生が忘れられたので、今日は英語で色々話をしてもらー事となった。
陶画は藤の絵を皿に書いて居ると、西洋人がやって来て見に来た。塲長も英語で説明する。大須賀先生も英語で説明して居らした。

〔五月〕二十二日（火）
日課　数學　化　陶　実験
化學は水素について。数學は混合法を。陶画は藤の續き。実験三角錐の形ぬき。

149

〔五月〕二十三日（水）

日課　化學　〃　用器画　調刻[彫]　〃　〃

化學は第二教室に於て水素の實験、及び食塩に移りClH即ち塩化水素に至って終る。用器画は二十八まで。調刻[彫]は朝一時間は先生は来られなかった。午后[後]はクズ[葛]の調刻[彫]にかゝった。

五月二十四日（水）

日課　轆轤　〃　英語　物理　實験

轆轤は向ふ付の水引を二時間で十ヶした。英語は科外の話で大いに面白かった。曰く西洋人は一ヶの品物を作るにも、代数的に用器画的に種々研究して色々のカーブの多いものを作った。日本のはあっさりした非科學的趣味あるものは化學を以てまねる事が出来ない。此の頃になって西洋人が大いに日本陶業に注目して来て、青磁の如きものも漸く彼等にも解してきたとの事。物理は電氣分解を。實験の時間に西村産右衛門の瓦と尾崎の煉瓦、その工場参觀をした。いづれ又、先生に報告しなくてはならぬのである。

〔五月〕二十五日（金）

日課　數[數學力]　物理　〃　製轆　〃

數は先生が題を解き、今度は開平まで進み、二題の宿題が出た。物理は electrogilding より storage battary まで進み、銅銀の electrogilding of the experiment をやった。

日記（大正六年）

製陶法は先生の都合で大須賀先生が或る系統を写された。轆轤は昨の削をした。すると又小學生が見に来た。是で轆轤の実修中を生徒の参観する事二回になった。

今日、松風と試験場とのテニスの試合が東福寺のコートで行はれるはず。

午後は実験。

五月二十六日（土）　4．運筆の清書

日課　運筆　〃　用器画　製陶法　実験　〃　〃

運筆はクヅ〔葛〕の花を上って百合を習ふ事になった。

用器画は大成績を以て三十一の二まで。

四時間目に製陶法の講義があり。

五月二十八日（月）　3．写生の清書

日課　写生　〃　〃　科外　陶画　〃　〃

写生はこの間の續きをして清書した。

英語はなく大須賀先生の科外、岩石系の講義があった。陶画は油の骨書も出来て明日からいよ/\ダミ〔彩〕である。

五月二十九日（火）

日課　数學　化學　陶画　〃　実験　〃　〃

151

數學開平の問題の解シャク〔釈〕を。
化學は塩化水素の製法を。
陶画はダミ丈〔彩〕した。
実験は遊んだ様なもの。

五月三十日（水）　調彫出来

日課　化學　〃　用器画　調〔彫〕　〃　〃
化學は、塩素の実験の時一番近くのテーブルに位置をしめて居た為、した、か臭かった。大須賀先生の塩素中にナトリウムを入れて大いに火を発した為めに瓶を割った。
用器画は三十四まで。
調彫〔彫刻〕は五枚目が出来た。六枚目に漸くかゝった。

五月三十一日（水）　天氣（雨）

日課　轆轤　〃　物理　実験　〃　〃
轆轤は六ヶ敷〔むずかし〕いなで角の鉢である。二時間中一つもよく出来たのはなかった。
英語は大分沢山を一度にやった。
物理は蓄電池の説明の後試験所へ行って charge を実地に見學した。
実験は素地の試験まで進んだ。

152

日記（大正六年）

六月一日（金）　數學は試驗
日課　數學　實驗　〃　轆轤　〃　〃
數學は臨時試驗をやられた。問題は連鎖と比例と開平とである。素地試驗をやると午後は轆轤で向ふ付を四角な、なで角を十一作った。
物理は先生の都合で中止となり實驗をやった。

六月二日（土）
日課　運筆　〃　用器畫　製陶法　大掃除
運筆は清書が出來なかった。用器畫は三十五、三十六の二題を。
製陶法は化學付号についての説明。
午後は大掃除をした。

画像3　河井寛次郎
（河井寛次郎記念館蔵）

六月四日（月）　數學は又試驗
日課　寫生　〃　英語　數學　陶畫　〃
今日から七時半の授業開始である。伎美先生の事とて、そー早く行かぬともと思って居ると大須賀先生が來て禮の後、試驗場で［チェア］を運ばされた。それから名の知らぬものを寫生した。それも米製で時間が來て、英語をやり、英語の河井先生［画像3］

153

は英語を半時間で止め、後は聲[檞]励會の事について所感的の話があり、數學は又試驗である。
午後は二時間陶画をやった。

六月五日（火）

日課　化學　陶画　〃　〃　実験　〃　〃

化學はブローミン(29)、即ち臭素を習った。化學一時間で早引きをして、建仁寺町の古本屋で化學の古本二冊を二十五戔で。硝子屋で絵具瓶三本を五戔で買い、それから松原富小路東入る南側の中村とその家へ行ってバンド一〆二百匁を買ふて歸る。

六月六日（水）

日課　化學　〃　用器画　調彫

化學は臭素、沃素、弗素を習った。

用器画は三十八までやった。

[彫刻]
調彫は[菖蒲]あやめをした。

六月七日

日課　轆轤　〃　実験　〃　〃　〃

轆轤は水引を五つした。

日記（大正六年）

英語に物理はなく実験を五時間やる事になった。A組は皆素地の試験に移った。何と云ふてもA組ならでは先へ進む組はない。大須賀先生が留守の間は大いに宗教問題について有神論、無神論の大議論の換[喚]発で宇野なる人間の有毒性を露骨に人に見せてしもーた。

六月八日（金）

日課　実験　〃　物理　〃　英語　轆轤　〃

実験を朝から二時間で素の調合試験をした。これから物理は電氣の熱作用で大いにチュール〔ジュール〕の法則の説明の時に大いに質問をして得る所があった。英語は矢張り例によって半分後に色々の面白い話で先生も生徒も大笑をした。轆轤はくり込む稽古をした。そして轆轤箱からの大掃除をした。

六月九日（土）

日課　運筆　〃　用器画　科外　〃　〃

運筆は清書が出来なかった。用器画は三十九まで円に関する画法を習い終る。製陶法はなく、大須賀先生の科外講話に報告の作りかたを四時間通して話された。大掃除の後歸る。

155

六月十一日（月）

日課　写生　〃　英語　數學　陶画　〃

写生は伎美〔岐〕先生の事とて定めし、先生は遅く来られる事と思つて居ると、何の事やら珍らしくも先生早くから来て居る。それで此の間の續きの写生を西洋花のアマリヽスとか云ふ花をした。そして清書して出した。英語は第一番に九課を読まされた。數學は先生が例解をした丈。午後の陶画はエンジのダミ〔臙脂〕〔彩〕をした。それから次にまた英語以外の祝部土器〔いわいべどき〕の古代陶磁器の講義をしてもらつた。數學は先生が譯をしてから次にまた英語以外の

六月十二日（火）

日課　化學　數學　陶画　〃　実験　〃
化學は質量不変の定律を。
數學は開平の説明と問題三題とを。
陶画はエンジダミをしてゴスのうすダミもした。〔臙脂〕〔彩〕〔呉須〕〔彩〕
実験は素地の調合をやつた。

六月十三日（水）

日課　化學　〃　用器画　調彫　〃　〃　及び問題が出た。
化學はハロゲン元素より一定不変の律の話から分る説、原子説アボガドローの假説〔31〕より化學記号、構造式、

# 日 記（大正六年）

用器画は四十から四十二まで。
調彫〔彫刻〕は又新規のをやった。

## 六月十四日（木）

日課　轆轤　〃　物理　実験　〃

轆轤の実修〔習〕をやって居ると目釜先生一寸も来ぬと思ったら、漆に負けてえらい顔になって来た。そして命じて丈は命じして早々帰ってしまった。
物理は熱電流について講義があった。そして明日の物理は十六日に大阪毎日新聞の主催で婦人団二百人が見物に来る為めに、其の準備で講はないと云はれた。
実験は素地の調合をした。

## 六月十五日（金）　素焼焚き　レトルトガーボンを用ひSK30以上の耐火度試験

日課　実験　〃　〃　轆轤

昨日午後の実験の時間に素焼に窯詰をして置いたのを、今日朝出来る丈朝早く来て素焼を焚きつけてくれとの事。五時四十分の電車で行く。第一着に宇野が焚いて居た。次に私が行った。そして素焼焚きも途中から他の組と交り、デビルの窯で三十以上の耐火度試験をした。英語もなく書まで通しにやった。
轆轤は土の都合で思はしく行かぬので弱った。目釜先生が来ぬので大須賀先生が代わりに来て一喝やられる者が大分あった。

六月十六日（土）　運筆清書

日課　運筆　〃　用器画　実験　〃　大掃除

運筆は幾枚書いても思う様なのが書けぬ。至し方なく出て見ると伎美［岐］先生それでよいと云ふものであるから出した。

用器画は四十四まで。

製陶法は瀧田先生が病氣で実験となり、昨日焚いた素焼を出した。それから出来た素焼を目方を計りなどした。

最後の時間に大掃除をして歸る

午後五時から試験所の二階で実物ゲン燈〔幻燈〕32を見る。

陶画は皿の續き。

英語は第十課を數學は代数に入った。

写生はダリヤをした。

日課　写生　〃　英語　數學　陶画　〃

〔六月〕十八日（月）　実物ゲンドー〔幻燈〕

〔六月〕十九日（火）　數學の試験

日課　化學　數學　陶画　〃　実験　〃

化學はアボカドロー〔ガ〕の定律をうんと確かに頭に入る事が出来た。數學は試験でどーやら成績はよかりそー。

158

日 記（大正六年）

陶画は藤を書き上げて次に又小皿を書くことになった。
実験は此の間の試験板を験し、容積を計った。

六月二十日（水）

日課　化學　〃　用器画　調彫　〃　〃

化學は計算問題をやった。私が教へてやった通りを答へるものは皆よいが、教へてやっても其の通り答へなかった人は違って居たのは気持がよい。中に塩素の原子價五は一寸思ひが外れた。
其他黄硫まで行って時間が来た。
用器画は四四の續き。四十五までであった。此時、奥嶋君の思い違ひで先生に喧嘩ごしでやっていくので、他の川嶋、日田、私などが絶対的に奥嶋の違って居る事を云ふて勝ったのも気持がよかった。先生休まれる。[彫刻]調彫は次のえんどまめの様なものにか、った。

六月二十一日（木）

日課　轆轤　〃　物理　実験　〃　〃

轆轤は矢張りなで角の菓子器を引く。
物理は熱について種々の筆記をした。
実験は素地の調合をした。

159

## コラム10　李王純宗の入洛

李王純宗（一八七四〜一九二六）と、李王世子李垠（一八九七〜一九七〇）を乗せた特別臨時列車は、六月二十二日午後四時十分京都駅に到着した。京都駅手前の稲荷駅を列車が出発すると同時に、東九条から二十一発の礼砲が発射され、京都駅には奉迎に集まった人々で満たされていたという。両殿下到着後は木内重四郎知事（一八六六〜一九二五）から、献上品として川島甚兵衛製の菊文様のテーブルクロスと細工昆布が贈られた。

李王純宗にとっては初めての海外旅行であり、李垠にとっても十年ぶりの渡日であった。純宗は洋室よりも和室を好むとのことで長楽館三階の十二畳の和室が準備される一方、李垠は京都ホテルに滞在をした。三泊四日の滞在中には、二条離宮（二条城）、京都御所、修学院離宮、桃山御陵などを見学。二十三日に深草練兵場で行われたアート・スミスの曲技飛行では主賓として参加した。スミスは梅雨晴れの空に、宙返り五回、木の葉落し、急降下からの低空飛行、アーチ潜り等を披露し、十八分間の飛行を無事終了。純宗からは成功を祝して金百円が贈られた。

純宗は、六月二十五日午前六時五十分長楽館を出発、四条通から烏丸通には、市内の学生および兵隊が送迎。午前七時に京都を出発、二十一発の礼砲の

画像4「李王殿下御所御成」（『京都日出新聞』大正6年6月24日夕刊1頁）

李王殿下御所御成
◇世子殿下は大原三千院へ

圓山長樂館に御滞留中なる李王殿下に世子殿下は大原三千院へ成らせ給ふ為め二十四日午前十時十分御出門、閑院宮附武官、國分次官、尹侯爵、李鍝將等の隨員其他を隨へさせられ御車三臺に分乗されて京都ホテルを御出發大原三千院に由緒ある寳物等を御覽の後午篁の愛を受けさせられたる後御歸途修學院離宮を拜觀あらせ給ひ午後三時御歸館あらせ給へり陛下御申上げ、長谷川總督、釜石少將等も自動車にて隨從し、丸茂憲兵隊部長、藤田

六月二十二日（金）〔コラム10：画像4〕

実験　〃　物理　英語　轆轤　〃

実験は素地の試験の調合をする。

物理はパイロメーターについて大いにテキストブックにない講義があった。筆記は随分と貴重なものである。

英語は例によって後半時間は祝部土器の説明で面白かった。轆轤は矢張り水引きをした。其後、李王殿下が長楽館へ入らせられるので奉迎に三年生と特別科が行った。すると監トク教官は吉嶋先生が一人で禮もしないきょとんとしたきまりの悪さ。

六月二十三日（土）　飛行機

日課　運筆　〃　用器画　実験　〃　大掃除

運筆はむづかしくて清書が出来ぬ。それから用器画は素適にむづかしい所の一辺を興へて正七角形を画く法方 [方法]であった。

---

中、帰国の途につき、李垠は純宗の奉送後に東京へ戻ったという。

（「李王殿下御入洛期」大正六年六月十七日夕刊一頁、「李王殿下入洛準備」大正六年六月二十二日朝刊三頁、「歓迎李王殿下」大正六年六月二十三日朝刊一頁、「李王殿下　後御所御成」大正六年六月二十四日夕刊一頁、「李王殿下の御満足」大正六年六月二十四日朝刊三頁、「李王殿下の空に鳥人妙技を揮ふ」大正六年六月二十四日朝刊二頁、「梅雨晴」大正六年六月二十三日夕刊一頁、「李王殿下御入洛」大正六年六月二十三日夕刊一頁、「李王殿下御西下」大正六年六月二十五日夕刊一頁）

次に実験をやって、后の一時間を終ると他の者は大掃除を、私は特別科の生従代表者となって瀧田先生のお子供の葬式に金光院へ行く事になった。正科からは楠谷君が出て二人連で行き、山菓子をもらった。

今日深草でスミスの飛行があり、試験所からもよく見えた。それから葬式の後、電車はとても乗れぬので、三条から乗て行くと、稲荷まで行くと、もー宙返りをくって居たので、充分は見へなかったが大低は見た。

## 六月二十五日（月）

日課　写生　〃　〃　英語　數學　陶画　〃

写生はダリヤを止めてササ百合にした。日曜日に下書きをしてから、今日骨書きをして彩色を地塗り丈する事が出来た。

英語は先生が休まれた。

數學は代數寄せ算を。

陶画は呉須の骨書きをした。

## 六月二十六日（火）

日課　化學　數學　陶画　〃　〃　實驗　〃

化學は硫黄で、無水亜硫酸がリトマス紙を赤色にする實驗まで。數學は代數の寄せ算、引き算を習った。

それから陶画は呉須の骨書きにかった。すると、第三高等小學校の女生徒全部がグラウンドに出て来て、フートボール競争で全部を半数づゝに分け、半数が円をなし半数は其の中に立ち、円をなしたる半数の者が中に立っ

日 記（大正六年）

午後は実験をした。てる者にフートボールを投げ当てる。当てられると假死するので、是を五分間毎に摘味方入れ替る面白さ。

六月二十七日（水）

日課　化學　〃　用器画　調彫［彫刻］　〃　〃

化學は硫化水素を実験で。臭い事おびただしく。用器画は定円に内接する正多角形を画く方法一つであった。調彫［彫刻］は豆をした。

六月二十八日（木）

日課　轆轤　〃　物理　実験　〃　〃

轆轤は削をやった。物理は先生の都合で大変講義が少かった。たゞパイロメーターの説明丈であった。実験は素地の試験をした。

六月二十九日（金）

日課　実験　〃　物理　〃　英語　轆轤　〃

実験は素地の調合をやる。物理は一時間丈。パイロメーターの筆記をやってから、後の一時間は試験所へ行ってパイロメーターの実地に動いて居るので見學を。それから分析室でブンゼンバーナー[33]について説明と実験に硝子管を溶かして硝子細工で

163

面白かった。英語も亦デカメロンの話(34)で面白かった。轆轤はと―〈なで角の向ふ付を仕上げた。

六月三十日（土）

日課　運筆　〃　用器画
運筆は清書しなかった。
用器画は五十二まで。
製陶法はなく実験で。午後は試験板のかたを取った。

七月二日（月）

日課　写生　〃　英語　数學　陶画　〃
写生は奥嶋君を手伝ってやった為めに清書が出来なくなった。
英語はいつまで待っても先生が来られなかった。
數學は代数數學の×÷にまで進んだ。午後は陶画をやった。

七月三日（火）

日課　化學　數學　陶画　〃　実験　〃
化學は問題の解決で時間を終る。數學は代数の×÷の問題であった。濱田先生に聞いて見たところ、窯業計算

日記（大正六年）

法の説明をしてももろーた為めに大いに得る所があった(35)。陶画はだみまで。実験はかたぬきをした。

七月四日（水）
日課　化學　〃　用器画　調彫［彫刻］　〃　〃　〃
化學は硫酸を習ふ。
用器画は五十四まで。
調彫［彫刻］は豆を出来てパスす。

七月五日（木）
轆轤は鉄鉢の水引き。
物理は試験について。
実験は素地試験と窯詰。

七月六日（金）
実験は素地の調合。
物理はパイロメーターの筆記。
英語は試験。
轆轤は鉄鉢の水引き。

165

七月七日（土）　用器画の第一試験

日課　毛筆　〃　用器画　実験　〃　〃

運筆は今日も清書が出来なかった。

用器画は豫備第一試験をやった。幸いにして皆出来た。

製陶法は瀧田先生が都合で実験となり、私は試験所へ行って窯焚きをした。

七月九日（月）

日課　写生〔笹〕　〃　英語はなし　数學　実験　〃

写生はささ百合をいよいよ清書して出した。

英語は先生の都合で休み。

数學は代数をやった。

陶画は〔彩〕ダミ。

七月十日（火）

日課　化學　数學　陶画　〃　実験　〃

化學は硫酸の製造、及び其の他の質問をした。

数學は代数の復〔習〕修を簡単にする事であった。

陶画は〔彩〕ダミを仕上げてから新らしい大きな鉢にかかったが、適当な圖案が考えられぬので遊んでしもーた。

166

日記（大正六年）

実験はSK010番の焼成後の秤量をした。

**七月十一日（水）**

日課　化學　〃　用器畫　調彫[彫刻]　〃　〃

化學は試験で問題は七題。其の内一題は出来なかった。川嶋君は一生懸命の為めに財布を落した。それを私が拾ふと二十五円の為替が入って居た。

用器畫はとらずに終って、調彫[彫刻]はなすびにかかった。

聞く所によれば瀧田先生は辞職せらる、との事。

**七月十二日（木）**

日課

今日は朝から轆轤をやって居ると吉嶋先生が来られて、七条のステーションへ皇太子殿下をお迎へにいかねばならぬので、轆轤を止めて特別科丈が行く。行ってしばらくするとベルが鳴り、一同氣付けをやる。直ちに列車が入って来たのは九時四十五分。敬禮をやってから長い間停車中は其儘。歸は七條で別れて歸る。大須賀先生と一緒に五條の橋の上まで来ると、荷馬が荒れて山高帽にフロックコートの大須賀先生が欄干をひっつかまへた姿は忘れられぬおかしかった。

歸ってからはすぐ実験であった。

七月十三日（金）　物理の試験

日課　実験　〃　物理　〃　英語　〃　轆轤　〃

実験は番号の書き入れなどをした。

[以下赤字]物理は試験で内抵抗Sオームのダニエル電池五個を、パラレルにつなぎたる場合に通る電氣の強さ何程。外抵[抵力]14オーム。[答]0.072が塔である。[以上赤字]2. 熱電氣を説明し、之によりて温度を測定し得る理由、の二題で、一番は 1.08 × 5/14 + 8/5 × 5 = 英語はなく。轆轤は水引を二時間に鐵鉢の鉢五つした。

七月十四日（土）　用器画試験

日課　運筆　〃　用器画　実験　〃　〃　大掃除

運筆は柳の書き難いのをパスした。

次には美女柳のむづかしいえ[絵]を書いてもろーた。

用器画は試験で皆出来た。前の豫備試験と、今度の試験とが皆出来れば、百点は得られるかも知れぬ。試験所へ行て乳鉢を五つもろーて来て、新らしい乳鉢素地の調合をやる。

製陶法は先生が轉任せられるについて講義はなく実験をやる。

七月十六日（月）　代数試験

日課　写生　〃　代数　〃　陶画　〃

日 記（大正六年）

写生は美濃四つ倍版で、竹の絵を昨日写生し、骨書と地塗の出来たものをもってきて一生険明〔懸命〕に書いたが何分にも四つ倍版はそー易く行かず出来なかった。四時間目からは代数の試験で、他の者の一人として出来ないのが私に出来、他の者皆出来たものが私に出来なかった。陶画は遊んでしもーた。

**七月十八日（木）**

日課 化學 〃 用器画 調彫〔彫刻〕 〃 〃

化學は六〇頁の酸塩基、中和塩について説明があった。終りに当量の説明は、一寸先生がどーかして居る様であった。

用器画は話しをしてもらふ。
調彫〔彫刻〕はなすび半分程仕上げた。
今番茶を持って行った。
歸迄、伏見まで大須賀先生と一緒。

**七月十九日（木）**

日課 轆轤 〃 〃 実験 〃 〃

轆轤は試験で鉄鉢六つを四時間でした。
物理はなく、実験は素地の調合の二百二十六号をした。

七月二十日（金）

日課　実験　〃　科外　〃　轆轤　〃

実験は素地の試験の二百三十六号をした。
物理は平木先生の試験が来られぬので全遊びに遊んだ。
英語は先生が来られぬので全遊びに遊んだ。
轆轤は鉄鉢を削った。

七月二十一日（土）　写生で百点

日課　運筆　〃　科外　実験　〃　大掃除

運筆を二時間して、此の間からの竹の写生は前代未聞の百点を得た。
用器画は山口先生の話を聞く。
それから実験をやって、次に大掃除に押入の棚も掃除した。

七月二十三日（月）

日課　写生　〃　〃　英語　數學　陶画　〃

写生はヒョータン（瓢箪）の花をした。下書のみ。
英語は一學期は今日で終りを告げる。
數學は試験の結果について。

日記（大正六年）

陶画は下書をした。
宇治川水電発電所のオイルスイッチに故障を生じ大分さわいで居た。新築も響いた。

七月二十四日（火）

日課　化學　數學　陶画　〃　實驗　〃

化學は先生が十五分間も遅れてきた。たゞ質問とエンドポイン（ポイントカ）のみ。
數學は代學の括弧を取り、或はくゝる事を以て終る。
陶画は結キョー[茴香カ]を書く。
實驗は素地の試験をする。

七月二十五日（水）

日課　化學　〃　用器画は話　調彫はなく遊ぶ
化學は理論代學を、当量について大須賀先生と論す。
用器画は科外の自然と藝術について山口先生がゲーテの學説を發表した。
調彫[彫刻]はなく、一同何かほかの事について用有に時間を費せとの事で、私は宇野と一緒に試験所へ行って、平木先生に色々の話を聞いた。

七月二十六日（木）

日課　轆轤　掃除　物理　実験　〃　〃

轆轤は実修をやらずに先生から色々の、面白くもあり、事実でもあり、面白からぬ事もありする話を二時間聞いた。後に掃除で、轆轤を上げて大掃除した。

物理は答案をもらったのみ。

実験は秤量のみ。

七月二十七日（金）

日課　大掃除　秤量

午前中は大掃除をした。

午後秤量のみ。

七月二十八日（土）　第一席

八時から始まり、第一教室は終って大須賀先生から休中の注意があり、後に通知簿をもらふと、私が第一學期の第一席であった。〔以上赤字〕

九月一日（土）

今日でいよ〱第一學期も終りを告げ、歸途奥嶋君の所に一寸遊んで歸った。

日記（大正六年）

九月三日（月）
始業式のみにて、大須賀先生より約四十分ばかり話があり、其の後は掃除もせずに帰る。

授業があるとは知らず道具も携らずに行く。すると岐美先生が来られて写生をせよ〳〵と云われるので鉛筆でお白粉草をする。英語と數學の時間に掃除をして、午後は陶画で筆がないので試験所へ行き、序[ついで]に妹に頼まれた雑誌を買ひに行く。

九月四日（火）
日課　製陶法　〃　陶画　〃　〃　実験
製陶法に青写眞[38]でローマテリアル[39]の説明。
次の數學の時間に濱田先生の都合で製陶法の續き。
陶画は遊び半分になってしもーた。
実験はボデー[ボディ力]の二四七をやった。

九月五日（水）
日課　用器画　化學　〃　調[彫]
用器画は五十六まで。
化學は新任の川崎先生[40]［画像5］が挨拶して、次に一寸話があり、第九章を豫習の試験することをも序に発表せ

物理は平木先生が話丈で別に講もなかったが、話の中に質問せられた。私が下の如く塔て曰く、日本の窯業家が鐵工業と窯業の関係の密切なことを知らないと、鉄工業者がいやしくも窯業品を以て要求する處を満足せしむるにありと。即ちクローム練瓦、[煉]マクネサイト煉瓦、[グ]シリシック煉瓦等である。[フェルシック]実験は素地の調合をやる。[接]

九月七日（金）

日課　実験　〃　物理　〃　英語　轆轤　〃

実験は二六三二八、の素地の調合である。
物理は電氣磁器學の講義と実験である。ホリゾンタルインテンシチー、[42]及ソレノイド、[43]及び電氣磁器を実験する二、三の磁石作用。
英語は私に読まされた。
轆轤は轆轤のしめ直しをして、稽古は少しの時間となった。

画像5　川崎正男
（『東京工業学校大正六年卒業アルバム』東京工業大学蔵）

九月六日（木）

日課　轆轤　〃　〃　物理　実験　〃　〃

轆轤を第二學期最初の稽古をする。どーも轆轤がごとく[型]で困った。

られた。それから一時間を遊び、三橋先生の製形講義となり、[彫刻]午后は調コクとなる。

日記（大正六年）

九月八日（土）

日課　運筆　〃　用器画　化學　實驗　〃　〃

運筆は一ヶ月間やらなかったので筆が重くなった。用器画は五十八まで。化學は試験でA組に於て左の三題であった。硝石の化學式、其の百分組成、平水とは如何、倍數比例の定律とは如何であった。實驗はA組に於て西洋錦窯の小へ煉瓦の窯詰をした。火曜日に焚くのである。

九月十日（月）

写生　〃　英語　數學　陶画　〃

写生は此の間の續きで白粉草の花を急いで仕上げた。英語は河井先生の都合でなく、數學は濱田先生の都合でなく、一寸話をしにこられた丈であった。僅か三時間やそこらでは餘程急がぬと書けなかった。陶画は圖案を考えて書けなかった。

九月十一日（火）

日課　窯焚き　〃　〃　〃　陶画

製陶法はなく、數學もなく、朝からA組に於て角窯、即ち西洋錦窯によって二番aまで焚く事になった。窯の焚き始めは午前七時三十分。試験所の円窯も焚いて居られた。午後に時間は陶画で呉須をすった。

175

柴原先生の作品批評会にも出品して優評を得た。

## 九月十二日（水）

日課　用器画　化學　〃　調[彫]　〃　〃

用器画は六十まで。面積に関する画法。

化學は化學方程式の左方を先生が書かれるのを、右方を出て行って書くので、どーしてもかけぬと最後に私が百発百中をやる。それから硝石の講義となり、筆記は川崎先生が高等工業學校に於て教へられるのと同じ工合で早いのに閉口した。

調彫[彫刻]は午前二時間は製形[型]講義。

午後二時間は実修[習]をやる。

## 九月十三日（木）　天氣（雨天）

日轆　〃　物理　実験　〃　〃

朝早く目釜先生に轆轤の三時間を欠席する由申し出て、それよりお使いに行って一度歸り、すぐ引返して行って、物理はなく実験はかり四時間やる。

先づ火曜日に西洋錦窯の小さい方で二番aを以て焼いた窯出しに行く。他の連中は窯出しなど経験のない人故、私が口切り、さや出し、口掃除、ロストル掃除[44]等一切した。午後は実験をやる。

日記（大正六年）

九月十四日（金）

日課　実験　〃　物理　〃　英語　〃　轆轤　〃

実験は素地の調合をあと廻しにして、窯出しした収縮試験の練瓦（煉）を秤量して、水中にひたして置く。物理は平木先生の都合であとなく実験であるから、試験所へ丸窯の二階に焼けて居る素焼の試験板を取りに行く。英語は必ずに、私に何なりと読ませるか譯させるか當られる。轆轤は休んで実験室で秤量をした。すると、やぎをつれて来て、門の内側の草を食して居た。

九月十五日（土）

日課　運筆　〃　用器画　化學　実験　〃　〃

運筆は清書日でも清書が出来なかった。用器画は面積に関ルス画法（する）の六十三まで。化學は智利硝石に硫酸を加へて硝酸を作る実験に一時間を費やし、実験の一時間を化學に取っての講義で例の如、筆記の早いのには閉口である。

九月十七日（月）

日課　写生　〃　〃　英語　數學　陶画　〃

写生は休暇中にした處の薄の写生（すすき）を仕上げて出した。何分にも大きい絵であるから立派に見江た。定めし九十点以上が取れる事であろー。

177

英語は河合(井)先生の都合でなし。

數學は代數の加減の四題を解くので、それから濱田先生も何時となく科外の講義をして下さるそーであるから、それを書く様な筆記帳をもって来いとの事であった。

陶画は圖案を考へてパスした。明日はいよく\それを書く事にしよう。

## 九月十八日（火）　川嶋君大喝を食ふ。

日課　製陶法　數學　陶画　〃　實驗　〃

製陶法は青写眞についての説明。數學は代數の四幕についての問題で、私は二學期は何でもと思って一生險(懸)明にやって居るのにかかはらず、濱田先生は川嶋君にのみ未だ習はぬ所をやれとて、他の人は出てよろしいと云ふ。川嶋君は授業中スケッチのみして遊んでいた為め、濱田先生のシャクにさはったものらしい。其スケッチも取り上げた。陶画は燃(絵)紙を取って絵具の調合をしたのみ。

實驗はシメッタ(湿った)秤量とメスシリンダーにて容積の定量とで大いに遅くなり、時間後二十分餘りかゝった。散髪して歸る。

## 九月十九日（水）

日課　用器画　化學　調劑(彫刻)　〃　〃　〃

用器画はコンパスを忘れて閉口した。

日記（大正六年）

化學は $2ClNH_4 + CaO = 2NH_3 + Cl_2Ca$ の實驗をやるについて川崎先生、下手で充分な實驗ができなかった。二時間目の化學を調刻に變って五時間續きの調刻を。午前中は製形講義を二時間もやる。午后は調彫をやった。

九月二十日（木）

日課　轆轤　〃　〃　物理　〃　〃　實驗　〃

轆轤はやりたいが身體がよろしくないので致し方なく陶畫にしてもらふ事にした。物理は平木先生の都合で休となり、大須賀先生が科外に讀書で參考書を貸して下さって讀むので、私は窯業雜誌を借りて蛙目の必要なことを寫した。

實驗の第一時間目もそれにした。

午後は實驗をやる。此の間紛失した分のやり直し。

九月二十一日（木）

日課　實驗　〃　物理　〃　英語　轆　〃

實驗は紛失した試驗板の補造をなしたる後に先へ進んだ。

物理は電流の磁器作用についての説明を以て實驗を一つ一つ、眞に叮嚀であった。流石は平木先生で教へる事が上手である。英語は前代未聞の進歩をレコードした。僅か一時間を以て四課を平らげる。轆轤は身體の都合で陶畫をやった。

179

九月二十二日（土）

日課　運筆　〃　化學　〃　実験　〃

運筆はやう〳〵清書した。次に杷木〔萩カ〕を書いてもろーた。此の度の運筆は割合に易そーである。

用器画は六十八まで。

化學はアンモニヤより第九章全部の説明があった。

実験は此の間からのに記号を入れた。

その後大掃除をやる。

九月二十五日（火）

日課　製陶法、數學　実験　〃　陶画　〃

製陶法は青写眞の説明。數學は代數の多項式を單項式を以て乗すること、及び多項式に多項式を乗ずること。

実験は三七一、四〇七等の調合。

陶画はなでしこの盛繪を金紫で花丈書いた。

九月二十七日（木）

日課　轆轤　〃　物理　実験　〃

轆轤は身体の都合で陶画にした。

物理は試験所へ行って、マグネチックセパレーター〔和〕の機械を見た。

180

日記（大正六年）

実験は素地の調合。

九月二十六日（水）　化學なし
日課　用器画　化學　〃　調こく　〃　〃
用器画は二題程よりいつも出来てない。
化學は先生が病氣で来られないのでら実験をやる。
調彫［彫刻］は午前一時間は製型講義があり、是に次いで午後は薄ニク物［肉］をやった。

九月二十八日（金）　天氣（晴）
日課　実験　〃　物理　〃　科外　陶画　〃
実験は四三五まで。
物理は試験所へ行って、マグネチックセパレーターの実地試運轉をやった。最初乾式を運転した。そして其の鉄分を選別する力の強いのにも感心した。次に湿式を実験した。次に分析室でネルストンランプの実験にオヴァーヴォルト［オーバー・ボルト］の為めフィラメントが引れた。午後は英語はなく、濱田先生が科外講義をせられた。次に轆轤であるけれども、私は身体の都合で陶画をやった。

九月二十九日（土）
日課　運筆　〃　用　化　実　〃　〃

181

## コラム11　大正六年の大水害

大正六年東京湾台風災害では特に関東地方の沿岸部で高潮により甚大な被害をもたらした。大正六年九月二十四日にフィリピン沖に発生した台風は、三十日から十月一日にかけて日本列島に暴風雨を伴い襲来。京都も九月二十九日以来の豪雨により、三十日午後、宇治川・木津川は増水が原因で逆流し伏見町の低地は悉く浸水した。想定を超えた増水により堤防三か所が決壊し、下鳥羽村・竹田村は家屋の屋根を残し田園は一面湖水のようになったという。交通は一切途絶、警察の専用電話も不通となり、出水の状況を把握することもできず大混乱となった。

京阪電車は線路浸水のために三十日は終日運転止となり、宇治線も増水のため三十日午後七時から運転を中止した。京阪電車の復旧工事には十日余りを擁した。

（「河水大氾濫」大正六年十月一日夕刊二頁、「豫定量以上の大洪水」大正六年十月二日朝刊二頁、「京阪電車復旧難」大正六年十月二日朝刊三頁）

**画像6**「河水大氾濫」（『京都日出新聞』大正6年10月1日夕刊2頁）

日記（大正六年）

画像7「(宇治名所) 霊刹興聖寺の総門と宇治川の風光」（絵葉書、個人蔵）

運筆は清書が出来た。
用器画は七十一瓦まで。化學は試験をすべきか。完全に燃焼をしざれば何容 $CO_2$ を得

1. 三十六瓦の木炭を完全に燃焼をしざれば何容 $CO_2$ を得べきか。
2. 石炭瓦斯の工業的製法。
3. 木炭の平均成分　(ろ) 硬度計

実験二時間の後、大掃除をして歸る。

十月一日（月）

寝て居ると母様が起こされたのが十二時。二、三日前から降り出した雨が昨夜は風となり、見る間に興聖寺馬場の上一尺も水が出た〔コラム11：画像6〕〔画像7〕。
〔以下赤字〕新築は妹一人に留守番をさせ、兄様と私は父様の命ぜられる通りに水害豫防のシカラミを入れる。水は段々増える。午前二時を過ぎると見る間に一尺も減水した。どこかゞ切れたのである。電車は勿論不通故、汽車と思えど汽車も不通で、京都から来た奈良行が長池から引廻のに七時十分に発車してチコクし〔以上赤字〕〔遅刻〕た。写生は何やら氣がおちつかず、英語もよい工合に行かず、

數學も間違った。陶画は例の如くやった。

十月二日（火）

日課　製陶法　數學　實驗　〃　陶画　〃　〃

陶製法に次いで、數學は科外講義をやってもらーて、私は大いに得る所があった。實驗は例により素地の調合。陶画は例によりセキチク〔石竹〕[49]の盛絵である。

十月三日（水）

日課　用器画　化　〃　調彫〔彫刻〕　〃　〃　〃

用器画は面積に関する画法もやうやく終りをつげた。化學は例により川端〔崎〕先生のべらぼーに早い筆記で閉口である。調彫は製型講義一時間と三時間が實習。

十月四日（木）

日課　轆轤　〃　物理　實驗　〃

轆轤は例によって妙な型ものを拵へて居た。物理は感應電流の講義があった。實驗は素地の調合をやった。電車は依然不通で汽車で通學するので大変に不便である。

184

日記（大正六年）

十月五日（金）

日課 実験 〃 物理 〃 轆轤 〃

実験は仕上げ丈にして、B組の西洋錦窯を焚く窯詰を私が手傳ひに行く。物理は相互感應電流、自己感應電流について説明せられた。其の後電話の説明と實験で面白かった。轆轤は英語の時間一時間を増して三時間となった。私は形が妙で閉口して居ると、目釜先生又改正してくれたのでやう〳〵茶になった。

十月六日（土）

日課 運筆 〃 用器畫 化學 實驗 〃 大掃除

運筆は扚薬［芍］を書いてもらった。なかなかむづかしい。用器畫は今日から曲繪に関する畫法に入った。化學は第十一章の講義に先じ、燃焼論の筆記で大変に閉口でなか〳〵書かれぬ。實驗はB組は試験場で窯焚をして、ACは實驗をやった。三時間目に大掃除をして歸る。

十月八日（月）

日課 寫生 〃 〃 數學 化學 陶畫 〃

美伎［岐美］先生が休みであるので、寫生は植物園に出て黄ショーキ［鍾馗］(50)をする 黄ろい大きいのを一本か二本するともう時間が来た。午前一時間目の數學が英語の補欠に、午后［後］一時間目の補欠に川崎先生の化學をやる。

陶画は一時間半程やると運動會の稽古に降りて来いとの事。

十月九日（火）

日課　製陶法　數學　實験　″　陶画　″　″
製陶法は矢張り青写眞についての話。
數學は多項式を多項式で割る事まで。
實験は四六七まで。
陶画は例の續き。

十月十日（水）　天氣（雨）

日課　用器画　化學　″　調　″　″　″
朝から曇って空は何となく重い。
用器画は楕円の法則より画法の一つまで。
化學は燃焼論の筆記で非常にえらい。
調[影刻]も亦、製型講義でえらい。
午後はモクレン[木蓮]の薄肉をやった。
雨はしと〳〵と降って再び水が出そーである。

186

日記（大正六年）

十月十一日（木）
□［轆轤］々々　物理　實験　〃　〃
電車が不通で致し方なく汽車も二番で行ったので遅刻した。物理は休講。実験は素地の試験をした。即ち秤量までである。皆は運動會の用意の為めにかゝって居る。

十月十二日（金）
実験　〃　物理　〃　―
実験は秤量をした。
物理は休講して写真〔撮〕の取り方を教へて戴いた。
午后〔後〕は運動會の準備をした。

十月十三日（土）
運動會

十月十五日（月）
伎美〔岐〕先生は東京へ行って居られるので写生は各自でやる。
英語はなく写生を四時間やった。
數學はなく午后〔後〕は三時間陶画をやる。

187

都合今日は化學一時間もなく實習ばかりをやった。

十月十六日（火）

日課　製陶法　數學　實驗　〃　陶畫　〃　〃
製陶法は青寫眞で講義。
數學は平常試驗である。
實驗は五〇〇以上の号の調合をやる。陶畫は續きを。

十月十八日（木）

日課　轆轤　〃　〃　科外　實驗　〃　〃
轆轤をやらーと思うて石膏型を削って居て、誤って脂[指]を切ったので陶畫をやる。
平木先生が休まれたので理物[物理]の変りに大須賀先生の科外講義で variation of oxygen ratio の英語の筆記をやる。
午後は實驗で容積を調べて、仕上物の時間があった。

十月十九日（金）

日課　實驗　〃　物理　〃　陶畫　〃　〃
實驗は湿重量の秤量をした。それから仕上もした。
物理は發電氣について講義があった。それから電動機のモ型[模]の實驗もした。

188

日記（大正六年）

轆轤は脂を切ったので陶画をやった。陶画も写し物をした。

十月二十日（土）
日課　運筆　〃　用器画　製陶法　化學　〃　大掃除
運筆は清書しなかった。
用器画は豫備試験の様であった。
製陶法は早く講義がしてほしい。化學は筆記のみであった。

十月二十三日（火）
番くるゐ。
第一時間目が大須賀先生の製陶法科外講義でなくてはならぬものが、川崎先生が科外講義に分析表を写させて下さった。後に面白い傳記談をせられた。次に濱田先生の数學。次一時間を遊び、午后は陶画も、第三高等小學校が明日の運動會の稽古や順備でやかましい事。それで稽古しよーにも遊ぶより仕方がなかった。

十月二十五日（木）
日課　三時間休んで　物理　実験　〃　〃

昨日は止むを得ざる事情があって休み、今日も朝の三時間を休んだ。
物理は電動機のトコロ〔所〕をやった。
実験は五六九、七〇二をやった。

十月二十六日（金）

日課　実験　〃　物理　〃　數學　轆轤　〃
実験は収縮と秤量と調合とをした。
物理は電氣輸送と感應コイルとの説明であった。
數學は方程式を。
轆轤は湯呑の長いのをやった。

十月二十七日（土）

日課　運筆　〃
運筆をやって居ると、下の運動場では第三高等小學校の運動會をやって居る爲めに、運筆も熱心にやりたくも出来ない。五人組のバンドは若手であったから、クラリネットが耳に立つ。二時間丈を終へると見物する。午前中にフートボールを二回参加する。大きい組では赤の勝であったが、小さい組では勝負なしであった。午後はリレー競争で、特別科、轆轤科、陶画科の対抗で、特別科が一等、陶画が二等、で轆轤が殿軍〔でんぐん〕であった。
他の参加校の内には奇ばつな体操や遊ギ〔戯〕を美事にやるのがあった。バンドは二時半を過ぐると歸ってしまふ。私

日 記（大正六年）

は三時に歸った。

十月三十日（月）
遠足にて宇治へ。

十一月一日（木）
〔火〕
日課　轆轤　〃　〃　實驗　〃　〃
非常に寒い日で、新調の冬服で寒中にはやり切れぬ事が解せられた。轆轤は手がかしかんで出来ない為めにんどを焚いた。物理はなく、轆轤を四時間もやる。午後は實驗で、奥嶋君は中途で歸ってしまふ。

十一月二日（金）
日課　實驗　々　物理　〃　英語　〔轆轤〕□　〃
實驗は例の通り素地の調合。
物理はなく濱田先生の補欠講義。
四時間目は遊ぶ。
午後は一時間目が化學の補欠講義。
次は川端〔崎〕先生の講義に馬鹿に時間をとられて、轆轤はひねりをやった。

191

電車の延着で遅刻した

十一月三日（土）

日課　運筆　〃　用〔器画〕　化〔學〕　実〔験〕　早引
運筆は清書しない。
用器画は七四の別法、楕円の画法である。
化學はノートを先生へ出した。講義もあった。
午後の実験は一時間で早引した。

十一月五日（月）

日課　写生　〃　〃　なし　數學　陶画　科外
写生は菊をした。清書には至らず半の仕上であった。
英語はなく、遊んだ。
數學は代数の方程式を解くことで十三番が当った。

$x-2/x-3 + x-2/x-6 = 2$

陶画は一時まで。後一時間は科外で明日。天皇陛下をお迎えする事について話があった（コラム12）。

---

コラム12　大正天皇の入洛

大正六年十一月六日、天候は快晴で北西の微風があった。午後一時五十分、大正天皇皇后両陛下の乗った列車は稲荷駅を通過。それと共に百一発の礼砲が市内に到着を伝える。京都駅烏丸通入口には奉迎大アーチが作られ、両陛下の乗った馬車はそのアーチをくぐり烏丸通を進んだ。その沿道、塩小路通から萬壽寺通までの間には、京都府市、各学区の名誉職員、赤十字社員他各団体、及び、十六師団の兵隊等が奉迎。萬壽寺から丸太町には、京都帝国大学をはじめとする市内の学校関係者や学生が整列した。その数は三万人以上に及んだという。鹵簿は丸太町を東に進み、堺町御門から御苑内へ。建礼門を入り西へ進み新しい車寄せに到着したのが午後二時二十五分であった。

（「両陛下御入洛」大正六年十一月六日夕刊一頁）

192

# 十一月六日（火）　天氣（晴天）

日課　製陶法　なし　実験　〃　奉迎

製陶法は試験所へ行って実地に付いて機械の説明を聞く。すると大須賀先生はかんかんの上へ上って説明をして居るので、何知らぬ顔して計って見ると、服くるめの十八貫五百。

數學はない。

実験をやって、午後は奉迎に行く。

# 十一月七日（水）

日課　用　化　〃　彫　〃　〃

用器画は七五の楕円の中心を求むること一つである。

化學は二時間筆記した。

彫刻は午前一時間は整型講義。

午後は彫刻で、〔木蓮〕モクレンを仕上げた。

# 十一月八日（木）

日課　轆轤　〃　〃　化　実験　〃　〃

寒い事甚だしい此の頃、朝から轆轤は実に苦しい。一層冬なれば湯が使へるが、今の間が一番苦しい。四時間目は化学をやってもらー。物理は平木先生が休みで当分の内はないのである。午後は実験で素地の調合をやる。

193

十一月九日（金）

日課　実験　〃　機械説明　〃　轆轤　〃

実験は前のを仕上げて又調合する。

物理は平木先生が休まれたのでなく、大須賀先生が試験所で機械について説明があった。

轆轤は今日から湯になった。

十一月十日（土）

運筆　〃　用器画　――　――
　　　〔懸〕

運筆は一生険命に書いて、清書が出来た。

用器画は楕円の長軸及び短軸を。及び焦点を求むることであった。化學はなく試験所の參考館[52]〔口絵5〕で大須賀先生の来られるのを待って居たが、来られずに遊んでしまふ。

午後は今夜の提灯行列の話丈で大掃除をして歸る〔コラム13：画像8・9〕。

十一月十二日（月）

日課　写生　〃　〃　陶画　〃　〃

写生は菊の續きをする。

先生の指導の通りをする。

英語はなく、四時間写生をやった。

## コラム13　提灯行列

大正六年大正天皇皇后両陛下の京都滞在を奉賀するために、京都市内の全学校の生徒による大提灯行列が挙行された。午後五時半から紅提灯を掲げた学生が市内八カ所から建礼門前の広場に集まる。三時頃から振り始めた霧雨は、提灯の光を反射し京都の空は紅色に染まり、この世のものとは思えない美しさだったという。京都府知事の万歳を唱えると、全生徒が一斉に提灯を高く持ち上げ、天皇陛下への万歳を三唱、皇后陛下への万歳を三唱、その後、御所を西回りで一周し、解散したのは八時であった。

（「空に輝く光の海」大正六年十一月十一日朝刊三頁）

画像8　「空に輝く光の海」（『京都日出新聞』大正6年11月11日朝刊3頁）

画像9　「建礼門ノ門扉」（『大正大禮京都府記事關係寫眞材料』1915年、京都府立総合資料館蔵）

午後は三時間陶画をやった。

十一月十三日（火）

日課　製陶法　數學　――　奉送　――　陶画

製陶法は青写眞について説明で、本日を以て青写眞の説明も終りを告げた。

數學は方程式の應用問題六題出た。

次の實験の時間は一時間遊んで、四時間目は天皇陛下を奉送の為の烏丸通姉小路まで行く。

天皇陛下が大演習地へ向つての御出門が0時三十分。我等の前を御通り遊ばされたのが十二時四十分。歸つて二時から陶画をやる。

十一月十四日（水）

日課　用器画　化　〃　彫刻　〃　〃

用器画は七十七丈まで。

化學は一時間丈けで、あと一時間は遊ぶ。

彫刻は先生の都合で遊ぶ者やら、やる者やら。私は下地丈した。

十一月十五日（木）〔コラム14：画像10・11〕

大須賀、濱田、枝美〔岐〕、柴原、菊池、吉嶋、目釜、寺沢〔画像11〕の職員が、職工二人と共に后皇陛下〔皇后〕に御前楽焼

196

## コラム14　御前楽焼

明治四十二年に岡崎公園に設立された京都市商品陳列所は、この日、初めて貞明皇后の行啓を仰いだ。三階の貴賓室が御座所となり、西側の壁には川島甚平衛による刺繍の窓掛、北側の暖炉前に置かれたストーブ隠しの衝立は西村総左衛門作、その横に置かれた刺繍の屏風は高島屋の作、そして、南側の壁際には西村と田中利七による刺繍額がかけられていたという。大野市長と宮田所長の案内により、陳列所内の織物、染物、陶磁器、漆器など

**画像10「商品陳列所陶磁器陳列」**
（京都市役所編『京都工藝品展覧会報告』中西印刷合名会社、1917年、京都府立総合資料館）

**画像11「京都市公會堂」**（絵葉書、個人蔵）

を観覧の後、陳列上東側の庭に設けられた仮の御座所に移られた。其の正面に臨時に設置されたのは轆轤と錦窯を据え楽焼作業場。植田豊橋及び大須賀眞蔵の監督の下、楽焼の速製が披露された。窯の担当は大須賀と濱田庄司、轆轤は目釜新七、上絵付けは菊池左馬太郎、岐美竹涯、柴原希祥であった。その後、貞明皇后は京都市公会堂に移動し、大須賀の案内で展示された古陶磁器を鑑賞された。展示された

七十九点の作品の内、本阿弥光悦作の「赤楽茶碗」、野々村仁清作の「水仙画水指」及び「獅子香炉」、尾形乾山作の「椿画手鉢」、三代清水六兵衛作の「寿老置物」に特に興味を示されたという。
（『樂焼御前作業』『京都日出新聞』大正六年十一月十日夕刊一頁。「商品陳列所行啓」『京都日出新聞』大正六年十一月十五日夕刊一頁。「古美術品と御前揮毫」『京都日出新聞』大正六年十一月十五日夕刊一頁）

### 十一月十六日（金）
日課 実験 〃 物理 〃 ―

私の受持った轆轤が台覧実験は秤量と仕上げである。
物理は発電氣［機］の事について説明の後、試験所へ行って、実地をやる為めに、試験所も傳習所もから明きで、居られるのは中村先生一人。故に一日遊んだも同じである。

午後は昨日の御前楽焼の跡、及び公会堂に於ける皇后陛下に御覧に供せん其の跡を発見に行く。すると焼楽の際御覧になった轆轤は私の轆轤であった。
に発電氣［機］の運転をなし、或は発電機について見聞きした。

画像12 寺澤知爲
（河井寛次郎記念館蔵）

## 十一月十七日（土）

日課　運筆　〃　用　代數　實驗　〃　大掃除

運筆は清書が出来ない。

用器畫は清書が七十八を。

化學はなくて代数の試験をやみうちにやられた。

午后は實驗二時間の後、大掃除をして歸る。

## 十一月十八日（日）

午前八時五拾分の集合。全五十五分出發して、烏丸姉小路上る所へ皇后陛下を奉送に行く。

御出門、十時十分。

御通過、十時二十五分。解散、十時三十分。

## 十一月十九日（月）

日課　寫生　〃　〃　代數　陶畫　〃

寫生を四時間やる。菊をやって清書を出すと、次にはボタン〔牡丹〕をすべく命ぜられた。命ぜられたが、時間が足りない為めに出来なかった。

代数試験の答案を返してもらって、それから話し合った。

陶画は呉須すりをした。

十一月二十日（火）

日課　製陶法　數學　實驗　〃　陶画　〃
製陶法では日本の陶器の産地を書いた。
代数は宿題をして来た。
実験は乾燥した坏土の秤量と、色見板をぬいた七十余板。
陶画は呉須すりをして書き始めると、呉須があらいので思ふ様に書けぬので、又すり出した。

十一月二十一日（水）

日課　用器画　化學　〃　彫刻　〃　〃　〃
用器画は七十九を。
化學は然焼論の續きを筆記して居ると、飛行機がぶん〳〵と風の最中をよく飛んで居た。彫刻は筆記をした。
〔燃〕
午后は都合で飛行機を見に行き、二時間目からやった。
〔後〕

十一月二十二日（木）　天氣（晴）

日課　轆轤　〃　物理　實驗　〃　〃
轆轤は、私の場所がまだ出来てないので、目釜先生が指定する所で削りをして居ると、神経痛で大いに閉口した。

200

日　記（大正六年）

十一月二十三日（金）

轆轤　〃　〃　物理　実験　〃　〃

実験は色見板ぬきをした。

物理は平木先生が飛行機の話からとー〴〵飛行機の話になってしもーた。

轆轤は削りをして、しかし二つより削る事が出来なかった。物理は飛行機の話になってしもーた。実験は〔記述全体に×印〕きものが起ったからである。それは一つはシッタの都合と、一つは神経痛の如

十一月二十四日（土）

日課　運筆　〃　化學　実験　〃

運筆はとー〴〵清書が出来なかった。用器画が都合でないので運筆を一時間余計にやる。化學は筆記をした。実験は色見板の仕上げをした。

十一月二十六日（月）

日課　写生　〃　〃　代數　陶画　〃

写生は菊をした。技美先生は文展の為めに来られない。植物園の菊を打って来て写生をし終へた。

201

代数は聯立方程式の説明があった。陶画は今日呉須すりをした。

## 十一月二十七日（火）

日課　製陶法　〃　文展説明　陶画　〃　〃

製陶法は蛙目(がいろめ)の講があった。次に數學の時間も製陶法となった。それから実験の時間は柴原先生から文展の説明があった。

午後は陶画であった。

## 十一月二十八日（水）

文展行。午前八時三十分出発。第十一回京都文展陳列會を見る。今年は裏箔(59)を見分ける事が出来る様になって、二十以上もある事が解った。歸りは吉嶋先生と一緒に歸って弁当を食べて、午後の授業を始め様にも五人より居らんので三橋先生は、随意にやり給へ、で歸った。

## 十一月二十九日（木）

日課　轆轤は陶画を　物理　実験　〃　〃

轆轤は身体の都合で陶画をやる。物理は電波の話があった。実験は色見板ぬきをした。

## 十一月三十日（金）

202

# 日記（大正六年）

日課　化學　〃　科外　〃　英語　陶画　〃
化學はいよ/\燃焼論も今日で終へた。
物理の先生の都合で物理はなく、大須賀先生の科外講義で分析化學の表を写した。
久し振りに英語をやる。
陶画は續きをやる。

## 十二月一日（土）

日課　運筆　〃　用器画　化學　物理　〃　實験
運筆はやう/\清書が出来た。
用器画は不得要領であった。
化學は臨時試験で驚いた。
物理は無線電線とカイスレル管(60)の講義があり、實験を一時間やって大掃除はなし。

## 十二月三日（月）

日課　写生　〃　〃　英語　數　陶画　〃
写生は前の月曜にした菊を清書した。
英語は又も讀まされた。
數學は試験であった。

陶画はカラ焼のソーヂ〔掃除〕。

**十二月四日（火）**
日課　製陶　數　実験　陶画　〃

**十二月五日（水）**
用器画　化學　〃　彫　〃　〃

**十二月六日（木）**
日課　轆轤　〃　〃　実験　〃　〃

**十二月七日（金）**
日課　実験　〃　物理　〃　英語　轆轤　〃
実験は釉薬の試験までに色見板を作んべく、今日はア印を入れて磁器でした。
物理は試験で、
一、電燈が点灯した瞬間暗き理由を問ふ
二、無線電信の原理につき説明せよ
三、キロワット、馬力、一ワットにつき説明せよ。

日 記（大正六年）

英語は河井先生の無茶なやり方で閉口である。轆轤は壺であるが、身体がよくないので非常につらかった。

十二月八日（土）
日課　運筆　〃　用器画　化學　實驗　実〃

十二月十日（月）
日課　写生　〃　英語　數學　〃　數
写生は運筆をやる。
英語なし。
実験は吉嶋先生が病氣で実験になった。
數學は試験塔案[答]を返してもらーた。

十二月十一日（火）
日課　製陶法　數　実驗　〃

十二月十二日（水）
用器画　化學　〃　彫　〃　〃
用器画は八十二まで。化學は硝子の講義を。

十二月十三日（木）

日課 実修 〃 〃 試験 実験 〃 〃

轆轤であるけれども、身體が悪くて至し方がないので、大須賀先生が製陶法の試験をやられた。

1. 陶磁器の原料を分類せよ。 2. 蛙目につき知れる所を記せ。 3. 施釉方の種類を記せ。 4. 粘土の成因を化學式にて示せ。

午後は大須賀先生が留守で実験も楽であった。四時間目は平木先生が来られないので、大須賀先生が製陶法の試験をやられた。陶画にしてもらった。

十二月十四日（金）

日課 実験 〃 物理 〃 試験 陶画 〃

実験は煉瓦を素焼したのを秤量した。物理はガイスレル管の実験をした。五時間目は英語の試験であった。

十二月十五日（土）

日課 運筆 〃 実験 〃 化 用器画試験

運筆は清書が出来なかった。実験は試験板ぬきをした。

日記（大正六年）

化學は講義があった。
用器畫は試験の為め遅くなった。

十二月十七日（月）

日課　写生　〃　〃　〃　陶画

写生は昨日の寒菊〔口絵18〕の續きを一生懸命にやる。岐美先生が来ると昨夜書いた運筆を出す。写生も四時間目に出した。清書は全部返して戴いた。運筆は95が二枚、90が一枚、85が一枚、80が一枚で、写生は九五が三板、九七が一枚、90が一枚、別七五が一枚である。英語は休みで写生を四時間やる。陶画はカラ焼の仕上をして數學は試験であった。

**註**

(1) 特別科、奥嶋正雄（生没年未詳）
(2) 特別科、石田角太郎（生没年未詳）。
(3) 特別科、松山誠二（生没年未詳）。
(4) 陶磁器試験場付属伝習所で行われていた作品展示会と思われる。本書掲載の大正五年五月二十一日の内容を参照。頁數
(5) 京都市立美術工芸学校図案科のこと。明治二十四年（一八九一）の学校設立時に創設された。京都市立芸術大学『百年史京都市立芸術大学』(京都市立芸術大学、一九八一年) 三〇頁。
(6) 空気（air）と燃焼（combustion）。

(7) 愛知県瀬戸市の本山で産出される木節粘土のこと。木節粘土は花崗岩を母岩とする粘土で炭化した木片を含有し、割ると木片のように割れる事からこの名がある。炭質を含むために灰色や黒色を呈する。本書「製陶法」三九頁参照。

(8) 特別科、木下清太郎(生没年未詳)。

(9) 特別科、宇野九郎(生没年未詳)。

(10) 特別科、伊藤友雄(生没年未詳)。

(11) 陶磁器試験場附属伝習所は明治四十五年(一九一二)に閉鎖された第三高等小学校の校舎を利用していた。同校は大正六年(一九一七)四月より再開したが、松林の記述に依れば、陶磁器試験場附属伝習所は引き続きその校舎を使用していた。

(12) 金紫とは金を呈色剤とする臙脂色の釉薬のこと。本書「製陶法」一一七頁参照。

(13) 濱田庄司(一八九四〜一九七八)[口絵17]は神奈川県出身の陶芸家。東京高等工業学校窯業科を卒業後、同科の先輩の河井寛次郎を慕って京都市立陶磁器試験場に技師として就職。付属伝習所では松林鶴之助の数学の授業などを担当していた。大正九年(一九二〇)、バーナード・リーチ(一八八七〜一九七九)と共に渡英し、セント・アイヴスでリーチ・ポタリーの創設に参加した。帰国後は栃木県の益子で活動し、柳宗悦(一八八九〜一九六一)らと民藝運動を牽引する役割を果たした。昭和三十年(一九五五)、重要無形文化財保持者(民芸陶器)に認定、後に紫綬褒章、文化勲章を受章。濱田庄司『窯にまかせて』(日本経済新聞社出版局、一九七六年)、『無盡蔵』(朝日新聞社、一九七四年)等参照。

(14) Hard water 硬水と Soft water 軟水のこと。

(15) 三橋清(生没年未詳)。京都市立陶磁器試験場技手。大正九年(一九二〇)の試験場国立移管時に国立陶磁器試験場に移り、技師として第三部部長を務めた(商工大臣官房秘書課編『商工省職員録』小松印刷所、一九二五〜二六年、二九三頁)。一九二六年の国立陶磁器試験場の報告書に論文が記載されている(本書参考文献を参照)。三橋は、本書「製型講義」の講師。

(16) 電解液に硫酸を用い、プラス極に銅版、マイナス極に亜鉛版を用いた電池。イタリアの物理学者アレッサンドロ・ボルタ(一七二五〜一八二七)により一八〇〇年に発明された。

208

日記（大正六年）

(17) 岐美竹涯（本名・清）（生没年未詳）［口絵15］。谷口香嶠に師事。明治三十九年から美術工芸学校の助手を務め、明治四十年から同校助教授。図案科の実習を担当していた。岐美の経歴については京都象嵌芸術大学の田中圭子氏にご教示いただいた。

(18) Balsam 松油の事。

(19) 徴兵検査の の結果は、甲種、乙種、丙種、丁種、戊種の五種に区別される。甲種合格の目安は身長五尺（一五二センチメートル）以上で身体強権で欠点のないことである（尚兵社『徴兵検査』図書出版協会、一九〇二年、四〇頁）。

(20) Volt meter 電圧計の事。

(21) Ammeter 電流計の事。

(22) Series 電圧を調整する装置の一種。

(23) 京都府立植物園の事であると思われる。府立植物園の正式な開園は大正十二年（一九二三）に終えている。建設に着手したとされるのが大正二年（一九一三）で、開園する以前にも植物園として公開されていたと推測できる（京都府立植物園『事業概要：平成二十四年度』京都府立植物園、二〇一三年、二頁参照）。建設に六年間を費やしているが、開園する以前にも植物園として公開されていたと推測できる（京都府立植物園『事業概要：平成二十四年度』京都府立植物園、二〇一三年、二頁参照）。

(24) 金電気メッキのこと。

(25) 蓄電池のこと。

(26) 金電気メッキの実験のこと。

(27) 充電のこと。

(28) 河井寬次郎（一八九〇〜一九六六）［口絵16］は島根県出身の芸術家。東京高等工業学校窯業科を卒業後、京都市立陶磁器試験場に就職。付属伝習所では松林鶴之助の英語の授業を担当していた。一九二〇年に五代清水六兵衛（一八七五〜一九五九）から登り窯を譲り受けて以後は陶芸作家として活動した。民藝運動の柳宗悦や濱田庄司、棟方志功（一九〇三〜一九七五）等との関係でも知られる。文化勲章を始めとする数々の賞を固辞し、無位無冠の芸術家という立場をとり

209

(29) Bromine（臭素）

(30) 須恵器のこと。

(31) アボガドロの法則。二十世紀前半までは祝部土器という名称で呼ばれていた。同温・同圧のもとではイタリアの物理学者アメデオ・アボガドロ（一七七六～一八五六）によって一八一一年に発見された同一体積の気体中には同数の分子が含まれるという法則。

(32) オーバーヘッドプロジェクターの元となった機械。エピスコープやオペークプロジェクターとも呼ばれる。本、絵画、標本など不透明な物体を明るい光源で照らし、その反射光によって像を投影する。

(33) Bunsen burner ドイツ人化学者ローベルト・ブンゼン（一八一一～一八九九）によって発明されたガスバーナーの一種。

(34) 十四世紀ペストが猛威をふるったイタリア・フィレンツェから郊外に逃れた男女十人が、迫りくる死の影を追い払おうと、十日の間、十人が十話ずつ百の物語を語りあう（ボッカッチョ著、河島英昭訳『デカメロン』講談社、一九九九年）。大日本窯業協会

(35) 大正時代の窯業計算法については以下を参照。「窯業計算法」（大日本窯業協会編『窯業便覧』大日本窯業協会、一九二三年）五二〇～五三五頁。

(36) 皇太子裕仁親王は参院道各地日本海沿岸を見学を終え、その帰途京都駅を通過。七月十二日午前九時四十五分に京都駅に到着、六分間の停車の後、九時五十二分に京都駅を出発して東京に向かった（『東宮御通過』『京都日出新聞』大正六年七月十二日夕刊、一頁）。

(37) 銅製の容器に硫酸銅溶液を満たし、その中に硫酸銅溶液を入れた素焼きの陶器を入れ、その中心に亜鉛電極を置いた電池。イギリス人化学者ジョン・フレデリック・ダニエル（一七九〇～一八四五）により一八三六年に開発された。

(38) 青地に白の図面のこと。青写真は露光により青色に発色する塗料を塗った感光紙に、原図をのせて焼き付ける複写技術のこと。

(39) Raw material 原材料のこと。

(40) 東京高等工業学校窯業科で大正三年九月から六年七月まで助教授を務めた川崎正男（生没年未詳）の事であると思われる（東京工業大学編『東京工業大学六十年史』東京工業大学、一九四〇年、一〇九九頁）。川崎正男の履歴については、

210

# 日記（大正六年）

（41）東京工業大学博物館の佐藤美由紀氏にご教示いただいた。
（42）クロム、マグネサイト（菱苦土石）、フェルシック（珪長質岩）等を原料とする耐火煉瓦。
（43）Horizontal Intensity 水平分力のこと。
（44）Solenoid 線輪筒のこと。細長い円柱状に銅線を巻いたコイル。電流を流すとその中に磁界が発生する。
（45）Rooster 陶磁器窯の焼成室で薪や石炭の灰が燃焼を妨げないように下に落とす格子のこと。
（46）硝酸塩鉱物の一種。十九世紀にチリで発見されたためその名がある。硫酸と反応させることにより硝酸を精製することができる。
（47）蛙目粘土のこと。花崗岩を母岩とし、多量の珪石や長石の砂質を含有する。濡れた時にこれらの粒子が蛙の目玉に見えることからこの名がついたとされる。当時の蛙目粘土の産地は、愛知県、岐阜県、京都府、滋賀県、三重県などである。水簸して不純物を取り除いてから使用する（本書「製陶法」三二頁参照）。
（48）Magnetic Separator 磁力を用いて陶土や磁土から鉄粉を除去する装置。
（49）曹洞宗永平寺派の寺（宇治市宇治山田）。山号は仏徳山。嘉禎二年（一二三六）に道元が伏見深草に道場として開創。慶安元年（一六四八）に現在の場所に再興された。寺地は宇治七茗園の一、朝日茶園にあたる（淡交社編『京都大事典』淡交社、一九八四年、三六八頁。平凡社編『京都・山城 寺院神社大事典』平凡社、一九九七年、一三八頁）。
（50）石竹とは撫子のこと。
（51）黄色い鍾馗蘭のことか。
（52）酸素比の変動。
（53）京都陶磁器試験場参考館は明治三十五年（一九〇二）の設立（故藤江永孝君功績表彰會編『藤江永孝傳』故藤江永孝君功績表彰會、一九三二年、六一頁横の図版参照）。
（54）大正天皇は十一月十三日午後十二時三十分に御所を出発、午後一時京都駅発の列車で大演習統裁のため彦根へ向かった（『本日の兩陛下』『京都日出新聞』大正六年〔一九一七〕十一月十三日朝刊二頁）。
（55）菊池左馬太郎（一八七九〜一九三二）〔口絵13〕のこと。号は素空。一八九〇年、京都市画学校専門全科卒。一八九一年、

(55) 寺澤知爲（生没年未詳）は、五条坂で画工をした後、陶磁器組合の書記を務め、京都市立陶磁器試験場の設立後は試験場の書記も兼任した。初代場長の藤江永孝の右腕として、京都の窯業関係者と藤江場長の仲介役として活躍したという（故藤江永孝君功績表彰會編前掲書、二九頁）。

(56) 午前十時十分、貞明皇后を乗せた馬車は堺町御門から出発、丸太町通を西に、烏丸通を南に進んだ。御所を出発した時から、七条駅東側の空き地には二十一発の花火が打ち上げられる。烏丸通の沿道には三万人を超す官立学校、府立・市立学校の生徒・教員が奉送する。その中を鹵簿は進み、午前十時三十五分京都駅に到着。停車場から駅の大アーチの前までは白砂で清められていた。貞明皇后の乗った列車は十時四十八分に京都駅を東京に向けて出発したという（「皇后陛下還啓」『京都日出新聞』大正六年十一月十八日夕刊一頁）。

(57) 釉薬の試験に用いる陶磁板のこと。

(58) 陶磁器の成形時や絵付に作業を行い易くする為に用いる円筒形の台のこと。

(59) 日本画で金銀の色調を和らげるために、本紙の絹の裏側から金箔や銀箔を貼ること。

(60) ドイツの物理学者ハインリッヒ・ガイスラー（一八一四〜一八七九）が一八五七年に発明した放電実験用の器具。

東京深川の旭焼製造場で植田豊橘と出会う。一九〇一年から陶磁器試験場で技手を務める。五代清水六兵衛（一八七五〜一九五九）と共に、図案研究会を開き、その活動から遊陶園が結成された（佐藤一信「ジャパニーズ・デザインの挑戦──産総研に残る試作とコレクション」『ジャパニーズ・デザインの挑戦──産総研に残る試作とコレクションから』愛知県陶磁資料館、二〇〇九年〔八〜一五頁〕）一二〜一三頁）。

212

陶磁器試験場附属伝習所答辞（大正六年高山泰造、大正八年松林鶴之助）

画像1　高山泰造と松林鶴之助（朝日焼松林家蔵）

## 大正六年三月卒業中村君答辞（髙山）

生等の為め本日茲に特別科第参回卒業證書授與の盛典を擧行せられ、来賓諸彦の臨場を辱す生等の栄光何ものか之に過ぎん。つら〳〵顧みるに此の光栄に浴するは熱誠なる諸先生の賜に外ならず、今や慈愛深き諸先生の膝下を去るに当り、尚深く御厚恩の淺からざるを知る。生等、當所の課程を卒ると雖も、唯基礎的智能に過ぎず、愈斯界に雄飛活躍せんには、前途遼遠にして日夜研讚怠らざるも、尚ほ諸先生の指導に俟つ所少からんことを知る。生等も亦、平素の教訓を恪守し、各自の抱負を実現し、以て高恩の萬分一に酬ひ奉らんことを期す。一言以て答辞となす。

大正六年二月二十四日

　　　　　　　特別科卒業生總代
　　　　　　　　髙山泰造

右の答辞は本文十一行にして、大伴奉書に認む。髙山君は中村君とも称し、直ちに東京髙等工業學校窯業科選科に入學せり。

## 答　辞

丁時大正八年、仲春の今日、本場特別科第四回卒業證書授與の典儀を擧行せられ、泰も来賓諸彦の臨場あり、懇篤なる訓示を賜り、生等の光榮何に支か之れにしかん。倩顧（つらつら）みれば、諸生の指導の本に修學することに己に貳年、孔々として學術技藝に從事せしも、天性頑愚解釋に苦む。然るに幸ひ諸先生の丹誠なる訓育により、竟に其の業を完了す。生等歡喜雀躍隨て父兄に至るまで荷恩千万に堪へざる也。仮令諸先生の慈下を去ると雖も、今や日進月歩、物質的高上の時に當り、斯界の前途のた、遼遠なり。故に諸先生の補足を仰ぎ、屈せず撓まず研磨勉勵して奮起活動し、國家の為めに盡し、斯界の功益を計らんことを誓ふものなり。彼是以て髙恩の一端に報ひ奉らんと欲す。仍て聊か愚衷を陳し以て答辞とす。

大正八年三月二十五日

　　　　　特別科卒業生總代

　　　　　　松林鶴之助襲百す。

右の答辞は小生の答辞にして大伴奉書に本文十三行とせり。

# あとがき

本書は二〇一三年三月宮帯出版社から刊行した『松林鶴之助　九州地方陶業見学記』（以下、『見学記』）に次ぐ、松林鶴之助関連資料集の第二冊とも呼ぶべきものである。二〇一〇年度より調査・研究を進めている朝日焼松林家所蔵のこの一群の文章類。三七〇件にのぼる様々な資料が含まれており、大正時代の日本の窯業に関する貴重な記録の宝庫である。

研究に取り組む中でまず目標としたのは、最も注目度が高いと思われる大正八年の九州窯業地の旅行記の出版だった。幸いにも、有田町教育委員会を始めとする九州各窯業地の多くの皆様のご協力を得、出版させていただけることとなった。そのお話は『見学記』の「あとがき」に記したとおりである。また、『見学記』の出版に先立ち、二〇一二年の秋から冬にかけて日本民藝協会の機関誌『民藝』誌上で、「バーナード・リーチの窯を建てた男――松林鶴之助の英国留学」として全四回の連載をさせていただいた。本書では触れることのできなかった松林の人物像に興味がおありの方は是非そちらもご覧いただきたいと思う。

本書の刊行は、一般財団法人京都陶磁器協会からのご支援なくしてはありえなかった。ご支援を頂戴するきっかけは二〇一三年初旬の朝日焼でのことである。丁度『見学記』を校了する直前のことで、内容の確認と出版の最

終的な是非を松林家十五世松林豊斎先生にお伺いするために、本書の編集担当である後藤氏と宇治にお訪ねしていた。内容の確認も終わり、談笑する中で、次の研究の展望として松林鶴之助関連資料中の京都市立陶磁器試験場関連のものを出版したいと松林先生にお伝えした。すると、「京都陶磁器協会に出版助成を申請してみてはどうか」とご提案をいただいたのである。京都陶磁器協会といえば陶磁器試験場とも関係が深く、その歴史を多く記した『京焼百年の歩み』を出版した団体である。なんと嬉しい事ではないか。しばらくして、松林先生から京都陶磁器協会の現副理事長である久保成一氏をご紹介いただいた。久保氏、事務局の皆様からは京焼の普及のための公益事業として認可をいただくことができた。松林先生、久保氏を始めとする京都陶磁器協会の理事の皆様には心よりお礼を申し上げる次第である。

この久保氏、お仕事は碍子を中心とする電磁器製造業である。一方、長年個人的に京焼を収集されてきたこともあり、私の研究を大層おもしろがって下さった。以来、公私ともどもお世話になっており、久保氏からの絶え間ない激励のおかげで、ほぼ予定通りに本書の出版までこぎつけることができた。同様に京都陶磁器協会の事務局のスタッフの皆様と知り合えたことも幸運だった。事務局の大野和弘氏、富永博氏、林大地氏、中里眞子氏からは私のような「地方の人間」には知る由もない、清水・五条坂地域に関するたくさんの事を教えていただいた。

こうして、まさにこの本が完成したおかげでこの本が完成したと言っても過言ではないのである。

本書掲載の拙稿でも述べたが、京都市立陶磁器試験場の研究については、愛知県陶磁美術館の佐藤一信氏の優れた先行研究がある。本書では既に佐藤氏が指摘されていることを繰り返しているだけの箇所があるにも関わらず、佐藤氏からは本書の刊行に多大なご指導並びにご支援を頂戴した。

## あとがき

日記に記載されている宇治に関する事項については、宇治市歴史民俗資料館の坂本博司氏、小嶋正亮氏からのご助言をいただいた。同館発行の種々の展覧会図録は当時の宇治を知る上で貴重な資料となった。

本書の刊行には、指導教授である赤間亮先生を始めとする立命館大学の皆様に大変お世話になった。特に木立雅朗先生は六代浅見五郎助先生、浅見五郎助窯の復元図・実測図を提供して下さった一島政勝氏、楽篤人氏を始めとする多くの方をご紹介いただいた。陶磁器試験場や附属伝習所の旧所在地についてはご教示いただいた。また、本書のジャケットのアドバイスをいただいた石村乃緒子氏、校正時にお手伝いいただいた山本真紗子氏にも謝意を表したい。本書の要といえる日記・講義ノートの翻刻は、立命館大学の川内有子氏、瀬戸口陽子氏、張璐氏にお手伝いいただいた。皆さん慣れない窯業関係の専門用語に苦労しつつも頑張って下さった。

本書掲載画像については、朝日焼松林家、京都市産業技術研究所の横山直範氏、京都市立芸術大学資料館の松尾秀樹氏、山科文加子氏、宇治市歴史民俗資料館の坂本博司氏、小嶋正亮氏、東京工業大学博物館の阿兒雄之氏、佐藤美由紀氏、河井寬次郎記念館の鷺珠江氏、堂本印象記念美術館の山田由希代氏、益子陶芸美術館の横堀聡氏、愛知県陶磁美術館の佐藤一信氏、京都府立総合資料館の古瀬誠三氏、浅見五郎助先生、大須賀茂氏にご助力いただいた。また、口絵2、3、4はプリズムス・デザインの服部憲治氏に作成していただいた。そして、本書の記載の内容の確認、注釈を付けるにあたっては、三代叶松谷先生、三代井野祝峰先生、高山その子氏を始めとする京都市内の多くの方にご協力いただいた。

宮帯出版社の後藤美香子氏は、『見学記』から引き続き本書の担当となって下さったわけであるが、前回同様いろいろとご迷惑をおかけすることとなった。最終的に当初の予定よりも百頁以上も長い原稿となり、校了までの時間が限られている中、不倒不屈の精神で美しい本に仕上げて下さった。

本書の出版に関しては、一般財団法人京都陶磁器協会からの出版助成金を得た。本書の執筆に係る調査・研究資金については、平成二十三〜二十四年度科学研究費助成事業（学術研究助成基金助成金　若手研究B　課題番号二三七二〇〇五五）、平成二十三〜二十五年度立命館大学研究推進プログラム（若手研究）からの助成を受けた。『見学記』同様、多くの方の支援の結果生まれたのが本書である。ご支援をいただいた全ての方に、茲で改めて御礼申し上げる。リーマンショック以後、景気が芳しいとは言えない京都の陶磁器業。本書が全国に京焼の歴史を広めるための一助となれば幸いである。

二〇一四年三月

調査で滞在中のオックスフォード大学ジーザス・カレッジ学生寮にて

前﨑信也

# 参考文献

愛知県陶磁資料館編『近代窯業の父ゴットフリート・ワグネルと万国博覧会』愛知県陶磁資料館、二〇〇四年

愛知県陶磁資料館編『ジャパニーズ・デザインの挑戦――産総研に残る試作とコレクション』愛知県陶磁資料館、二〇〇九年

愛知県陶磁資料館学芸課編『陶家の蒐集と制作Ⅰ 清水六兵衛家 京の華やぎ』愛知県陶磁資料館、二〇一三年

赤石敦子「石田家所蔵書簡――近代日本美術と放光堂」(野村美術館学芸部編『研究紀要』十一号)、二〇〇二年、四八～七四頁

有田工業学校有田百年史編纂委員会編『有工百年史』佐賀県立有田工業高等学校創立百周年記念事業委員会、二〇〇〇年

石川 晃「7 もう一つの京焼――高山耕山化学陶器(株)にみる京焼・化学陶磁器の黎明」(立命館大学COEアート・エンタテインメント創成研究 近世京都手工業生産プロジェクト編『京焼と登り窯――伝統工芸を支えてきたもの』立命館大学アート・リサーチセンター、二〇〇六年、二二八～二五〇頁

井高帰山「津名郡立陶器学校に学んだ若者たち」(『陶説』日本陶磁協会、三八七号)、一九八五年六月、五六～五九頁

板谷波山「京都附近の陶器と其特徴(二)」(《美術之日本》審美書院、三巻十二号)、一九一一年十二月、一九～二二頁

稲津近太郎編『京都市及接続町村地籍図附録 第二編 下京之部』京都地籍図編纂所、一九一二年

井原麗奈「近代日本の公会堂にみる公共性――明治後期(一九〇〇年代)から昭和初期(一九三〇年代)までの京阪神を中心に」(日本アートマネージメント学会『アートマネジメント研究』第十二号)、二〇一二年、一二七～三八頁

臼井勝美他編『日本近現代人名事典』吉川弘文館、二〇〇一年

宇治市歴史資料館編『収蔵文書調査報告書一「白川金色院」と恵心院』宇治市歴史資料館、一九九八年

宇治市歴史資料館編『よみがえる鉄道黄金時代――宇治を走った汽車・電車』宇治市歴史資料館、二〇〇〇年

宇治市歴史資料館編『JR奈良線開通111年記念 パノラマ地図と鉄道旅行』宇治市歴史資料館、二〇〇七年

宇治市歴史資料館編『宇治川十帖——川をめぐる十の物語』宇治市歴史資料館、二〇〇八年

宇治市歴史資料館編『流域紀行——宇治川の原風景をたずねて』宇治市歴史資料館、二〇〇八年

大隈三好『家紋事典：家紋の由来と解説』金園社、一九七九年

大阪市立東洋陶磁美術館他編『マジョリカ名陶展：イタリア・ファエンツァ国際陶芸博物館所蔵』日本経済新聞社、二〇〇一年

大阪毎日新聞社編『皇室画報』荒木利一郎、一九二二年

大谷光瑞猊下記念会『大谷光瑞師の生涯』大谷光瑞猊下記念会、一九五六年

岡佳子『近世京焼の研究』思文閣出版、二〇一一年

小田切春江編『奈留美加多』一八八二年（京都府立総合資料館蔵）

小川一真編『京都綿ネル株式会社創業十周年記念写真帖』小川一真、一九〇七年

株式会社そごう社長室弘報室編『株式会社そごう社史』そごう、一九六九年

鎌谷親善「京都市陶磁器試験場明治二十九年～大正九年（I）」《化学史研究》四十号、一九八七年、九八～一一五頁

鎌谷親善「京都市陶磁器試験場明治二十九年～大正九年（II）」《化学史研究》四一号、一九八七年、一四七～一六三頁

神林恒道『京の美学者たち』晃洋書房、二〇〇六年

北村彌一郎『製陶法』（大日本窯業協会編『工學博士北村彌一郎窯業全集 第二巻』大日本窯業協会）、一九二九年、一～一八六頁

京都市編『請願書』京都市、一九一七年

京都市工業試験場窯業技術研究室編『京都市陶磁器試験所創設一〇〇周年記念誌』京都市工業試験場、一九九七年

京都市立芸術大学百年史編纂委員会編『百年史 京都市立芸術大学』京都市立芸術大学、一九八一年

京都市立陶磁器試験場編『京都市陶磁器試験場報告書控 明治三十年度～明治四十二年度』京都市立陶磁器試験場、一八九八年～一九一〇年

京都市立陶磁器試験場編『本場創立沿革答申書』京都市立陶磁器試験場、一九〇二年～一九〇五年

222

# 参考文献

京都市立陶磁器試験場編『創立二十周年記念日記録 大正五年四月二十八日』京都市立陶磁器試験場、一九一六年

京都市立陶磁器試験場編『京都市立陶磁器試験場業績概要』京都市立陶磁器試験場、一九二〇年

京都市役所編『京都工藝品展覧会報告』中西印刷合名会社、一九一七年

京都博覽會社編『博覽会品評録』京都博覽會社、一八七三年

京都府議会事務局『京都府議会歴代議員録』京都府議会、一九六一年

京都府久世郡役所編『京都府久世郡写真帖』京都府久世郡役所、一九一五年

京都府立植物園『事業概要:平成二十四年』京都府立植物園、二〇一三年

京都府立総合資料館文化資料課編『明治の京焼』京都府立総合資料館友の会、一九七九年

久保田 収『八坂神社の研究』臨川書店、一九七四年

黒田 譲(天外)『名家歴訪録 上』一九〇一年

郡司正勝編『日本舞踊事典』東京堂出版、一九七七年

小出義治『土師器と祭祀』雄山閣出版、一九九〇年

小出義治「土師氏の伝承成立とその史的背景」《土師器と祭祀》雄山閣出版、一九九〇年

故藤江永孝君功績表彰会編『藤江永孝傳』故藤江永孝君功績表彰会、一九三三年

佐藤一信「近代窯業の父 ゴットフリート・ワグネル」(愛知県陶磁資料館編『近代窯業の父 ゴットフリート・ワグネルと万国博覧会』愛知県陶磁資料館、二〇〇四年、六〜一二頁

佐藤一信「ジャパニーズ・デザインの挑戦——産総研に残る試作とコレクション」(愛知県陶磁資料館編『ジャパニーズ・デザインの挑戦——産総研に残る試作とコレクション』愛知県陶磁資料館、二〇〇九年、八〜一五頁

佐藤一信「産総研に残る参考収集品について」(独立行政法人産業技術総合研究所編『収蔵品(陶磁器)総目録II収集品図録』独立行政法人産業技術総合研究所、二〇〇九年、四〜一五頁

佐藤一信「京都市陶業技術総合研究所、二〇〇九年、四〜一五頁

佐藤一信「京都市陶磁器試験場の試作について」(愛知県陶磁資料館編『愛知県陶磁資料館研究紀要』第一五号、二〇一〇年、四三〜五四頁

佐藤一信「京都の陶家・清水六兵衛家について——初代から五代を中心に」(愛知県陶磁資料館学芸課編『陶家の蒐集と制作Ⅰ 清水六兵衛家 京の華やぎ』愛知県陶磁資料館、二〇一三年、一七〇～一八一頁

斎藤渓舟他編『京都大事典』淡交社、一九八四年

塩田力蔵「行基焼」(『陶器大辞典』巻二、五月書房、一九八〇年、三四一～三四四頁

清水真砂「日米交流・美の周辺 十四——ロックウッド窯(ポタリー) 一 それは配達されなかった案内状から始まった」(『日本美術工芸』六六五号、一九九四年二月、三六～四二頁

清水真砂「日米交流・美の周辺 十五——ロックウッド窯(ポタリー) 二 ロックウッド窯の発展と陶工白山谷片郎」(『日本美術工芸』六六六号、一九九四年三月、七四～八〇頁

清水真砂「日米交流・美の周辺 十六——ロックウッド窯(ポタリー) 三 世紀末のアメリカ陶芸と日本」(『日本美術工芸』六六七号、一九九四年四月、三四～四〇頁

商工大臣官房秘書課編『商工省職員録』小松印刷所、一九二五～二六年

城島守人編『製陶法』京都陶磁器青年連絡会、一九六四年

尚兵社『徴兵検査』図書出版協会、一九〇二年

大日本窯業協会編『窯業便覧』大日本窯業協会、一九二二年

大日本窯業協会編『工學博士北村彌一郎窯業全集第一巻』大日本窯業協会、一九二八年

大日本窯業協会編『工學博士北村彌一郎窯業全集第二巻』大日本窯業協会、一九二九年

大日本窯業協会編『工學博士北村彌一郎窯業全集第三巻』大日本窯業協会、一九二九年

大丸二百五十年史編集委員会編『大丸二百五拾年史』大丸、一九六七年

高島泰造『土の華 高山泰造作品集』光琳社、一九七五年

角田文衛「高倉寿子——明治帝の後に控えた女性」(『學燈社編『國文学：解釈と教材の研究』二五巻三号、一九八〇年、一八〇～一八一頁

224

## 参考文献

坪内淳仁「宇治茶師上林春松・尾崎坊有庵家と尾張藩御用茶詰」（愛知大学『愛知大学綜合郷土研究所紀要』第五十輯）、二〇〇五年、一六五～一七四頁

寺川眞知夫「野見宿彌の埴輪創出伝承」（『万葉古代学研究所年報』第七号、万葉古代学研究所）、二〇〇九

東京芸術大学大学院文化財保存学日本画研究室編『図解 日本画用語事典』東京美術、二〇〇七年

東京工業大学編『東京工業大学六十年史』東京工業大学、一九四〇年

東京写真時報社編『皇族写真画報』東京写真時報社、一九二四年

陶磁器試験所編『商工省所管陶磁器試験所業績大要』陶磁器試験所、一九三一年

独立行政法人産業技術総合研究所『収蔵品（陶磁器）総目録』独立行政法人産業技術総合研究所、二〇〇九年

中沢岩太博士喜寿祝賀記念会『中沢岩太先生喜寿祝賀記念帖』中沢岩太博士喜寿祝賀記念会、一九三五年

中ノ堂一信「明治の京焼──その歴史」（京都府立総合資料館文化資料課編『明治の京焼』京都府立総合資料館友の会）、一九七九年

中ノ堂一信『京都陶芸史』淡交社、一九八四年

西野春雄他編、青木美保子、清水愛子、山田由希代『能・狂言事典』平凡社、一九八七年

日展史編纂委員会編『日展史一 文展編一』社団法人日展、一九八〇年

日展史編纂委員会編『日展史四 文展編四』社団法人日展、一九八一年

農商務省商工局編『京都市立陶磁器試験場石膏試験報告』農商務省商工局、一九一七年

橋本喜三『陶工 河井寛次郎』朝日新聞社、一九九四年

濱田庄司『窯にまかせて』日本経済新聞社出版局、一九七六年

濱田庄司『無盡蔵』朝日新聞社、一九七四年

林 俊光『京都の明治文化財──建築・庭園・史跡』京都府文化財保護基金、一九六八年

平木 臻「日本における焼石膏の発達について」（石膏研究会『石膏』第五号）、一九五二年三月、二六一～二六四頁

平木 臻「焼石膏工業に就いて」（石膏石灰学会編『石膏と石灰』第一七号）、一九五五年五月、二九～三三頁

225

福田直一「陶磁器に銅版轉寫を應用する試驗に就て」(陶磁器試驗場(商工省)編『陶磁器試驗場報告』第五号、工政会出版部)、一九二七年三月、一〇五〜一〇九頁

福田直一「陶磁器と硝子との結合應用に就て」『帝國工藝』第五巻第五号、一九三一年五月、二四七〜二四九頁

福田直一「図案・意匠」(故藤江永孝君功績表彰会『藤江永孝傳』故藤江永孝君功績表彰会)、一九三二年、三四〜三六頁

福田直一「農村工藝としての陶器」『工政』第一五八号、工政会、一九三三年五月二三〜二九頁

福田直一「第七号 朝鮮陶器について」(京都博物館『恩賜京都博物館講演集』)、一九三五年、一〜二〇頁

藤岡幸二『聴松庵主人伝(松風嘉定)』内外出版、一九三〇年

藤岡幸二『京焼百年の歩み』京都陶磁器協会、一九六二年

古谷紅麟『工藝之美』芸艸堂、一九〇八年

平凡社編『京都・山城寺院神社大事典』平凡社、一九九七年

ボッカッチョ著、河島英昭訳『デカメロン』講談社、一九九九年

森 仁史『近代日本と陶磁器制作――美と製造の宿命』(独立行政法人産業技術総合研究所編『収藏品〈陶磁器〉総目録Ⅰ収集品図録』独立行政法人産業技術総合研究所)、二〇〇九年、六〜一三頁

前﨑信也「バーナード・リーチの窯を建てた男――松林鶴之助の英国留学(一)」『民藝』七一七号、日本民藝協会)、二〇一二年、四九〜五四頁

前﨑信也「バーナード・リーチの窯を建てた男――松林鶴之助の英国留学(二)」『民藝』七一八号、日本民藝協会)、二〇一二年、五三〜五九頁

前﨑信也「バーナード・リーチの窯を建てた男――松林鶴之助の英国留学(三)」『民藝』七一九号、日本民藝協会)、二〇一二年、五一〜五八頁

平木 臻「焼石膏の二三の性質に就いて」(石膏石灰学会編『石膏と石灰』第一八号、一九五五年八月、一一五〜一二三頁

平木 臻他「型材用石膏の攪拌と脱気についての研究」(石膏石灰学会編『石膏と石灰』第二六号、一九五七年一月、一二一〜一二五頁

## 参考文献

前﨑信也「バーナード・リーチの窯を建てた男――松林鶴之助の英国留学(四)」《民藝》七二〇号、日本民藝協会、二〇一二年、四六~五四頁

前﨑信也「明治初期における清国向け日本陶磁器(一)」《デザイン理論》六〇号、意匠学会、二〇一二年、七五~八七頁

前﨑信也『松林鶴之助 九州地方陶業見学記』宮帯出版社、二〇一三年

前﨑信也「明治期における清国向け日本陶磁器(二)」《デザイン理論》六二号、意匠学会、二〇一三年、六九~八二頁

前﨑信也「第三章 近代陶磁と特許制度――清風與平家から見た「写し」をめぐる京焼の十九世紀」(島尾新・彬子女王・亀田和子編『写し』の力――創造と継承のマトリクス」、思文閣出版、二〇一三年、七三~一〇八頁

松原龍一「京都の工芸 [1910-1940]」(京都国立近代美術館編『京の工芸 [1910-1940]――伝統と変革のはざまに』京都国立近代美術館)、一九九八年、九~二四頁

丸山宏「明治初期の京都博覧会」(吉田光邦編『万国博覧会の研究』思文閣出版)、一九八六年、一二一~一四八頁

三井記念美術館編『華麗なる《京蒔絵》――三井家と象彦漆器』三井記念美術館、二〇一一年

三橋清「石膏の製造実験」(故藤江永孝君功績表彰会『藤江永孝傳』故藤江永孝君功績表彰会、一九三一年、三三六~三三八頁

三橋清「石膏又は粘土製型に鋳造する機械用彫刻陶板金型製作試験」(陶磁器試験場(商工省)『陶磁器試験場報告』第三号、六大新報社印刷部)、一九二六年、一〇七~一三八頁

三井高福、小野包賢、熊谷直孝『博覧会目録』一八七一年

八坂神社編『八坂神社』学生社、一九九七年

矢部良明編『角川日本陶磁大事典』角川書店、二〇〇二年

山田直三郎『ふきよ勢』芸艸堂、一九一三年(京都府立総合資料館蔵)

米屋優「中澤岩太の美術工芸観」《デザイン理論》、五十号)、二〇〇七年、一〇九~一二三頁、

R・J・ゲッテンス他編『新装版 絵画材料事典』美術出版社、一九九九年

雑誌記事

大日本窯業協会編『大日本窯業協会雑誌』

「京都陶磁器奨勵會」第七集八四号、明治三十二年（一八九九）八月、四二一頁
「京都陶磁器奨勵會の描畫審査と褒章授與式」第七集八五号、明治三十二年（一八九九）、五～六頁

新聞記事

『京都日出新聞』（刊行年月日順）

「各學校の奉迎」大正五年（一九一六）四月五日朝刊一頁
「柳原町の火事」大正五年（一九一六）四月十二日朝刊二頁
「十五日の豊公祭」大正五年（一九一六）四月十五日夕刊二頁
「豊公贈位祝賀祭」大正五年（一九一六）四月十九日朝刊二頁
「近代陶磁史を語る陳列」大正五年（一九一六）四月二十八日夕刊二頁
「京都陶磁器試験場沿革（上）」大正五年（一九一六）四月二十九日夕刊一頁
「素人の見たる陶磁器製造法（上）」大正五年（一九一六）四月三十日朝刊二頁
「京都陶磁器試験場沿革（中）」大正五年（一九一六）四月三十日夕刊一頁
「素人の見たる陶磁器製造法（下）」大正五年（一九一六）五月一日朝刊二頁
「京都陶磁器試験場沿革（下）」大正五年（一九一六）五月一日夕刊一頁
「京都今日深草練兵場に飛ぶ」大正五年（一九一六）五月十日夕刊一頁
「ス氏と京都」大正五年（一九一六）五月十日夕刊二頁
「深草の大飛行」大正五年（一九一六）五月十二日朝刊二頁
「皇太子殿下御出發」大正五年（一九一六）七月三日夕刊一頁
「東宮殿下御出發」大正五年（一九一六）七月四日夕刊一頁

228

## 参考文献

「東宮殿下の御見学」大正五年(一九一六)七月五日朝刊一頁
「スミス氏に花瓶を贈る」大正五年(一九一六)七月十六日夕刊二頁
「市民の衛生思想」大正五年(一九一六)七月十九日朝刊二頁
「李王殿下御入洛期」大正六年(一九一七)六月十七日夕刊一頁
「李王殿下御入洛準備」大正六年(一九一七)六月二十二日朝刊三頁
「歓迎李王殿下」大正六年(一九一七)六月二十三日朝刊一頁
「李王殿下御入洛」大正六年(一九一七)六月二十三日夕刊一頁
「李王殿下の御満足 大正六年(一九一七)六月二十四日朝刊二頁
「梅雨晴の空に鳥人妙技を揮ふ」大正六年(一九一七)六月二十四日朝刊三頁
「東宮御通過」大正六年(一九一七)七月十二日夕刊一頁
「河水大氾濫」大正六年十月一日夕刊二頁
「豫定量以上の大洪水」大正六年十月二日朝刊三頁
「京阪電車復旧難」大正六年(一九一七)十一月十日夕刊一頁
「樂燒御前作業」大正六年(一九一七)十一月十一日朝刊一頁
「空に輝く光の海」大正六年(一九一七)十一月十三日朝刊三頁
「本日の兩陛下」大正六年(一九一七)十一月十三日夕刊二頁
「商品陳列所行啓」大正六年十一月十五日夕刊一頁
「古美術品と御前揮毫」大正六年(一九一七)十一月十五日夕刊一頁
「皇后陛下還啓」大正六年(一九一七)十一月十八日夕刊一頁

『読売新聞』

「京都陶磁器試験所」明治三十五年(一九〇二)十二月二十日朝刊二面

〈好評既刊〉

## 松林鶴之助 九州地方陶業見学記
### 前﨑信也 編

**近代九州窯業史を知る貴重史料**

本書は、大正8年松林によってまとめられた九州5県40余の陶磁業者の調査記録である。有田では香蘭社・深川製磁・辻精磁社・酒井田柿右衛門工場などを、また高取焼・唐津焼・高田焼・大川内焼・三川内焼・薩摩焼などかつて御用窯として栄えた陶家・陶業地の、大正期の経営や登り窯・技術の様子が詳細に描写されている。原本挿図スケッチ100点・表26点／追加挿図写真113点。

●四六判・上製・本文364頁（口絵6頁）　定価4,500円+税

## 十三松堂茶会記　正木直彦の茶の湯日記
### 依田 徹 編

**近代美術史・茶道史の新史料**

岡倉天心のあとを受け、美術行政・美術教育の分野で貴重な足跡を残した正木直彦。遺された明治44年から昭和16年までの茶会記には、益田鈍翁・松永耳庵・原三渓・小林逸翁・高橋箒庵・田中仙樵・川合玉堂・北大路魯山人・佐佐木信綱・徳富蘇峰など、各界の名士が登場する。その人物交流の様子は、美術史・茶道史に新たな光を当てるだろう。

●A5判・上製・本文292頁（口絵4頁）　定価4,500円+税

〔著者紹介〕

**前﨑信也**（まえざき しんや）

立命館大学衣笠総合研究機構専門研究員、京都市立芸術大学芸術資源研究センター非常勤研究員。1976年滋賀県生まれ。龍谷大学文学部史学科卒業、ロンドン大学SOAS修士課程（中国美術史）終了、米国クラーク日本芸術研究所勤務、中国留学などを経て、2008年ロンドン大学SOAS博士課程（日本美術史）修了、2009年に同大学よりPh.D.（美術史）取得。同年より立命館大学で勤務し、2014年4月より現職。

編著書に『松林鶴之助 九州地方陶業見学記』（宮帯出版社、2013年）。主要邦語論文に「近代陶磁と特許制度」（『写しの力――創造と継承のマトリクス』思文閣出版、2013年）、「明治期における清国向け日本陶磁器(1)、(2)」（『デザイン理論』60号、62号）、「写真は真を写したか」（『風俗絵画の文化学』思文閣出版、2009年）等。主要英語論文に、"Late 19th Century Japanese Export Porcelain for the Chinese Market," *Transactions of Oriental Ceramic Society, London*, vol. 73, 2010; "Meiji Ceramics for the Japanese Domestic Market: Sencha and Japanese Literati Taste," *Transactions of the Oriental Ceramic Society, London*, vol. 74, 2011 など。

協力　一般財団法人京都陶磁器協会

# 大正時代の工芸教育
#### 京都市立陶磁器試験場附属伝習所の記録

2014年6月20日　第1刷発行　　〈検印省略〉

編　者　前﨑信也
発行者　宮下玄覇
発行所　株式会社宮帯出版社
　　　　京都本社　〒602-8488
　　　　京都市上京区寺之内通下ル真倉町739-1
　　　　電話 075-441-7747（営業）075-441-7722（編集）
　　　　東京支社　〒102-0083
　　　　東京都千代田区麹町6-2
　　　　電話 03-3265-5999
　　　　http://www.miyaobi.com
　　　　振替口座 00960-7-279886
印刷所　株式会社モリモト印刷
定価はカバーに表示してあります。落丁・乱丁本はお取替えいたします。

Ⓒ Shinya Maezaki, 2014 Printed in Japan　ISBN978-4-86366-934-5 C3072

濱田先生登り窯講義……………………… 3

製陶法　特別科一学年………………… 25

製陶法（其二）　大須賀先生講義……… 133

三橋先生製型講義……………………… 245

製図原稿用寸法………………………… 303


人名索引　313
事項索引　317
掲載画像一覧　325

濱田先生　登り窯講義

## 濱田先生　登り窯に就て

### 十一月十九日、火曜日
　昇り窯として各地に就て、圖に示して寸法を示す。焼成は□後の手段。胴基焚きは終るとも少しく焚く必要。

### 窯の分類
1. 燃料
    a. 個体（薪材、褐炭、石炭）
    b. 半瓦斯
    c. 瓦斯
    d. 液體（石油）
    e. 電気
2. 形状の方面より分類すれば（切断面）
    a. 四形なるもの ⎫
    b. 長方形　　　 ⎬（角窯）
    c. 円形のもの
    d. 楕円形のもの
3. 焼成室の配置
    a. 單一なるもの
    b. 二個以上のもの ｛ 縦 横
4. 焼成の連続
    1. 不連續
    2. 半連續
    3. 連續式
5. 火焔
    a. 昇焔式（直焔式）
    b. 降焔式（倒　〃）

c. 平焰式（平〃）
　6. 火焰と品物との関係
　　　a. 焼成室内を火焰の通過するもの
　　　b. 焼成室内を火焰の通過せざるもの（焼成室を外部より焼成するもの、マッフル）
　7. 焼成品の移動
　　　a. 焼成器物の移動するもの
　　　b. 焼成品の移動するもの
　登り窯の斜は一尺二付一寸五分〜4寸五分。

角度と勾配の割合〔表：右〕

以上、火曜日。

| 角度と勾配の割合 ||||
|---|---|---|---|
| 1° | 1尺 □ 寸1分 7455 | 24° | 4.45228 |
| 2° | 0寸34920 | 25° | 4.66507 |
| 3° | 0.52407 | 26° | 4.87732 |
| 4° | 0.69926 | 27° | 5.09525 |
| 5° | 0.87488 | 28° | 5.31709 |
| 6° | 1.05104 | 29° | 5.54307 |
| 7° | 1.22784 | 30° | 5.7735 |
| 8° | 1.4054 | 31° | 6.0086 |
| 9° | 1.58384 | 32° | 6.24869 |
| 10° | 1.76327 | 33° | 6.49407 |
| 11° | 1.9438 | 34° | 6.79508 |
| 12° | 2.12556 | 35° | 7.00207 |
| 13° | 2.30868 | 36° | 7.26542 |
| 14° | 2.4932 | 37° | 7.53554 |
| 15° | 2.67949 | 38° | 7.89285 |
| 16° | 2.86745 | 30° | 8.09754 |
| 17° | 3.0573 | 40° | 8.69299 |
| 18° | 3.2459 | 41° | 8.69288 |
| 19° | 3.44327 | 42° | 9.00404 |
| 20° | 3.6397 | 43° | 9.62585 |
| 21° | 3.83867 | 44° | 9.65688 |
| 22° | 4.04026 | 45° | 10 |
| 23° | 4.24474 |  |  |

## 登り窯の勾配の計り方

　aを計り、bを計る時は勾配を知る事を得。既になり居らざる窯の勾配の計り方。
　登り窯を築くに際し、水分の少き所を撰定すべし。乾燥地にては深く胴基を掘り込む方よろし。其の場合には堀り過くる〔掘〕時は壁厚の非常に大なるものとなり、側壁を暖むる為めにfuelの不経となるが故に考ふべきなり。されど、此の様な事のない限り、堀り下くる〔掘〕方、地型も安全なれば、且、盛り土なりも丈夫なる事を証する事を得。

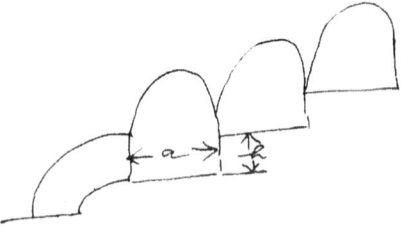

濱田先生　登り窯講義

　登り窯の特長としては、煙突を要せず、築造の容易、増減の容易（窯室）、餘熱の利用の完全なる事。

　登り窯の欠点。耐久性に乏しい、熱の不平均、熱の傳導性少なく、熱の急変に耐える事、所要の熱に對して充分なる安全率を有する事。

　天井は少くとも半円形なる事。

**登り窯の種類**
1. 鉄砲窯
常滑、伊部、長門（原）、景徳鎮
2.（イ）蒲鉾窯（一室窯）
　　朝鮮、琉球
　　（ロ）割竹窯
　　朝鮮、石彎
3.（イ）古窯
　　瀬戸、美濃、會津
　　（ロ）本業窯
　　瀬戸（品野、赤津）
4. 京窯
　　京都、常滑、萬古
5. 砂窯
　　相馬、笠間、益子、薩摩、琉球
6. 丸窯
　　肥前、九谷、砥部、瀬戸、朝鮮

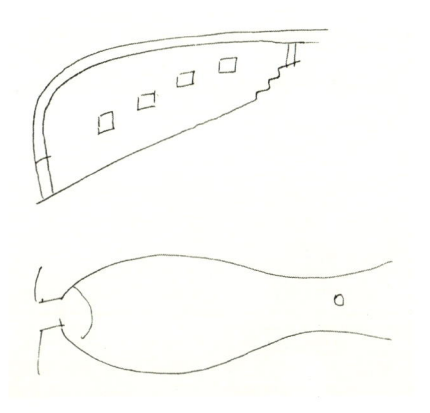

　直焰式は火度は割合に早く登す事を得れども、下方は非常によく焼き締まり、上部は火度不充分なれば、其の窯室内の火度は頗る不均一なり。

　倒焰式は上部が火度強ければ匣鉢など厚さの薄きものにてよろし。熱の不平均は直焰と降焰とにありても違いを生すれども、室の大なる時は一層不均一となる。鉄砲窯は明治45年になくなってしもー。近畿、東海、北陸

地方に尤(もっと)も多く使用せらる。伊部は明治以前まで、朝鮮土焼にては今にも使用する所あり。景徳鎮の窯は煙突ありて、鉄砲窯中の進歩せるものにして、独乙、カッセルオーヘンに似る。窖窯とも云ふ。

|  | 長 | 巾 | 高 | 勾配 | 焚き口の巾と高さ |  |
|---|---|---|---|---|---|---|
| 白河村 | 21尺 | 6尺3寸 | 6尺 | 6寸五分 | 2尺4 | 1尺3 |
| 朝鮮 | 焼成時間 10－12時間 |  |  |  | 3.6 | 2.3 |
| 〃 | 18 | 6尺 | 6尺 | 2寸（＝畫液 |  |  |
| 山口県吉敷郡佐野村 | 30 | 9 | 6-7 |  |  |  |

## 十一月二十六日

蒲鉾窯

|  |  | 長 | 高 | 巾 | 焚キ口 | 投薪孔 | 孔の心から心まで | 吹出し孔 | 焼成時間あがり | 冷却時間 | 傾斜 |  |
|---|---|---|---|---|---|---|---|---|---|---|---|---|
| 朝鮮 | (1)60尺 | | 6内外 | 6尺 | 4尺5寸 | 4寸 | 1.4 | 高1.0 巾1.0 | 半日五日半 | 二日間 | 30.0° | |
| | (2)120 | | 不明 | 〃 | 5尺 | 5寸 | 1.5 | | | | | |
| 琉球 | | 102 | 4 | 9尺 | 巾1.5×1.5 三個 | 4寸内外 | 1.5－1.8 | 巾4.5 高1.0□ | 一日六日 | 四日間 | 14° | 煙出の穴の穴の距4-5寸、穴は4.5から10寸 |

古窯〔図：次頁〕

濱田先生　登り窯講義

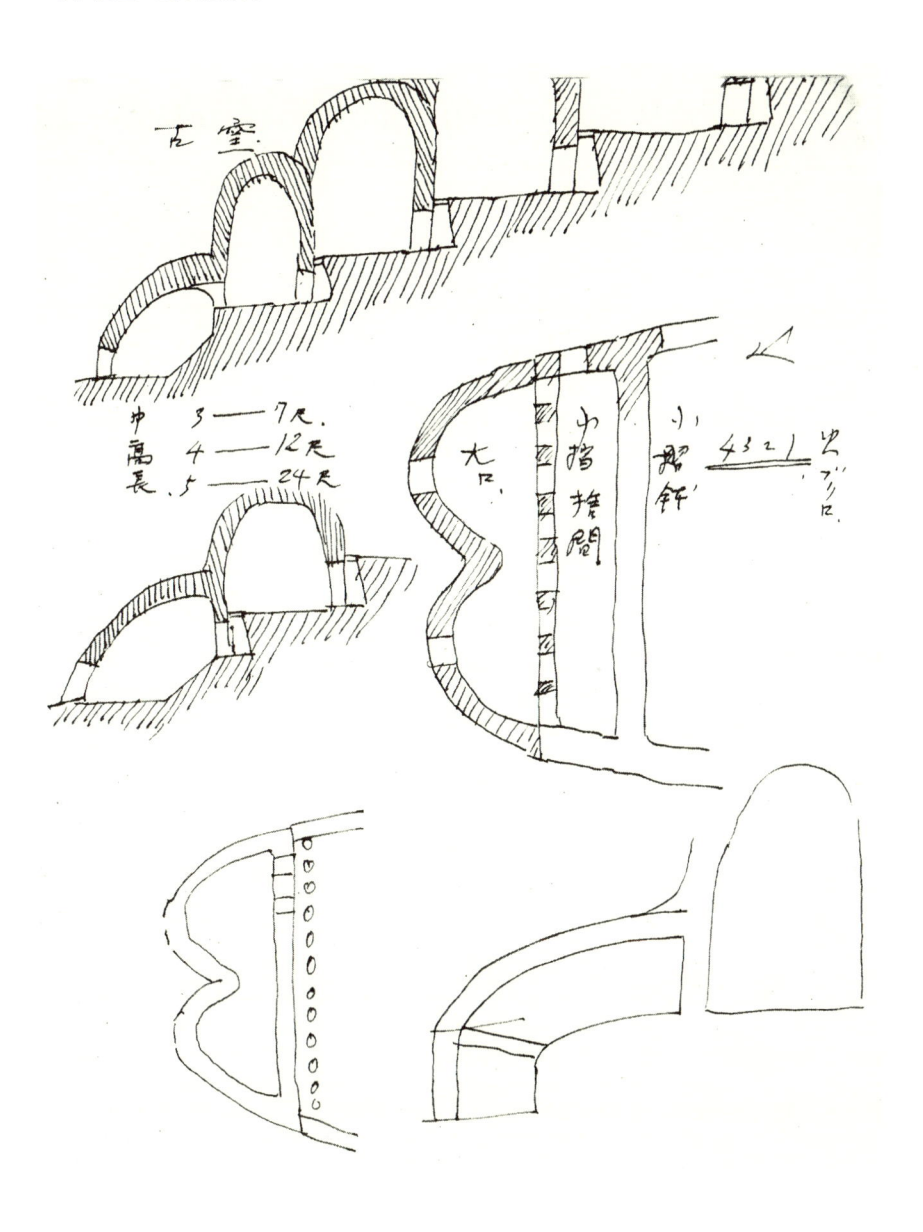

## 第四回　十一月二十八日　木曜日

　a'はaと水平。bはa'b間の下し。此の理由は狹間を全部の狹間が一段低きが故に、後部の狹間が高きにあり、後部の熱が利かざるを平均にする為めに、少しく低くしたるものなり。c部に於てa部よりも廣くなり居れるは、狹間穴の上に於て薪材が燃燒して火を灰が穴に落ちみ通風を防げるが故に多少の灰や火が落ち込む丈の陸地を作る為めに廣くせるものなり。

　狹間穴に勾配を附したるものは、多く會津地方に。下より少しく上りたる處にあり。俗に之を「あぜ勾配」と稱し、一尺に對し一寸の勾配あり。

　古窯は一尺に付、三、四寸の勾配を有す。美濃地方のものは大形にして、瀬戸には一層大にして、其の大形なるものは

## 濱田先生　登り窯講義

本業窯と称す。古窯は火度の上昇早ければ、あぶりの時間は 8 ～ 15 時間にして狭間に於て 6 ～ 8 時間。間焚にて八時間前後なりとす。而して、胴木より、捨間、次に□摺鉢より各室となり末の間は尤も上等品を焼く。

### 古窯の一例

|  | 長 | 巾 | 高 | 長/巾 | 高/巾 | 時間 | 燃量(利) | 容積 |  |
|---|---|---|---|---|---|---|---|---|---|
|  |  |  |  |  |  | 13 | 1628 足 |  | 上段の燃量は貫数下段は |
| 栓間 | 22.5 | 2 | 3.9 | 11 | 2 | 8 | 350 足 | 1831 立 | 束 |
| 一之間 | 24.2 | 5.8 | 8.6 | 4 | 1.5 | 8 | 1720　370 | 10962 立 |  |
| 二之間 | 26 | 6.5 | 9.6 | 4 | 1.5 | 8 | 1674　360 | 14092 立 |  |
| 三之間 | 28 | 6.5 | 10 | 4 | 1.5 | 8.5 | 1535　330 | 1602 |  |
| 四之間 | 28 | 9 | 10.1 | 3 | 1 |  |  |  | 一立方尺に付 1.04 の燃量 |
| 合計 |  |  |  |  |  |  | 4375 足 | 6557 1410 |  |

### 井上林藏（瀬戸）

|  | 長 | 巾 | 高 | 長/巾 | 高/巾 | 容 |
|---|---|---|---|---|---|---|
| 胴木 | 18 | 3 | 3 | 6 | 1 | 162 |
| 捨間 | 22 | 2 | 4.5 | 11 | 2.25 | 198 |
| 一之間 | 24 | 4.8 | 7.5 | 5 | 1.5 | 864 |
| 二之間 | 24 | 5.4 | 8.5 | 4.4 | 1.5 | 1101.6 |
| 三之間 | 26 | 5.7 | 9 | 4.4 | 1.5 | 1333.8 |
| 四之間 | 27 | 6 | 9.5 | 4.5 | 1.5 | 1539 |

美濃の古窯の一例　土岐津町深萱英次氏古窯

| | 長 | 巾 | 高 | 吹キ出シ数 | 吸込数 | 巾 | 深さ | 容積 | 長/巾 | 高/巾 | 吹出し西c中 | 容積/吹積 |
|---|---|---|---|---|---|---|---|---|---|---|---|---|
| 胴木 | 17.6 | 6.5 | | | | | | | | | | |
| 捨間 | | | | | | | | | | | | |
| 一之間 | 21.5 | 3.5 | 6 | 18 | 4 | 20 | □ | 414 立尺 | 6 | 1.7 | | 194 |
| 二之間 | 23 | 4.7 | 7.2 | 24 | 4 | 22 | 5 | 23 | 706 | 5 | 1.3 | 245 |
| 三之間 | 25.3 | 4.9 | 7.5 | 24 | 4 | 24 | 5.9 | 23.5 | 843 | 5 | 1.5 | 293 |
| 四之間 | 26.4 | 5.3 | 8.4 | 26 | 4 | 26 | 5 | 21 | 1087 | 5 | 1.5 | 350 |
| 五之間 | 27.7 | 5.5 | 8.7 | 27 | 4 | 26 | 5.75 | 255 | 1212 | 5 | 1.6 | 374 |
| 六之間 | 28 | 5.5 | 8.8 | 27 | 4 | 26 | 5.7 | 2 | 1239 | 5 | 1.6 | 284 |
| 七之間(素) | 28 | 5 | 6.2 | 27 | 4 | 26 | 5 | 1.90 | | 5 | 1.2 | |
| コクドー | 28 | 1.5 | 5 | 28 | 4 | | | | | | | |
| | | | | 吹き出しの數 | 〃巾径 | 吹の穴の數 | 巾 | 〃深 | 容積 | 長/巾 | 高/巾 | |

1884 束の薪材、7536 貫を總てに要す。

1 立方尺 = 1,370 匁の薪材。

備考　一束三貫 692 匁、径 1,2、周 4 尺、傾斜は 19.5

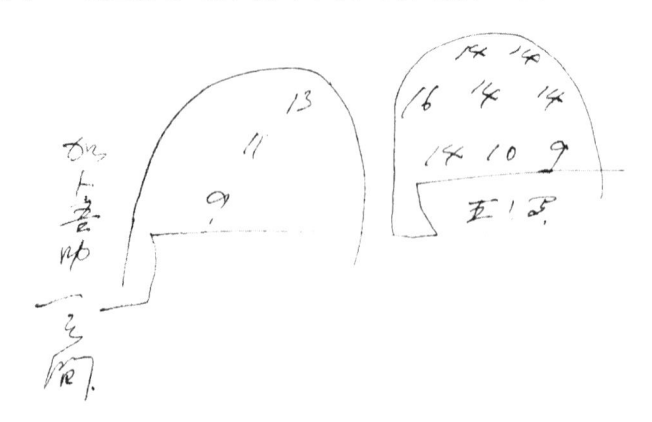

美濃土岐郡定林寺泉村　渡辺金一氏

| | 長 | 巾 | 高 | 容 | 薪 | 勾配 | | 単位 |
|---|---|---|---|---|---|---|---|---|
| 胴基 | | | | | 100束 | | | |
| 1 捨間 | 20 | 3 | 4.5 | 341 | 160 | 2.30 | | |
| 2 | 21.5 | 4.8 | 6.5 | 845 | 180 | 2.4 | 23斤 | |
| 3 | 21.5 | 4.8 | 6.5 | 934 | 230 | 2.50 | | |
| 4 | 25.5 | 5.0 | 6.5 | 1072 | 250 | 2.50 | | |
| 5 | 26.8 | 5.2 | 7.0 | 1255 | 260 | 2.6 | | |
| 6 | 27.8 | 5.2 | 7.0 | 1302 | 300 | 3.0 | | |
| 7 | 28 | 5.2 | 7.0 | 1314 | 300 | 3.0 | | |
| 8 | 30 | 5.2 | 7.5 | 1464 | 320 | 3 | | |
| 9 | 31 | 5.2 | 7.5 | 1523 | 330 | 3 | | |
| 10 | 32 | 5.4 | 8.0 | 1785 | 350 | 3 | | |
| 11 | 32 | 5.4 | 8.0 | 1798 | 380 | 3 | | |
| 12 | 33 | 5.4 | 8.0 | 1841 | 380 | 3 | | |
| 13 | 34 | 5.6 | 8.0 | 2015 | 400 | 3.2 | | |
| 14 | 36 | 5.8 | 8.0 | 2229 | 450 | 3.2 | | |
| 15 | 36 | 5.8 | 8.0 | 2264 | 450 | 3.2 | | |
| 16 | 36 | 5.8 | 8.0 | 2264 | 450 | 3 | | |
| 17 | 36 | 5.8 | 8.0 | 2264 | 430 | | | |
| 計 | | | | 26510 | 5720束 21129〆 | | | 0.2158束 0.7987〆匁 |
| | 傾斜 23° | | | | | | | |

會津手代木栄吉　一棚二十足〔図：次頁〕

| | 長 | 巾 | 高 | 容積 | 長／巾 | 高／巾 | 焼成時 | 薪材 |
|---|---|---|---|---|---|---|---|---|
| 七の間 | 10.55 | 2.9 | 3.5 | 82.08 | 3.7 | 1.4 | 3 | 16 |
| 大口 | 9 | 5 | 3.5 | | 1.8 | 0.7 | 10 | 2.5□ |
| 六の間 | 12.2 | 3.75 | 4.6 | 124.5 | 3.1 | 1.3 | 4 | 28束 |
| 五 | 14.86 | 4.9 | 6.2 | 358 | 2.6 | 1.1 | 7 | 70 |
| 四 | 16 | 5.2 | 9.9 | 510 | 2.5 | 1.2 | 8 | 90 |
| 三 | 16 | 6.6 | 7.8 | 653 | 2 | 1 | 11 | 120 |
| 二 | 16 | 6.6 | 7.8 | 653 | 2 | 1 | 10 | 110 |
| 一 | 16 | 5.2 | 6.5 | 388 | 2.5 | 1.2 | 7 | 66 |
| 火袋 | 15 | 3 | 4 | — | — | — | — | — |
| 合計　一立方尺に | | | | | | | | |

京窯

　京窯は古窯より出たるもの。京都にては清水、粟田、及び信楽、萬古、常滑。古窯より比ぶる時は、始から終りまで窯の長さに変りなし。傾斜がゆるやか、挟間穴が古窯の吹上に對して横狭間である事。

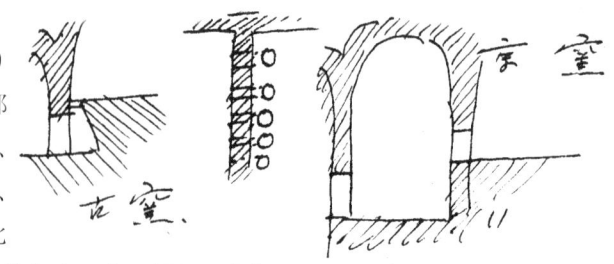

　焚き口は主として一個。古窯は末の間がよく、京窯が一之間がよい。(室数は3〜10位を京都に於て)

　道具は大桁、杭、あしだ。

　京窯は古窯と異り各室殆んど大いさ同様。

　普通は同一のもの、漸次大きくなるもの、一單大きくなって、又、小さくなるもの。

　京窯は古窯より、又少し小なり。而して、築造の際は一之間、又は二之間を大地線に置き、胴基は地面より掘り下げたるもの多し。

　道仙彦、一俵十五六貫〆にて65銭位。

　築造には、

濱田先生　登り窯講義

|  | 長 | 巾 | 高 | 数 | 巾 | 高 | 径 | 差 | 長/巾 | 高/巾 | 時間 |
|---|---|---|---|---|---|---|---|---|---|---|---|
| 胴基 | 6 | 3 | 3 | 7 | 5 | 1 | 4 | 1.2 | 2 | 1 | 23 |
| 一之間 | 6.8 | 2.5 | 4.5 | 8 | 4.5 | 1 | 〃 | 0.3 | 2.7 | 1.8 | 11 |
| 二之間 | 8.0 | 3.2 | 6 | 9 | 4.7 | 1 | 〃 | 0.2 | 2.5 | 1.9 | 13.5 |
| 三之間 | 9.0 | 4.8 | 7.5 | 10 | 〃 | 〃 | 〃 | 0.2 | 1.9 | 1.6 | 18 |

本業窯　瀬戸町　山隆

| 構造 | 室の大いさ ||| 勾配の差 | 狭間穴 ||||  柱数 | 壁厚 |
|---|---|---|---|---|---|---|---|---|---|---|
|  | 長 | 巾 | 高 |  | 数 | 深 | 巾 | 高 |  |  |
| 胴木 |  |  |  |  |  |  |  |  |  |  |
| 捨間 | □ |  |  |  |  |  |  |  |  |  |
| 一 | 20 | 4.2 | 7 |  |  | 2.3 | 7 | ― |  |  |
| 二 | 22.5 | 5 | 7.9 |  | 18 | 2.5 | 7 | 一尺 | ― |  |
| 三 | 27.5 | 4.75 | 8.3 |  | 20 | 2.6 | ― | ― |  |  |
| 四 | 28.6 | 5.9 | 8.6 |  |  | 2.3 |  |  | 1 |  |
| 五 | 31.8 | 6.1 | 10 |  |  | 2.05 |  |  | 3 |  |
| 六 | 32.5 | 6.4 | 13.0 |  |  | 2.00 |  |  | 3 |  |
| 七 | 33.7 | 7 | 13.2 |  |  | 2.5 |  |  | 3 |  |
| 八 | 39.7 | 7.7 | 10.2 |  |  | 2.65 |  |  | 7 |  |
| 九 | 37.4 | 8.1 | 10.7 |  |  | 2.25 |  |  | 6 |  |
| 十 | 37.7 | 8.3 | 10.2 | 2.3 | 24 | ― | 1.0 | 9 | ― |  |
| 十一 | 38 | 8.6 | 10.5 | 2.3 | 25 |  | 1.0 | 9 |  |  |
| 十二 | 18.75 | 9 | 10.3 | 2.45 |  |  | 9.5 |  |  |  |
| 十三 | 20 | 8.6 | 10.9 | 2.45 | 12 |  |  |  |  |  |
| 十四 | 19.8 | 8.6 | 10.6 | 3.3 |  |  |  |  |  |  |
| 十五 | 20.2 | 9.2 | 10.6 |  |  |  |  |  |  |  |
| 十六 | 41.6 | 8.8 | 10.5 |  |  |  |  |  |  |  |
| 十七 |  |  |  |  | .6×.8=27個 |  |  |  |  | 穴から穴 |

本業窯は勾配がゆるやか。室が大きい。室の割合に壁が薄い。

濱田先生　登り窯講義

| 構造室別 | 室の大いさ 長 | 巾 | 高 | 狹間穴 数 | 大いさ 巾 | 高 | 勾配ノ差 | 長/巾 | 高/巾 |
|---|---|---|---|---|---|---|---|---|---|
| 胴基 | 11 | 2 | 3 | | | | 1.5 | 5.5 | 1.5 |
| 捨間 | 11 | 3.6 | 4 | | | | 1.2 | 4.2 | 1.5 |
| 一之門 | 12 | 3.2 | 5 | 11 | 0.5 | 0.8 | 1.5 | 3.8 | 1.6 |
| 二 | 12 | 4.8 | 5.5 | 12 | 4.5 | 0.8 | 1 | 2.5 | 1.1 |
| 三 | 12.8 | 5.6 | 6.5 | 12 | 0.5 | 0.8 | 1.5 | 2.3 | 1.2 |
| 四 | 12.8 | 6 | 7 | 13 | 0.5 | 1 | — | 2.1 | 1.1 |

榎田庄三郎の窯

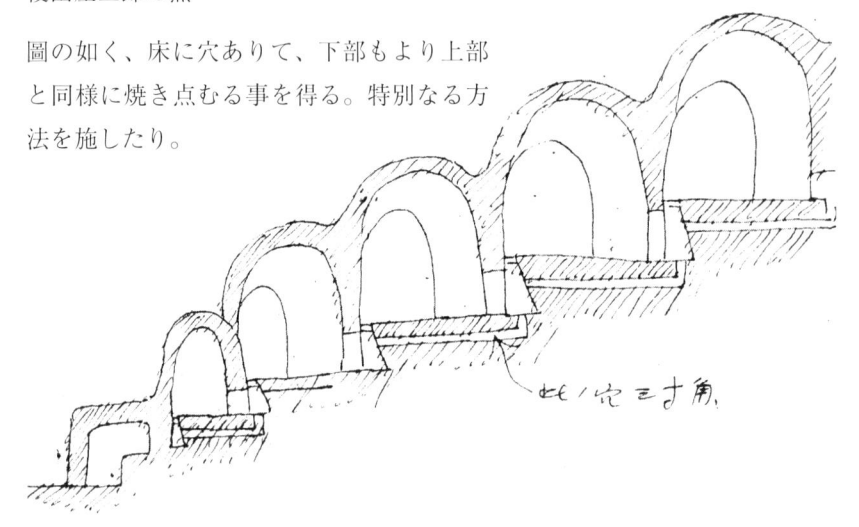

圖の如く、床に穴ありて、下部もより上部と同様に焼き点むる事を得る。特別なる方法を施したり。

冬期の気温低くなれども空気の乾燥せると、尚、大気圧に対し、温度の差が多きが故に draught 宜しきが故に夏期よりも返って温度の上昇速なり。

平地窯
岐阜縣土技郡多治町〔岐〕〔多治見〕　陶器学校〔表：次頁〕
　金澤工業学校　　矢口　　須田　　北出　　九間
　　　　二室　　二室　　四室　　三室　　三室

濱田先生　登り窯講義

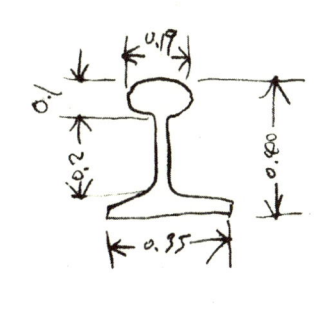

平清水　三輪定五郎　古窯の一例

| | 室の大いさ | | | 狭間穴 | | | 勾配 | 長/巾 | 高/巾 |
|---|---|---|---|---|---|---|---|---|---|
| | 長 | 巾 | 高 | 数 | 吸の巾 | 高 | 吹出 | | | |
| 大口 | 14 | 4 | 3.55 | 16 | 3.5寸 | 5寸 | 3.寸 | 2尺 | | |
| 一ノ間 | 14.8 | 3.5 | 6 | 19 | 4 | 7 | 3.寸 | 1.7 | 4.2 | 1.7 |
| 二ノ間 | 16.5 | 4.5 | 7.2 | 20 | 3.5寸 | 17.寸 | 3 | 2.7 | 3.7 | 1.6 |
| 三ノ間 | 17 | 5 | 7.5 | 20 | 3.5 | 17 | 3 | 2.7 | 3.4 | 1.5 |
| 四ノ間 | 17 | 5 | 6 | 21 | 3.5 | 7 | | | 3.4 | 1.2 |

會津式　平清水　髙橋義助

| 構造室別 | 室の大いさ | | | 狭間穴 | | | | 比 | | 勾配の差 |
|---|---|---|---|---|---|---|---|---|---|---|
| | 長 | 巾 | 高 | 数 | 込巾 | 高 | 吹巾 | 高 | 長/巾 | 高/巾 | |
| 大口 | 11.7 | 5 | 3.3 | 16 | 3.5尺 | | | | 2.3 | 0.66 | 3尺 |
| 一 | 12.35 | 5 | 5.□2 | 18 | 3.5 | 5 | | | 2.5 | 1 | 1.5 |
| 二ノ了 | 13 | 5.5 | 5.85 | 18 | 3.5 | 5 | | | 2.3 | 1 | 1.5 |
| 三ノ了 | 13 | 5.5 | 5.85 | 18 | 3.5 | 5 | | | 2.3 | 1 | 2.1 |
| 四ノ了 | 13 | 4.8 | 6.7 | 18 | 3.5 | 5 | | | 2.6 | 1.4 | 0.5 |
| 五ノ了 | 13 | 5 | 5 | 18 | 3.5 | 5 | | | 2.6 | 1 | 0.1 |

勾配二寸五分

# 十二月五日

九谷小窯　能美郡寺井野村佐野

〔表：次頁〕

端は成〔績〕積悪しく、中心よりも三立より、四立を最も成〔績〕積の良いものとせらる。

　二の間一立　26.5、

　三の間一間　五円、

　胴木 14 〜 20 時間　300足〔束〕 〜 500 足〔束〕、100 〜 200 束

1 間　9 〜 4 間時〔時間〕、100 束

2 間　4 〜 5　50 〜 100 束

2 〜 3 時間。

　□野祥山、安田傳七、小川豊山、錦光山竹三郎二基、内本、錦光山宗兵衛、清水、井上柏山

　五条坂　a 丸山アツ雄、b 小川文斎、c 三浦竹泉、d 浅見、f 河原歌次郎、e 入江栓

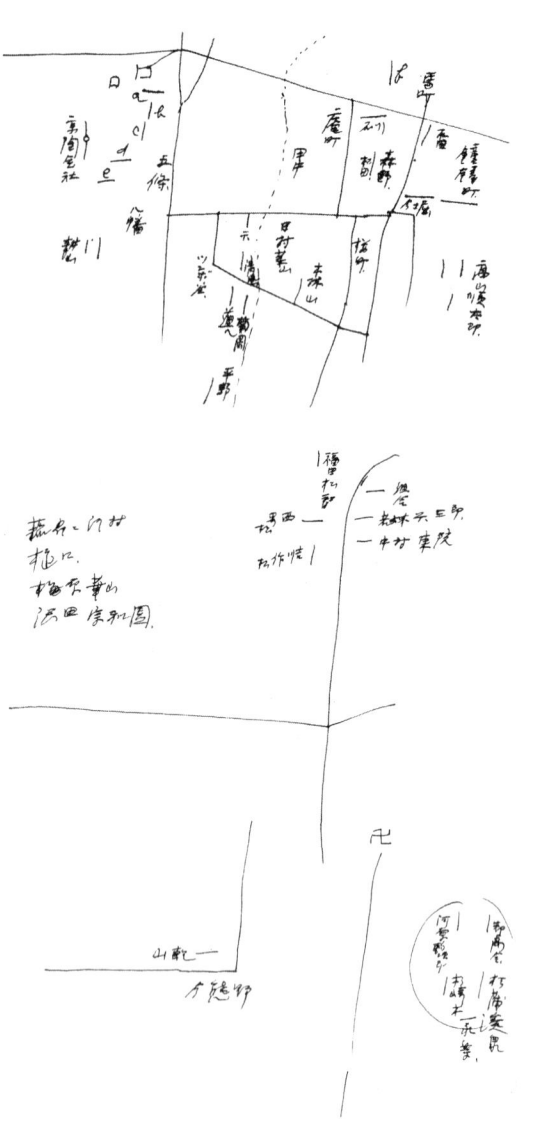

## 濱田先生　登り窯講義

|  | 室の大いさ |  |  | 勾配の差 | 狭間孔 |  |  |  |  | ″(吸込) | 容積 | 容積/吹出さま總面 | 容積/吹込さま |
|---|---|---|---|---|---|---|---|---|---|---|---|---|---|
|  | 長 | 巾 | 高 |  | 數 | 巾 | 高 | 深 | 總面積 |  |  |  |  |
| 胴木 | 14.6 | 4.2 |  | 0.9 | 12 | 0.65 0.4 | 1.7 | 0.9 | 5.83 | — | — | — | — |
| 一 | 14.6 | 4.2 | 5.8 | 0.24 | 19 | 0.4 | 1.1 | 7.5 | 6.4 | 5.83 | 276立 | 47.3 | 43.1 |
| 二 | 15.0 | 4.5 | 7.0 | 0.36 | 11 | 0.45 | 1.0 | 0.8 | 4.95 | 6.40 | 439.8 | 68.7 | 88.8 |
| 三 | 15.4 | 4.5 | 6.8 | 0.4 | 19 | 0.45 | 0.9 0.7 | 0.75 | 5.32 | 4.95 | 426.7 | 86 | 80.2 |
| 四 | 16.0 | 4.4 | 6.5 | 0.25 | 17 | 0.5 0.4 | 0.9 | 0.8 | 4.80 | 5.32 | 459.5 | 86.3 | 95.7 |
| 五 | 15.6 | 4.6 | 6.8 |  | 13 | 0.5 0.4 | 0.9 | 0.8 |  |  | 444.0 |  |  |
| 六 | 15 | 4.2 | 6.9 |  |  |  |  |  |  |  | 396 |  |  |
|  |  |  |  |  |  |  |  |  |  |  |  |  |  |

五條坂　小川文齋氏登り窯

|  | 長 | 巾 | 高 | 勾配 | 數 | 巾 | 狭 高 | 深 |  |  | 容積 | 容/吹出し |
|---|---|---|---|---|---|---|---|---|---|---|---|---|
| 胴木 | 14 | 4.4 |  | 1 | 15 | 0.55 0.4 | 1 | 0.5 0.9 | 7.05 |  |  |  |
| 一 | 16 | 4.0 | 6.0 | 0.25 | 13 | 0.53 | 1 | 0.7 | 6.89 | 7.05 | 364.8 | 52.1 |
| 二 | 16 | 4 | 5.8 | 0.25 | 14 | 0.65 0.40 | 1 | 0.7 | 6.1 | 6.89 | 358.4 | 52.1 |
| 三 | 16.0 | 4.0 | 5.8 | 0.25 | 21 | 0.4 | 1 | 0.7 | 8.4 | 6.1 | 358.4 | 58.7 |
| 四 | 16.0 | 4.0 | 5.8 | 0.25 | 21 | 0.4 | 1 | 0.7 | 8.4 | 8.4 | 358.4 | 42.6 |
| 五 | 16.0 | 4.0 | 5.8 | 0.25 | 12 | 0.6 | 1 | 0.8 | 7.2 | 8.4 | 358.4 | 42.6 |
| 六 | 15.8 | 3.9 | 5.8 | 0.25 | 12 | 0.55 | 1 | 0.7 | 6.6 | 7.2 | 344.4 | 47.8 |
| 七 | 15.4 | 3.9 | 5.8 | 0.25 | 12 | 0.6 | 1 | 0.7 | 7.2 | 6.6 | 335.7 | 50.8 |
| 八 | 15.0 | 4.1 | 6.0 |  | 12 |  | 1 | 0.7 | 4.3 | 7.2 | 348 | 48.3 |
| 九 | 14.6 | 3.4 | 5 |  | 13 | 5 | 1 | 4.55 | 4.38 | 38.0 | 540 | 52.0 | 1.04 |

木村越山　登り窯

濱田先生　登り窯講義

| 吸込さま/吹出しさま | 長/巾 | 高/巾 | 燃料 | 時間 | 備考 |
|---|---|---|---|---|---|
| — | — | — | 200束 | 19 | 胴木は荒木を用ふ |
| 1.09 | 3.5 | 1.4 | 200 | 6 | |
| 0.77 | 3.3 | 1.6 | 140 | 4 | |
| 1.07 | 3.2 | 1.5 | 100 | 5 | |
| 0.9 | 3.6 | 1.5 | 140 | 6-9 | |
| | 3.4 | 1.5 | 140 | 6-9 | |
| | 3.6 | 1.6 | | | |
| | | | 920 2070〆 | | 一立方尺一貫匁 |

| 容/吸込 | 吸込/吹出 | 長/巾 | 巾 |
|---|---|---|---|
| | | | |
| 52.8 | 0.97 | 3.5 | 1.5 |
| 58.8 | 0.88 | 3.5 | 1.6 |
| 42.6 | 1.4 | 3.5 | 1.6 |
| 62.6 | 1.0 | 3.5 | 1.6 |
| 44.0 | 0.86 | 3.5 | 1.6 |
| 52.2 | 0.9 | 4.1 | 1.5 |
| 46.6 | 1.09 | 3.9 | 1.5 |
| 79.0 | 0.61 | 3.8 | 1.5 |
| 4.3 | 1.5 | | |

濱田先生　登り窯講義

| | | 長 | 巾 | 高 | 勾配 | 數 | 巾 | 高 | 深 | | 容積 | | | |
|---|---|---|---|---|---|---|---|---|---|---|---|---|---|---|
| 井上伯[桓]山 | | 15.3 | 5.32 | | 1.1 | 13 | 0.76 0.6 | 1.05 | 0.95 | 8.8 | | | | |
| | 一 | 15.3 | 4.2 | 6 | 0.26 | 13 | 0.6 | 1.05 | 1.23 | 5.67 | 8.8 | 383 | 43.5 | 67.5 | 0.64 |
| | | 15.1 | 5 | 6 | 0.3 | 13 | 0.6 | 0.7 | 1.23 | 8.2 | 5.69 | 415 | □ | 60 | 1.45 |
| | | 15.3 | 3.9 | 5.9 | 0.28 | 13 | 0.65 0.6 | 0.11 | 0.9 | 8.69 | 8.25 | 352 | 42.5 | 40.5 | 1.05 |
| | | 15.3 | 4 | 5.9 | 0.25 | 13 | 0.6 | 1.15 | 0.9 | 8.43 | 8.69 | 336 | 38.5 | 40 | 0.97 |
| | 五 | 15.3 | 4 | 6.4 | 0.32 | 16 | 5.4. | 1.1 | 0.9 | 7.05 | 8.43 | 336 | 40 | 47.5 | 0.84 |
| | 六 | 14.5 | 8.2 | 9.3 | — | 19 | 3.5 | 0.85 | 1.5 | 5.86 | 7.05 | 655 | 93 | 111.5 | 0.83 |
| 丸山 | 胴木 | 12 | 4.1 | | 1 | 9 | 0.8 0.6 | 1 | 0.7 | 5.4 | | | | |
| | 一 | 12 | 4.1 | 6 | | 9 | 0.6 | 1 | 0.7 | 5.4 | 5.4 | 274 | 50.7 | 50.7 | 1 |
| | 二 | 12 | 4.1 | 6 | | 9 | 0.6 | 1 | 0.7 | 5.4 | 5.4 | 274 | 50.7 | 50.7 | 1 |
| | | 12 | 4.1 | 6 | | 9 | 0.6 | 1 | 0.7 | 5.4 | 5.4 | 274 | 50.7 | 50.7 | 1 |
| | 四 | 12 | 4.1 | 6.2 | | 9 | 0.6 | 1 | 0.7 | 5.4 | 5.4 | 283 | 52.5 | 52.5 | 1 |
| 清水六兵衛 | 胴木 | 12 | 5 | | 1 | | 0.65 | | 1.5 | | 6.15 | | | | |
| | 一 | 12 | 3.8 | 5.7 | 0.2 | 8 | 0.65 | 1.05 | 5.45 | 6.15 | 239 | 38.8 | 44 | 0.89 | 3.2 |
| | 二 | 11.8 | 3.8 | 5.7 | 0.2 | 8 | 0.65 | 1.05 | 5.45 | 5.45 | 235 | 43 | 43 | 1 | 3.1 |
| | 三 | 11.8 | 3.8 | 5.7 | 0.2 | 8 | 0.65 | 1.05 | 5.45 | 5.45 | 235 | 43 | 43 | 1 | 3.1 |
| | 四 | 11.8 | 59 | 5.7 | 0.2 | 8 | 0.65 | 1.05 | 5.45 | 5.45 | 318 | 58.5 | 58.5 | 1 | 2 |
| | 五 | 11.8 | 2.1 | 5.4 | 0.2 | 7 | 0.65 | 1.05 | 4.75 | 5.45 | 127 | 23.5 | 27 | 0.87 | 5.7 |
| | 六 | 11.1 | 5.3 | 5.4 | 0.2 | 7 | 0.65 | 1.05 | 4.75 | 4.75 | 256 | 54 | 54 | 1 | 2.1 |
| 福田 | 胴 | 18.6 | 3.25 | 0.42 | 13 | 1.8 | 11 | 0.75 | 9.02 | □ | | | | | |
| | 一 | 18.7 | 4.15 | 6.2 | 23 | 13 | .8 .6 | 1.2 | 0.75 | 9.84 | 9.02 | 440 | 49 | 1.09 | 4.5 |
| | 二 | 18.7 | 4.2 | 6.4 | 0.22 | 13 | .8 .6 | 1.2 | 0.75 | 9.84 | 9.84 | 465 | 47 | 1 | 4.4 |
| | 三 | 18.7 | 4.1 | 6.4 | 0.21 | 13 | .8 .6 | 1.2 | 0.75 | 0.984 | 9.84 | 455 | 47 | 1 | 4.5 |
| | | 18.7 | 4.1 | 6.4 | 0.22 | 13 | 8 6 | 1.1 | 0.75 | 0.9 □ | 9.86 | 465 | 51.5 | 0.92 | 4.5 |
| | | 18.7 | 4.1 | 6.4 | 0.21 | 13 | 8 6 | 1.1 | 0.75 | 9.02 | 9.02 | 465 | 81 | 1 | 4.5 |
| | 六 | 18.55 | 4.1 | 6.4 | 0.21 | 13 | 8 6 | 1.2 | 0.75 | 9.84 | 9.02 | 460 | 47 | 1.09 | 4.5 |
| | | 18.6 | 4.1 | 6.4 | 0.22 | 13 | 8 6 | 1.2 | 0.75 | 9.84 | 9.84 | 466 | 57 | 1 | 4.5 |
| | 八 | 18.85 | 4 | 6.9 | 0.2 | 13 | 8 6 | 1.1 | 0.75 | 9.02 | 9.84 | 562 | 57.5 | 1.7 | |
| | | 18.75 | 4.5 | 6.7 | 1.21 | 13 | 8 6 | 1.05 | 0.75 | 8.6 | 9.02 | 518 | 57.5 | 0.95 | 4.2 |
| | 十 | 18.55 | 4 | 5.9 | | 13 | 8 6 | 1.1 | 0.75 | 9.02 | 8.6 | 400 | 46.5 | 1.5 | 4.6 |

20

濱田先生　登り窯講義

|  |  |  |  |  |  |
|---|---|---|---|---|---|
|  |  |  |  | 300 − 4 |  |
| 3.6 | 1.3 | 200 |  | 7 − 8 |  |
| 3 | 1.2 | 80 |  | 2 |  |
| 3.9 | 1.5 | 100 |  | 2.5 |  |
| 3.8 | 1.5 | 100 |  | 4 |  |
| 3.8 | 1.6 | 100 |  | 4 | 8080 束 -1980 〆 |
| 1.8 | 1.1 |  |  |  | 1087/1 |
|  |  |  |  |  |  |
|  |  |  |  |  | 200 |
| 2.9 | 1.5 |  |  |  | 150 |
| 2.9 | 1.5 | 12 |  |  |  |
| 2.9 | 1.5 | 70 |  |  |  |
|  |  |  |  | 580 束 | 25 時間　1415 1.72/1 |
|  |  |  |  |  |  |
| 1.5 |  |  |  |  |  |
| 1.5 | h と Ti、ｂｎがない |  |  |  |  |
| 1.5 |  |  |  |  |  |
| 1.5 |  |  |  |  |  |
| 2.6 |  |  |  |  |  |
| 2.6 | 487　1086　1.06/1 |  |  |  |  |
|  |  |  |  |  |  |
| 4.5 | 18 − 24 時 |  |  |  |  |
| 1.5 | 150 − 4 |  |  |  |  |
| 1.5 | 12　4 |  |  |  |  |
| 1.6 | 70 −　ｓｋ 6 − 7 |  |  |  |  |
| 1.6 | 70　3 − 4 |  |  |  |  |
| 1.6 | 70 |  |  |  |  |
| 1.6 | 70 |  |  |  |  |
| 1.6 | 70 |  |  |  |  |
| 1.7 | 70 |  |  |  |  |
| 1.5 | 70 |  |  |  |  |
| 1.5 | － |  | 930　292.5　0.487/1 |  |  |

21

濱田先生　登り窯講義

| | | | | | | | | | | 吹出 |
|---|---|---|---|---|---|---|---|---|---|---|
| 京都陶会社西の窯 | □ | 15.6 | | 0.74 | 14 | 0.6 | | 0.9 | 0.85 | 7.6 | |
| | 1 | 18.6 | 3.85 | 6.4 | 0.37 | 16 | 0.6 | | 1 | 0.65 | 9.6 | 7.6 |
| | 2 | 18.6 | 4.35 | 6.1 | 0.26 | 17 | 0.6 | | 1 | 0.65 | 10.2 | 9.6 |
| | 3 | 20.3 | 4.3 | 6.2 | 0.24 | 18 | 0.6 | | 0.8 | 0.65 | 8.6 | 10.2 |
| | 4 | 20.7 | 4.3 | 6.3 | 0.18 | 18 | 0.6 | | 1 | 0.6 | 10.8 | 8.6 |
| | 5 | 21.3 | 4.1 | 6.2 | 0.25 | 18 | 0.6 | | 1 | 0.6 | 10.8 | 10.8 |
| | 6 | 21.6 | 4.2 | 6.2 | 0.25 | 18 | 0.6 | | 1 | 0.6 | 10.8 | 10.8 |
| | 7 | 21.75 | 4.1 | 6.55 | 0.21 | 20 | 0.6 | | 1 | 0.7 | 12 | 10.8 |
| | 8 | 20.8 | 5.9 | 7.3 | | 16 | 0.3 | 0.5　0.65 | 1.1 | 0.50 | 10.4 | 12 |
| | | | | | | | | | | | | |
| | | | | | | | | | | | | |
| | | | | | | | | | | | | |
| 東錦光山 | | 13.6 | 4 | | 0.45 | 9 | 0.6 | | 1 | | 7.2 | |
| | 一 | 13.8 | 3.5 | 5 | 0.3 | 9 | 0.8 | | 1 | | 7.2 | 7.2 |
| | 二 | 14 | 4.4 | 6.5 | 2.7 | 10 | 0.8 | | 1 | | 8 | 7.2 |
| | 三 | 14.22 | 4.7 | 6.6 | 2.7 | 10 | 0.8 | | 1 | | 8 | 8 |
| | 四 | 14.4 | 4.7 | 6.6 | 2.7 | 10 | 0.8 | | 1 | | 8 | 8 |
| | 五 | 14.4 | 4.7 | 6.6 | 2.7 | 11 | 0.8 | | 1 | | 8 | 8 |
| | | 14.4 | 4.7 | 6.6 | 2.7 | 11 | 0.8 | | 1 | | 8 | 8.8 |
| | 七 | 14.4 | 4.7 | 6.6 | 2.7 | 11 | 0.8 | | 1 | | 8 | 8.8 |
| | | 14.4 | 4.7 | 6.6 | | 11 | 0.6 | | 1 | | 8 | 8.8 |
| | | | | | | | | | | | | |
| 安田傳七 | 胴 | 14.3 | 4.5 | | 3.22 | 10 | 0.8 | | 0.7 | | 5.6 | |
| | 一 | 14.5 | 4.7 | 6 | 3 | 11 | 0.8 | | 0.7 | 6.16 | 5.6 | 368 |
| | 二 | 14.7 | 4.8 | 6.5 | 0.29 | 11 | 0.8 | | 0.7 | 6.16 | 6.16 | 410 |
| | 三 | 15 | 4.7 | 6.4 | 0.28 | 11 | 0.8 | | 0.7 | 6.16 | 6.16 | 405 |
| | 四 | 15.5 | 4.8 | 6.5 | 0.28 | 12 | 0.8 | | 0.7 | 6.73 | 6.16 | 428 |
| | 五 | 15.6 | 4.5 | 6.3 | 0.28 | 12 | 0.8 | | 0.7 | 6.72 | 6.72 | 400 |
| | 六 | 15 | 4.5 | 6.3 | 2.7 | 12 | 0.8 | | 0.7 | 6.72 | 6.72 | 395 |
| | 七 | 13 | 6.5 | 10 | — | 10 | 0.8 | | 0.7 | 5 | 6.72 | |
| 河村 | | | | | | | | | | | | |

|  |  |  |  |  | 350 |  |
| --- | --- | --- | --- | --- | --- | --- |
| 420 | 55 | 44 | 1.25 |  | 150束 |  |
| 445 | 46.5 | 43.5 | 1.05 |  | 100 |  |
| 492 | 48 | 57 | 0.84 |  | 100 |  |
| 510 | 59 | 47 | 1.25 |  | 100 |  |
| 498 | 46 | 46 | 1 |  |  |  |
| 515 | 47.5 | 47.5 | 1 |  | 100 |  |
| 540 | 50 | 45 | 1.2 |  | 100 |  |
| 810 | 67.5 | 78 | 0.87 |  | 1100 |  |
|  |  |  |  |  | 2475 |  |
|  |  |  |  |  | 0.725/1 |  |
|  |  |  |  |  | 0.725/1 |  |
|  |  |  |  |  | 350 |  |
| 221 | 30.7 | 30.7 | 1 | 3.9 | 1.5 |  |
| 364 | 50.5 | 45.5 | 1.1 | 3.2 | 1.5 |  |
| 398 | 49.7 | 49.7 | 1 | 3.1 | 1.4 |  |
| 406 | 50.7 | 50.7 | 1 | 3.1 | 1.4 |  |
| 406 | 50.7 | 46 | 1.1 | 3.1 | 1.4 |  |
| 406 | 46 | 46 | 1 | 3.1 | 1.4 |  |
| 406 | 46 | 46 | 1 | 3.1 | 1.4 | 700 |
| 406 | 46 | 46 | 1 | 3.1 | 1.4 | 1050 | 0.940/1 |
|  |  |  |  |  | 2362 |  |
| 66 | 57.7 | 1.1 | 3.1 | 1.3 |  |  |
| 66.5 | 66.5 | 1 | 3.1 | 1.35 |  |  |
| 65.7 | 65.7 | 1 | 3.2 | 1.4 |  |  |
| 69.5 | 63.5 | 1.09 | 3.2 | 1.5 |  |  |
| 59.5 | 59.3 | 1 | 3.5 | 1.4 |  |  |
| 59 | 59 | 1 | 3.3 | 1.4 |  |  |
| 111 | 133 | 0.83 | 2 | 1.6 |  |  |

## 十二月五日　工場参観す

小山豊山の窯

|  | 長さ | 幅 | 髙 |
|---|---|---|---|
| 胴木 | | | |
| 一の間 | 11.5 | 4.1 | 5.5 |
| 二の間 | 12.2 | 4.2 | 5.7 |
| 三の間 | 12.5 | 4.2 | 5.3 |

築窯用煉瓦

|  | 長 | 幅 | 髙 |
|---|---|---|---|
| 一号 | 一尺一寸 | 五寸四分 | 四寸二分 |
| 二号 | 一尺一寸 | 五寸四分 | 二寸 |
| 三号 | 一尺三寸 | 五寸四分 | 四寸二分 |
| 四号 | 五寸四分 | 五寸四分 | 四寸二分 |

# 製 陶 法

### 特別科一學年

日本に於ける陶磁器の産地　27
原　　料　32
粘土の性質　47
Contraction　49
第二石類、即ち不粘性原料　56
原料試験法　63
Schane の陶汰器　65
化學分析　77
原料の所理及び精製法　81
原料粉碎機械　83
水簸法　89
調合法　90
製形坏土貯藏用地下室設計について　94

坏土練和法　95
成形法　96
製坏の乾操法　102
石膏の成分及び其の焼き方　103
釉薬　108
釉薬の種類　109
釉薬の着色料　113
白玉融熔法　117
施釉法　119
釉薬又は素地及び水の不純より起る害　122
匣鉢及び棚板類　123
焼成に依りて生する変化　129
焼成法　131

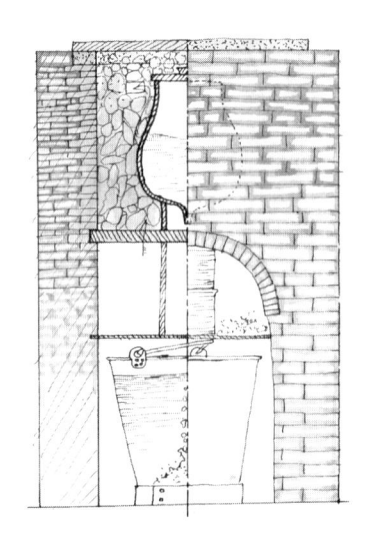

## 凡 論

　陶磁器とは英語にて是を Cheramic〔ceramic〕と称す。此の言葉は元 Greece（今のギリシャ）より出たるものにして、即ち太古にありて水を盛るに獸類の骨を用ひたり。此の物を Keramose と名附たり。是よりして土を焼きて同じ目的に使用する物を Cheramic〔ceramic〕と称せり。

　是より土石類を焼きて、其の用途に耐ゆるまでに焼成したるものを一般に Cheramic〔ceramic〕と称す。

　我國には此の陶磁器を普通焼物と称し、又、土地によりては瀬戸物又は唐津物と称せり。此のものは他に飲食器具、化學用品、建築材料、其の他工業品又は美術品に至るまで殆ど使用せられざるなし。特に我國は各種の原料に富み、内外に賞讚せられたり。然るに今日他の諸工業に比して其の進歩は割合に遅し、要するに火中に生ずる現象については、其の研究、非常に困難なるを以てなり。従って、尚ほ研究進歩の餘地甚だ多し。

　歐米の諸國にては、二百餘年前までは東洋の磁器は非常に珍重せられ、殆んど同じ重料の黄金と交換せらるゝ事なりしが、彼の國に於ては學理の研究に力めたる結果、今や遙に東洋製品の上に出つるに至れり。即ち我國にては古くより此の業ありたれども、學術開けざりしを以て、未だ獨立の學問として成立せず。漸く科學として其の端を開きしが、獨逸人のドクトル・ワグネル氏を以て始めとす。それよりして漸く近来の盛を見るに至れり。

## 沿革の大要

　陶磁器の起原は非常に古くして、其の発明明かならず。古き太古の製品は何れも天燃〔然〕の土にて極く弱く焼きたるものなり。始めは高熱を起すこと能ざりしを以て、吸水性非常に多し。次第に進むに従て益其の度を硬くし、ついには一種の硝子質の物を以て、其の表面を覆ひて平滑ならしめたり。此の外圍を名附て釉薬と称す（glaze）。

　其の後益々進歩するに従て成形するに、轆轤、鋳込等の種々の方法を案出し、今日の如き美麗なる物を造るに至れり。西洋にてはフィニシヤ人（Phoenician）が印度より傳へて、エジプト（Egypt）及び、ペルシャ（Persia）

に至り、それよりグリース（Greece）、イタリー（Italy）等に移れり。Italy にては、やゝ進歩して、ついにはフランス（France）に及べく、其の後紀元後に France より英國に渡り、ついには歐州全土にひろまれり。但し磁器を製造し、始めたるは最近の事にして、拾六世紀の頃、ポルトガル人が東洋の磁器を輸入して、歐州各地に販賣せるに始まり、其頃東洋の磁器を輸入して、同量の黄金と交換さるゝ位なりしを以て、各國が競ふて是が製造法を研究し、つひには西紀 1709 年に獨國のマイセンに官立の磁器製造所を造るに至れり。是を始めとして、ついには各國に於て製造するに至れり。我國に於ても焼物の起りは遠く神代にあり。然れども後に進歩せしは、多く朝鮮より傳はりたるものなり。轆轤は應神天皇の時に傳はりて、奈良の時代には既に釉薬（glaze）を施したる物を造りたり（桓武天皇の城を平安に移し給ひしときは、瓦に釉薬の掛けたる瓦を使はしたり）。

其の後天慶の乱戦争以来、世が大いに乱れて是等工業の進歩を大いに妨けたり。其の後堀川天皇の時に、加藤四郎左ヱ門量改なる人が、支那より陶法を學びて歸朝して、尾張の瀬戸に業を始めたり。但し尚此の時には陶器であって、未だ磁器を製造するに至らず。

磁器は寛永年間に、鍋嶋〔島〕候に歸化せし朝鮮人の李參平なる者が、肥前の國松浦郡の泉山（今の有田）に於て始めて白磁の鑛石を發見したるに始まれり。

薩摩焼も同様に朝鮮人の始めたるものなり。要するに中興の祖は朝鮮及び支那より渡りたるものなり。5.26（以上瀧田先生）

## 日本に於ける陶磁器の産地

**磁 器**
美濃焼　岐阜縣土岐郡多治見町一の倉村
　　　　　　　笠原村　　瀧呂村
　　　　　　　妻木村　　下石村
　　　　　　　小里村　　土岐津町

製陶法

|   |   |   |
|---|---|---|
|   | 肥田村 | 駄知村 |
|   | 定林寺村 | 柿村 |
|   | 泉村 |   |
| 全 | 恵邦郡猿爪村 | 茄子村 |
|   | 鶴岡村 | 木良見村 |
| 全 | 可兒郡 | 豊岡町 |
| 高山焼 | 岐阜縣大野郡 | 上灘村 |
| 瀬戸焼 | 愛知縣東春日井郡瀬戸町 |   |
|   | 品野村 | 赤津村 |
| 木瀬焼 | 愛知縣西加茂郡木瀬村 |   |
| 名古屋焼 | 愛知縣名古屋市 |   |
| 有田焼 | 佐賀縣西松蒲郡有田町 | 今里村 |
|   | 有田村 | 曲川村 |
|   | 津　郡吉田村 | 嬉野村 |
|   | 志田村 | 小田志村 |
|   | 塩田村 |   |

大河内焼〔川〕（又は鍋島焼とも云ふ）
　　　　佐賀縣西松蒲郡西松蒲
三河内焼〔川〕　又は平木焼〔戸〕
　　長崎縣東諌杆郡
　　　　下佐見村
　　　　木原村
　　　　柄長村

| 清水焼 | 京都府京都市 |   |
|---|---|---|
| 九谷焼 | 石川縣江沼郡大　寺村 |   |
|   | 飯谷村 | 山城村 |
|   | 勅使村 |   |
| 全 | 能美郡小松町 | 八幡村 |
|   | 上田村 | 寺井村 |

|     |     |
| --- | --- |
|  | 佐土村　若松村 |
|  | 長野村　鍋谷村 |
|  | 湯谷村 |
| 會津燒 | 福島縣大沼郡　本郷町 |
|  | 全　北會津郡川南村 |
|  | 岩瀬郡長沼村　安積村 |
|  | 福良村 |
|  | 若松市 |
| 波山燒 | 東京市 |
| 陶寿燒 |  |
| 友玉園燒 |  |
| 宝山燒 |  |
| 眞葛燒 | 神奈川縣横濱市 |
| 砥部燒 | 愛媛縣伊豫郡砥部村 |
|  | 群中町　北山崎村 |
|  | 原町村 |
| 平清水燒 | 山縣縣南村山郡瀧山村 |
| 出石燒 | 兵庫縣出石郡出石町 |
|  | 室羽根村 |
| 三田燒 | 兵庫縣有馬郡三田町在三輪村 |

## 炻　器

|     |     |
| --- | --- |
| 今戸燒 | 東京市浅草　はしば町（土、陶器） |
| 古曽部燒 | 大坂府三島郡岩平村字古曽部 |
| 深日燒 | 大坂府泉南郡深日村 |
| 湊燒 | 堺市 |
| 仁清燒 | 京都市 |
| 髙台寺燒 | 全 |
| 朝日燒 | 京都府久世郡宇治町 |

製陶法

明石焼
人磨焼　　兵庫縣明石郡明石町
立杭焼　　仝　　　　今田村
無名異焼　新潟縣佐土郡あい川村
笠間焼　　茨城縣西茨城郡笠間町
　　　　　　　　北山口村
　　　　　　眞壁郡眞壁町
小砂焼　　栃木縣　　大山田村
益子焼　　仝　　那賀郡益子村
万古焼　　三重縣四日市市
　　　　　　桑名郡桑名町
丸柱焼又は伊賀焼　阿山郡王瀧村　川合村
　　　　　　　　　丸柱村
阿漕焼　　三重縣津市
神路山焼　仝　　宇治山田市
富士見焼　愛知縣　名古屋市
夜寒焼　　仝
赤津焼　　仝　　東春日井郡赤津村
本業焼　　仝　　仝　　瀬戸町　品野村
常滑焼　　仝　　知多郡常滑町
犬山焼　　仝　　恵那郡犬山町
信樂焼　　磁賀縣甲賀郡長野村　雲井村
　　　　　〔滋〕
　　　　　　　　　上山村　下田村
瀬戸焼　　仝　　栗田郡瀬戸町村
温古焼　　岐阜縣赤阪郡赤阪村
澁草焼　　仝　　大野郡髙山町　大名田村
堤　焼　　宮城縣仙台市松島郡松島村
相馬焼　　福島縣相馬郡中木　町
　　　　　　　雙葉郡大沼村　八　村

| | |
|---|---|
| 平清水燒 | 山形縣南村山郡瀧山村 |
| 岩見燒 | 島根縣通摩郡温泉津村 |
| | 仝　　　　那賀郡江津村 |
| | 都野村　川浪村 |
| | 岩見村 |
| 伊部燒 | 岡山縣和氣郡伊部村 |
| 蒸明燒〔虫〕 | 〃　奥野郡むし〔虫〕明村 |
| 乙氣燒 | 山口縣豊浦郡小月村 |
| | 澤郡佐田村　陶村 |
| 田辺燒 | 和歌山縣西牟婁郡田辺 |
| 八島燒 | 香川縣高松市 |
| 尾戸燒 | 髙知縣　熱郡井口村 |
| | 〃那佐郡加茂田村 |
| 高取燒 | 福岡縣早良郡西新町原村 |
| | 福岡市 |
| 唐津燒 | 佐賀縣東松蒲郡唐津町 |
| 八代燒 | 隅本縣八代郡八代町 |
| 髙田燒 | 仝　　仝　　髙田村 |
| | 熊本縣蘆比郡日奈久町 |
| 水平燒 | 仝　　天草郡木戸村 |

陶　器

| | |
|---|---|
| 栗田燒 | 京都市 |
| 薩摩燒 | 鹿兒島縣鹿兒島市 |
| 龍文字燒 | 仝　　□〔アイ〕良郡川字木町〔始〕 |
| 樂燒 | 京都 |
| 水島燒 | 東京 |
| 淡路燒 | 兵庫縣津奈郡洲本町 |
| | 三原郡北阿万村 |

製陶法

おのころ焼　全
豊助樂焼　　愛知縣名古屋市
大樋焼　　　石川縣　　大樋
出雲焼　　　島根縣八束郡湯田村
樂山焼　　　全　　　能義郡田辺村
利手焼　　　香川縣香川郡栗林村
原南焼　　　全　　　大川郡志戸町

雑之部　　　兵庫縣　姫路市　〔焜炉〕（こんろを焼）
　　　　　　愛知縣碧海郡髙濱町新川村　〔焜炉〕（こんろ）
　　　　　　愛姫縣宇摩郡松柏村（人形）
深草焼　　　京都府紀井郡深草村（かわらけ）
　　　　　　全　　　あだご郡岩倉村字幡枝村
　　　　　　愛知縣愛知郡常滑町
　　　　　　岡山縣和氣郡伊部町
　　　　　　大阪府堺市
　　　　　　福岡縣福岡市字土町
　　　　　　山口縣三田尾佐浪郡陶村
福井縣　　　円生郡岩端村
栃木郡　　　仲郡大内村

原　　料

〔がいろめ〕
**蛙目**

　蛙目は第四紀層の旧期に係る洪積層にして、之を粗織せる岩類の一部なり。其の産地は全國各所に散在せるも、地質土自ら一定の地域を領して発達せるもの如く、主要なる産地は二方面なり。一つは盤城方面にあるものにして、他の一つは三河、美濃、尾張の地に起り、江近、伊勢、伊賀、山城、大和、攝津、淡路、播磨等の諸國に渡りて発達せるもの之なり。其の内に

付著名なる産地を上ぐれば次の如し。

| | |
|---|---|
| 山口蛙目 | 尾張國愛知郡山口村 |
| 五位塚蛙目 | 仝　東春日郡五位塚 |
| 土岐口蛙目 | 岐阜縣土岐郡土岐津町字土岐口 |
| 笠原蛙目 | 美濃國土岐郡笠原村 |
| （駄知蛙目） | ［美濃国］駄知縣駄知村 |
| （今山蛙目） | 山城國相樂郡大川原村字高尾大字今山 |
| | 江近國滋賀郡信樂郷長野村雲井村 |
| | 伊賀國阿山郡長田村島ヶ原村 |
| | 盤城國相馬郡壺田村冨沢村 |
| | 三河國西加茂郡高岡村字木瀬字荒田 |

　盤城方面にありては、未だ其の廣狭等つまびらかならず。蛙目埋藏量の富有なるは、三河の西加茂郡より尾張國東春日井郡及び愛知郡に連り現出せるものと、美濃國土岐、恵那、可兒の三郡に渡り、木曽川雞谷に發達せるものの如くはなし。特に東春日井郡瀬戸町及び土岐郡土岐津町土岐口附近の如きは、原料豊富にして良好なる。けだし全國に冠たるものなるべし。〔蓋〕地質構造に關しては、何れの方面に於も大差なし。地層は概ね極めて緩慢なる傾斜を示し、其の地平接する所にありては殆んど平且なり。地盤の隆起とともに他の旧層炭層に接する部分にありては、時には傾斜急なる所なしとせざるも、尚拾度をこゆる事極めて稀れなり。末洪積層の構成せる岩類は、各所其の質に多少の相違あるも、大體磧礫砂粘土の數種にして、共に凝結堅固ならず。〔キョー〕

　石礫曽は主として珪岩の礫よりなり。砂若しくは砂まじりの粘土を以て〔層〕凝結せられ、小石の大いさ殆んど均一にして大なるもの稀なり。其の厚さ一ならずも、大部分は原層に發達せり。然して壚母層を以て彼覆せらるゝ所少なからず、故に石礫層の下部にありて洪積層の最下部をなし、本層中最要の地層に屬し、本層中の砂は以て硝子原料となすべく、粘土は以て陶

磁器製造に供す可し。而して此の二種は花崗岩〔崗〕よりなる岩石の分解せるものにして、洪積層の之に接する部分に発達し、粘土は各所相違せるも、大別すれば砂を交ゆるものと之を交へざるものとの二種に帰すべく。又は粘土は砂曽〔層〕に移り、時に砂層、粘土層との境堺がハンゼン〔判然〕せざるものあり。是に層の成生〔生成〕当時に於て、流水速度の緩急、及び沈積成層せるは、水低の地形により状況如何に依りて生せし結果なるべく、同一の時期に於て沈積せるも、所に依り又は砂層となり或は粘土層となりしものなり。

蛙目なる clay は多量の砂を含有する clay の種類にして、其の砂質は珪石と長石との粒子よりなるも珪石粒を主とし、長石粒は小量なりとす。又主として clay のみより構成せらるゝものは木節なり。蛙目と互層せる砂層は、洪積層の下部主要の層にして、蛙目、其の部分を構成せるのみならず、多量の珪石及び長石砂を交ゆるを以て之を余し〔除〕、粘土分のみを集め陶磁器原料に供す。然して其の量は、原土 100 分中僅に 20 内外に過ぎず、他は皆砂粒なり。又、蛙目層の厚さは一定せず、其の最も厚き所にて 20 尺に達する所あり。

天然に混在せる多量の珪石粒を蛙目原土よりのそきたる〔除〕残りの clay が、現今我國に於て使用せらるゝ陶磁器原料中にては可そ性〔塑〕最も強きものは一種にして、其の色白し。されど天然産出の儘、或は精製して細粉となし水簸したる儘の色合如何よりも、之を焼成したる後の色合は陶磁器製造上に付最も注意すべきものなれば、今次に其の試験を示さん。

|  産地火度 | SK5 | SK7 | SK8 | SK10 | SK12 | SK14 | SK₂O |
|---|---|---|---|---|---|---|---|
| 山口産 | 淡褐白色 | 〃 | 淡鼠色 | 〃 | 〃 | 帶紫色 | 暗鼠色 |
| 土岐口産〔國〕 | 白色 | 〃 | 〃 | 〃 | 淡褐白色 | 〃 | 淡鼠色 | 帶鼠色 |

蛙目焼成試験　　第一表

即ち此の表の如く、蛙目は單味焼成すれば其の火度によりて其の色合を異にし、比較的低火度に於ては白色又は白色に近きも、磁器焼成火度に於ては次第に暗鼠色に近くを見る。又、其の耐火度は産地により異なると雖も、大概のものは 30～34.5 番の間にあるが如し。蛙目の化學成分は其の産地に依りて、及び産出せる時期によりて、一定せざるも之を分拆せる結果を示

せば次の如し。

第二表

| 産地成分 | SiO2 | Al2O3 | Fe2O3 | CaO | MgO | K2O | Na2O | Ig.los | Total |
|---|---|---|---|---|---|---|---|---|---|
| 五位塚 | 49.48 | 36.85 | 0.54 | trace | trace | 0.43 | 0.51 | 12.69 | |
| 山口産 | 48.65 | 35.95 | 0.96 | — | 0.96 | 0.72 | — | 13.82 | |
| 土岐口産 | 46.98 | 37.19 | 0.96 | 0.95 | 0.22 | 0.26 | 0.27 | 13.91 | |
| 笠原産 | 66.64 | 22.62 | 0.51 | — | 0.09 | 1.85 | — | 8.39 | |
| 土岐口 | 45.91 | 38.41 | 0.79 | 0.41 | 0.21 | 0.38 | 0.62 | 13.42 | 100.09 |
| 仝 | 49.28 | 36.17 | 0.48 | 0.18 | 0.86 | 0.14 | 0.12 | 13.56 | 99.99 |
| 山口産 | 46.90 | 37.12 | 0.99 | 0.65 | 0.28 | 0.14 | — | 14.24 | 100.32 |
| 生氣嶺 | 46.20 | 38.22 | 0.64 | 0.25 | 0.10 | 0.23 | 0.62 | 13.97 | 100.23 |
| 河東梅峙 | 46.32 | 38.54 | 0.55 | 0.60 | 0.37 | 0.04 | 0.18 | 13.50 | 100.04 |
| 〃 尋芳谷磁土 | 46.30 | 39.39 | 0.50 | 0.29 | 0.09 | 0.19 | 0.58 | 13.02 | 100.36 |
| チェットリッツ | 46.30 | 37.91 | 0.84 | 0.28 | 0.32 | 0.47 | 0.58 | 13.20 | 99.91 |
| 〃 | 46.84 | 38.56 | 0.83 | trace | trace | 1.06 | | 13.73 | 100.05 |
| 〃 | 46.45 | 38.05 | 0.80 | 0.20 | 0.20 | 0.92 | | 13.42 | 100.04 |
| 〃 | 46.03 | 38.93 | 0.84 | 0.32 | 0.22 | 0.84 | | 13.02 | 100.00 |
| チャイナークレー | 46.44 1273 | 39.33 | 1.00 | 0.18 | 0.30 | 1.30 | 0.91 | 12.73 | 100.22 |
| 〃 | 47.10 | 37.33 | 1.11 | 0.14 | 0.49 | — | 0.20 | 13.45 | 99.80 |

中央の二線以上は大須賀先生の講義に依るもの以下窯業雑誌による。

　生氣嶺の蛙目は朝鮮咸鏡北道鏡城の附近生氣嶺に産する粘土にして、石岩及び粘土が相接して相接して産す。現今生氣嶺鑛業社の所有に属し、花コウ岩の分解に依りて生ぜしものにして、蛙目粘土と木節粘土、及び溶融性有色粘土とを産す。然して此の粘土の産出せる有様は右圖の如し。慶尚南道川東郡産磁土よりも強く、オーストリヤボヘミヤ産のチェットリッツカオリンに類し、其の廣さは巾約300〜400尺、長さ10町内外に渡るものゝ如く。薄き所にて三、四十尺、厚き所は百數十尺に達すと云ふ。其の品質は陶磁用粘土質原料として頗る可良にして、内地産のものに比し、其の成分割合に一定にして、其の色合又白く、之を使用するに際しては可そ性弱きを以て、内地の蛙目より多量に混用するを要す。例べば、濃美地方

に於て磁器素地に 30 percent 内外の蛙目を用ゆれども、此の蛙目にありては SK12 番程のものなれば、40〜50%、SK13〜15 番程に焼成するものなれば、50〜60% を用ゆるを可とす。元来、本那産磁器の品質ゼイー弱なる欠〔脆〕点あり。此の欠点は其の組成分中粘土質物を含有する事少なきによるものなれば、此の蛙目を用ゆる事に依り、この欠点を少なからしむる事を得べし。此の粘土は獨津を積出し港とし、産地より二里十八町の所にあり。将来彼の地に於て水簸をなし、内地に供給するに至るべし。蛙目の耐火度を示せば次の如し。

生氣嶺蛙目水簸物　　　　　　SK.35 番強
山口蛙目水簸物　　　　　　　SK.35 番強
土岐口蛙目水簸物　　　　　　SK.35 番強
朝鮮川東郡梅峙磁土　　　　　SK.36 番
尋芳谷磁土　　　　　　　　　SK.36 番
チェットリッツカヲリン水簸物〔オ〕　SK.35 番

而して各々蛙目の粒子の大さを示せば次の如し。
此の表により普通内地産蛙目は正味となるべき細土と微土とを加へたる

| 砂土名 | 英名 | 粒子・直径 | 生氣嶺 | 山口蛙目 | 五位塚 | 印所産 | 土岐口産 |
|---|---|---|---|---|---|---|---|
| 粗砂 | Grob sand | 0.333m 以上 | 26.55 | 47.14 | 46.51 | 45.46 | 63.23 |
| 細砂 | Fein sand | 0.04 − 0.333 | 7.66 | 16.12 | 14.09 | 17.76 | 14.09 |
| 微砂 | Stanb sand | 0.025 − 0.04 | 4.58 | 1.16 | 1.1 | 2.6 | 1.98 |
| 細土 | Schlaffko mer | 0.01 − 0.25 | 8.59 | 1.56 | 1.08 | 5 | 1.12 |
| 微土 | Tansubstance | 0.01 − 0.25 以下 | 52.62 | 34.02 | 37.22 | 29.18 | 19.58 |
| 合計 | Total | − | 100 | 100 | 100 | 100 | 100 |

ものは、20 〜 38 percent なれども、生氣嶺蛙目は 60% の正味を得。

## 蝋石〔ろうせき〕  Pyrophylite or agalmatolite or Pagadite

蝋石の産地は備前國（川北）、幡馬〔播磨〕（福本）（越岩、宝樂寺幡龍山）、安藝、美作、丹波、對島、肥前（五島）、全羅南道、海南郡、門内面、王理山及び珍島郡等に産す。されど主として窯業及び製紙原料に供給せらるゝものにて三石産のものと五島産のものなり。

普通に蝋石と称するものの内には、珪酸苦土鑛と、珪酸礬土鑛との二種あり。窯業にて広く用ひらるゝは、珪酸礬土鑛にして、三石産蝋石、五島産蝋石の如き此の種に属す。されど幡馬〔播磨〕産の如きは、苦土を含む事少なからず、其の他蝋石と呼ぶものの中に（通俗に）は炭酸カルシウムよりなるものあり。美濃國赤阪〔坂〕産大理石の如き之なり。蝋石の成因は石英粗面岩の鑛脈に高熱の温泉が作用して、之が為めに岩石が分解せられて、一種の粘土となりしものにして、温泉の作用を受けたる所の多少により分解の程度に差あり。尚此のものは、普通粘土の如く層をなさずして脈状を呈し、温泉作用なるが為め粘土を生ずる事少きが如し。然るに、この温泉作用の場合、硫黄泉なれば、其の分解作用は粘土中の礬土と母岩のアルカリ分と化合して明礬石を生ず。即ぢ幡州栃原〔ママ〔播〕〕に於て明礬石と蝋石と共生するが如し。又硫黄泉ならずして、普通温泉作用にて岩石、若しくは粘土中のアルカリ苦土等に化合して石験石を生ずる事あり。蝋石の化學成分を示せば次の如し。

| 産地＼成分 | SiO2 | Al2O3 | Fe2O3 | CaO | MgO | K2O | Na2O | Ig.los | Total |
|---|---|---|---|---|---|---|---|---|---|
| 三石産 | 54.49 | 36.06 | 0.2 | 0.12 | 0.07 | 0.20 | 0.31 | 8.1 | 101.15 |
| 〃 | 55.25 | 3□.73 | trace | 0.09 | 0.86 | trace | trace | 9.05 | 99.98 |
| 〃 | 48.59 | 41.63 | 0.14 | 0.34 | 0.19 | 0.19 | — | 9.35 | 100.35 |
| 〃 | 52.56 | 36.72 | 0.76 | 0.62 | 0.21 | 2.00 | 0.46 | 7.08 | |
| 〃 | 56.31 | 34.31 | 0.33 | 0.04 | 0.09 | 0.08 | trace | 8.92 | 100.08 |
| 宝楽寺 | 45.4 | 39.95 | 0.32 | 0.09 | 0.05 | 0.04 | — | 14.31 | |

製陶法

| 産地＼成分 | SiO2 | Al2O3 | Fe2O3 | CaO | MgO | K2O | Na2O | Ig. los | Total |
|---|---|---|---|---|---|---|---|---|---|
| 蝋石代学成分表・続き |||||||||
| 一谷村 | 75.82 | 20.63 | 0.52 | 0.41 | 0.10 | 0.08 | 0.□4 | 2.94 | 100.04 |
| 醫王山 | 66.24 | 28.46 | trace | 0.25 | 0.37 | 0.08 | trace | 4.49 | 99.89 |
| 播馬山 | 65.68 | 29.34 | 0.51 | 0.04 | 0.51 | trace | 0.14 | 3.14 | 99.28 |
|  | 69.44 | 25.01 | trace | 0.44 | 0.08 | trace | 〃 | 5.07 | 100.01 |
| □本 | 45.49 | 40.08 | 0.79 | 0.36 | 0.08 | 0.16 | 0.21 | 12.□ | 99.76 |
|  | 46.53 | 39.59 | 0.41 | 0.44 | 0.06 | 0.08 | 0.51 | 12.48 | 100.1 |
|  | 66.63 | 28.03 | 0.94 | 0.29 | 0.08 | 0.10 | 0.11 | 3.87 | 100.05 |
| 幡龍山 | 69.76 | 24.54 | trace | 1.09 | 0.35 | — | — | 5.07 | 100.04 |
| 川北産 | 46.38 | 39.27 | 1.00 | 0.14 | — | 0.56 | 0.14 | 12.2 | 99.69 |
| 五島産 | 65.18 | 28.16 | 0.3 | 0.06 | trace | 0.03 | 1.21 | 5.34 | 100.28 |

　此の中最も産出多き三石産蝋石に付て述ぶれば次の如し。
　三石蝋石は三石町の西南数丁の所にあり。三石町に近き山の北部一体を表山と称し、南部を裏山と称ぶ。北部は主に大阪石筆株式會社、之を所有し彩屈し、南部は大平鑛山株式会社之を彩屈せり。彩屈方法は旧式法にして、鑛内には排水設備及び動力等設備なく、岩石を火薬にてばく発せしめ、不完全なるトロッコにて搬出せり。両者共に其の原料を各地方に販賣せり。其の價格は非常に変動あれども、昨年の始め(大正五年の始め)に於ける標準的のものを示せば、上石10000付33円、中石10000付25円、耐火粘土10000付12円、赤粘土10000付九円、三号粘土10000付六円、製紙用clay100ポンド1.30円、clayかす100、0.50円。
　三石蝋石の品質、土の分類を示せば次の如し。
(イ)上石、(ロ)二等上石、(ハ)上中石、(ニ)並中石、(ホ)王理石、(ヘ)加沙島石、(ト)王石、(チ)眞石、(リ)三号粘土、(ヌ)三石粘土(赤粘土、白粘土)にして、其の用途及び耐火度を示せば、
(イ)上石、(ロ)二等上石は製紙用clay、耐火材量、織物塗糊、石筆製造、印材及び置物其の他白粉として應用す。耐火度はSK33〜35。上中石、並中石、

用途及び耐火力同じ。王理石、印材置物、質硬きを以て餘り喜ばず。耐火がSK32。加沙島石、用途同しSK30〜32。王石、普通目王石と称し、殆んど耐火材料SK37。眞石、珪酸分多く耐火材料として冨む。SK29〜30番。三号粘土　耐火材量　SK30番以下。三石粘土　耐火材料　SK27〜31。

　王石は多量の礬土分を含有するものにして、50〜60%に達し、其の耐火度は上記の如くSK37番程あれば、現時この希望者頗る多く、現今其の價格10000付350円〜400円と云ふ相場まで暴トーせり。但し、以前に於ては粉〔膣〕サイし難きにより取り捨てたるものなり。三号粘土は蝋石と粘土とを混〔砕〕せしものにして、耐火煉瓦用として頗る便利なるものなり。即ち此の粘土一種にて耐火煉瓦を造り得るを以てなり。三号粘土なる名称は、其の初め枝光製鉄所爐材課にて試験せし時に、第三号を記験番号と記載せしより、この名称を生ぜしなりと云ふ。三石に於ける耐火煉瓦業者は主として三号粘土、三石粘土を使用するのみにして殆んど岩石状の蝋石を使用せず。

　岩石状の蝋石は、其の用途に於て記載せる如く之を粉サイ、水簸して微〔砕〕〔すいひ〕細なるものを、塗糊の原料として製布。製紙に用ひ、之をclayと呼び、水簸の際生したる粗粒をclayかすと呼びて陶磁器の原料に使用せらる。

## 木節〔きぶし〕（12. 18日）

　木節は含炭質粘土とも称し得べきものにして、其の色、灰色、鼠色、黒色等を呈し、其の成分は蛙目の水簸物と殆んど同一なれども、此のものは炭質物を含有するが為めに其の色多少の黒色を帯ぶ。而して、此の種の粘土は、蛙目と同じく第四記層とかゝる洪積層に属し、多くは蛙目層と磧礫層との中間に位し、第二次の粘土にして何れも多少の炭片を含有し、尚木質の存する亜炭と称するものを含むに依り、此の名あり。其の母岩は花崗岩なり。我國の産地は多く蛙目と相接し、瀬戸町及び品野村附近、伊賀口阿山郡長田村、奈良縣添上郡月ヶ瀬村大字石打、及び白樫山城口相樂郡、盤城國東海岸なる石城郡等より産す。天産のものは褐鼠色を帯び砂礫を含む事なく、最も可ソー性に富み、幾らか其の力蛙目よりも多し。其の色は〔塑〕炭質物より来るものなれば、之を焼くときは其の色合を淡からしむ。され

39

ど鉄分を含むものにありては、焼成によりて黄色を呈するを常とす。又は焼成温度の高低によりて其の色合に差。SK7.8番にては多くは淡褐白色を呈すれども、SK10番内外に至れば、淡鼡色となる或は鼡色に変するを常とす。其の耐火度はSK30番以上、SK35又は34番の間にあり。このものは上述の如く砂粒を含まざるにより、水簸すれば其の木片を失ふのみにして、殆んど全部正味となるを以て、90 percent 内外の粘土分を取る事を得、次に其の主なる成分を示せば次の如し。

<table>
<tr><th colspan="9">木節成分表</th></tr>
<tr><th>成分<br>産地</th><th>SiO$_2$</th><th>Al$_2$O$_3$</th><th>Fe$_2$O$_3$</th><th>CaO</th><th>MgO</th><th>K$_2$O</th><th>Na$_2$O</th><th>Ig.los</th></tr>
<tr><td>瀬戸本山<br>白木節</td><td>46.90</td><td>35.48</td><td>35.48</td><td>0.66</td><td>trace</td><td>未定量</td><td>未定量</td><td>17.45</td></tr>
<tr><td>〃黒木節</td><td>42.19</td><td>35.61</td><td>35.61</td><td>0.80</td><td>0.19</td><td>未定量</td><td>〃</td><td>20.64</td></tr>
<tr><td>〃本山木節</td><td>48.02</td><td>34.79</td><td>0.94</td><td>0.52</td><td>0.80</td><td>0.90</td><td>0.27</td><td>14.32</td></tr>
<tr><td>〃原土</td><td>48.90</td><td>35.57</td><td>1.30</td><td>0.46</td><td>0.06</td><td>0.15</td><td>0.40</td><td>13.62</td></tr>
<tr><td>〃水簸物</td><td>47.46</td><td>34.62</td><td>0.92</td><td>0.28</td><td>0.42</td><td>0.46</td><td>0.66</td><td>15.26</td></tr>
<tr><td>品野産木節</td><td>50.42</td><td>33.01</td><td>1.67</td><td>0.34</td><td>0.44</td><td>0.80</td><td>0.28</td><td>13.20</td></tr>
<tr><td>印所産木節</td><td>48.47</td><td>33.08</td><td>2.23</td><td>0.92</td><td>0.32</td><td>0.91</td><td>0.24</td><td>14.17</td></tr>
<tr><td>〃</td><td>48.90</td><td>35.57</td><td>1.30</td><td>0.46</td><td>0.06</td><td>0.15</td><td>0.40</td><td>23.62</td></tr>
<tr><td>〃青木節</td><td>59.63</td><td>26.32</td><td>1.99</td><td>0.11</td><td>0.10</td><td>0.89</td><td>1.08</td><td>10.23</td></tr>
</table>

## 天草石

　天草石は肥後國天草郡下島西北端なる冨岡町の南西二里間に數脈となりて、都呂々、下津深江、小田床、髙濱に出ず。このものは石英粗面岩の分解によりて生したる porcelain stone 即ち alkaline clay にして、耐火度強からず。其の中に髙濱産の或るものはSK22に耐ゆるものあれども、多くはSK17内外にして、都呂々産のものはSK13前後にあり、このものは石状をなすに依り天草石とも呼び、又 clay なるに依りて天草土と稱す。又、單に天草とも云ふ天草石の供給地は、本邦に於ける各製陶地に相應に使用せらるれども、殊に有田焼をのぞきたる肥前磁器、即ち三河内焼、藤津、杵嶋の大外山（おーそとやま）及び京都の清水焼、名古屋磁器の如き主として之に依れり。尚瀬戸、美濃、砥部、焼の如きも亦之を使用する者あり。

天草石は有田の泉山石に類し、幾分粘り強きも單味にて磁器素地となす事を得、質硬くして重く Microscope にて視れば、磁土、石英のこまかき部分を視るべし。諸所に穴孔ありて、長石の分解したる跡を示す。されど上記四ヶ所の物にも品質により差あり。粘力割合に大なるものと小なるものとあり。一般に clay はくだけ易くして、粘力大なるもの程、耐火力強きが如し。之、長石より粘土に分解する程度の進みたる證なり。されど木節及び頁岩の如きは、圧力の為めにかたまりて、返って硬くなりたるものなり。此の石は一大岩状をなさずして、第二酸化鉄を含む薄層を以て圍繞せられ、岩石の不規律に相重なりて層脈をなして産出せり。故に横穴を穿つときは、墜落の憂あるを以て、現今は切落し法によりて山頂、或は山腹を切開し、其不用分は之を斜面にそふて山麓へ切落せり。其の品質成分は産所に依りて多少異るのみならず、鉄分附着の多少に依りて上下あるものなり。人工に依りて鉄分を除きたる物は磨と稱し、之に上磨、撰土の二種あり。主に京都方面に供給せらる。其の他を並等品とす。之に一等、二等、三等、等の名を附す。天草石の造坯水は約 22.23％にして（22〜23％）、其の化学成分を示せば次の如し。

| 成分\名称 | SiO2 | Al2O3 | Fe2O3 | CaO | MgO | K2O | Na2O | Ig.Loss | Total |
|---|---|---|---|---|---|---|---|---|---|
| 天然の儘物 | 78.94 | 14.07 | 0.44 | 0.18 | 0.18 | 3.12 | 0.62 | 2.59 | |
| 仝 | 79.34 | 13.89 | 0.54 | 0.68 | 0.23 | 2.63 | 0.51 | 2.24 | |
| 仝 | 81.43 | 12.23 | 0.98 | 0.39 | 0.22 | 0.98 | 1.35 | 2.62 | |
| 水簸物 | 75.22 | 15.46 | 0.59 | 0.25 | trace | 3.27 | 2.19 | 3.39 | |
| | 76.46 | 15.92 | 0.35 | 0.48 | 0.22 | 2.79 | 1.48 | 1.71 | |
| | 73.75 | 18 | 18 | 0.5 | 0.18 | 3.88 | 3.88 | 2.69 | |
| | 71.3 | 19.56 | 0.73 | 0.59 | 0.19 | 3.57 | 0.38 | 4.14 | 100.46 |

化學分析より其の示性分析を計算せる一例を示せば、

| Clay substance | Quartz | Feldspar |
|---|---|---|
| 35 | 35 | 30 |
| 40 | 40 | 20 |

此の表に視る如く、天草石は1/3程の粘土分と、ほゞ之と同量づゞ［ママ］石英と長石を含むにより、此の物を全部粉砕して用ゆれば、其の儘 porcelain body として使用ゆる事を得るなり。従って今日に於ては、小しく大仕掛に製造する場合には、天草石を水簸せずして、砂粒程に粉砕せるものを boll mill に入、澱粉の如く小粒となして用ゆるを常とす。但し水簸を行ふ場には此の成分 (chemical formula) より多少の石英分を減ずるものなり。又此のものを釉薬となさんと欲すれば、約其の1/4量の石灰石を加ふれば、porcelain glaze となるべし。天草石の示性分析を今一つ

Clay substance　　　　Quartz　　　　Feldspar
36.47　　　　　　　　33.91　　　　　29.62

## 信樂土

　信樂土は蛙目などゝ同じく、花崗岩の分解に依りて生したる粘土なれども、蛙目に比し第二酸化鐵、有機物等を含むこと多きを以て、耐火度は SK26〜27番なり。其の成生は第四紀洪積層に属し、京都地方に供給するものは磁賀縣［滋］甲賀郡雲井村大字木之瀨字東山方面にして、信樂燒の使用原料となる所は、全郡長野村大字長野小字日本丸、及び小字米儘しなり。信樂粘土には木節に近にものを混ずる事あり。其の分析表を示せば、

| 成分名称 | SiO2 | Al2O3 | Fe2O3 | CaO | MgO | K2O | Na2O | Ig.Loss | Total |
|---|---|---|---|---|---|---|---|---|---|
| 信楽土 | 65.44 | 23.12 | 0.98 | 1.33 | 0.23 | 2.58 | 0.56 | 2.79 | |
| 仝 | 53.37 | 26.41 | 2.01 | 0.65 | 0.31 | 2.48 | 2.69 | 7.23 | |
| 仝 | 56.87 | 28.56 | 28.56 | 0.69 | 0.47 | 0.28 | 0.06 | 12.16 | |

信楽土化学成分表（其一）

| \ formula<br>name \ | SiO2 | Al2O3 | Fe2O3 | CaO | MgO | K2O | Na2O | Ig.Loss | Total | S. | K |
|---|---|---|---|---|---|---|---|---|---|---|---|
| 黄の瀬産 | 63.53 | 27.61 | 1.86 | 0.73 | 1.04 | 1.9 | 3.3 | | | | 24 |
| 上山 | 67.77 | 25.33 | 2.44 | 0.82 | 0.38 | 0.96 | 2.26 | | | | |
| 江田 | 68.83 | 24.58 | 0.76 | 0.47 | 0.51 | 0.99 | 3.82 | | | | 25 |
| 仝 | 62.92 | 29.27 | 0.91 | 0.41 | 1.3 | 1.29 | 3.86 | | | | 27 |
| 長野産 | 66.73 | 25.84 | 1.76 | 1.02 | 0.14 | 0.91 | 3.13 | | | | |
| 仝 | 68.46 | 24.04 | 1.76 | 1.06 | 0.37 | 1.43 | 2.84 | | | | |
| | 80.45 | 14.75 | 0.51 | 0.21 | 0.1 | 2.44 | 1.42 | | | | |
| | 79.08 | 14.19 | 1.28 | 0.7 | 0.44 | 2.16 | 2.03 | | | | |
| | 79.93 | 15.66 | 1.36 | 1.02 | 0.17 | 2.63 | 1.26 | | | | |
| | 53.52 | 45.45 | trace | 0.25 | 0.26 | trace | 0.52 | | | | |
| □ | 69.45 | 22.06 | 0.69 | 0.75 | 1 | 3.66 | 2.37 | | | | |
| 柞原産 | 78.71 | 14.86 | 0.5 | trace | trace | 3.86 | 2.05 | | | | |
| 京都にて使用する | 69.43 | 24.53 | 1.04 | 1.41 | 0.26 | 2.73 | 0.59 | | | | |

表題: The shigaraki clays of chemical formula

## 泉山石

　泉山石は我國に於て最初に磁器製造に使用せられたるを以て著名なる原料にして、今日に於ても有田焼の唯一の原料として盛に使用せらる。佐賀縣西松浦郡有田町大字泉山より産出する石英粗面岩 (riparite) の半ば分解して生じたる alkaline clay にして天草石に比し幾分か粘力、且つ珪酸分多きかたむきあれども、製品として使用する場合には我國の磁器中にて最も堅固なり。有田に於ては、此の clay のみに依りて磁器素地を作り、釉薬には此の clay に石灰分を混入す。但し對州石なる pegmatite 質のものを加ふる事あり、其の化學成分は次の如し。

製陶法

| The Izumiyama stones of chemical formula ||||||||||
|---|---|---|---|---|---|---|---|---|---|
| name \ fomula | SiO2 | Al2O3 | Fe2O3 | CaO | MgO | K2O | Na2O | Ig. Loss | Total |
| 上石（採掘の儘） | 83.8 | 13.09 | 0.77 | 0.55 | 0.2 | 1.8 | 1.8 | | |
| 泉山石 | 78.7 | 14.27 | 1.16 | 0.45 | trace | 2.24 | — | 3.29 | |
| 〃 | 81.33 | 12.7 | 0.73 | 0.53 | 0.19 | 1.95 | 1.95 | 2.95 | |
| 〃 釉石（原石） | 83.8 | 10.54 | 0.26 | 1.21 | 0.26 | 3.91 | 3.91 | | |
| 〃（水簸物） | 71.77 | 15.06 | 1.47 | 0.1 | — | 1.63 | — | | |
| 上より三番目の泉山石の分析表より示性分析に換算したる一例は次の如し ||||||||||
| Clay substance ||| Quartz |||| Feldsper (Feldspar) |||
| 27.15 ||| 62.9 |||| 10.09 |||

## 白繪土

　白繪土は其の成因、蛙目又は木節と同じく、花崗岩の分解によりて生じたる磁土にして、蛙目と異る所は砂粒を含まざる所にして、木節と異るは炭質物を有せざるにあり。從って色白く礬土分に富み砂粒を含まず、されど西洋に於ける kaolin の如く可塑性少くして、常に木節の如き粘土質とともなひ層状をなして産出す。我國に於ける産地は美濃國惠那郡姫治村、粟尾村、可兒郡大森村及び江近國甲賀郡鏡山、其の他少量には伊賀、信樂附近にも産す。白繪土は粘り少き故に、水簸の際極めて速かに沈下する性あり。又天産の儘にては白色なれども、磁器焼成火度に強熱すれば、少しく灰色を帶ぶる事多し。其の分析を示せば、

| The chemical formula of the shirae clay |||||||||
|---|---|---|---|---|---|---|---|---|
| name \ fomula | SiO2 | Al2O3 | Fe2O3 | CaO | MgO | K2O | Na2O | Ig.Loss | Total |
| 姫治村字大針（上等） | 47 | 34.62 | 0.46 | 0.04 | 0.26 | 0.09 | 0.16 | 14.2 | 100.11 |
| 仝（並） | 47.67 | 38.18 | 0.43 | 0.45 | trace | 0.77 | 0.32 | 7.15 | |
| 栗尾村産 | 53.7 | 31.91 | 1.36 | 0.21 | 0.29 | 0.95 | 0.39 | 11.38 | 100.86 |
| 大森村産 | 45.91 | 38.26 | 0.46 | 0.27 | 0.23 | 0.11 | 0.43 | 14.38 | 100.05 |
| 江州産粟田焼原村 | 54.24 | 43.48 | 0.94 | 0.51 | trace | 0.44 | 0.36 | | |
| 鏡山産 | 48.22 | 35.47 | 2.46 | 0.51 | 0.08 | 0.02 | 0.04 | 12.98 | 99.78 |

製陶法

　白繪土は陶磁器用として、磁器釉下顔料、殊に呉須を使用ゆる〔す〕際、素地の表面に薄く塗布し、其の顔料の強熱に遇ひて〔遭〕流出するを豫防する為めに用ひらる。又、天草長石などと混して白色ならさる素地の表面に化粧用として塗布する事あり。又粟田焼の如き raw materials of body として之を使用したる事あり。されど産額多からさる為め、body 用として其の用途を減少し、此の目的に向って蠟石を使用するもの次第に多きを加へたり。

| fomula name | SiO2 | Al2O3 | Fe2O3 | CaO | MgO | K2O | Na2O | Ig. Loss | Total, S |
|---|---|---|---|---|---|---|---|---|---|
| Baubap | 59.28 | 28.63 | 1.29 | — | 0.61 | 3.44 | — | 7.37 | |
| Kemlity（Ka | 54.2 | 32.9 | 0.29 | 0.17 | 0.13 | 0.49 | 0.49 | 11.82 | |
| Meissen | 59.9 | 30.1 | 0.76 | 0.38 | trace | 0.68 | — | 12.2 | |
| Zettlity | 46.82 | 38.49 | 1.09 | — | trace | 1.4 | — | 12.86 | |
| Sennerwity | 64.87 | 25.83 | 0.83 | — | 0.5 | 1.39 | — | 8.38 | |
| Zettlity | 46.87 | 38.56 | 0.83 | trace | trace | 1.06 | — | 12.73 | |
| 〃 | 45.68 | 38.54 | 0.9 | 0.08 | 0.38 | 0.16 | 0.16 | 13 | 99.24 |
| 〃 | 46.3 | 39.91 | 0.84 | 0.28 | 0.32 | 0.41 | 0.59 | 13.2 | 99.91 |
| 〃 | 46.45 | 38.05 | 0.8 | 0.2 | 0.2 | 0.92 | 0.92 | 13.42 | 100.04 |
| 〃 | 46.03 | 38.73 | 0.84 | 0.32 | 0.22 | 0.84 | 0.84 | 13.02 | |
| Rakonity (shale) | 52.5 | 45.21 | 0.81 | — | — | — | — | 17.8 | |
| Denber | 46.35 | 35.59 | 0.11 | — | — | — | 0.15 | 13.93 | |
| 英国 conwall (Cornwall) | 46.78 | 39.6 | 0.09 | 0.18 | — | 0.19 | — | 13.16 | |
| china clay | 46.44 | 37.33 | 1 | 0.18 | 0.3 | 1.33 | 0.91 | 12.73 | |
| 〃 | 47.74 | 38.74 | 0.44 | 0.07 | 0.21 | 0.14 | — | 11.92 | |
| 〃 | 46.87 | 38.27 | 0.42 | 0.15 | 0.06 | 1.8 | 0.49 | 12.16 | |
| 〃 | 47.1 | 37.33 | 1.11 | 0.14 | 0.47 | — | 0.2 | 13.45 | 99.8 |
| ball clay | 47.26 | 35.85 | 1.01 | 0.58 | 0.68 | 0.94 | 0.45 | 13.94 | 100.51 |
| 佛国 St Yriex（kaolin） | 45.9 | 40.34 | — | — | — | 1.56 | — | 12 | |
| Pegmatite | 76.1 | 15.37 | 0.13 | 0.17 | trace | 2.84 | — | 4.58 | |
| 〃 | 74.99 | 18.8 | 0.37 | 1.09 | 4.31 | 3.49 | 0.65 | | |
| 〃 | 76.11 | 14.61 | 0.66 | 1.44 | 0.42 | 2.9 | 3.03 | 1.23 | |

The national anarisis of the Kemlity and Pegmatite 2. 3.

| fomula name | clay substance | Quartz | Feldsper | water |
|---|---|---|---|---|
| secound pegmatite | 8.93 | 26.49 | 64.58 | — |
| 〃 | 18.5 | 24.39 | 58.2 | — |
| Kemlity kaolin | 84.6 | 14.8 | 0.51 | — |

製陶法

耐火粘土分析表（本表…川﨑先生が硝子の講義に際し坩堝用粘土の参考として講義せられしもの）

| name \ fomula | SiO2 | Al2O3 | Fe2O3 | CaO | MgO | K2O | Na2O | Ig.Loss | Total. S |
|---|---|---|---|---|---|---|---|---|---|
| 三石蝋石中石 | 53.53 | 37.93 | 0.75 | 0.32 | 0.13 | — | 0.32 | 7.6 | 100.62 |
| 〃色蝋石 | 53.8 | 35.98 | 0.42 | 0.65 | 0.19 | 0.72 | 0.06 | 8.2 | 100.02 |
| 伊賀白粘土原土 | 52.35 | 33 | 0.32 | — | 0.38 | 0.84 | 0.52 | 12.67 | 100.08 |
| 赤津木節原土 | 48.56 | 33.61 | 1.2 | 0.52 | 0.13 | 0.54 | 0.31 | 5.11 | 99.98 |
| 島ヶ原蛙目水簸物 | 51.59 | 29.62 | 2.35 | 1.23 | 0.21 | 1.4 | 0.56 | 3.91 | 99.87 |
| 島ヶ原耐火粘土原土 | 54.97 | 29.95 | 2 | 0.32 | 0.5 | 1.1 | 0.35 | 10.84 | 100.03 |
| 島ヶ原木節水簸物 | 55.51 | 28.29 | 2.16 | 0.6 | 0.55 | 0.69 | 0.03 | 12.55 | 100.39 |
|  | 54.82 | 31.05 | 1.25 | 0.5 | 0.33 | 0.37 | 0.44 | 11.21 | 99.97 |
|  | 70.56 | 20.83 | 0.95 | 0.44 | 0.25 | — | 0.59 | 6.25 | 99.98 |
| 山口産蛙目水簸物 | 47.2 | 36.11 | 1.34 | 0.5 | 0.32 | 0.57 | 0.63 | 13.46 | 100.13 |
| 復州粘土下等原土 | 44 | 39.19 | 2.03 | 0.45 | — | 0.43 | 0.2 | 13.69 | 99.99 |
| 〃上等原土 | 43.88 | 40.52 | 1.22 | 0.37 | — | 0.4 | 0.06 | 13.78 | 100.24 |
| 畑子澤粘土原土 | 50.11 | 29.51 | 0.92 | 0.58 | 0.29 | 1.16 | 0.76 | 16.65 | 99.98 |
| 拝戸木節原土 | 48.23 | 31.42 | 2.75 | 0.37 | 0.73 | 0.86 | — | 15.64 | 100 |
| 諏訪粘土原土 | 47.66 | 32.05 | 1.25 | 0.54 | 0.91 | 0.23 | 1.5 | 15.83 | 99.97 |
| 廣野粘土原土 |  |  | 1.25 | 0.85 | 0.63 | 0.67 | 0.17 | 13.92 | 100.05 |
| 水野粘土原土 | 76.31 | 16.1 | 0.6 | 0.95 | 0.42 | 0.26 | — | 5.44 | 100.08 |
| 宮蛙目水簸物 | 50.41 | 32.03 | 1.95 | 0.65 | 0.82 | 0.95 | — | 11.25 | 100.05 |
| 朝鮮白土水簸物 | 45.57 | 38.64 | 0.45 | 0.65 | 0.09 | 0.19 | 0.67 | 13.87 | 100.13 |
| 元山木節 | 48.56 | 33.48 | 0.87 | 0.3 | 0.15 | 0.36 | 0.66 | 15.78 | 100.16 |
|  | 45.59 | 38.65 | 0.48 | 0.63 | 0.21 | 0.06 | 0.73 | 13.83 | 100.18 |
| 三保舎使用木節 | 66.21 | 26.48 | 0.7 | 0.26 | 0.17 | 0.65 | 0.38 | 6.27 | 100.12 |
| 〃木節原土 | 47.72 | 33.95 | 0.75 | 0.31 | 0.65 | 0.21 | 0.43 | 16.01 | 100.03 |
| 〃蛙石 | 54.2 | 37.25 | 0.5 | 0.1 | — | 0.08 | 0.17 | 7.7 | 100 |
|  | 43.89 | 31.28 | 1.25 | 0.23 | 0.29 | 0.48 | 0.95 | 22.54 | 100.11 |
|  | 59.48 | 28.01 | 0.82 | 0.43 | 0.12 | 0.25 | 0.67 | 0.65 | 100.43 |
| china clay | 46.5 | 38.35 | 0.81 | 0.45 | 0.37 | 0.53 | 0.23 | 12.81 | 100.05 |

外國に於ける鉄質粘土、及び日本に於ける鉄質粘土、即ち炻器用粘土の主なるものの成分を示せば次の如し。

| name \ fomula | SiO2 | Al2O3 | Fe2O3 | CaO | MgO | K2O | Na2O | Ig.Loss | Total.S |
|---|---|---|---|---|---|---|---|---|---|
| Kottiken | 59.42 | 27.75 | 1.77 | — | 0.52 | 1.5 | | 9.85 | |
| Lodeg | 66.76 | 20.94 | 1.92 | — | 0.81 | 4.64 | | 4.64 | |
| Hohr | 70.12 | 21.46 | 0.77 | — | 0.39 | 2.62 | | 4.92 | |
| Battmbach | 59.28 | 28.63 | 1.29 | — | 0.61 | 3.44 | | 7.39 | |
| Lammer sbach | 64.53 | 24.59 | 1.01 | trace | 0.34 | 3.06 | | 6.55 | |
| Beudorf | 78.28 | 14.92 | 0.77 | trace | 0.35 | 2.11 | | 3.78 | |
| 伊部産土 | 72.92 | 19.43 | 3.03 | — | — | 2 | 1.07 | 試験なし | |
| 万古羽津赤土 | 68.22 | 12.6 | 5.17 | — | — | 1.38 | 0.9 | 試験なし | |
| 常滑赤土 | 60.53 | 21.04 | 12.13 | — | — | 1.17 | 3.49 | | |
| 伊部磯上土 | 58.62 | 19.73 | 2.98 | 0.94 | 1.02 | 1.93 | 1.09 | 14.46 | |
| 常滑奥田土 | 60.9 | 21.08 | 4.35 | 0.55 | 0.71 | 1.74 | 1.11 | 7.82 | |
| 〃平井土 | 59.34 | 20.52 | 4.22 | 0.45 | | | 1.06 | 12.46 | |
| 〃赤土 | 55.39 | 19.25 | 11.1 | 0.51 | 0.94 | 1.07 | 3.23 | 8.78 | |
| 伊部土 | 69.47 | 18.51 | 2.89 | 0.58 | 0.88 | 1.91 | 1.02 | 5.11 | |

## 粘土の性質

### 薬品に對する作用

　純粘土、即ち kaolin は塩酸硝酸等に作用されざるも、苛性アルカリ液と共に煮沸するときは、加里若しくは曹達と礬土の double silicate を生じ、幾分か熔解す。若しアルカリの炭酸塩と共に強熱するときは、可熔性の塩類を生ず。硫酸は粘土に作用する事強く、攝氏 250 ～ 300℃ 度に於て、ことごとく分解して、kaolin 中の礬土は (SO4) 3Al2 となり、珪酸は可熔性の含水珪酸 H2SiO3、H4Si2O4 となる示性分解は此の理に基く。但し粘土中に不純物と

製陶法

して在する石英、及び長石は分解せず、而して普通粘土中に含有する酸化鉄、石灰等は塩酸及び硝酸に依って溶解す。又弗化水素は、粘土を分解して其の内の珪酸、若しくは容易に化合して揮発性の弗化水素弗化珪素を生ず。

**水に對する作用**

　Kaolin に水を加ふれば、粘力を生ずるものと、然らざるものとの二種あり。又、其の生する割合に大小あり。

　古くより此の事に付き種々なる説を立てたり。或る人は粘力を生する原因を、其の分子球状なりとす。生せざるものを多角形なりとす。されど、今日顕微鏡に依りて之をうかがうに粘力を有るもの必ずしも球状をなささるなり。又、或る人は粘土に水を加ふれば、あだかも鐵類に電氣を作用せしめたる如く、分子の配列一定の方向に進み、磁力の生ずる如く粘力を生ずると云ふもあり。又、粘土の分子は極めて微細なれば、コロイド状をなし居るに依り、之に水を加ふれば粘力を生ずるものなりと称するものなり。然れども未だ確定と言ふべからず。單に粘土は水を加ふれば粘力を生ずると云ふ固有の性質を有するは磁土なれども更に其の原因は明かならず。中には粘土を焼成すれば、ヂリマミット（Silimamit SiO₂Al₂O₃）と云ふものを生するものなるが、其の生ずる割合大なるもの程粘り多しと云ふ人あれども、是又確かならず。されど粘土の分子細き程、或は細かくなる程、粘りを増加し、又、水を加へて長く貯藏すれば、粘力を生ずること多きは實驗上明かなれば、コロイド説及び分子配列説は比較的有力なる學説なり。一たん〔旦〕乾きたる粘土は粘力を失ふも、之に水を加へて再び粘力を生ずるものなり（但し之を焼成すれば粘力を生せざるに至る）。而して、この水〔ママ〕、水の均一に其の分子間に分布する事は、粘力の大なるものにありては甚だ困難なるものなり。之、陶磁器、及び練〔煉〕瓦の原料を粘るに時間を要するユエン〔所以〕なり。又、粘力強きときは、其の調合物の性分を均一にする事難し。故に、粘土類を使用するには、必ず先つ乾燥粉末となす。然る後水籤するか、若しくは水を加へて粘るを常とす。陶磁器原料に於て、其の成分均一なる事は極めて必要なる事にして、いやしくも之を欠かんか一隅は粘力大なるあり、水分

早蒸発するあり、色を有するあり、或は耐火力異るあり、為めに製品完全ならず。故に製造者は此点につきて深き注意を拂はさるべからず。

粘土に水を混じて粘りたる物を乾燥する時は、収縮して其の容積と重量とを減ず。此の収縮も粘力と同じく clay の特性にして、粘力なき處の石類にこの性なし。粘力と収縮とにつきてはドクトル Aron の説あり。即ち次の如し。

母岩が分解して生じたる磁土が、他所に移動せずして其の場所に止まるものは其の分子球状ならば、水の為め流れて、第二或は第三の場所に沈澱せしものは、其の途中に於て磨サツ〔擦〕の為めに角を失ひて球状に変ず。故に多くの距離を流れしものは、其の粒子極めて小にして、粘力又強しと Aron 氏は云ひ、今圖の如く水は其の分子間に均一に分布し、各分子が毛細管引力を起し、互に離散せざるが如くなる為めに粘力を生ずると考ふるなり。若し水を加ふる事、或る程度以上に鑛大せらるれば、分子の距離遠くなりて、毛細管引力を弱むるに依り、地球の引力にうち勝つ能はず。各自の集合體を維持せさるに至る。故に水量の少なきに従ひ、其の分子間は狭小なるを以て、毛細管引力はいよいよ強く、従て外力に抵抗する力強きに依り、其の集合形を維持する理由なり。若し分子不規則なれば、各分子間に均一なる毛細管引力を生ぜさるを以て粘力を生ぜず。粘土類に混したる水が蒸発するとき粘土は contraction すれども、其の contraction は、其の水中〔分カ〕がことごとく蒸発せざる中に (contraction) 終るものなり。此の contraction を称して、乾燥収縮の極度と云ふ。この時までに出し水を収縮水と云ふ。然して其の後、尚分子間に存する水を氣孔水と云ふ。是、最初 clay の内面に近き分子間の水が蒸発すれば、其の缺を補はんが為めに内部の水は表面に出で、ついに其の分子密接するに至りて其の contraction は終る。

## Contraction

物体の contraction は、長さと容積とに依り差あり。其の contraction の小となる場合には容積の expantion〔expansion〕は長さの expantion〔expansion〕の約三倍、面積の

〔expansion〕は長さの expansion 〔expansion〕の二倍と見做して大差なし。

今　a を水を有する時の長さ　　　　　　　とすれば = a − b
　　b を水を失へる時の長さ

a − b は contraction せし時の長さ

(a-b)×100 ／ a = 何 percent の contraction

平方面積は長さ a なれば $a^2$ は其の平方面積なり。従って b の長さになりし時は平方面積は $b^2$ となる。従って其の平方面積の contraction は $a^2 − b^2$ なり。今、

(a-b)×100 ／ a = 1 percent とすれば、此の中より b を求めて置き換ふれば、$a^2 − b^2$ = 199 ／ 10000 = 1.99 percent。此の數丈面積に於て contraction せし事となる。

| scale of contractiblity | | |
|---|---|---|
| 長さの収縮 | 平方面積の収縮 | 垂方面積の収縮 |
| 1 percent | 1.99 | 2.97 |
| 2 | 3.96 | 5.88 |
| 3 | 5.91 | 8.73 |
| 4 | 7.84 | 11.53 |
| 5 | 9.75 | 14.26 |
| 6 | 11.64 | 16.94 |
| 7 | 13.55 | 19.55 |
| 8 | 1□36 | 22.08 |
| 9 | 17.19 | 24.64 |
| 10 | 19.00 | 27.10 |
| 11 | 20.79 | 29.50 |
| 12 | 22.56 | 32.85 |
| 13 | 24.31 | 34.15 |
| 14 | 26.04 | 36.39 |
| 15 | 27.75 | 38.25 |
| 20 | 36.00 | 48.80 |
| 30 | 51.00 | 65.70 |

2 percent なるときも斯くして計算する事を得。故に 1 percent に於て面積の contraction は 1.99 percent なれば、之を 2 と見做しても大差なし。故に斯る計算によりて算出せる contraction の表を左に示すが如し。

### Aron 氏の説の續き

此の時までに出し水は即ち収縮水なり。然れども尚其の分子間に（乙圖）水あり。其の水重量は減ずれども容積は減ぜず。されば収縮の極度より

全く乾燥するまでに出したる水は氣孔水なり。之を試験せんには小さき煉瓦を造り、(粘土を以て) 之に一定の直線を刻して其の量を計り、其の後、時々注意して其の直線の長さ

を計るときは容易に知る事を得べし。此の試験に依りて容積の収縮する事は contraction の極度までに出し水の容積に等しく、且つ其の contraction は何れの方向に於ても同一なり。又、分子間の容積は収縮の極度までに出し、水の容積に等し。然して氣孔水は粘土化學的性質には、たとひ僅少の差あるも、純粹に近き粘土に於ては殆んど同一なり。故に clay の分子の大いさはほゞ相等しかるべし。

### Clay の熱に對する作用

Clay、若しくは粘土を主成分とする石類を赤熱 (600℃) 以上に熱するときは、contraction を生ず（其の色を變ずるもあり）。尚、温度を高むれば、終に氣孔を失ひ、いはゆる燒シマり〔締〕たる狀態に達す。全く吸水性を失ふに至る此の狀態を sintering point、即ち半熔と稱す。尚、熱度之よりも昇る時は、終に熔融するものなり。而して sintering point と melting point との熱度の差廣きもの程、器物の燒成に狂を生ずる事少し。之等の變化は粘土類の成分、分子の細末の程度、及び温度の高低によりて差あり。

### （イ）contraction 及び melt

純粘土、即ち $Al_2O_3 2SiO_2 2H_2O$ を熱するときは、攝氏100℃以上に達すれば、次第に化合水を失ひて收縮す。此の contraction は一時に起るものに非ずして、多くは200℃より白熱に達するまでに漸時起るものにして、若し clay が有機物、炭酸鹽類等を含有する時は、之等のものが分解揮發する爲めにも其の容積を減ず。土石中最も contraction の最も甚だしきものは clay なり。若し此の中に長石の如き可熔性の物質を混ずるときは、之と化合して差程高熱に非さるも contraction して緻密になるものなり。又、礬土以外の金屬酸化物を含有するも同じく melt して、硝子に近き物質に變じ、概して粘土類を弱く熱すれば、其の乾燥せしものよりも尚一層粗鬆質に變ずるものなり。

是、其の氣孔中に含有する水分、及び有機物の除去せらるゝによる粘力强き粘土は、弱き粘土に比較すれば割合に低熱に於て堅くなり、熱度が高むるに從ひ其の密度を增加し、終に微密なるものとなり（或る種の土は高熱

すれば鋼鐵を打つに火を発するものあり)。總て土石熔融し易き物質を含有する時は、漸々熔融するものなり。

(其のものと他の不容性の物質とが化合して)故に土石中に含有する熔融物の量を検定すれば、容易に其の用途を知るを得べし。一定の成分を有する土石類は、其の熔融殆んど同一なるものなれども、是等のものは金属の如く其の熔点に達すれば、直ちに熔融するものに非ずして、あだかも水飴の如く熱度の昇るに従ひて、漸々柔かくなり終に液體に変ずるものなり。合金に於て其の成分たる金属の平均熔融点よりも低熱にて熔融すると同じく、粘土類も其の成分たる金属熔融点よりも低熱に於て熔融するを常とす。

總て珪酸のアルカリ塩類は赤熱にて熔け、礬土を含む長石は白熱にて熔解す。アルカリ土類の珪酸塩は充分なる白熱に達して始めて軟化す。されど其の土類中にバリウム塩を含むときは白熱にて熔融し、時としては赤熱にて熔くるもあり、又、重金属の酸化物（$MnO_2$ $Fe_2O_3$ $CuO$）等と珪酸の混合物は白熱にて熔解す。アルミニウムの珪酸塩は最も熔け難く、$Al$の2珪酸塩は（$Al_2O_3 2SiO_2$）は普通の温度にて熔融せず、されど珪酸の分子増加するに従ひ熔融性を増し、此の二者の割合 $Al_2O_3 17SiO_2$ なるものは最も熔け易く、然れ共之より以上珪酸を増加すれば又、熔融し難くなるものなり（但し以上の混合物は紛末して混したる場合なり）。

実験によれば長石は高熱にて熔融し硝子質のものに変ず、若し之に珪酸を混ずれば、温度昇るに従ひて、其の多量を熔解す。欧州磁器の焼成火度 SK13～15 に於て長石中に含有する珪酸の量と同量の珪酸の量を其の中に熔解す。又、石英が長石中に熔解すれば、液状に化すれども、このものは単純なる長石の融熔せしものよりも、流動仕易きものなり。されば熔融状態にて流動仕易きものは、低熱にて熔くるものとダン[断]定する能はず。長石と粘土と混合して、長石の熔融点まで熱する時は、石英の如くに粘土を熔解する能はず。然れども、多少の石英を含むときは長石多ければ、clay を熔解する事を得れども、長石少きときは石英と clay との作用容易に起らざるを以て、其の物を熔かす事困難なり。従って陶磁器の粘土類の耐火度は陶磁器の主原料たる上記三者の割合によりて変ずるものなり。

既に述べたる如く clay の melting point と、其の流動し易くなる熱度とは同一視するべからず。殊に礬土を多量に含有する土は、焼きしまる事早けれども melt し難く、珪酸を含む事多きものは容易に焼きしまらされども、熔融し始むるときは直ちに流動性強きものに変ず。

　粘土類の melting point に付いては、Biechof 氏の報告あり。之に依れば粘土類は種々の鑛物の混合物にして、之を区別すれば珪酸、礬土の熔剤 FeO、BaO、MgO、CaO、Na₂O、K₂O、PbO 及び水分の四者あり。尚、此の外に有機物を含有する事もある。して水及び有機物は熱すれば揮発するものにして、clay の melting point には関係せず。故に melting point を変化するものは他の三者なり。其の概要を記すれば次の如し。但し熔剤中の Fe₂O₃ を、Al₂O₃ と同型なる為め同様に耐火性のものと考ふる者あれども誤れり。土中には FeO も Fe₂O₃ も存在す。高熱すれば Fe₂O₃ は酸素の一部を失ひて FeO に変じ。熔剤として作用するものなり。

（1）熔剤中の酸化物は其の分子量に反比例して動く事多し。例へば MgO（40.3）、CaO(56)、K₂O（94）に於て、今一定の粘土を二分子に、甲に MgO を混し、乙には MgO と同量の K₂O を混し、其の二者の melting point を比較するに、甲は乙よりも熔け難し。故に同様の動きをなさしむるには MgO の 94 と K₂O の 40.3 との割合に取ればよし。此の説は大体に於ては有効なれども、ことごとく此の割合に適合するには非ず。或る場合には反対の結果を見る事あり。

（2）同じ熔剤の壹種が異種の粘土中にありて働くときは、珪酸に富むものは礬土に多き物よりも流動仕易し。

（3）粘土類の耐火性に最も強き関係を有するものは珪酸と礬土なり。而して甲者の多きものは耐火性弱し。

　粘土類より造りしものにて形體を維持せしむるには、土石類の最大部分を占むる處の鑛物の耐火度が最も重き関係を有するものにして、熔けたる鑛物は熔け難きものの氣孔中に入り、其の間を満す作用をなすものなり。故に火に強き substance は其の物體の骨となるものなり。普通の陶磁器に於ては、磁土は其の大部分を占有するを以て、其の melting point は磁土の多少

に関係す。既に述べし如く、石英が長石と共に存するときは高熱にて流動し易く、又長石無くとも極めて高き熱に遇ふときは、流動し易きものなれども、melting point 極めて低く、長石少き土石類に於ては、石英は反對の作用をなすものなり。例へば普通の赤煉瓦の如きは、石英分多きもの程熔け難くして、其の形體を維持する働きをなすが如し。

## (ロ) 焼成粘土の呈色

　純粹の粘土、即ち kaolin は（及び長石、珪石も）呈色物を含有せされども、天然の土石の多くは呈色物を含有す。其の主なるものは鉄なり。此のもの粘土類中に含有する礬土、石英等の多少と、之を焼成する時の炎の性質及び熱度の高低により其の呈色度を異にするものなり。然し天然の儘の土石、即ち焼かさるものゝ色は、焼成後の色と大なる関係を有せさる事あり。純粹の酸化鉄は粘土中に混在するときは帶黄赤色（少量なれば其の色淡し）を呈し、強熱にて焼き締るときは褐色より黒色を呈す。但し此の色は酸化焔に於て焼成せる場合なり。若し之を還元焔にて焼くときは $Fe_2O_3$ は FeO に変し、鼡又は緑色に変ず。場合によりては FeO が更に酸素を失ひて Fe に変じ、鐵固有の色を呈す。従て酸化、還元、両焔の強弱によりて鉄の生ずる色一定せず、赤、黄、緑、□黒等の何れかの色を生ず。されど焼き締らさるときは還元焔で黒色になりたるもの、或は青色になりたるものも、酸化焔にて焼くときは赤色に変じ、之其の器中に熱せられたる空氣侵入して、Fe を $Fe_2O_3$ に変ずるに依るなり。されど焼き締りし物に於ては、此の作用外面のみて起りて内部に及ばず。礬土分多き土は弱熱に於て、其の色淡くして、此の＿＿＿又、石灰は鉄の呈色に力を淡くするものにして、此の力は $Al_2O_3$ よりもはるかに強し。若し酸化鐵の二倍量の CaO を含有するときは、酸化鉄の赤色は黄色に変ず。是れ珪酸石灰と珪酸鐵との復塩を生ずるに依る。故に赤色の器物を作らんとする場合には、礬土と石灰との少き原料を用ひて、酸化焔にて焼成すべし。ケーゲル博士が種々の有様に於てこ〔交代〕たい中にて粘土を焼きたる結果に依れば、

　(1) 少量の CaO（CaO、MgO 共に 2%以下）2〜4.5% の $Fe_2O_3$、及び 2〜3%

の alkaly を強熱すれば、Fe2O3 と Al2O3 との比、

  1：13.2    1：7   1：5.4    1：7.2  1：6.2
  白色より淡黄色   黄   黄より淡褐   黄褐  黄

（2）石灰少く（CaO + MgO 合せて3％以下）5〜8 percent の酸化鉄と2〜4 percent のアルカリを含有する粘土を強熱せば、Fe2O3 と Al2O3 との比

  1：2.8    1：2   1：1.9    1：2.9
  暗赤色    帯紫色   暗桜色    暗赤色

（3）石灰多く（11〜19 percent の Cao）4.5〜6 percent の酸化鉄、1.5〜4 percent のアルカリを含む粘土に於て Fe2O3 と Al2O3 との比

 1：2.3 1：1.6 1：1.1 1：2.5 1：2.4 1：2.9 1：3.2 1：2.2 1：3.5 1：之を弱火するときは赤色よ〔空白〕色に。主に強熱するときは淡黄色より鮮黄色に至り、還元焔にて黄緑、若しくは緑となる。此の試験に依るも呈色の原因は鉄にして、其の多少に依り濃淡あり。しかして第三の場合、即ち石灰多きときは黄色なりとす。又、石灰と酸化鉄の少きときは甚たしく呈色せず。Al2O3：Fe2O3 = 5：1 なれば黄色となり。3：1 迄増加し、此の時若し化學反應起らさる程度の弱熱なれば赤色となり、強熱するときは黄色となる。然れども CaO 多きときは Fe2O3：Al2O=1：1 に達するも黄色となる。但し、之は酸化焔の場合なり。次に二種の粘土、即ち鐵分多きもの、少きものとを、種々の割合に調合し、酸化焔に依りて其の呈色を試験したる成績を示せば、酸化鉄の量 21.3、15.4、12.2、11.0、9.9 percent の場合は暗赤色にして、著しく差なし。8.5percent にて赤色、7.6 percent にて淡赤色、6.6 上よりも少し淡し。5.5 同上、4.2 黄色、2.7 淡黄色、1.3 殆んど白色に近し、0.8 白色。

 Fuel の成分、又は焼成粘土の色に関係を有する、或は及ぼすものにして、炭化水素を放出する事、及び硫黄を含有する事之なり。薪材は硫黄を含有する事微量なれども、石炭中には 1.5percent の硫黄より〔空白〕酸化焔のときは SO2 となり、還元焔のときは水素及び炭素と化合す。しかして SO2 は水分なきときは煙により発散すれども、水分あれば H2SO4、若しくは H2SO3 となり、粘土中に含有する石灰・鉄分等に觸れて其の塩類を作る。

製陶法

石灰の硫酸塩の色を打ち消す事能はず、炭化水素が窯中に満つるときは粘土類の氣孔中に侵入し、熱度昇るに從ひて、分解して水素は逃げ去り炭素を残留す。此の炭素は黒鉛状のものなれば、容易に焼失せられざるのみならず、若し酸素に觸るゝ事能はざるときは、conbustion せざるを以て、粘土は灰色、若しくは黒色となる。然のみならず此の炭化水素瓦斯は $Fe_2O_3$ を還元して、FeO、$Fe_3O_4$ 或は Fe 等を生じ、其の色を害するが故に、陶磁器焼成の際、焚き口より多量の Fuel を火床に投入するときは此の憂ひ起り易し。但し我國の瓦に於ては反って此の方法を應用する事多く、粘土の氣孔間に黒鉛質の炭素質物を還元して充テン［填］せしめ、以て其の表面に微密なる性質を移せしむ。アルカリも亦鉄の色を変ずる効あり。即ち珪酸アルカリ多きときは還元焔の場合に緑色を呈す。酸化バリウムの塩類は黄色となる傾きあり。

## 第二石類、即ち不粘性原料

陶磁器の素地は粘土のみより造らるゝ事少く、多くは石質のものを混ず。中には粘土のみを用ゆる如きものあれども、其の粘土は純粘土に非ずして、長石又は珪石等の箸［著］量を含有するものなり。石質のものを混ずる目的は、一は粘力を減じ、又一つは熔剤の作用をなさしむるなり。然して其の主なるものは、石英と長石なり。前者は耐火性を有すれども、粘土の如きものと混すれば熔融性を増すを常とす。後者は熔融性の原料として用ひらるゝものなり。

### 1、石英

石英は其成分、無水珪酸 $SiO_2$ にして、天然には六方晶形の結晶をなして出ふる水晶及び石英と、不定形なる瑪瑙王ずい［玉髄］、燧石、白砂等あり。但し岩石中に多量の産額を有するは燧石、角炭及び珪岩なり。此の中にて珪岩は粉砕し易きにより、原料として廣く使用す。此のものを珪石と呼ぶを常とす。從って陶磁器の原料、又は熔鑛爐等には珪石を用ゆるを常とす。素

地に珪石を加ふれば粘力を減し、従って contraction 少きを以て、（いがみ）不正を生ずる事少し。融溶性のものに對しては、其の耐火度を強め耐火性のものに對しては其の熔解性を増加せしむ。陶磁器等には多く細末のものを使用す。鑛山等にては鬼状〔塊〕のものを使用する事あり。同しく陶磁器に於ても煉瓦の如き厚手のものに對しては、比較的粗粒を混ずるものとす。細末とすれば他の原料と極めて親密に混合するを以て、熔解点を低からしむる傾あり。石英の良否は多く其の色に依る。陶磁器用のものは無色のものを可とす。之、鉄分を欲せさる故なり。珪岩は堅きを以て紛砕するに際し、假焼を行ふ事多し。假焼せる場合に於て、酸化鉄は箸〔著〕しく其の色を現すを以て、其の良否を知るを得べし。又、珪石は粘土の如く不純物を多く含む事多からさるを以て、其の成分は約 95 percent 以上の珪酸を含む事多し。陶磁器用の原料として廣く用ひらるゝは濃尾地方に於ける三河西加茂郡知多川村産のギヤマン、山城國宇治郡の日岡石、相楽郡和東の珪石、及び河内星田附近のもの、伊豫及びサヌキ〔讃岐〕の瀬戸内海諸島中に産するもの等なり。次に其の分析を示さん。

　日の岡産は 1 percent 程の酸化鉄を含有すれども、其の他は殆んど純石英なり。石英は此のもののみなれば SK90 番以上の耐火度を有するを以て、陶磁器等の髙台棚板の表面等に塗布し、器物と耐火品との附着を防ぐに用ひらる。又、其の不良なるものは硝子の原料として用ひらるゝ事もあり。されど硝子には多く珪砂を用ひ、砂なれば硝子の目的に紛粋を要せずして、其の儘使用し得るを以て、かり珪砂のよきものは、陶磁器の原料としても使用せらるゝ事あり。我國には珪砂の純良なるもの殆んどなし。比較的白きものは紀州有田郡の大濱に産す。外國に於ける珪砂の分析表を、珪石の分析表と共に次に記す。

製陶法

| name \ fomula | SiO₂ | Al₂O₃ | Fe₂O₃ | CaO | MgO | K₂O | Na₂O | Ig.Loss | Total.S |
|---|---|---|---|---|---|---|---|---|---|
| 可児郡豊岡町大字小名田珪石 | 93.24 | 3.53 | 0.57 | 0.18 | 0.19 | 0.47 | 0.49 | 1.32 | 99.99 |
| 多治見産鳥屋根珪石 | 92.61 | 3.51 | 0.01 | trace | 0.06 | 0.29 | 1.49 | 1.17 | 100.14 |
| 伊豫珪石伯方島珪石 | 98.48 | 0.49 | 0.03 | 0.22 | 0.2 | 0.13 | 0.15 | 0.46 | 100.16 |
| 大三島珪石 | 98.72 | 0.28 | 0.11 | 0.24 | 0.1 | 0.07 | 0.22 | 0.11 | 99.86 |
| 芙国産燧石 | 93.79 | 0.83 | 0.34 | 2.6 | 0.23 | 0.14 | 0.48 | 1.81 | 100.22 |
| 〃 | 94.4 | 0.92 | 0.3 | 0.52 | 0.36 | 0.05 | 0.59 | 2.96 | 100.1 |
| 佛国産珪石 | 97.27 | 0.41 | 0.14 | 0.57 | 0.05 | 0.04 | 0.37 | 1.27 | 100.12 |
| 〃 | 94.66 | 1.78 | 0.27 | 1.17 | 0.22 | 0.09 | 0.75 | 2.13 | 100.07 |
| 〃 | 95.96 | 0.6 | 1 | 0.66 | 0.49 | 0.1 | 0.24 | 1.16 | 100.21 |
| 日本産珪石 | 98.61 | 0.34 | 0.37 | 0.2 | 0.09 | — | — | 0.56 | |
| 〃 | 98.73 | 0.51 | 0.27 | — | — | trace | trace | 0.56 | |
| 〃 | 99.25 | — | — | — | 0.47 | — | — | 0.44 | |
| 〃 | 95.94 | 1.14 | 0.52 | 0.34 | trace | 0.16 | 0.97 | 1.04 | |
| ベルギー Niberstein | 99.97 | | 0.07 | 0.01 | 0.01 | — | — | | |
| 〃 Hokenbocka | 99.71 | 0.04 | 0.01 | 0.03 | — | | 0.04 | 0.04 | |
| 佛国 Fonteinbro | 98 | | | | | | | | |
| 〃 Fursteinwald | 87.07 | 6.5 | 1.52 | 0.34 | 0.25 | | 2.3 | 2.07 | |
| 〃 〃 national anarisis | clay substance 15.03 | | | | Felsper | 10.7 | Silica | 74 | |
| Deicze | 85.36 | | 9.06 | 0.11 | 1 | 2.2 | 0.52 | 2.36 | |
| 大濱珪砂 | 92.93 | 7.49 | 0.39 | 0.29 | 0.11 | | 0.57 | 0.84 | |

The chemical conpounding of the Silica

The schedule number are in the ratio of the Alibite and the Anorthite!

| ratio \ Formula | 1:00 | 12:01 | 8:01 | 6:01 | 4:01 | 3:01 | 2:01 | 3:02 | 4:03 | 1:01 |
|---|---|---|---|---|---|---|---|---|---|---|
| SiO₂ | 68.68 | 66.61 | 65.6 | 64.85 | 63.34 | 62.02 | 59.84 | 58.11 | 57.37 | 55.55 |
| Al₂O₃ | 19.48 | 20.88 | 21.5 | 22.09 | 23.09 | 23.98 | 25.46 | 26.6 | 27.12 | 28.35 |
| CaO | — | 1.64 | 2.3 | 3.02 | 4.22 | 5.26 | 6.97 | 8.34 | 8.92 | 10.36 |
| Na₂O | 11.84 | 16.87 | 10.45 | 10.06 | 9.35 | 8.74 | 7.73 | 6.69 | 6.59 | 5.74 |
| S.G. | 2.624 | 2.635 | 2.64 | 2.645 | 2.625 | 2.659 | 2.71 | 2.68 | 2.684 | 2.694 |

## 2、長石

　長石は熔融性の不粘原料にして、陶磁器の素地及び釉薬に廣く使用せられ、磁器の半透明性及び釉薬の透明性は此のものゝ作用に依る事大なり。長石は其の種類甚た多し、然れども最も普通なるは Orthoclase にして此の加里の代に曹達、石灰重土等の塩類が一種、若しくは二種置換せられたるものあり。従って其の名を異にす。其の色は白色半透明、蒼白、淡赤、褐色等のものあれども、化學上の分類を行へば、アルカリ長石、石灰長石、アルカリ石灰長石の三種となる。結晶によりて分てば二種となり、加里及び加里バリウム長石は一斜晶形にして、其の他のものは三斜晶形となる。而して加里長石は吹管を以て熔かす事やゝ困難なれども、曹達長石は之よりも容易なり。長石の種類及び性分を示せば、

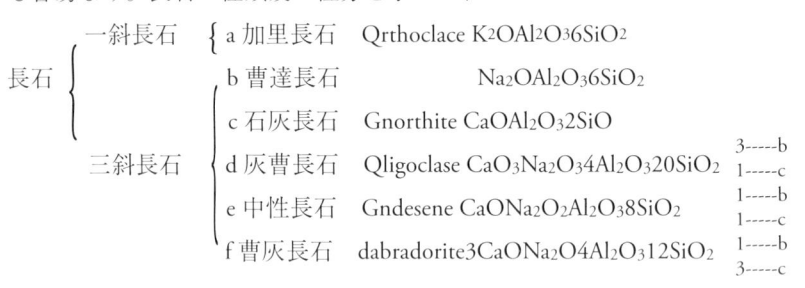

長石 ｛
　一斜長石 ｛ a 加里長石　Qrthoclace K₂OAl₂O₃6SiO₂
　三斜長石 ｛
　　b 曹達長石　　　　　 Na₂OAl₂O₃6SiO₂
　　c 石灰長石　Gnorthite CaOAl₂O₃2SiO
　　d 灰曹長石　Qligoclase CaO₃Na₂O₄Al₂O₃20SiO₂　3-----b / 1-----c
　　e 中性長石　Gndesene CaONa₂O₂Al₂O₃8SiO₂　1-----b / 1-----c
　　f 曹灰長石　dabradorite3CaONa₂O₄Al₂O₃12SiO₂　1-----b / 3-----c

| 3:04 | 2:03 | 1:02 | 1:03 | 1:04 | 1:06 | 1:08 | 0:01 |
|---|---|---|---|---|---|---|---|
| 53.74 | 53.01 | 51.34 | 49 | 48.03 | 46.62 | 45.85 | 43.16 |
| 29.58 | 30.06 | 31.02 | 32.6 | 33.43 | 34.38 | 34.9 | 36.72 |
| 11.79 | 12.36 | 13.67 | 15.31 | 16.26 | 17.39 | 18 | 20 |
| 4.9 | 4.57 | 3.79 | 2.83 | 2.26 | 1.61 | 1.25 | — |
| 2.701 | 2.708 | 2.716 | 2.728 | 2.735 | 2.74 | 2.74 | 2.758 |

製陶法

| | Contents of solubility table |
|---|---|
| w | Solublu in water |
| a | Solublu ClH, HNO3, ClH+HNO3 |
| an | Solublu in HNO3 |
| am | Solublu in ClH |
| amn | Solublu in (ClH+HNO3 but not solublu neither) ClH or HNO3 |
| I | In solublu in water and acid |
| Wa | Solubu in W, or in the state of thing |
| W-a | Solublu in a, and little solubu in water, and etc |
| Wb | Litte solublu in mach water, furmed solublu lases solt by in solublu acid |


| element\conpaund | K | Na | NH4 | Mg | Ba | Sr | Ca | Fe II | Fe III | Al | Cr | Zn |
|---|---|---|---|---|---|---|---|---|---|---|---|---|
| | The schedule are solubility chemical substances ||||||||||||
| Oxyde | W 94.0 | W 62.0 | m | a 40.3 | W 153.0 | W 103.5 | Wa 56.0 | a 72.0 | a 160.0 | aI 102.0 | aI 153.0 | a 81.4 |
| Sulphide | W 110.4 | W | W | Wa 56.4 | W | W 119.6 | W-a 72.0 | an 88.1 | a 207.7 | — | — | a 97.5 |
| chloride | W 74.6 | W 58.5 | W 53.5 | W 203.4 | W 244.0 | W 266.5 | W 111.0 | W 199.0 | W 324.7 | W 266.9 | aI | W 136.3 |
| Iodide | W 166.0 | W 186.0 | W 144.9 | W | W 427.1 | W 341.0 | W 293.7 | W 381.8 | W | — | — | W 319.1 |
| Sulphate | W 174.4 | W 322.4 | W 132.2 | W 246.6 | I 233.0 | I 183.6 | Wmn-a-I 172.0 | W 278.2 | W 562.4 | W 665.0 | W-a 716.7 | W 287.6 |
| Nitrate | W 101.2 | W 85.1 | W 80.1 | W 256.6 | W 261.5 | W 211.6 | W 236.2 | W 288.2 | W 808.6 | W 697.6 | W 400.4 | W 297.5 |
| Phosphate | W | W | W | a | a | a | a 310.0 | a | a | a 244.2 | a | a 386.2 |
| Carbonate | W 174.0 | W 286.3 | W | a 84.4 | a 197.4 | a 147.5 | a 100.0 | a 116.0 | — | — | — | a 143. |
| Borate | W | W | W | a | a | a | a | a | a | a | a | a |
| Arsenide | W | W | W | a | a | a | a | a | a | a | a | a |
| Arsenate | W | W | W | a | a | a | a | a | a | — | — | — |
| Chromate | W 194.5 | W 342.4 | W | W | a 253.0 | a | a | — | W | a | W |
| Fluoride | W 94.2 | W 42.1 | W 37.1 | a 62.4 | a | I 125.5 | a-I | — | — | — | — | — |
| Oxalate | W 166.3 | W | W 124.2 | a | a | a | a 128.0 | a | a | a | Wa | a |

60

製陶法

| Mn | Ni | Co | Hg II | Pb | Bi | Cu | Cd | Sn II | Sn III | Sb | As III | Ag | Hg |
|---|---|---|---|---|---|---|---|---|---|---|---|---|---|
| a 71.0 | a 74.7 | a | a | a 22.29 | a | a | a 128.0 | a 134.5 | aI 150.5 | am | Wam 198.0 | an 231.9 | an 416.6 |
| a | amn 90.8 | amn 91.1 | amn | an 239.0 | an | an | a 144.5 | am 150.5 | am 182.5 | am | an | an 247.9 | an |
| W 198.0 | W 129.6 | W | W | WI 277.8 | Wb | W | W 188.3 | Wb 225.4 | W 260.3 | Wb | W | I 143.4 | aI 471.5 |
| W | — | — | an | Wam 460.6 | — | — | W 366.1 | W | W | — | — | I 234.8 | W 654.3 |
| W | W 154.8 | W 281.2 | Wb 296.4 | aI 303.0 | Wb | W 249.7 | W 769.5 | W | Wb | a | — | Wan 311.9 | Wbna 496.7 |
| W 287.2 | W 492.2 | W 291.2 | Wb 324.4 | W 331.0 | Wb | W | W 308.6 | — | — | — | — | W 170.0 | W 524.7 |
| a | a | a 511.2 | a | an | — | a | a | a | — | — | — | an 418.8 | an |
| a 115.0 | a | a 119.0 | a | a | a | a | a | — | — | a | — | an | an 460.6 |
| a | a | a | — | an | a | a | Wb | a | — | — | a | — | W |
| a | a | a | a | an | a | — | a | — | — | a | — | an | a |
| — | — | a | a | a | an | — | a | — | — | a | — | an 446.8 | an |
| I | a | — | Wa | anI | a | W | — | — | — | a | — | an 516.7 | — |
| — | — | — | W | a | — | — | — | — | — | — | — | W 145. | — |
| Wa | a | a | a | a | a | a | a | W | a | — | — | a | a |

61

製陶法

長石の續き（二學年第一學期）

内地及び外國に於ける長石の箸名[著]なるもの、成分を示せば次の如し（十行目の伊部長石は大三島長石とも称し Totals 100.26）

| name＼conpounds | SiO₂ | Al₂O₃ | Fe₂O₃ | CaO | MgO | K₂O | Na₂O | Ig.Loss |
|---|---|---|---|---|---|---|---|---|
| 三河一色村 | 77.86 | 12.26 | 0.63 | 0.37 | 0.14 | 5.57 | 1.55 | 1.05 |
| 仝　白川村産 | 80.17 | 12.31 | 0.18 | trace | 0.23 | 3.3 | 1.52 | 1.87 |
| 尾張国中品野村産 | 78.41 | 12.57 | 0.4 | 0.25 | 0.54 | 6.31 | 0.19 | 1.07 |
| 〃赤津 | 82.77 | 9.28 | 0.79 | 0.51 | 0.17 | 4.08 | 0.82 | 0.85 |
| 三河廣見 | 66.45 | 19.09 | 0.18 | 0.45 | 0.17 | 10.89 | 1.96 | 0.58 |
| 〃白川 | 74.07 | 14.6 | 0.19 | trace | 0.17 | 3.32 | 5.86 | 1.48 |
| 〃猿投村 | 65.75 | 18.64 | 0.66 | 0.56 | 0.25 | 9.88 | 0.28 | 0.38 |
| 河内長石 | 66.07 | 19.04 |  | 1 | trace | 12.93 |  | 1 |
| 近江三雲長石 | 68.8 | 18.8 |  | 1 | trace | 10.4 |  | 2 |
| 伊部長石越智郡 | 65.3 | 18.89 | 0.42 | 0.35 | 0.09 | 11.48 | 2.81 | 0.88 |
| 〃 | 65.28 | 19.32 | 0.22 | 0.98 | 0.22 | 10.06 | 2.87 | 1.21 |
| 邦威長石 | 64.89 | 19.81 | 0.33 | trace | 0.25 | 12.79 | 2.32 | 0.48 |
| ベルリン官立製造所使用ノモノ | 64.44 | 18.25 | 0.65 | 0.27 |  | 13.82 |  | 2.4 |
| Bohemia | 67.11 | 19.76 | 0.45 | 2.27 |  | 14.57 | — | — |
| 独乙 ハール Hall | 62.76 | 19.2 | — | 0.64 |  | 14.9 |  | — |
| Bavania | 70.1 | 17.16 | 0.91 | 1.43 |  | 1.52 | 8.65 | 1.31 |
| 〃 bavania | 81.37 | 20.23 | 0.45 | 0.45 |  | 5.75 | — | 1.31 |
| 佛レモジュー産ペクマタイト | 76.1 | 15.37 | 0.13 | 0.17 | trace | 2.84 | 4.58 | 0.48 |
| 佛 | 64 | 20.56 | — | 0.38 |  | 14.9 | — | — |
| 英ペクマタイト cornwall | 74.34 | 18.41 | — | 0.24 |  | 6 | — | 0.96 |
| 〃 | 73.39 | 16.5 | trace | 0.5 | 0.31 | 7.66 |  | 1.25 |

（英口産ペクマタイトの二番目のものは 0.74 の弗素を含有す）

## 原料試験法

原料の試験は陶磁器製造上第一に着手すべきものにして、之によりて其の適当なる用途を定め、其の所理法〔処〕に於ても、硬き石質のものならば必ず之を紛細すべく、粘土類の場合には製品の種類に應じて、天産の儘使用すると、又、不純物を除く為めに、紛細、水簸等の方法を取るとあり。一般の原料試験に関する大要を表示すれば、

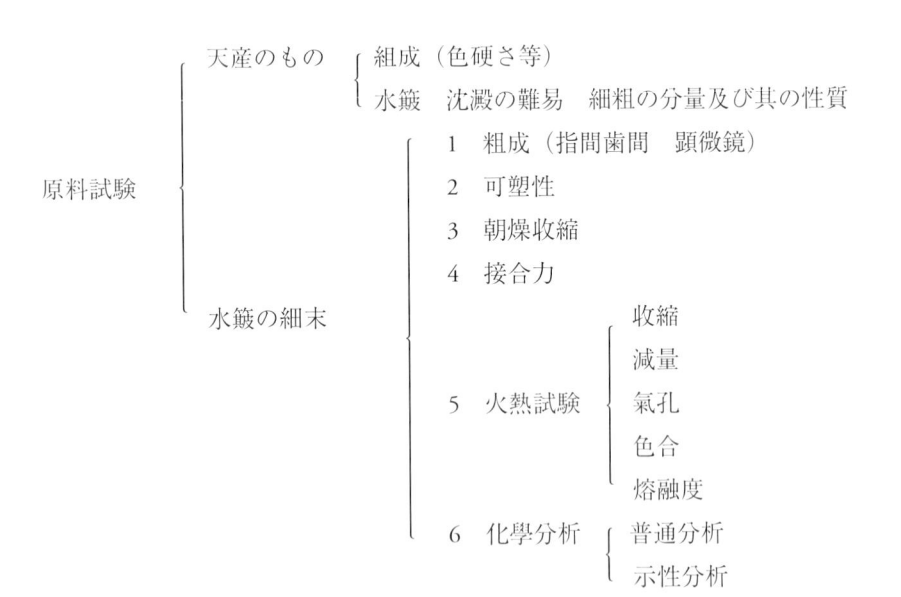

原料試験
- 天産のもの
  - 組成（色硬さ等）
  - 水簸　沈澱の難易　細粗の分量及び其の性質
- 水簸の細末
  1. 粗成（指間歯間　顕微鏡）
  2. 可塑性
  3. 朝燥収縮
  4. 接合力
  5. 火熱試験
     - 収縮
     - 減量
     - 氣孔
     - 色合
     - 熔融度
  6. 化學分析
     - 普通分析
     - 示性分析

此の表中、其の組成試験は粒子の結合の状態、及び其の配列を知ると共に、其の硬さ及び色等を試験するを要す。細粗の割合は篩に依り定むるを得れども、尚微細なるものにては、篩ひ分けをなす能はさるを以て、此の場合には水簸試験を行ふ。此の方法は化學分析に對し機械的分析とも云ふ。而して、水簸試験をなすは通常粒子 0.2mm 以下のものにして、是等をくだ〔砕〕く時は、只粒子を分つのみにて紛細せしめさるを要す。従って或る程度ま

製陶法

では篩ひ分けを為し、微細なるものに至りては水簸分別を行へばよし。是を行って、

1. 先つ氣乾粘土 50 gram を取り、蒸発皿或は琺瑯鍋〔ほうろう〕に入れ、之に 500cc の水を入れて拾五分間許り煮沸するときは、粘土分子と砂とは大低〔抵〕相分離す。尚、時々硝子棒を以て砂をくた〔砕〕かさる様攪拌するを要す。之を暫次放置して、粗砂分を沈降し、細粘土分は浮遊する間に之を他の器に注入す。此の方法を反プク〔復〕して細粘土を全部除去し、此の細粗の両者を静置し沈澱せしめ、上透水を去り 120℃ に乾し、両者を秤量して其の比を定む。之によりて大略、粘土の正味となる部分とかす〔滓〕となる部分とを区分すべし。

粘力強き粘土、或は有機物を含有するものは、水簸に依り其の細粗を分つ事粘りなき石類の如く容易ならず。故に此の試験の際には、其の難易を記する事必要なり。有機物多きものは極めて低き赤熱にて焼く事あり。或は苛性曹達液にて一たん煮沸し、若しくはアルコールで所〔処〕理する事あれども、大低〔抵〕は斯くの如き方法を行はず。以上の場合に於て、水簸かす〔滓〕は、或る種類の一定の目を有する篩にて、細砂粗砂を数種に区分する事あり。普通此の目的に使用する篩は、一平方センチメーター毎に 180、320、600、900、1800、5000、の孔を有する篩に依りて之を区分す。其の一例を示せば、

| 正味の部分 | 180 の篩に残りしもの | 320 の篩に残りしもの | 600 | 900 | 1800 | 5000 | 5000 の篩を通りしもの | かすの合計 |
|---|---|---|---|---|---|---|---|---|
| 20 | 38.59 | 7.94 | 10.32 | 7.6 | 7.79 | 4.58 | 3.04 | 79.86 |
| 70 | 3.28 | 2.83 | 2.55 | 2.11 | 2.74 | 11.61 | 4.66 | 29.83 |

上段は山口蛙目　　　下段は平井土

水簸粕は之を乾燥して如何なる物質よりなるや、紛細し易きものなりや、或は塊り易きものなりやを調査すべし。

2. 正式水簸試験に使用せらるゝ装置は実地に用ゆる原料を水簸するものと大いに異なれり。其の主なる物を示せば

### a shulze の陶汰器

此の機械は圖に示すが如く、主なる部分はコップ状をなせる硝子壷にし

て、先づ水簸せんとする原料を 30 gram 程蒸発皿に入れ、三、四倍の水を加へて 30 分間煮沸し、冷却したる後、硝子壺に入れ、水桶より耐へず水を流入する時は、細末の部分は流れを他の器に運し、あらきもの〔粗〕は硝子壺に残る仕掛なり。此の硝子壺は深さ 20c.m 口径 7c.m 程にして、上部に眞の輪を附し、此の眞は 5c.m の厚さを有し、其の中央に長管のロート〔漏斗〕を設け、其の上部の径 5 c.m、管の長さ 40 centimeter 管の下端の径 1.5 millimeter にして、ロート〔漏斗〕の下端とコップの底とは 2 ～ 3 millimeter を距つ。此の間ゲキ〔隙〕は、なるべく浅きを可とす。之其の水勢の差を小ならしむる為めなり。然して其の水桶は、10 litre 以上の水を蓄へしむ。但し、最近に於て水桶の壓力を一定せしめ、流水の割合を不変ならしむる為めに、水桶の代りに硝子瓶を設け、圖の如く之に一個の a なる硝子管をはめたるごむ栓を押入し、硝子管を水中に入れたる装置となせるものなり。

## Schane の陶汰器

此の機械を以て水簸をするには、可検材量 50 gram を取り 200 ～ 300cc の水を加へて煮沸し 0.22 meter の目を有する篩（此の大いさ一平方 centimeter に 900 の孔を有し、篩全体の大いさ 1/3、孔の全體の大いさ 2/3、1 centimeter の距離上 30 の線を有するものなり）に掛けて、其の通りたるものを B 円筒に入れ、d の活栓を開きて水を B に送るときは、細末のものは l の孔のより流出す。此の時、水の速度大なれば、粗粒も流出し、小なれば細末のもの流れ出つ。然して水桶より来る水は速度大なれば C 管の水面は高く

（此の機械は前者よりも精密なる装置にして圖の如く円筒と刻度管等よりなり、其の大いさは圖に示すが如し）

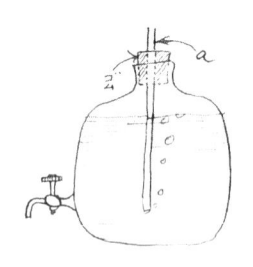

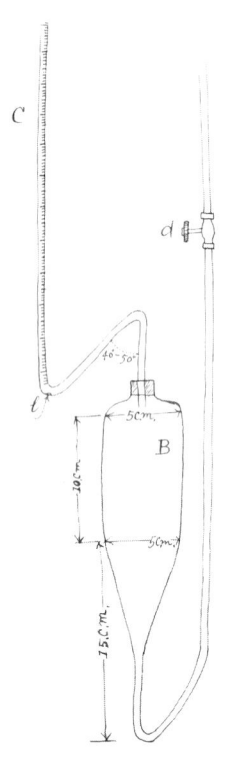

昇り、小なれば水面下るを以て、速度に依り水の速度を加減すれば、粘土をして種々の細かさに分つ事を得べし。其の標準は、

| \multicolumn{3}{c|}{Schane　陶汰器の水籭陶汰標準模範例} | |
|---|---|---|---|
| 陶汰別 | 全英語名 | 適要 | 粒子の大いさ |
| 粗砂 | Graben sand | 1平方centimeterに付200の回の篩上に残りし物 | 0.2mm 以上 |
| 細砂 | Fein sand | 0.99millimeterの時瓶に残りしもの | 0.04 − 0.2 |
| 微砂 | Slub sand | 0.99millimeterの時流れしもの | 0.025 − 0.04 |
| 細土 | Schluff | 0.48millimeterの時流れしもの | 0.01 − 0.025 |
| 微土 | Fhonsubstauge | 0.2millimeterの時流れしもの | 0.01 以下 |

## 吸水量の検定（造坏水量の検定）

　空氣中にて能く乾燥したる紛末の粘土1 kgrを取り、之を硝子板上に置に、其の上にビューレットに入れたる水を除々に滴下す。自絡筥〔コテ〕にて混和し、最も造坏に適せる程度に達せしむ。此の場合に於て、其の消費したる水の分量を計り、初めの粘土の何割に當るかを定む。可塑性強きものは水分量多し。

## 乾燥試驗

　乾きたる粘土に適當なる造坏水を混し、一定の小練〔煉〕瓦を造り、其の〔稜リョー〕角をなるべく鋭くし、其の面は水平ならしめたるものを同時に拾個内外を造り、其の結果の平均數を得る爲め、又或る試驗を施し得る樣に供す。此の者を硝子板上に乘せ、其の中央に圖の如く極めて細き且つ明〔瞭リョー〕なる線を刻し、其の兩端に近き所に更にP, P'なる兩畫点を記し、其のPP'なる距離を、製形せし時と乾燥せし時と各々別に詳記し置くべし。今乾燥の時に對する收縮量を知らんと欲せば次の式による。

a= 硝子板の重量
b=〔a +（製形せしときの重量）〕
c = a + 氣乾の重さ
とすれば製形の時に於ける。

66

練瓦の重量は W ＝ b − c、氣乾の時に於ける練瓦の重量 ＝ c − a、故に、氣乾粘土に對する水分の百分率は $100 \times \dfrac{b-c}{c-a}$。次に乾燥より攝氏百十度に至るまでの蒸発水分を、110℃に於ける粘土に對し其の百分率を知るときは、d＝ 硝子板の重量 ＋ 110℃ にて、氣乾前練瓦の重量とすれば蒸発したる水分は $100 \times \dfrac{a-d}{d-a}$。

　又蒸発の時より110℃に達する前蒸発減量は $100 \times \dfrac{b-d}{d-a}$ 上の式に依りて、乾燥に於ける水分の減量及び收縮は検定し得るなり。純粘土にて最も粘力強きものは、此の蒸発水分量は 30 percent 以上に達するものあり。

## 焼成試験

　焼成の時に於ける水分減量及び收縮量を知らんと欲せば、前式と同様に算出す。但し此の時に於ては其の收縮、或は減量の氣乾の時よりすると、製坏の時よりすると、両様に計算を要する事あり。例へば、焼成後 PP' 間の距離を Z とすれば、氣乾より焼成の時までの收縮量を焼成したる時に對し 100 分算とすれば、

$$100 \times \dfrac{y-z}{z}$$

製形の時より焼成せし時までの收縮を焼成の時に對し百分算する時は $100 \times \dfrac{x-y}{z}$ の如し。但しこの收縮は、練瓦の如き品物に於てするのみならず、種々の形状のものについても検定する事必要なり。然らされば粘土性質を確認し得ればなり。焼成試験には普通、素焼、締焼、本焼、三種の温度に依る。是、陶磁器焼成温度の標準となし得べきものなればなり。素焼は極めて弱火性のものにして、樂焼も殆んと之と同火度なり。此の熱度に於て $PbSiO_3$ 又は $PbO1.5SiO_2$ 等の如き含鉛釉薬を施し、SK0.10 番以下に於て焼するものにして、其の素地粗鬆（Porus）なり。

　締焼は硬質陶器、又はマジョリカなどの素地を焼占むる温度にして、又炻器を焼成する熱度に近きものにして SK4 〜 7 程度のものなり。

　本焼は磁器焼成火度にして SK8 〜 15、16 番の間なり。此の三種の火度に於て減量の焼成試験を施せば、ほゞ其の用途を定め得べし。

製陶法

## 可塑性試験

　此の試験は最も必要なれども、其の試験には簡便にして精密なるものなし。粘土が細粒の他に粗粒を含むときは、其の細粒は粘土を有するも容易に之を判断する事能はず。此の場合には熟練なる職工の指頭にて検定に依る他なし。次に水簸粘土の一様なる大いさのものに施し得べき試験の方法を示さん。

　1. 粘土に加ふるに粘の一定したる珪石（1 square centimeter に付 500 の孔ある篩を通りたるもの）を加へて、水を以て能く之をねり、球状或は立方形になして乾し、其の硬度の多少に依りて選定す。今此の乾きたるものは、表面を別に車軸を附したる筆にて、除々に車を回轉して摩擦するときは、粘土塊より粉末のハク離〔剥〕するを見る。今筆の回轉数及び摩擦〔サツ〕を一定し、毛の硬さと筆と粘土との接觸する距離を一定する時は、其のハク離〔剥〕したる粉末の多少によりて可塑性の強弱を知る事を得。或は其のハク離〔剥〕する程度の標準を定め、其の程度にて珪酸を加へて其の分量に依り試験するも可なり。

　2. 粘土に一定の比例にて珪石末を混し、一定の太さの棒を造り、20～30℃に於て乾し、之を図の如く二個の枕上に水平にのせ、其の中央に重りを垂れ、其のおれたる時の重量にても知る事を得べし。然れ共、此の棒の長さ及び太さは精密に同一ならさるべからさるを以て、一回に 10～20 個を造り、其の平均数を取るを要す。〔ママ〕（今参考の為めに Michaelic Cement tensile testing apparatus を用ひて粘土の粘力をば試験し得るに依り、同機の図を示せは次の如し。〔図：次ページ〕

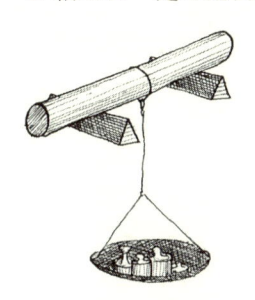

　3. 粘力と造坏水とはほゞ正比例するものなり。即ち可塑性強きものは弱きものよりも、適当なる製形状態に於て多量の水を含有す。故に此の水量を検定すれば、其の粘力の多少を定むる事を得べし。此の試験に用ひらるゝものに次の如きものあり。先つ粘土を水と混和して一定の大いさの小練瓦〔煉〕を作り、此の機械によりて F が五分間に盤面に達するまでの硬さとし、其

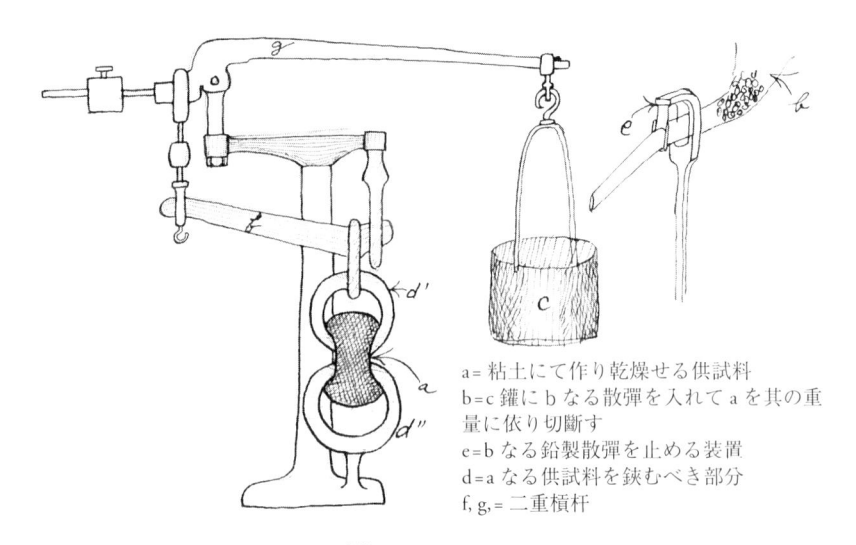

a=粘土にて作り乾燥せる供試料
b=c 鑵に b なる散弾を入れて a を其の重量に依り切断す
e=b なる鉛製散弾を止める装置
d=a なる供試料を鋏むべき部分
f, g,=二重槓杆

の時に於ける混和せる水量を檢[測]りて検するなり。この法は天然の土の粘力試験に適すれども、焼粉類の混合物には不適當なり。何となれば粘粉類は粘力なくして多量の水を吸収すればなり。練[練]瓦は普通の硬さにて、17％の水を有し、粘力強き粘土は 50 percent に達す。此の機械〔図：次ページ〕に於ては、a,d, は c 点に於て支へたる槓杆にして。b は ac 間を運動し得べき重。E は金属製の円筒にして、コップを倒にしたる形のものなり。然して X は空氣の逃け出る孔なり。G は E の下端 F が $\frac{1}{n}$ に達せしと検する為めの刻度なり。b の端には 1 K gram の重[錘]スイをおく。実際上最も便利にして簡単なるは、熟練なる工人をして指頭にて之をカン[鑑]定せしむるに有り。即ち製坯に適不適をハン[判]ぜしむるなり。但し工人の習慣により、常に粘り多きものを使用するものは、他人が適当なりと認むるも、尚不足なりと称する事あり。例ば瀬戸の工人をして、有田の粘力度をハン[判]せしむるが如し。比較的多く検定の標準に使用せらるゝは、最も粘力多き瀬戸木節と、余り粘力なき珪石とを混じて拾壹種の標準を作り、之に試験せんとする原料を同し大いさの球をなし、之を其の 1/2 の高さに押しつぶして、其の割目によりて定むるを常とす。

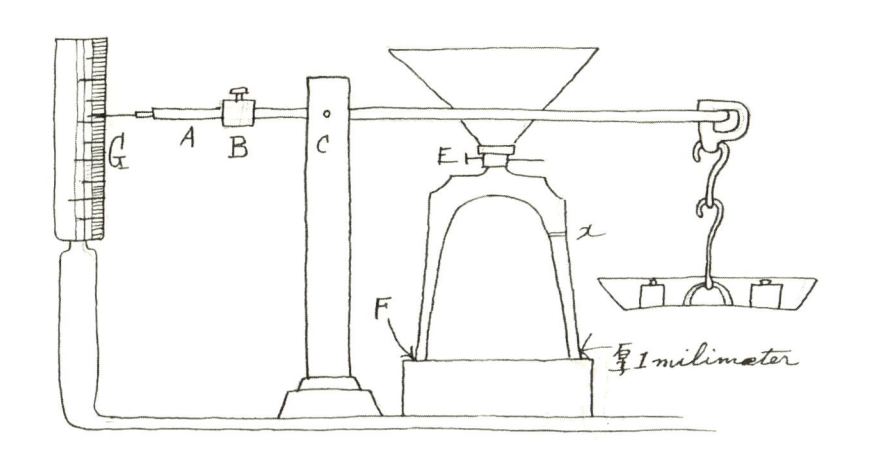

製陶法

## 耐火度試驗

　此の試験には粘土を強熱に當て之を熔融せしめて如何なる熱度まで其の形體を維持するやを検するなり。Melt とは各の物質の分子間に於て、相互の化学変化を起して熔け始まるものにして、其の熔融の意義は第一化學的成分、第二分子の細粗、第三分子の配列如何に依りて変るものなれば、数理的のみを以て判然するものあれども、之只或る場合のみ行はるべきも一般に行ふ能はず。尤も正確なるは直接之を強火に當て、他の標準物と比較して其の高低を知るなり。是を側定〔測〕するに最も精密なる方法は、熱度計 Pyrometer を用ゆるなり。但し Pyrometer にも種々ありて、其の操作一様ならず、完全なるものに非らざるも、便宜上比較的近代まで用ひたるものは、金、白金、銀等の各種の合金を作り、其の熔融を以て熱度を判定せり。即ち之等金属及び各種の合金にて小さき板を作り、之に可検物と共に熱するなり。而して金属は其の melting point に達すれば直ちに熔けて小球に変ずるなり。

　其の金属及び合金の標準熱度は次の如し。〔表：次ページ〕

　此の方法により温度は検定し得れども、其の合金は價貴きのみならず、長く使用すれば合金の成質を悪しからしむるを以て、不徑〔経〕済なり。
　尚、白金は鉄の如く、ある場合に於て燃焼瓦斯中の炭素を吸収して、之

70

製陶法

| 金属溶融熱時計 |||  |
|---|---|---|---|
| Au, | Ag | M.P. |  |
| — | 100 |  |  |
| 20 | 80 | 975oc |  |
| 40 | 60 | 995oc | 06a － 05a<br>980oc － 1000oc |
| 60 | 40 | 1020oc | 恰も 04a<br>1020oc |
| 80 | 20 | 1045oc | 03a-02a<br>1040oc-1060oc |
| 100 | — | 1075oc | 02a-01a<br>1060oc-1080oc |
| Au, | Pr, | M.P |  |
| 95 | 5 | 1100oc | 恰も 1a<br>1100oc |
| 95 | 10 | 1145oc | 3a－4a<br>1140oc － 1160oc |
|  |  | 1223oc | 6a－7a<br>1200oc － 1230oc |
| 60 | 40 | 1320oc | 恰も 10a<br>1320oc |
| 40 | 60 | 1460oc | 恰も 16<br>1460oc |
| 20 | 80 | 1600oc | 26 － 27<br>1580oc － 1610oc |
| — | 100 | 1785oc | 35 － 36<br>1770oc － 1790oc |

（右方の表は左表に相当するゼーケルケーゲルの番号、及び熱度を参考の為めに記したるもの。）

が為めに熔融点を減する事あり。又、上表中の白金10％以上の金の合金は高熱にて分離するを以て、其の熔融点正確ならず。金、白金は價、廉ならざるを以て、鋼鉄、鋳鉄、錬鉄等を標準に使用するものあれども、之又結果充分ならず。例へば、鋼鉄にても白色のもの、又は黒色のものとあり、其の melting point に誤差あり。次に其の例を示さ（互差？）
[す]

錬鉄　1500℃
鋳鉄　灰色グレーピック 1200℃
前後
〃白色のもの 1100
スチール　1300℃～1400℃
銅　1090℃
白銅　1400～1500
熔け難き硝石　1200℃～1300℃

次に記すべきは、ドクトル　ビショップ氏の式あり。氏は粘土類の耐火力と成分に関するものに付き、分析上より其の耐火力を算出し得るものとせり。即ち、珪酸、礬土、塩基（$Al_2O_3$ 以外の金属酸化物）の量に依りて耐火度は定めらるゝものなりとせり。其の公式は次の如し。此の計算に用ゆる数量は其の重量に非ずして分子式なり。

製陶法

$$\frac{Al_2O_3}{RO} = a \quad \cdots\cdots\cdots\cdots\cdots\cdots\cdots (1)$$

$$\frac{SiO_2}{Al_2O_3} = b \quad \cdots\cdots\cdots\cdots\cdots\cdots (2)$$

トスレバ RO ハ塩基ノ一分子ヲ示ス
$\frac{a}{b} =$ ワイテ

$$\frac{a}{b} = \frac{\frac{Al_2O_3}{RO}}{\frac{SiO_2}{Al_2O_3}} = \frac{Al_2O_3 \times Al_2O_3}{SiO_2 \times RO} = 耐火商數$$

此の式にて得たる數が1より大なるときは之を耐火物と云ふ。而して1以下耐火物ならざる普通の粘土類の熔融点は次の式を用ゆ。

$$a \times b = \frac{Al_2O_3}{RO} \times \frac{SiO_2}{Al_2O_3} = \frac{SiO_2}{RO}$$

此の式に依れば耐火粘土は熔剤（塩基）多きに從ひて其の耐火性弱く、礬土多きものは強く、珪酸多きものは強し。又後の式に依れば、普通の土は其の melting point、礬土の量に関せず。然れども實際に於て礬土が増加する時は、耐火度は強きものなり。然して、耐火度に於ては、其の耐火力は礬土の自乗に比例して高まると云ふもの有れども、礬土量の極めて少き場合には、反って耐火度を低からしむる働きあれば一様に論ずる能はず。其の熔融する割合は、一つの割合を画くものなり。

其の熔剤の増加するとき、其の耐火度を減ずるは勿論なれども、他の土に於て熔剤が一種の酸化物なるときの数種よりなるときとは、其の分子数は例へ同一なるも其の熔融する事、後者は容易なり。故に此の式にて得たる数は其の耐火度を比較的精密に示すものに非ず。例へば此所に三種の粘土あり。其の成分によりて、耐火商数1, 2, 3を得たりとせり。然る時は1は2よりも弱く、2は3よりも弱しと云ふ事を得れども、数字に示す如く2の耐火度は1の2倍にして、3は1の三倍なりと云ふ事能はざるが如し。且つ時としては此の反對の結果を来す事あり。殊に珪酸多きものに有りては、此の公式に適當せず。如何となれば既に述し如く、礬土に対して珪酸が増加するに從ひ、耐火度は減ずれども、其の割合が恰も $Al_2O_3 17SiO_2$〔超〕を越過す

るときは、反って耐火度を高むればなり。次に此の公式に依りて算出したる耐火商數と実際の耐火度とを示さん。

| compouding name | SiO₂ | Al₂O₃ | Fe₂O₃ | CaO | MgO | K₂O | Na₂O | H₂O | 算出せし耐熾數 | 耐火力 計算上 | 耐火力 実際上 |
|---|---|---|---|---|---|---|---|---|---|---|---|
| Greppin | 59.99 | 27.91 | 2 | 0.05 | 0.83 | 3.67 | | 9.87 | 1.3 | 3 | 2 |
| Lignity | 76.12 | 14.51 | 1.83 | — | 0.66 | 1.83 | | 4.94 | 1.07 | 4 | 3 |
| Hottiken | 59.42 | 27.15 | 1.77 | — | 0.52 | 1.56 | | 9.85 | 3.72 | 1 | 1 |
| Ledey | 66.71 | 20.94 | 1.92 | — | 0.81 | 4.69 | | 4.43 | 1.91 | 2 | 4 |
| 白川耐火煉瓦 | 70.65 | 27 | 0.3 | 0.11 | trace | 0.2 | 0.81 | 0.26 | 4.28 | | 32－33 |
| 三石蠟石煉瓦 | 62.7 | 33.36 | 0.4 | 0.18 | 0.38 | 0.61 | 0.92 | 0.34 | 3.8 | | 34－35 |

斯の如く此の式は精確に耐火度を示す事能はず。若し粘土分子均一なるものには、ほゞ此の式を適要するも大なる誤りなけれども、実際粘土の耐火力が單に其の chemical compounding のみに関せず、其の分子の大小に依りて大いに差あるものなれば、此の耐火商數の計算式は学問上の参考として用ひらるゝに過ぎず。実業に於て尤も盛に用ひらるゝはゼーガー博士の発明に係る normal kegel なり。之は前者の如くに計算上より論するに非ずして、各供試品を実地に強火に當て、其のかたわらに標準となるべき各種の melting point を有する kegel を置き、以て之を比較するなり。故に此の方法に依るときは、実際に應用して誤る事なし。但し其の melting point に達するときは、三角錐の頭が地に達せし時を以てするなり。ゼーガー氏は成分相異りたる釉薬を調して三角錐を作り、始め一番より三十五番まで三十五種を作り、而して二十五番以上は其の形少しく小なり。但し三十五番はチェットリッツカオリンを一味にて使用す。三十六番はラコニッツ、シェールを其の儘使用したり。又一番以下を作る為めにゼーガーと同様に Cremer 氏は、01 番より。西暦一千八百九十五年ヘヒト（Hechit）氏は 016—020 までを作りたり。又近年に至り、之に 0.21、0.22 を加へ、尚又 37 番以上 42 番までを作り、合計六十四種となりたりしが後、其の火度を精確に計りたるに、21—26 番までの温度の差殆んどなきを以て、之をはぶく事とせり。之によ

りて計五十九種となれり。但し0.22番は600℃にして42番は2000℃なり。

此の三角錐を作るにHechit氏は結晶硼砂及び鉛円珪石を使用せり。ケーケルの寸法は其の低部に於て其の直径20 millimeter、他の二面は18 millimeter高さ6 centimeterにして、小形のものは低部の各面の径9 millimeterにして、小形のものは高さ35 millimeterなり。此の三角錐は只に耐火度の試験をするに用ひ得らるゝのみならず、陶磁器焼成の際に於ける火度を計るに効力あり。一度之にならふ時は、大いに便利を感ず。近年本所、及び東京工業試験場第三部に於て盛んに製造するに至れり。但し之を造るに其の分子の細粗に依り、其の差を来すを以て、同一の原料を以てするも其の粉サイ〔砕〕の程度により常に一定せりとは云ふべからず。今獨乙〔逸〕に於ける各種窯業品の焼成熱度を三角錐にて測定したる結果を示せば次の如し。

　　SK022〜010　磁器の上繪付及び金、銀、白金等の焼付け
　　SK015〜010　普通練〔煉〕瓦及び陶器釉藥を熔融するに用ふ
　　SK1〜10　石灰及び酸化鉄少き原料にて作りたる練〔煉〕瓦、敷瓦等の焼締め
　　SK3〜10　陶器の焼締め
　　SK010〜1　3〜12　焼締めた陶器の薬焼
　　SK5〜10　石〔炻〕器の焼成
　　SK10〜20　耐火材量セメント及び磁器本焼
　　我國は普通SK8〜13、SK10〜15、硝子の熔融、鋼鉄の熔融
　　SK26〜38　耐火粘土 melting point test

三角錐を用ひて耐火度を試験するには其の大〔空白〕ありて普通の錦窯、若しくは本窯内に三角錐を凡そ連續したる順序のもの三個と供試品とを入れ、其の試験体の熔融せし時、三角錐のNumber何何なる有様となりしやを検すればよし。此の試験を用ふて用ひらるゝ窯はセーガー氏の作りたる瓦斯窯なり〔図の記載なし〕。

此のものは厚さ素焼製の円筒よりなり、之に自由に取り離す事を得る蓋aあり。Sの内部にbなる円筒ありcなる小さきを包囲し、其の熱度を保護し、一つはflameの方向を変更せしむる用に供す。

而して此のcの内に供試品を置くなり。Fなる穴は筒の周囲に八個を有し、

之よりブンゼン燈の gas flame を筒内に送るに供す。flame は矢の方向に進み、煙道 d に達す。空氣は e より入りて g に於て gas と合し combustion を起すなり。此の窰は種々の試験に供する事を得、其の熱度は gas に依りて SK20 番に達す。之より以上の熱度には昇せ難し。又、試験用の瓦斯窰二角形となせる Heinike 氏の窰あり。此の窰は外部より穴を明けて〔開〕のぞく場合に便利なり。

## Devill の窰

此の窰は SK37 番の火度まで昇すを得べく。尚、空氣の代りに酸素を用ゆれば更に高熱する事を得べし。其の構造は佐〔左〕圖の如し〔図の記載なし〕。

此の窰は耐火粘土製の円筒 a よりなりて、之を囲繞するに鉄板を以てす。円筒の下部には厚さ鉄板 B あり。円筒の内経 11 centimeter、高さ 20 centimeter、厚さ 5 centimeter にして、其の上には耐火粘土製にて同じく板にて製したる蓋 C あり。B なる鉄板は三重二輪状をなしたる a なる円孔を有し、其の径凡そ 5〜6 millimeter なり。此の穴 27 個あり。又、其の中央には small b なる大なる穴あり。其の径 30 millimeter。B の下部 10 centimeter を距て、更に一個の E 鉄板 E あり。粘土を以て空氣を入れざる様に接續し置くべし。又空氣は d 筒より送り、a なる穴を通し爐中に入る。b なる孔は、恰も線作用を有し、坩堝〔るつぼ〕台を安置するに供す。或は焼成後、掃除の用に供せらる。又台上には外径 40 mm、高さ 40.5 mm なり。坩堝を置き、其の高さ 35 mm、径 40 mm なり。坩堝中には三角錐と、之と同形なる可検物を置く。此の窰に用ゆる坩堝、及び其の周囲の円筒等は、良質なる耐火粘土、即ち木節蛙目、蝋石、或は焼粉等を以て製る〔作〕か、特別高熱なる場合には bauxite を用ゆ。之に用ゆる fuel は始め木炭を以てし、次に retort carbon を用ゆ。灰を少なからしむる事を欲すればなり。尚、retort carbon は強熱を生ず 20 番前後の耐火度なれば、コークスを用ゆるを可なり。此の窰は内部に fuel ツイ〔堆〕積〔タイ〕するを以て内部を見る事を得ず。依りて其の熔融度は、熟練により用ひたる炭の分量より定む。焼成試験に於て注意すべき要コー〔項〕は次の如し。

1、熔融の難易
2、種々の熱度と各種の flame に依り生ずる色

3、班点の現否、若し出るとすれば何度の熱度にて出しか

4、各種の熱度に於ける contraction

5、種々の熱度に於ける氣孔水、及び sintering point

以上のべたる外に熱度計として用ひらるゝものには、ル・シャッテリー氏の pyrometer あり。此の機械は耐火粘土製の二個の管を作り、之を組み合せて内管・外管とし、外管には底を附け、内管には底を附せず。之に白金とイリヂゥムとの合金線、及び白金のみよるなる線を接合したるものを、其の底部に於て内外に管の間に来らしめ、此の二線の二種他の端を電流計に通したる熱電氣、即ち sarmo electric〔thermo〕を見て其の熱度を定むるなり。特別に時計仕掛による Recorder を附し、木炭紙に依りて其の昇降を記入せしむるもあり。此の装置に依る時は、窯内の温度は flam〔flame〕の如何に依らず、直接に知る事を得べく、尚三角錐の欠点なる熱度の降下に對しても、自由に其の度合を〔空白〕を以て比較的正確なる装置と認めらる。只、其の價廉ならざるを欠点とす。

## Waner pyrometer

蓄電池を以て電燈を点し、其の電燈の光と窯内の光とを比較して其の熱度を見る装置にして、Lens の半面に電燈の光を、半面に窯内の光を現すを以て、其の光色同一なるときに其の温度を讀むなり。

## Iright pyrometer

此の装置は殆んど前者に同じ。只、乾電池を使用し、熱度の高低を lens の中に於て讀む仕掛となせり。

## Feries pyrometer

此の装置は熱度を熱波に依りて lens〔レンズ〕に受け、其の波動に依りて熱の高低を知る仕掛となせり。

## Stereo pyrometer

此の機械は多くの lens を作り、此の lens は赤色の如き色を與へ、其の色に依りて光を吸收せしめ、攝氏 600℃以上のものを見るを得る如く、作りしもの 700℃或は 800℃以上を見る事を得る如くせしものとに依り、各其の熱度を知る裝置なり。

## 化學分析

粘土類の分析表を分ちて普通分析（一般分析）と示性分析の二種とす。

### 1. 普通分析 total analysis

此の total analysis に於て quantitative すべきものは主として珪酸（$SiO_2$）、礬土（$Al_2O_3$）、酸化鉄（$Fe_2O_3$ 又は FeO）、石灰（CaO）、苦土（MgO）、加里（$K_2O$）、曹達（$Na_2O$）、及び Ignition loss（$H_2O + CO_2$）とす。

### Ignition loss

先つ細末の可檢物 1～2 gram を白金坩堝に取り、air bath 中にて 105℃～110℃にて乾燥せしめ、蒸發せし水の分量を計り、次に之をロシヤンランプ、若しくは gas lamp (burner) にて漸次熱を高め、終に白熱に達せしめるときは化合水、有機物は揮發するを以て之を冷して秤量すべし。之にて減したる量は、即ち灼熱減量 Ignition loss なり。但し之は始めに計りたる 110℃にて乾燥したる場合は算入せず。

### 珪酸（$SiO_2$）の定量

上に於て灼熱せしものに其の五倍の熔劑、即ち $K_2CO_3$ 及び $Na_2CO_3$ とを各の同分子の割合に混合したるものを混し（但し灼熱せる塲合に Sample が勉〔塊〕りたる塲合には、新しく粘土を取り直ちに fusing mixture を加ふるなり）。白金坩堝内に入れ、除々に熱を高むる時は、終に熔融す。此の時熔融せる物體の中より、炭酸瓦斯の出ざるに至れば放冷す。之をビーカー中に入れ、水

製陶法

を加へて暖むるときは殆んど全部熔融す（此の時、軽きにかわ〔膠〕状不溶物あるも差支なけれども、若し重くして硬き沈澱物あれば熔融不充分なる証なるを以て、斯くの如き場合には尚多量の熔剤を加へて、此の法を反フク〔復〕すべし）

　此の溶液より沈澱法により、$SiO_2$、$Al_2O_3$、$Fe_2O_3$、$CaO$、$MgO$ を得るなり。此の法に依りて此の液に塩酸（ClH）を加へて酸性とし（此の時発包するを以てビーカーを時計皿にておふふべし〔迄〕）。温浴の上にて白色となるマデ蒸発乾固に至らしめ、然る後之を強塩酸にうるおー〔潤〕し、5〜10時放置するときは、珪酸は不溶性の $SiO_2$ に変ずるを以て、之に水を加へて暖むれば、珪酸は沈澱す。依りて之を濾過す。濾紙上沈澱したる物質を濾紙と共に白金坩堝内に入れて灼熱し、冷後秤量すべし。但し此の場合に、沈澱を充分よく水洗ひせざるべからず。之に用ゆる濾紙は其の灰の重さ一定せるものならざるべからず。

## Alumina 及び酸化鉄の定量

　上の濾液に少許の塩酸（ClH）を加へ熱し、之にアンモニヤ水を加ふる時は、水酸化アルミニウム、と〔$Al(OH)_3$〕水酸化鉄 $Fe(OH)_3$ の沈澱を生ず。然れども、ammonia 過量なる時は水酸化アルミニウムはアルミン酸アンモニウム〔$AlO_3(NH_4)_3$〕として溶解するを以て、之を沸トー〔騰〕して過量の ammonia を除去すべし。而して温き内に之を濾し、沈澱を充分に洗ひたる後、とり出して灼熱するときは、水酸化アルミニウムと水酸化鉄は礬土と酸化鉄に変ずるを以て、之を秤量すべし。此の沈澱、即ち鉄とアルミニウムの酸化物を硫酸水素加里液にてうるほし、之を熱して熔融し、放冷したる後之に水を加ふるときは、鉄は溶解するを以て、硫酸を加へて酸性とし、粒状亜鉛を投入するときは、鉄化合物は水素の為めに還元せられ、第一鉄化合物に変ず。依りて之に過マンガン酸加里の規定液にて（$KMnO_4$）鉄の量を検定すべし〔ママ〕（過マンガン酸加里は第一鉄化合物に觸るれば之を酸化するを以て、其の固有の色を失ふものなり。故に $KMnO_4$ の一定量の溶解を作り、既知量の鉄化合物溶液中に下して、其の其ノ〔ママ〕$KMnO_4$ 溶液 1cc は何程の鉄を酸化するやを豫め定め置くなり。或は、前の珪酸の溶液を二分し、其の一部より酸化鉄、礬土合量を計り、他の一方に苛性曹達液を加ふるときは、水酸化

鉄として沈澱するを以て、之を濾して乾燥灼熱し、第二酸化鉄（$Fe_2O_3$）の量に計るものなり。

## 石灰の定量

上の濾液に少量の ammonia を加へ、之に蓚酸アンモニヤ液を加へて暖むるときは、蓚酸カルシウムの沈澱を生ずるに、生より之を乾燥して灼熱すれば、蓚酸カルシウムは石灰（CaO）に変ず。此の時若し蓚酸石灰多量なれば、一部は炭酸石灰となり盡く石灰（CaO）とならさるを以て、斯くの如き場合は濾したる蓚酸カルシウムのみを塩酸に溶解せしめ、其の濾液を二分し、其の一部より同上の方法に依り、蓚酸カルシウムを沈澱せしめ乾燥灼熱すべし。

## 苦土の定量（MgO）

上の濾液に過量の ammonia 水を加へ、之に燐酸曹達液を注ぎ、湿所にて7—20 時間静置するときは、燐酸マグネシゥム $Mg_2P_2O_7$ を沈澱す。之を濾してアンモニヤ水にて能く洗ひ、磁器製の小坩堝内に於て灼熱し秤量す。之にて MgO を算出すべし。

## Alkali の定量

Alkali は前の濾液より秤る事能はず。依りて別に 3—5gr の細末なる可検物を白金坩堝に取り、硫酸にうるほし、之に弗化水素酸 FH を加へ、微熱を與へるときは珪酸（$SiO_2$）は揮発し、其の他のものは其の他のモのは悉く可溶性の硫酸塩に変ずるを以て、之を熱して餘分の弗化水素（FH）を蒸発せしめ、ついに硫酸の蒸氣が出つるにいたれば、之を放冷し水にて稍沢し、之にアンモニヤ及び蓚酸アンモニヤ液を加へ、礬土、酸化鉄、石灰等を沈澱せしめ、濾液を蒸発乾固し、尚強く熱してアンモニヤ塩類を揮発せしめ、後、水に溶かし、此の溶液に更にアンモニヤを加へ、尚之に炭酸アンモニヤ液を加へ、20 時間許り静置するときはマグネシャは炭酸マグネシャとなりて沈澱す。之を濾すときは濾中にアルカリ―アンモニヤ塩類のみとなるを以て、之を白金蒸発皿に入れ蒸発乾固に至らしめ、熱するときはアンモニヤ

製陶法

塩類は揮発す。依りて残り一物に塩酸を加へ、蒸発乾固し秤量すれば塩化加里 KCl と、塩化曹達 NaCl の合量を得。之に少し許りの水を加へて溶かし、塩化白金 $PtCl_4$ の濃溶液を加ふるときは、$2KCl、PtCl_4$ と $2NaCl = PtCl_4$ を生ず。此の中、前者はアルコールに溶け、後者は溶けさるを以て、之をアルコールにて洗ひ乾燥せしめて後者の重量を計り、之より $K_2O$ 及び $Na_2O$ の量を算出すべし。

又、弗化水素を用ゆるはキケン〔危険〕を伴ふに依り、可検物に約三倍量の炭酸アンモニヤと、炭酸石灰とを加へ、白金坩堝中に熔融せしめたるものを水に溶かし、其の内より珪酸、礬土、酸化鉄、石灰、苦土を沈澱物として除去したる濾液につきて、此の方法を行ふ事あり。

〔2.〕 Rational analysis

　此の方法は可検粘土類に於て其の粘土中に含有する粘土質物、即ち (clay substance) 含水珪酸礬土と長石、即ち珪酸アルカリ礬土及び石英、即ち無水珪酸の三者を分ちて定量する方法なり。普通の粘土は長石質岩石の分解に依りて生ずるものなれば、必ず多少の長石分を含有す。尚、粘土分解の際に生ずる珪石は、多少之に件ふものにして、長石分の多少は母岩の分解程度タカ〔高〕を示すものなり。此の方法は陶磁器の素地製造上に於て、一般分析よりも價値あり。然れども此の方法は比較的不純物少き原料の分析には摘〔適〕すれども、石灰練瓦〔煉〕等の如き鉄石灰の多き原料の分析には正確なる結果を得難し。何となれば鉄、石灰等は酸に溶解して、粘土若しくは長石中に交ればなり。其の分枡法は次の如し。

　先つ細末の試料五グラムを磁器製の蒸発皿に取り、之に 100 — 150cc の水と苛性曹達溶液少許とを加へて、時計皿にておほひ、しばらく沸騰するときは粘土鬼〔塊〕あるも悉く細末となるべし。之を冷して 50CC の強硫酸を加へ、蓋をなして sand bath 上に置き、熱して沸騰せしむ。此の時、始めは水蒸氣出で、ついには硫酸の煙（蒸氣）出つるに至れば、熱を去り、冷して、之に多量の水を加へ、暫時沸騰せしめたる後、ビーカー中に移し、多量の水を加へ放置するときは、硫酸にて分解せさるものは沈澱するを以て、傾斜法

によりて(decantation method)上澄液を去るべし。此の時残留物は粘土中の不溶物と、少許の硫酸塩の残りなり。此の時(粘土は悉く溶せずして、多少硫酸礬土及び粘土中の珪酸と残留す)之に苛性曹達液を加へて、10 — 15 分間沸騰する時は、粘土より来りし珪酸は可溶性の珪酸に変するを以て、之に多量の水を加へて溶解せしめ、decantation method に依りて上澄を去り、沈澱に塩酸を加へて煮沸せば alkali 及び硫酸礬土の如く、酸に溶くるものは悉く溶解性なるを以て、水を加て稀釈す。上澄液を去る此の苛性曹達、塩酸にて沸騰する法を反覆し、ついに塩酸なきに至るまで沈澱を洗ふべし。此の時残りしものは、長石、石英、之に類似の鑛物のみなるを以て、之を乾して秤量し、最初の量より減するときは clay substance(粘土質物)の量を得。

　次に上の沈澱物を白金坩堝に入れ、硫酸を混じ弗化水素液を加へて珪酸を悉く揮発せしめ、之にアンモニヤ水を加へて礬土を Precipitate (sediment) せしめ、之を濾し灼熱して其の量を計り、之を得たる数に 5.41 を乗ずる時は、長石の量を得るなり。依りて此の量を前の量より減する時は、石英を得べし。然れども礬土の量が豫定よりも非常に小さきか、若しくは多き時には、念の為め此の溶液より alkali 量を検定し、之により算出せし長石の量と前者と一致すれば良し。

## 原料の所理〔処〕及び精製法

　天然の陶磁器原料には粘土類あり。堅石類あり。其の硬さに依り取扱ひ法を異にす。今其の所理〔処〕法につき記せん。

　粘力強き粘土類は彩掘〔採〕クツの儘にては、水分の為めに容易に粉砕し難く、従って之に水を混ずるも均一なるを得難し。殊に精巧なる陶磁器原料となるものは、之が狭雑物を取り去る必要あるを以て、水簸に便ならしむるの準備をなす。即ち水簸の以前に於て彩掘〔採〕クツせる粘土鬼〔塊〕を一單乾燥せしめ、臼にて破碎するを常とす。少しく大仕掛けのものにては、其の鬼〔塊〕をして曝寒法、若しくは、バク暑〔曝〕法を行ふ事あり。バク〔曝〕寒法とは陶器に於て最も強き風の方向に沿ひて粘土鬼〔塊〕を平地に巾三尺、高二、三尺の長きあぜを作り、日中時々

之に水を撒布するなり。然るときは其の分子間に侵入せし水が夜中に寒氣の為めに、水は (expansion を起し) 氷りて其の容積を増す。終に粘土鬼［塊］を破砕せしむ故に、此の働きは水分の量と温度とに依りて同しからず、独乙［逸］に於ては一冬に約三回程行ふと云ふ。北独乙［逸］は寒氣強くして氷の溶解する事少し。我國の如きは、日中大底解け夜に至りて氷る事多きに依り、此の方法を行へば大いに便ならん。此の法は只粘土鬼を砕くのみならず、此の間に化學變化を起し、粘土中に混有せる硫化鉄の如きものを硫酸鉄と酸化鉄とに変じ、前者は可溶性なれば溶け去り、後者は不溶性なれども硫化鉄よりも害少し然のみならず、アルカリ塩類も幾分か溶け去る。此の事は耐火物の原料には有益なれども、然らさるものにありては差程有益ならず。

## バク暑法〔曝〕

　バク暑法〔曝〕とは、バク寒法〔曝〕と同様の装置をなして夏期に行ふなり。即ち極暑の時、熱せられたる粘土鬼〔塊〕に泥水を注げば、水は氣孔中に侵入し、内部に於て熱の為めに expansion して大鬼〔塊〕を破砕するなり。然れども此の方法は前者よりも効力少し。斯くして容易に破砕し易くなりたるものを水簸法によりて其の細粗を分離せしむるなり。

　堅石を砕くには砕くには〔ママ〕、先つ之を窯に入れ赤熱して、急に冷水に投じ冷去〔却〕す。此の時石は亀列を生じ、又其の中に入りし成分が水蒸氣となるに依り、石質はゼー弱〔脆〕となり、大いに粉砕し易くなる。此の方法は白玉、即ちフリットを作るに同じ。

　此の方法は普通粘力なき長石、石英等に於て実行し得べく、同じ堅石質にても此の方法は、肥後の天草石、出石の柿谷石の如き砕末して粘力を生じ、製形上其の粘力を必要とする場合には、粘力を先つ慮〔恐〕れあるを以て煆焼すべからず。煆焼するに用ゆる窯は、其の形、大いさ等一定せず。又、斷續的に焼くものと、繼續的に焼くものとの両種あり。繼續して焼成する窯の一例を示せば、其の高さ 3 ～ 4 meter にして上方の口は 90 ～ 100c.m. 下方の最も廣き所は 120 ～ 160cm. を有し、石炭と石を交互に投入するものにして、其の分量はほゞ同じ。長石、石英等は之を煆焼する以前に、之に附着する

製陶法

土類を さゝら の如きものにて洗ひさるを要す。一たん煆焼[旦]する時は、雲母片、鉄分等は赤色に変ずるを以て、其の部分は取り去るを可とす。

斯の如く、煆焼したるものは、之を人工粉砕法により、機械を用ひて砕くを常とす。

## 原料粉砕機械

### 石割機　Stone crusher

此の機械は七八寸より一尺内外の原料鬼[塊]を、鶏卵若しくは胡桃大に粉砕するものにして、其の装置は二枚の鋼鉄の歯間に原料を鋏み、一枚の歯、若しくは双方の歯が excentric の為めに動力の加はると共に動きて其の距離を伸縮せしめ、依りて原料を其の間に強く鋏み、以て紛砕の働きを全ふするものにして、其の紛砕量は原料の種類に依りて同一ならず。其の歯は幾分傾斜を持たせロート[漏斗]の如くなし、其の表面は鋼を用するを常とす(もの多し)。

Stone crusher　の代理及び其の他の表

| 破砕口の大いさ | 調車の回数 | 所要の馬力 | 粉砕能力 | 機械の大さ 高さ | 機械の大さ 巾さ | 機械の大さ 長さ | 重量 | 代便 | 改正代價 | 全再改正 |
|---|---|---|---|---|---|---|---|---|---|---|
| 8"×4" | 250 | 2-3 | 450貫 | 3" | 4" | 4" | 350貫 | 250y | 400y | |
| 10"×5" | 251 | 4-5 | 600 | 4" | 6" | 6" | 700 | 640 | 750 | |
| 12"×7" | 252 | 5-7 | 900 | 4" | 6" | 6" | 850 | 590 | 1000 | |
| 16"×9" | 253 | 7-9 | 1200 | 5" | 7" | 7" | 1200 | 800 | 1200 | |
| 20"×9" | 254 | 10-12 | 1700 | 6" | 7" | 7" | 1600 | 1110 | 2300 | |

### 轉輪紛砕機　Edge runner, Kollergang

此の機械は鶏卵大の原料を、豆粒或は砂粒大に紛砕するものにして、其の装置は硬質の花コー岩[崗]、又は石英盤を以て、作りたる原料受の平盤あり。之に鉄製又は木製の椽を附し、之に依りて紛末は飛散を防ぎ、此の上に回轉輪を設け、其の硬質の花コー岩[崗]、若しくは石英鬼[塊]にて造り、之に腕を附

製陶法

し二個の回轉輪を貫ね、其の中心に軸を設けて之をつなぎ、以て之を回轉せしめ、盤と回轉輪との間に原料を鋏み、以て其の紛碎を行ふものにして、原料の片奇りたるを防く爲めに、之に鬼隼腕を附し碎きたる紛末は、轉輪の外方に設けたるあしを通して下方に落ち、一隅の受機に隼る。此の受機より六角錐形の篩を通して細粗を分離せしむるものあり。我國に於ては此の機械をフレットと称す。

陶磁器以外の原料を粉碎する場合、及び鉄分を恐れざる原料にありては、轉輪及び盤をコー鉄製となせるもあり。又、殊に大仕掛のものにありては、轉輪は同じ位置に於て回轉し、平盤が絶へず回轉しふる装置となせるをあり。又二個の轉輪は中心軸よりの距りを変じ、以て一方の輪にて粉碎せざりしものは、他方の輪にて粉碎する如くなす事多し。次に外国に於ける此の機械の大要を示せば次の如し。

| 番号 | 轉輪の経 | 全巾 | 全重量 | 円盤の回轉数 | 轉輪の回轉数 | 所要の馬力 | 粉碎能力 |
|---|---|---|---|---|---|---|---|
| 1 | 24" | 6" | 550 ポンド | 45 – 60 | 15 – 20 | 1. – 1.5 | 200 ポンド |
| 2 | 30 | 8 | 1100 | 36 – 45 | 12 – 15 | 2. – 2.5 | 400 |
| 3 | 36 | 10 | 2000 | 40 – 44 | 10 – 11 | 3. – 4. | 600 |
| 4 | 48 | 12 | 3450 | 32 – 36 | 8 – 9 | 5. – 6. | 800 |
| 5 | 60 | 14 | 6700 | 24 – 28 | 6 – 7 | 7. – 8. | 1000 |
| 6 | 24 | 6 | 550 | 手動 | 10 | 1 – 2 | 100 |

外国に於ける轉輪粉碎機の表

| 輪の経 | 産額 1. He | 所要馬力 | 機械の大いさ 長 | 巾 | 高 | 重量 | 代價 | 木枠 | 改正代價 |
|---|---|---|---|---|---|---|---|---|---|
| 3'6" | 60 貫 | 1, 5 – 2 | 13'0" | 6' | 6' | 630 貫 | 490y | — | 850y |
| 3'9" | 100 | 3, 5 | 15'6" | 6'6" | 7" | 1000 | 600 | — | 950 |
| 4'3" | 160 | 4, 3 | 18'0" | 7'9" | 8," | 1750 | 900 | — | 1300 |
| 3'6" | 130 | 4, | 8' | 5'6" | 8' | 770 | 600 | 60 | 950 |
| 4' | 200 | 7, | 9' | 8' | 9' | 870 | 680 | 65 | 1100 |
| 5' | 350 | 10, | 10' | 8' | 10'6" | 1100 | 770 | 75 | 1300 |
| 6' | 500 | 13, | 13' | 9' | 11"6" | 1450 | 980 | 85 | 1700 |

日本に於ける Eedge ranner

## 製陶法

| 回轉篩 ||||||||
|---|---|---|---|---|---|---|---|
| 篩の経 | 篩の長 | 調車の経及び巾 | 歯車を付けたる巾及び経 | 篩の回轉數 | 所要馬力 | 能力 1hs | 代價 |
| 2'7" | 4'0" | 2'6"×4" | — | 30 | 0,5 | 130 貫 | 220y |
| 3'1" | 5'9" | 3'10"×6" | — | 25 | 1 | 270 | 320 |
| 2'4" | 7', 0" | — | 3'0"×4" | 22 | 1.5 | 350 | 410 |

### 石球粉碎機　　Ball mill, Nastronnel〔Nastrommel〕

　此の機械にて粉碎する場合には、フレット又は其の他の機械にて、砂粒若しくは豆粒程になしたるものを、澱粉末程の微粒たらしむるば〔ママ〕場合に用ひらるゝものにして、其の構造は鉄板張りの円筒の内部を磁製の練瓦〔煉〕にて張り、其の中に石英、即ち燧石の球、又は磁製球を入れ、之に殆んど同量の原量を加へ、更に水を加へて其の容積の八分目程となし、之に蓋をして回轉せしむるものにして、之を回す場合に小なるものは調車に依れども、大なるものは歯車の回轉となす事多し。但し之を製する場合には、左右の両軸が同じ位置にある事必要なり。又、此の機械に於て混合せしめ、以て一様の物質たらしむる事あり。又、中には水を入れずして乾式法となして粉碎するもあり。之に使用する燧石は英國に於て其の東海岸の白亜層中に産す。デンマーク及び佛國にも多少之を産すれども、我國に於ては適当なるもの少し。現今あだか〔安宅ヵ〕附近のものを用ふるものあり。されど其の品質良好ならず。

　尚、此のものと同じく、是を小仕掛に試験する場合には、ポットミルを使用する事あり。此の物は一個の磁器製にて、此のものと蓋との間にゴムの輪を以て内容物の流出を防ぐものなり。此のゴムを称して Pakking〔パッキン〕と云ふ。然して磁製壺を數ヶ所鉄條を以てからぐか〔絡〕、或は一部に鉄の押へて螺線にて充分に之を押して蓋の動く事なからしめ、以て同數回轉を行はしむ。Ball mill 及び pottomill〔Potmill〕の大いさ及び寸法をば次に示す。

製陶法

| 石球粉碎機　Ball mill |||||||||||
|---|---|---|---|---|---|---|---|---|---|---|
| 胴の大いさ | 回轉數 | 調車の大いさ | 全回轉數 | 所要馬力 | 原料入れ高 | 石球入れ高 | 高さ | 巾さ | 長さ | 鉄材の重量 | 全体の重量 | 代價 | 改正代價 |
| 19"1/2× 16" | 70 | 20"× 2"1/2 | 70 | 0.3 | 6,貫 | 6貫 | 3'8" | 2'4" | 3'2" | 16 | 75 | 88 | 140 |
| 23"5/8× 22"1/2 | 40 | 31"× 4"3/4 | 40 | 0.5 | 28 | 28 | 4'2" | 5'0" | 5'1" | 160 | 240 | 205 | 320 |
| 43×36 | 40 |  | 30 | 1 | 55 | 55 | 4'8" | 4'8" | 5'4" | 200 | 400 | 340 | 480 |
| 55×48 | 25 | 55×48 | 25 | 2 | 110 | 110 | 6'2" | 6'0" | 6'7" | 470 | 900 | 550 | 760 |
| 67×68 | 20 | 67×68 | 10 | 4 | 270 | 270 | 6'0" | 6'0" | 11'7" | 1000 | 1700 | 1000 | 1450 |
| 82×75 | 18 | 82×75 | 90 | 5 | 480 | 480 | 9'0" | 6'3" | 14'8 | 1400 | 2700 | 1330 | 2000 |

| ポットミルの大いさ |||||||
|---|---|---|---|---|---|---|
| ポットミルの大いさ | 全其數 | 高さ | 巾さ | 長さ | 代價 |
| 8" | 13ヶ掛け | 3'0 | 12'0" | 5'6" | 140 y |
| 6" | 8ヶ掛け |  |  |  |  |
| 11" | 2 | 2',4" | 1',9" | 5'6" | 970 y |

## 二重ロール粉碎機　Double roller mill, Walty werke

　此の機械は二對の roller あり。上部の一對は其の外周に歯車状の立溝を有し、下方の一對は同筒状なり。軸には roller の距離を加減する螺線あり。且、護模の如く多少伸縮する様に螺線若しくはダン條を設けて、かたき石塊等〔段〕〔塊〕の爲めに生ずる撃動をカー和し、各對のローラー中一つは軸受に固定す。〔緩〕他の一つは可動性にして、何れもぬき出し得るものとす。又、dust の侵入を防ぐソー置、及び自動注油器を附する事多し。此の roller は上等の冷鋼鑄鐵〔装〕を以て作り、軸は steel なり。歯車は危険なるを以て多くは之におほひを施す。此の機械は原料を shovel、若しくは手にて、上部にあるロート内に投入せば、〔漏斗〕先つ上部 roller にてバラス大に碎かれ次に下方の roller に依り、豆粒若しくは砂粒大に粉碎せらるゝものとす。
　此の機械は甲鉢、練瓦の如きものを焼紛となす場合、若しくは多少鉄分〔煉〕の侵入を恐れざる原料を細末するに適し、其の粉碎物は是に六角の篩を附

製陶法

して更に細粗を区分するを常とす。

## Disintegrator

此の機械は、円筒の両側なる円盤に於て、一定の距離に steel 棒を適當の割合に円周上に附着せしめ、左右の円盤にある此の鉄棒を相接觸せざる如くなし。是によりて投入せる原料は、此の steel 棒に觸れて紛砕せしむるものにして、焼粉の如きものを粉砕する場合に使用せらる。但し此の機械は左右の円盤が逆に回轉するか、若しくは一方のみ回轉せしむるものなり。

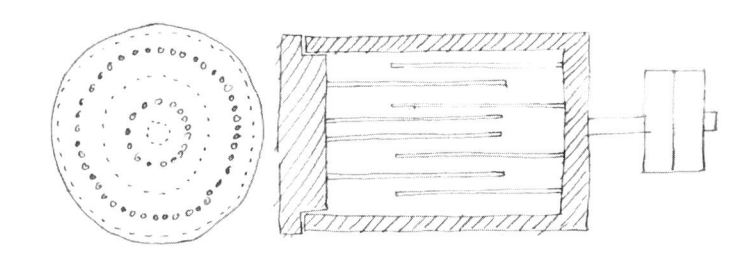

| Price of dauble roller mill ||||||||||
|---|---|---|---|---|---|---|---|---|---|
| Price | Roller の上部 | 径及び巾下部 | Pulley 回転数 | 大いさ | 所要馬力 | 能力 | Volume | W | P. |
| 45Oy | 6" 1/2 × 14" | 6" 1/2 × 6"1/2 | 200 | 14"×4"1/2 | 2 | 800 ⚹ | 4' × 4' × 4'6" | 300 ⚹ | 450p. |
| 78Oy | 9" × 14 | 9" × 16"1/2 | 180 | 16"×4"3/4 | 3 | 1500 ⚹ | 4'6"× 4'6" × 5' | 450 | 780P. |

| Roller mill ||||||||||
|---|---|---|---|---|---|---|---|---|
| Roller || Pulley || Revoluton Per minute | Power (required) required | Capacity per cuts | Weghit of complete mill | Price L.S. |
| Dia, inche | Width inches | Dia meter CM | Width CM |||||||
| 8 | 14 | 14" | 4" | 200 | 1 | 16 | 21 | 46.1 |
| 9 | 18 | 16 1/2" | 5" | 175 | 2 1/2 | 28 | 30 | 59.1 |
| 12 | 20 | 24 1/2" | 5 1/2" | 150 | 4 | 52 | 50 | 93.1 |

製陶法

## Stamper

　山間の渓流を利用して水車を動かし、精米、製粉等に使用する事は、古来より我國に於て行はれたる方法にして、之には stamper を使用せり。Stamper には全部木製の臼と杵とを使用するものと、臼を石製にせるものと、杵を石製若しくは鉄製にせるものとあり。陶磁器に於ては鉄分の侵入を少なからしむる為めに、御影石の如き石製の如きものを杵先に附する事多し。此の機械は比較的粗粒なる雞卵大のものを砂粒、若しくは澱粉粒程の小粒となすものにして、在来、粘土粉砕に廣く使用せられたり。長石、珪石の如き極めて硬き石を粉砕する場合には、egraner（fret）の如きものを用ゆる方便利なり。Stamper の特長は徑費少くして、一つの機械にて微小粒を造り得るにあり。されど極めて硬き物質を砕く場合には、時間を多く要す。又、少時間に大多量を作り難し。

## 碾臼

　碾臼は陶磁器の原料に使用する場合には、濕式法によりて水と原料の砂粒程のものとを臼の間に落し、上下に板の溝ある石盤間に鋏みて、澱粉末の如く細粒となさしむるものにして、此の装置に依りて粉砕せるものは他の粉砕装置よりも粘力を生ずる事大なりとして、久来〔旧〕の陶業者に尚使用するものあり。京都地方、及び肥前の一部に使用せらる。又フランスも小規模の旧式工場に於ては之を用ゆる者ありと云ふ。

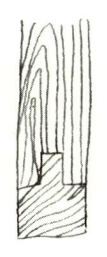

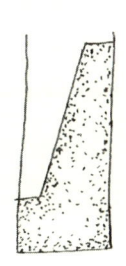

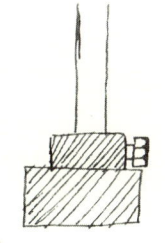

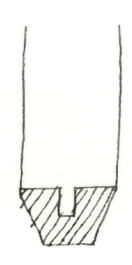

## 水簸法

　小仕掛にて水簸を行ふには、我國にて桶、若しくは石器の壺に原料を入れ、水を加へて攪拌し、暫時して其の上部に浮流せる細粘土と水分を篩を通して他の桶に流出せしむるか、或はすくひ出して之を他に移さしむ。又水流を利用して、之を之ふ〔行〕如き時は、數個の桶をならべ、一つ桶を元桶とし、之に原料を加へ攪拌しつゝ、輕きものを他の桶に動さしむるものにして、例へば次の圖の如し。

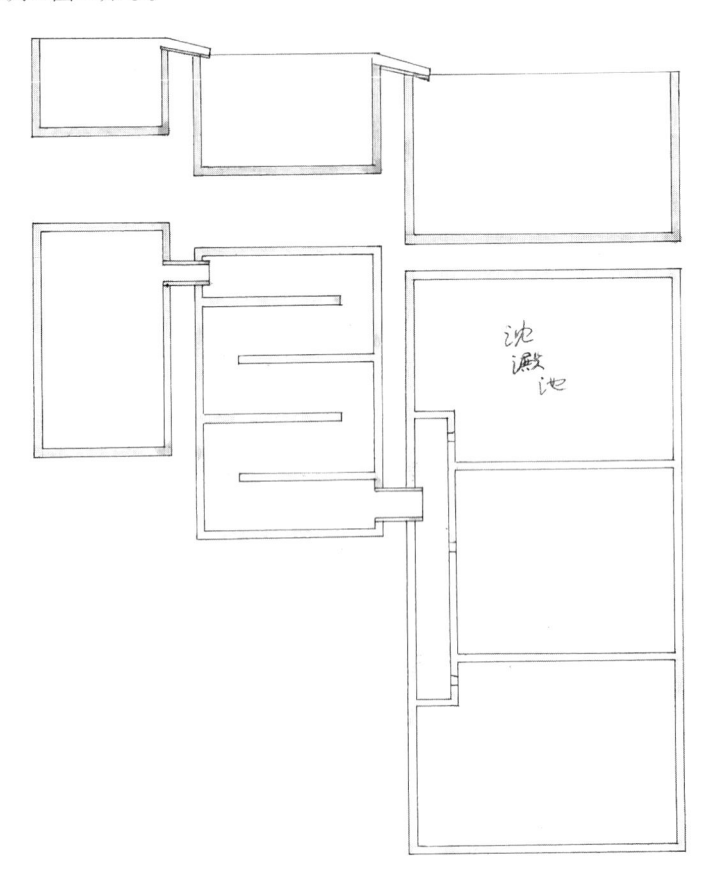

沈澱池

製陶法

　大規模に多量の水簸をなす場合には、円筒形の撹拌機を用ゆ。此の機械は圖に示す如く、桶を横へたる如き形のものにして、其の上半部は薄き板を以て作り、下半部は厚き板にて作る。但し桶形は上半部は垂直に関き居[開]るものなりや。

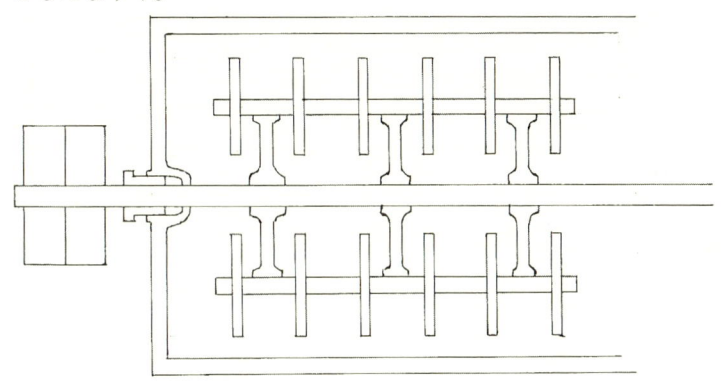

| | | | |
|---|---|---|---|
| 槽の中 | 19"1/2 | 27　1/2" | 39" |
| 槽の深 | 29" | 42" | 55" |
| 槽の長サ | 3'3" | 4' | 7'3" |
| Pulleyの大いさ | 20"×3　1/2" | 24'×4" | 35'1/2"×6" |
| Pulleyの回轉数 | 50 | 37 | 25 |
| 所要馬力 | 0.4 | 0.8 | 1.5 |
| 製造能力 | 一時間　26貫 | 75貫 | 160貫 |
| 泥漿の容積 | 9.5C.F. | 20C.F. | 75C.F. |
| Weight | 50貫 | 65貫 | 95貫 |

## 調合法

**容積調合法**

　　a 泥漿調合（水簸物の泥漿を用ゆる）

　　b 乾操物の調合

　　bは水簸前に桝目にて調合をなして水簸す（九谷焼）（會津焼）。Slipの（泥

漿）粘力強きものは外見濃き様に見ゆ。

## 重量の調合

　A　水簸乾燥物の調合する方法
　B　Slipを重量に換算して調合する方法

　泥漿に依りて調合する場合には、粘力多きものは比較的其の中に含有する分量少く、粘力少きものは其の分量大なり。従って瀬戸の如き石粉と、蛙目とを泥漿調合となす場合に、蛙目の方が石粉よりも其容積を多くするものなれども、其の重量の割合に於ては蛙目は石粉の1/2程なり。例へば蛙目13升石粉10升の泥漿調合によるものは、之を乾燥調合に換算せば3貫目、石粉7貫匁程の割となる。普通に行はるゝ泥漿の濃度は、粘力強き粘土に於ては1立中乾燥物が140〜170gr、粘力少きものに於ては例へば磁土の如き1立中330〜360grを含むもあり。磁土の中にても割合粘力あるものは160〜175匁程のものあり（匁を単位に使用せるは一升の内にある事なるべし）。尚、寺山粘土は一升中に400〜500匁、蛙目に於ては100—200匁の位の間にあり。ベルギーに於て用ひらるゝ英國産原料の數例を示せば、

　　Boll clay　　1立重さ 1344gr にして此の乾燥量は 594gr
　　China clay　1立の重 1397gr 此の乾燥量 643gr
　　Flint　　　　1立の重 1435gr　〃　　　972gr
　　Pegmatite　1立の重 1375gr　〃　　　792gr

泥漿調合に於ては、其のslipが濃きに失するときは眞密に混合する事因難なるを以て、かゝる場合には多少水を加へて稀シャクするを可とす。又、乾燥粉末を加へしとするときは、其の物を一旦水にて溶き、後slipと混すべし。両者相混したる後はなるべく攪拌するは勿論なれども、簡単に之を混合せしむるには、數回篩ひを通して他の桶に移動せしむるを可とす。之を攪拌するには攪拌器を使用するを可とす。攪拌器は水簸の場合には、其の粒子に□るしく重

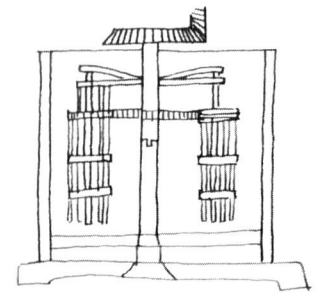

製陶法

さに差あるを以て、横式のものを用ふるを常とすれども、泥漿の調合於ては縦式のものを用ゆる事多し。其の構造は本場備付のものに付きて見るべし。

　小規模の工場に於ては、slip 中に含まる過乗〔剰〕の水を除く為めに素焼製盛鉢（でんぼ、吸鉢）、角形練〔煉〕瓦（まくら）、又は石膏製の鉢等にて水分を吸収せしめ、又地中にむしろを埋め、周囲にかこひを附し、其の中に泥漿を入れ、外部に水分の吸込まるゝ如く、とや式のものあり。京都附近に於ては（やぶくま）、又、熱にて乾す事もあれども、之等は何れも時間と労力と多く費やして不徑剤〔経済〕なれば、現今は圧搾器を用ゆるもの多くなれり。圧搾器の簡単なるものは、貢杆作用に依る土搾り機にして、木線又は麻袋に泥漿を入れ、其の中をかなり閉ぢたるものを箱に入れ、圖の如く列べて圧搾するものなり。近年に至りて蝸線式による土搾り機械を用ゆるものあり。此の機械は絶へず力を加へさるべからざれども、場所を取る事少きを以て、余り大仕掛ならさる都会の如き所に於て行はる。其の装置は本場備付の土搾り機械につきて見るべし。大仕掛の工場に於て、多量の原料を準備する場合には、Filter Press を使用す。此の構造は二部に分ち、泥漿を輸送する處の特殊の pomp〔pump〕 と clay の水を排除する部分とよりなる。前者は membram〔membrane〕 poump〔pump〕 と呼び、辨無しの pomp〔pump〕 にして後者は Filter press と呼するなり。其の pomp は下圖の如し〔右頁〕。右圖に於て G は円筒にして其の下方は、其の中央に EF 間にある厚き護謨よりありて、其の下方には F なる数個の穴を有し、C,C 間に通ず G 円筒内には、常に M より水を満し、H なる軸は護謨に觸れずして上下す。故に此の護謨模を圧すものは水なり。又 AB 間の両方には D なる二個の ball ありて、軸を上下するときは各其の上下に動運するにより、管中に泥漿の通路を開閉す。

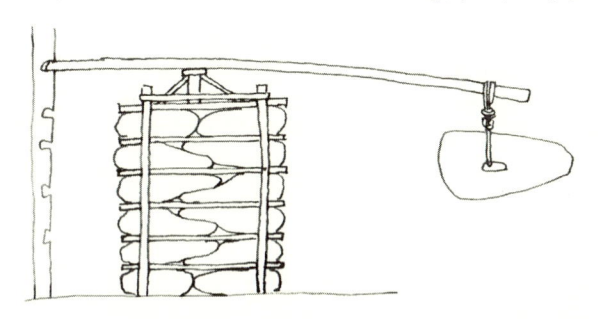

製陶法

　泥漿はAより入りBを径て、土搾り機械に中に至るものなり。尚、Hを下す時は、EF間の護謨層は、水の為めに下方に圧せる。左右のD球は一方のD球は昇りに、DD間の泥漿をBに通ず。此の機械を運轉するに、人力に依るものと動力に依るものとあり。此の機械のわくは眞鍮若くは鉄の如き金属製のものと、木製のものとあり。木製の場合には、一個おき毎に内部の空になれるワク〔枠〕あり。他の一つおきは竪に溝を有するものにして、泥漿は空ワク〔枠〕の間に止まり、水分は竪溝の前面にある布片を通して外方に流れ出つるなり。金属製のものは多く、円孔より二板のワク〔枠〕の間に空間を存し、其の空間を出し漿泥は布を通じワクの円孔を径て外部に流れ出るなり。故に粘力強きものを搾る場合には、ワク〔枠〕の薄きものを要す。ワク〔枠〕厚ければ、中心部は容易に搾る事を得ず。故に粘力によりて其ワク〔枠〕の厚さを加減すべし。普通、其の厚さは七、八分より一寸内外なり。之によりて以上なれば、蛙目の如きものは粘力強くして、容易に搾る能はず。此の機械を使用するには、多少熟練を要し、各ワク〔枠〕は強圧力を以て、泥漿の漏らさる様に密にせざるべからず。又、粘土の種類により、搾り取るに差異あり。粘力適当なるものは、日に六、七回も行ふ事を得れども、機械の少しく大にして粘力強きものにありては、一日一回に5—6時を要するものあり。普通は一回の操作に要する時間は2—3時間とす。外國に於けるワク〔枠〕の大さと、一回の搾り高を示せば次の如し〔表の記載なし〕。

　斯くの如くして搾りたる土は、内部は柔かにして外部はかたきに過くるを以て充分之を練和するを要す。而して、尚之を密閉したる室の内に貯ふ時は、大いに其の成績を良好ならしむ。之を貯ふには

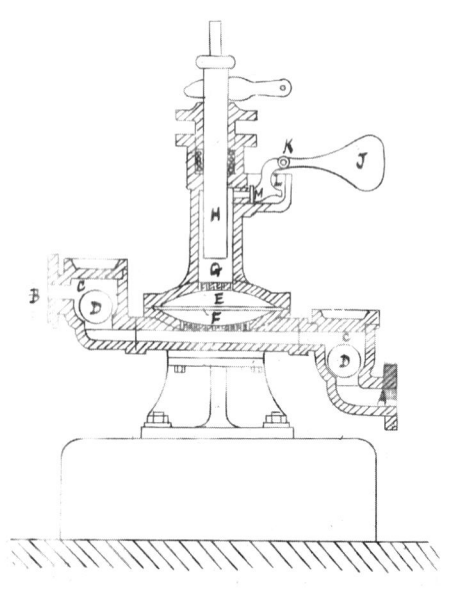

製陶法

框より取りたる原料を積み重ね、其の上を蓆、又は布にて覆ひ、時々其の上に水を撒布して乾操を防ぎ、往々、上下混和する様に之をよく返すを要す。斯くする時は、水分の分布を均一ならしむるのみならず、内部に化學變化を來し、多少の粘力を增し、又鐵分を除去するに効あり。而して、此の間に起る化學變化は、未だ充分なる說明を得ざるも、腐敗を起し硫化水素瓦斯を發するは、よく人の知る處なり。佛國人サルベーターの說によれば、粘土及び水中に含有されたる硫酸石灰が、水及び粘土中の有機物の爲めに還元せられて、硫酸石灰となり、之に炭酸瓦斯が作用して、$CaCO_3$ と $H_2S$、即ち炭酸瓦斯と硫化水素とを生ず。是、貯藏したる原料の臭氣を發する原因なりと。この外、種々の變化を生じたるものなるべく、即ち長石の一部分は分解してアルカリとなり、其のアルカリは溶けに外面に出で、爲〔ママ〕めに長石の一部は粘土に變したるなり。是、即ち粘力を增す謂以なり。又、貯藏中に第二酸化鐵 $Fe_2O_3$ は有機物の爲めに還元せられて $FeO$ に變し、水及び $CO_2$ と結合し $FeCO_3 + H_2CO_3$ となりて水に溶解し、其の液が水と共に表面に出で、air 中の酸素の爲め酸化して赤色に變し、外部表面に附着す。とにかく貯藏せしむれば、粘力を增加し、製坯し易きのみならず、燒成して歪みを生ずる事なく、独乙〔逸〕のベルリン官立磁器製造所にては三ヶ年、露西亞に於ては一ヶ年貯ふると云ふ。優良なる品物を造るには、少くとも五六ヶ月を貯藏するを要す。此の貯藏室は地中に設け、内面に漆灰を塗り穴藏となすを要す。

## 製形坯土貯藏用地下室設計について

地下を堀り下くるに、非常に水か湧出し地下室に不適當なる處と雖も、其の設備の良ろしきを得ば、反って水の湧出多き所の方が適當となる。即ち地下室の壁外に湧水の侵入を防ぐ爲めにコンクリート、又はアスファルト、或は輕便にして結果よろしき『マルソドダンプコース』の施工をなすべし。而して壁はトンネル狀態となす時は、天井も練瓦〔煉〕のアーチとなすべし。尚、兩方に上り口、及び相當大なる通風筒の設備なかるべからず。之硫化

水素の悪臭を、直ちに室外に排出すると同時に、粘土の腐敗によりて生じたる炭酸瓦斯は、吾人の呼吸をして苦しからしめ、甚だしくは窒息〔息〕に至らしむが故に、通風筒の設備は是非ともせさるべからず。室内の一部に凹所を設けさるべからず。之、湧出水の侵入せし者を汲み上ぐる凹所とす。室内は餘り明るきよりも、少し暗き方にてよろしく、光線の取り方としては、出入口の段の所を圖の如く、廣く取りて光線を入れるべし。

## 坯土練和法

Body が一種の原料よるなるなる場合には、只 clay の粘力がより混〔ま〕さらさる場合にして、單味にて用ゆる練瓦〔煉〕、土管、其の他の粗陶器等に於て彩屈せる〔採掘〕clay を、未だ水分を有する内に之を商品となし、或は薄片に切り、薄き箱或は板の上に薄き層に積み、層毎に水を撒布してよく contraction せしめ、之をふして練り、或は數回土練機によりて混和す。粗雜なる原料を練るに、pack mill と称する土練機を使用す。之には種々あれども、圖に示す如く軸に附するに針を以てせるものと、□線〔螺旋力〕の羽根を以てせるものとの二種あり。其の軸及び側壁は、有色原料には鉄にて可なれども、白土に向っては、木、亜鉛、gan metal 等のものにて包む事あり。又、二板の rall の間に原料を鋏みて用ふるもあり。即ち Roller なり。精良なる坯土を練和する場合には坯土精練機 kneading machine を使用す。此の機械は pack mill、若しくは roller と同じく、坯土の不均一なる水分を一様ならしめ、且、大なる氣孔を除去する目的にして、圖に於て〔図の記載なし〕C は少しく外方に傾斜せる石製の円盤にして、其の表面は亜鉛板等を囲むものあれども、多くは花剛岩〔崗〕を其儘磨き上げて使用する者多し。D は垂直軸にして、此の軸に二個の腕を鋏み、而して、其の両腕は互に直角の位置を保たしめ（但し大須賀先生の講義には直角と雖も実際は鋭角をなし、一は鈍角なして其の鈍角の所に於て土の高低の

製陶法

出来たる時、手早く引切りて凹所を埋むるものなれば、互に直角をなさしむるは不適当なり)、A に於ては二個の円錐状をなせる Roller AA' を水平の位置に取付け、B なる腕には垂直に四個の small roller を附し、之等の roll の表面は gan metal 等を以て包む事少し。AA' 表面には図に示す e の如き溝を附する事あり。D 轉の運轉は其の下方に設けたる歯車によりて傳達せらる。之を練和するには坏土を C 板上に載せ、Roller を回轉せしむれば、坏土は AA' の為めに圧せられて、其の高さを低からしめ、其の次に来る B の roll にて、之を左右より圧し上くるに依り、上方に高くなり、斯くして坏土を精練するなり。斯くの如くして百回位回轉せしむれば、余程均一なるものとなる。其の大いさの表を示せば次の如し〔左表〕。

| 台盤の徑 | 4'2" | 5'6" |
| 大ローラーの徑 | 15"3/4 | 21" |
| 小竪ローラーの徑 | 5 1/2" | 7" |
| perlley の大いさ | 27 1/2"ラ 4 1/2" | 31"ラ 5 1/2" |
| 〃 回轉數 | 40" | 40 |
| H P | 1.5 | 2.5 |
| 製造能力一時間 | 60 〆 | 90 〆 |
| 重量 | 300 貫 | 450 貫 |
| Price | 320<br>420<br>700 | 550<br>700<br>1200 |

此の機械に於て、大なる円錐形状 roller が同じ方向に向ふ場合、即ち平行せる場合には、フランス式と呼び、円錐の徑の小さき方が互に中心を向き合ふ場合には、之を獨乙式〔逸〕と呼ぶ。

## 成形法

坏土の調整準備終りたるものは、之を成形するものなり。陶磁器の成形法に四種あり、即ち捻り法、轆轤法、押型法、鋳込法等之なり。

**1、捻法**

此の方法は最も元始的の方法にして、指頭と篦〔へら〕とに依りて欲する型を造り出すものにして、坏土は適宜の造坏水を含ましめたるものに於て行ふを要す。此の方法は他に機械力を要せさるものにして、今日に於も元型の製造、

又は簡單なる器物、製作數の極めて少なき円型以外の物體を製するに使用せらる。畑枝に於ては指先に於て（ひぢ）clay を圧し円型のかわらけ皿を製し居れり。

### 2、轆轤成形法

　此の方法は機械を回轉せしめて円形の物體を製するものにして、円心力と粘力及び型板を適當に使用して、欲する形を得るものにして、其の回轉に動力を使用するものと、人力に依るものとあり。人力に依るものには、手轆轤及び蹴轆轤とあり、動力に依るものには、型板を機械に取付たるものと、之を人の手に支持するものとあり。我國に於ては在来動力に依らさるものを使用し來りたれども、西洋に於ては殆んど全部動力に依れり。手轆轤は、我國に於ては支那より傳習せる系統の地方に多く行はれ、瀨戸、美濃、京都、會津、淡路等主に之を用ひ、此の方法は上面に円盤あり。轉し棒によりて之を回轉せしむれば、軸軸〔ママ〕は深く地中に埋むるなり。蹴轆轤は、古代に於ては西洋諸國にも廣く使用せられたるものにして、我國に於ては朝鮮系統の陶業地に廣く行はる。肥前地方、加賀、出石、薩摩等に用ひる此の種の轆轤の上下二板の円盤あり。下方の円盤を蹴りて運轉を行はしむるものにして、上盤は器物の成形をなす所なれども形小なり。機械轆轤は其の軸を鉄製にし、其の上部には十字形をなせる尖頭金物（クロイツ）を附し、之を石膏を包み、其の上部に石膏型を押入し得る如くなしたるものにして、之を運轉せしむるには種々なる式より、即ち、ベルトによりて回轉を行はしむるものと、摩擦によりて回轉せしむるものと、円錐體を接合して、其のカン〔緩〕急を加減するものとあり（英國に於てはロンプ〔ロープヵ〕を以て回轉せしむるものありと。獨、佛等は我國に於て使用せらるゝものと同様ベルトを使用するなりと）。其の構造の二、三を示せば次の如し。〔圖：次頁〕

　甲圖に於ては b はクロイツにして、其の中央に軸を有し、其の軸の下部には E なる二個の凸部 あ〔ママ〕相對して附着し、之に D なる半円状の金属板をはめ、此の盤は E によりて上下にのみ動く事を得、AA' は制動機より來る支軸にして、F は之に附したる pulley なり。此の車の輪には、H,H は K,L の左

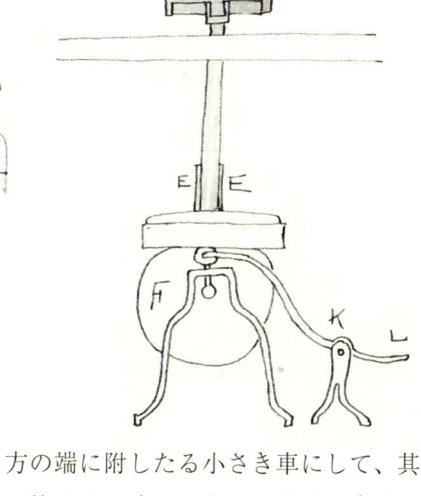

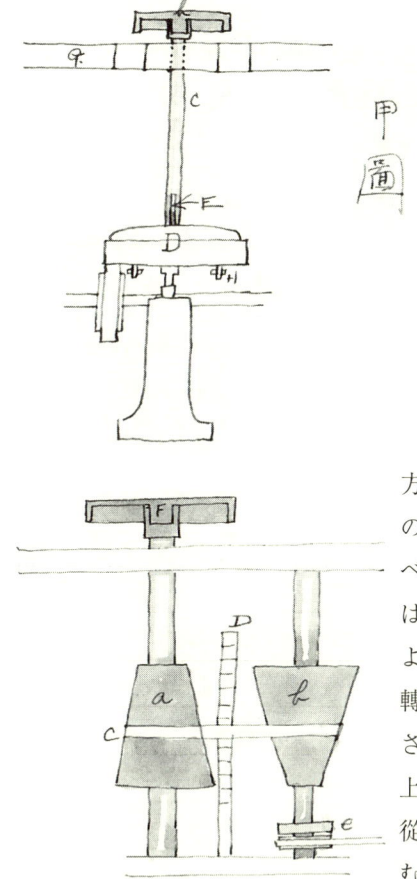

製陶法

方の端に附したる小さき車にして、其の竿はKの台によりて回轉する事を得べく取付けらる。今F車の回轉する時は、Dは之を圧するを以て、マサツ〔摩擦〕によりてD、即ち盤を附したるC軸を回轉するを以て、轆轤は回轉するに至る。されど、Lを下方に下せば、Dは浮き上りて、其の回轉を止むるものなり。従って機械の運轉を止むるにはLを覆〔ふくさ〕むべし。又、此の機械の回轉をゆるやかならしめんとすれば、其の覆み方によりて多少の加減をなす事を得べし。乙圖に示すものは、a, bなる二個の円錐形Pulleyあり、aは轆轤の軸につき、bの附着せる軸にはpulley Eありて回轉せしめ、又a, b, の二円錐状pulleyはCなるベルトを掛け、之にDなるBeltをさへ〔押さえ〕を以てCを上下する時は、其の速度を自由に調節する事を得べし。尚、此の他、楕円形の器物を作る轆轤あり。此の機械は中心か滑る如くなしたるものなり。坯土を轆轤に掛け、水引を行ふ際には、轆轤上にて其の坯土を幾回も伸して後押下し、能く之を練らざるべからず。即ち坯土を充分に『ころす』を要す。而して、其の大

要の型を作るには、厚き箆にて充分力を用ひて之を作り、最後に仕上の箆を以て製形するものと、始めより箆によりて作るものとあり、水引を行ひたるものは、數時間室内に於て水分を蒸発せしめ、ほゞ適宜の硬さに達したる時仕上け、即ち削りを行ふものなり。但し、小器物に於ては、大なる注意を要せされども、厚き大型のものにありては乾燥に注意せされば、亀〔裂〕列、若しくは歪等を生ずる處れあり。長き器物は、製作の始めに充分之を『ころさ』ざりし場合には、焼成後、捻れ或は轆轤目を生じ易し。支那に於ては、仕上に於て内外両面を削りて、此の轆轤目を生せしめさるものありと云ふ。されど、長形の器物は内部を削る事容易ならさるを以て、むしろ水引に於て注意するにしかず。又、極めて長きものは、之を数回に作りて、つぎ合せて行ふ事多し。仕上の際、其の表面の平滑を得る爲め磨を施す事あり。之を行ふに當りては、剛鉄の削片、即ち時計の spling〔spring〕の如きものを用ひ、器物の表面を一様によりマサツすべし。斯くするときは、少き凹凸は殆んど〔摩擦〕失はる。然れ共、この方法を行ふ能はさる場合あり。即ち陶器、土器の如き焼成するも粗鬆なるものにありては、主に実に之を実行せしと雖も、磁器に於て、行ふ能はず。如何となれば其の表面は微密となれども、内部は粗なるを以て、分子の水と異る爲め燥乾、或は焼成の際は破壊する虞れ有り。〔乾燥〕又、其表面密なるを以て、glaze を吸収する力を減する虞れあり

### 3、押型法

　此の方法は前に者と少しく異り、模型を用ひて成形する方法にして、之には濕式及び乾式の二種あり。其の型は金型、素焼型、石膏型等あり（硫黄を以て硫黄型を作る事あり、石膏の如く軟からず、非常に丈夫なれども吸入性なき欠点あり。電氣用磁器などの押型として鉄型に亜ぐものなり）。普通の陶磁器に於ては、明治以前には素焼型を多く用ひたりしが、現今は廣く石膏型を使用す。石膏型にて普通の製品を製形するには、能く練たる粘土をたら板によりて針金を用ひ薄板状に切り、之を型に乗せ、型の凹部は寧町に〔丁寧〕之を押入し、不用の坏土を取り去り、型が數片よりなる場合には、其の〔継〕ツギ目は充分によくすりて一片より成るものとなし、暫時静置せば、坏土

中の水分は型に吸収せらるゝと蒸発とに依りて、坏土の contraction を生し、自ら型より離るゝに至る。或は、之を微打する時は容易に分離すべし。又、型より容易に離れ易からしむる為めに、澱粉を布に包み、之を型の面に接せしめて、薄く澱粉を表面に撒布する事あり。又、中に円型なる押型製品を轆轤にて其の一部分を削る事あり。明治以前に於ては、木型及び素焼型のみなりし為め、石膏の如き緻密なる模型を取る事能はざりしが、明治六、七年の頃より、オーストリヤ、ウーニヤ〔ウィーン〕博覧会の影響に依り、石膏を使用するに至れり。但し石膏型は素焼型に比し、製作容易にして微細なる凹凸を附し得れども、耐久力弱し。従って緻密なる型に於て上等の製品を得るには、七、八拾個に過ずして、四、五百個に達すれば殆んど使用する能はざるに至る。但し其の破損したるものを再び細末となし、焼返して新らしきものと混じ、更に型を作る事を得れども、幾分力、其の強さを減ず。但し石膏は其の原鑛の焼き方、及び水和法の如何によりて、其の型の耐久度に差あるものなれば注意するを要す（石膏型は破損したる場合に、再び焼返して新らしき石膏と混し使用する事を得。此の場合に少し其の強さを減ず。などと雖も実際に於て二度目の使用は頗る面白からず、何となれば優良なる石膏をして、粗悪なるものと化して使用するの感あり。例へば始めての優良なる石膏にて、一つの型によりて優等品 100 個を得るとすれば、之に一度使用したるものを焼返したる石膏を半分混ずる時は、一つの型にて優等品 50 個を得る事困難なるを以て、捨つるは何となく不徑剤〔経済〕の如く考へれども、焼返して使用する時は尚更不徑剤〔経済〕となるが為めなり。されど、セメントと砂よるなるモルタルの容積を増すに、バラスを以てする如く、優良なる石膏泥中に、石膏型を砕きたる儘の焼返さざる石膏を入れて、石膏泥をして少量にて足らしむるはよし。故に、一度使用して大いに破損したる時は、之を白墨原料に賣却するを最も可とす）。乾操押型法は、現今に於てタイル及びテラコッタの製造に廣く使用せらるれ共、普通の製品には少し。中には電気用品、對火練〔煉〕瓦等に此の方法を利用せるものあり。之を行ふに当りては、坏土を乾操し、紛砕機に依りて紛末となしたるものに、僅かの濕氣を與へ(5-10％)、之を金属或は木製の型に、適当なる分量程加へたる後、綱線、或は水壓機によりて強圧を

加ふべし。此の場合に於て、水分多からずして圧力強ければ、能く相個結〔固〕し。手にて取り扱ふも破損の慮ひ無きに至る。斯かる製品は、水分を含む事少きを以て、速に焼成する事を得べく、乾燥の手数を要せず。従って他の製品の如く乾燥に依る歪を生する事なし。

## 4、鋳込法　Casting mesod〔method〕

　之は型の複雑なるものを多く製造せんとするときに、其の円形ならさる場合、或は壺深きもの、及び特に薄きものを用ひらる。鋳込法は之に型を使用す。型には石膏を用ひ、此のものによりて泥漿中の水分を吸収せしむるものなれば、其の型は前品よりも厚きを可とす。即ち泥漿を型中に注入せば、型に近き部分の泥漿は、其の水分を吸収せられて薄層を造るを以て、倒にせば内部の泥漿は流出す。故に製品の厚さは泥漿の濃度と、原料の性質と、泥漿を型に注入して静置する時間の長短によりて変するものなり。若し坏土の粘力強きに失する時は、極めて薄き緻密なる層が、型の内面に附着するを以て、内部の泥漿中の水分を型に吸収せしむる事能はさるを以て不適当なり。之に用ゆるものゝ粘力は、普通轆轤細工に用ゆる坏土よりも粘力少きも差支なし。或は粘力強きものは型の氣孔を充填する事速かなり。又濃度は、水分はなるべく少きを可とすれども、水分少なければ其の流動容易ならさるを以て、細き部分には行き届かず。普通一 pint 中に〔1〕30 once の正味を有するを可とす(或は泥漿中 15 percent の正味を有し、リスリンの如き濃度を可とす)。実験に依れば、乾燥坏土 100 に対し、100－110 分の水を混ぜしものを適当とす。其の泥漿中に坏土量の 0.2－0.35％の $CO_3Na_2$ を加へ、充分撹拌し、10 時間以上均一に溶解せしものを用ゆれば、流動乏しき泥漿も其の流動性を増す。あだかも稀薄なる水飴状となるを以て、大いに取扱ひ易し。此の方法は炭酸曹達に加ふるに、苛性曹達、或は水硝子、即ち珪酸曹達を使用すれば、其の力更に大なり。又、幾分品物の亀列を生する事を少なからしむる働きあり。但し、アルカリ性の為めに、型の石膏部が浸さるゝ欠点あり。然して余分の泥漿を倒にし、型より流出せしめたる後、型を倒にしたる儘、型を温き處に静置する時は坏土は contraction す

るを以て、型より分離す（此の時型を急に熱すれば破損するを以て60℃以上に暖むべからず）。泥漿を注入する方法は熟練を要し、中に氣飽等を生ぜさる様にせさるべからず。西洋に於て大器物の鋳込に際し、型の内面を眞空になし、之によりて泥漿の押入を容易ならしめるものあり。以上、押型及び鋳込型に用ゆる石膏型の成坯土に於ける二、三の要点を述ぶべし。

　石膏型を作るには、必ず一度母型を作り、之より數片の子型を作るを常とす。此の數片の子型を作る時は、石膏の両面に附着して離れさる傾きあり。之を防ぐ為めに防着剤を使用す。防着剤としてはオリーブ油、加里石鹸等を多く使用す。加里石鹸に於ては、其のもの75分と指〔脂肪ヵ〕□一分を水75分に溶かしたるものを刷毛にて（若しくは筆）、母型の表面に塗布すべし。水引より焼上までの製品は10～20のcontractionを来すを以て、其の際あらかじめ之に應する丈の餘地を存し置かさるべからず。又、器物の手、或は口の如きものを本体に附着せんとするには、同一の坯土よりなる薄き泥漿を両者の表面にぬり、且両者にクシ目〔櫛〕を與へて、除々に之を押圧すべし。之も又相應に熟練を要し、両者の乾操度宜しきを得されば、後に至りて分離する虞れあり。Bodyの表面を白からしむる為めに、化粧を施す事あり。我國に於て之を行ふは、白繪土類の白磁土質のものなり。弱火性のものにありては、之に少量の長石類を混じ、若くは天草石の如きものを使用す。此の化粧は主として、仕上の際施すものにして、稀薄の泥漿を薄く塗附するなり。若し厚きに先すれば其のcontractionが本體と伴はざるを以て、焼成後剥離〔ハク〕する事あり。之に反して薄きに先せば、Bodyを透視するを以て面白からず。焼成後に於て適当なる様に、其の濃淡を注意せざるべからず。概して之に用ゆる原料は、bodyよりも比較的粘力なきを可とす。之れ其のcontraction少きを欲すればなり。故に歐州にありては、一旦焼成したる細紛、即ち焼紛を用ゆるもあり。


## 製坯の乾操法

　仕上けたる品物は、極めて除々に乾操する事必要なり。其の水分を去ら

しむる為めには air 中に置くものと熱を與ふるものとあり。

### 自然乾燥法

此の方法は air 中に置きて乾燥せしむるものにして、器物の表面は急に乾燥し内部は乾かさるを以て、往々苦悶、きれつ、或は破壞する事あり。

粘力少き坯土にて造りたる小型の器物に於ては、僅少の無理は敢て關せされども、粘力強くして形壯大なるものにありては、殊に注意せさるべからさるが故に、空氣乾燥せる場合には、乾燥室内に水を盛りたる器を置くか、若しくは床下に水を撒布して濕度を與ふる事必要なり。但し乾燥の始めは〔著〕
□しく contraction するを以て、最も注意を要し、一旦乾燥し終れば、僅の無理も差支なし。大器物には乾燥に 30-40 日を要する事普通にして、硝子用の crucible 厚き陶板の如きは、五、六ヶ月を要する事あり。故に斯る乾燥場は、通風なき處を選ぶべし。熱を與へて乾燥せしむるに、決して過度の溫度たらしむべからず。普通は攝氏 30 度とす。此の場合の床には Iron plate を敷き、之を機械に通ずる餘熱を一樣に引きて用ゆるも有り。必ず其の熱度を一方に偏ぜしむべからず。此の方法は小器に適するも大なる器には適せず。

## 石膏の成分及び其の焼き方

石膏の化学式は $CaSO_4 2H_2O$、即ち含水硫酸カルシウムにして其の百分中に 21 percent の水を有し、35℃～40℃の水に比較的多く溶解し、其の一部は水の 375～400 分に溶解す。此のものは水成岩の沈澱作用によりて生じたるものと、火山より發生する硫酸蒸氣と岩石の石灰分と化合して生じたるもあり。天然に現はるゝものは纖緯状をなせるものと、雪花狀をなせるものと、硝子樣の透明なるものとあり。其の他無水物に硬石膏と呼ぶものあれども使用せられず。

天然の石膏の粉末を熱すれば、攝氏 90 度に於て 5.5％の水を失ひ、110～120℃に於ては、殆んど全部の水を失ふ。又、air の流通悪しき所、即ち坩堝内の如き所にては、150～160℃にても 15.6％許りの $H_2O$ を失ふに止

まる。然れども、普通の場合には此の熱度に於て其の大部分を放出す。而して、結晶水全部を放出するには200℃を要す。石膏を水と混して硬化するには、其の硬さは煅焼前の原石の硬度と、煅焼法に依りて異るものにして、其の適当なる煅焼度は120～150℃とし、是より越過すべからず。煅焼の温度低くして、且つ久しきを要せしものは急にかたくなり、若し之を204℃に熱せば急速に水を結合する性質を失ひ、更に赤熱する時はしばらくの後結合し、時としては一、二年後に至りて塊る事あり。斯くの如きを焼過ぎ石膏と云ふ。然れ共、此の時の硬度甚だ大なり。工業用に伴する焼石膏は尚結晶水の1/4を有するものなり。概して柔らかき原料によりて成るものは、水を混して生ずる硬さ充分硬からされども、又硬きに過ぐるものは、其の分子密にして、之に依り作りたる型は充分水を吸収せず。されど、其の粗粒物を用ゆれば、吸水性は強けれども砕け易し。故に、善良なる型の材料には種々のものにて調合する事あり。石膏として多く使用せらるゝは繊緯[維]状のものなり。

　石膏は其の煅焼法によりて性質に変化を及ぼすを以て、注意深き製造家は自家に於て之を煅焼する事あり。焼石膏は久しくair中に曝露するときは、自ら湿氣を吸収して不良となるを以て注意すべし。されば煅焼したるものは、必ず密閉したる器中に貯ふべし。之を煅焼するには、二法あれども、前者に依るを良とす。小工場に於て行ふには、なるべく浅き鉄鍋中に細粉とせる石膏を入れ、徐々に熱して攪拌すべし。110℃に至れば、結晶水を出す。此の時、石膏の細末は動揺し易くなりて、水分逸出の為め石膏の中央は円錐をなす。此の間絶へず攪拌して、其の噴出を支持すべし。後に此の水分出つるに従ひ、次第に止み、攪拌し易からさるに至りて、暫時にして湿氣を感ぜさるに至れば、少しく熱を高むべし。然る時は、再び少しく水分出づ。此の第二の水分の＿出の止む頃、火より取るべし。斯くの如くする時は、善良なる焼石膏を得。此の水分の出つるを検するには、冷たき硝子板をとり、之をかざして検するを良とす。而して、此の煅焼温度の適當は、130～150℃にして、之より超過すべからず。

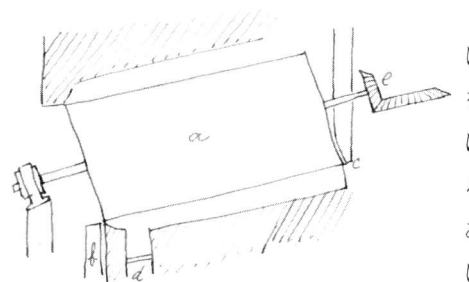

大規模に煆焼するには、爐中に攪拌装置、若しくは回轉装置を設くるを常とす。圖に於てaは、爐中に或る角度を以て横わる處の鉄製円筒にして、dは火あみなり。此のaはeなる歯車に依りて回轉す。此の機械にて煆焼するには、cより絶へず少量の生石膏を円筒中に入るゝ時は、管の回轉に依りて石膏は暫々下方に来り、ついに煆焼せられて、bに落つるなり。此の方法に依る時は均一なるものとなれども、其の煆焼する温度は大いに熟練を要す。最も便なる方法は過熱蒸気によりて熱するなり。煆焼したる石膏は、均一に水分を消失したるものなり。〔ママ〕（例へば分析上の6 percentを含むものを発見したりとせんに、12 percentと0 percentとの不平均物の混合よりなるものにては宣しからず。又、其の質は、水を加ふる時は暫々かたまり、其の斷面の均一の密度を有し、且つ少しく光沢を有する物を良品とす。焼石膏は甚だしき硬き物に非れば、臼、或はfrett〔fret〕によりて容易に紛末となす事を得べし。市販品は炭酸カルシウム、及び粘土を含有する事多し。之等の物質の微量は害なけれども、多量なるものは良しからず、焼石膏を水と混和するには、理倫上其の化学式に適應する丈の水量にて可なるべきも、実際は之より多量に保有する性あり。

（私見）〔ママ〕（大須賀先生の講義に曰く、石膏を水と混和するには、理論上其の化学式に云々とあれども、是は大須賀先生の如きlearned manにあるましき説明の仕方なり。即ち化学式に於て 2CaSO₄2H₂O=2CaSO₄H₂O + 3H₂O

　　　　　2CaSO₄H₂O + 3H₂O = 2CaSO₄2H₂O

なるを以てCaSO₄2H₂OはCaSO₄½H₂O + 1½H₂Oと等しければ、2CaSO₄H₂Oの石膏を硬化するには、3H₂Oを以てすれば可なりと云ふが理論なりと云ふのである。然れども石膏硬化の理論は、斯くの如き單純なるものに非ずして、今小生の調べたる處を附記し置く。

　石膏硬化の理論たるや、其の化学式に現れたる以上の水を必要とす。即

ち次の如し。

2CaSO₄H₂O + NmH₂O = 2CaSO₄(H₂O)2 + Nm － 3H₂O なり。即ちNmH₂O は其の内より必要なる3H₂O は化合して、化合せさるは Nm － 3H₂O である。此の Nm － 3H₂O が何故に必要であるかと云へば、2CaSO₄H₂O が375－400H₂O に溶解して、CaSO₄ の無色の『イオン』となり、此の無色の『イオン』は既に Nm の H₂O 上は飽和するが故に、硬化せしめんとしたる石膏の大部分は、此の CaSO₄ の無色の『イオン』となる事能はずして沈澱し、此の沈澱の為めに既に CaSO₄ の無色の『イオン』となりたる 2CaSO₄H₂O は 2CaSO₄(H₂O)2 の precipitate となりて析出すれば、液は CaSO4 の『イオン』に於て不飽和となるを以て、此の時未だ溶解せずして、2CaSO4H2O の沈澱となる居る石膏が、其の不飽和を補ふて CaSO₄ の『イオン』を飽和せしめ、CaSO₄ の無色のイオンとなるや、又他の 2CaSO4H2O の precipitate の為めに CaSO42H2O の precipitate となりて析出すれど、亦他の 2CaSO4H2O が其の不飽和を飽和するの実に忙がしきイオン反應の為めに、反應熱を生じ乍ら、次から次へと反應が進み、ついには全部が硬化するのである。然らば、Nm － 3 の H₂O は何故に其の姿を見せさるがと言ふに、CaSO42H2O は大いに吸水性ありて、多量の水を吸収するが故に、Nm － 3H₂O は CaSO42H2O の内部に吸収せられ、尚其の一部分は反應熱の為めに蒸発せしものである。故に理論上よりするも、石膏を硬化せしむるには、2CaSO₄H₂O + 3H₂O = 2CaSO₄(H₂O)2 にては、其の水が不足する事を知るを得べし。然らば何故に全然無水物となしたる石膏は硬化せざるかの凝問も解く事を得べし。即ち CaSO₄ は 2CaSO4H2O と水に對する其の溶解度を異にし、2CaSO4H2O は 375－400H2O に溶解してイオンとなる事を得れども、CaSO₄ は 1000 以上の H₂O ならではイオンとなる事能はず。尚、又非常に多量の水の為めに、イオンなる事を得とも CaSO₄ のイオンに對し、CaSO₄ の precipitate の刺戟は CaSO₄ のイオンに對し、2CaSO4H2O の Precipitate の刺戟に比ぶべくも非らさる小なるが故に、容易に CaSO42H2O の沈澱を析出せさるものにして、遇然にも何かの刺戟により precipitate を析出するとも、其の溶解度が非常に小となる為めに、多量の析出を得ず、尚、極めて少量にても、直ちに飽和す

るが故に、反應に非常に時日を要し、一、二ヶ年の後に始めて硬化するも、此の理に基くなり。

然らば $2CaSO_4H_2O + NmH_2O$ の處へ、$CaSO_42H_2O$ の小塊を投入する時には、其の硬化の速かとなる理由は、之が結晶種となるに依る。即ち、偉大なる刺戟を與へて、$CaSO_42H_2O$ の析出を速かならしむる事は、電池及び渡金の理論にも似たるなり。故に方法としても、水の中へ石膏を投入せさるべからさるなり。

石膏に水を混和するには、必ず石膏中に水を加ふるに非ずして、豫想の量の水中に石膏をふり落すべし。而して、其の水分平均一にし、混するものを要す。即ち水中に、篩にて其の細末を均一に落下せしめ、圖の如くしてｂの所まで濕めるに至れば、充分に攪拌して、内部の空氣を除去し、糊狀になして原型に注入すべし。但し此の攪拌の際は、〔泡〕飽立たさる様になす事極めて〔肝〕かん要なり。

混和すべき水の量は、石膏の 3/4 なる時は、稀薄なる糊狀となり、5/8 なるときは濃厚なる泥を生ず。又、紛末石膏に多量の水を混ずる時は、容積の 5％を増し、少量を混する時は、12％を増す。各種の目的に就き、最良なる石膏混水法は、實験に依らさるべからず。普通精密なる型を作る場合には、最初細末になして稀薄なる石膏泥を作りて、原型を薄く包み、次にやゝ粗なるものを以て、其の外部を包むを良とす。水中に 5〜25％のアルコールを加ふる時は、硬化時間を長くする性を與す。斯くして得たる型は、純水にて作りたるものに比すれば、一層密にして硬し。且つ、之を切斷、或は研磨するも容易に破壞せさるものとなる。即ち石膏中に 2〜4 percent の『とろろ』を加ふるときは、最も速かに硬化すると雖も、其の硬化に一時間を要すべく、且乾燥したる後は其の質建牢なり。8 percent を加ふれば、前者よりも益々硬し。石膏を多量の水に〔処〕所理し、全部を溶解せしむれば、不純物を残留す。斯くして純砕度を試験する事を得。又、煅焼不足なる時は、從って硬化する事不良なり。故に、之を確定せんには、其の水分を計ればよし。充分煅焼したる物は、5〜6％の水を超ゆべからず。

製陶法

焼き過ぎて水分少きに過ぐるものは、硬化し難し。又、硬石膏を含有するものは、始めに堅牢なる沈定物を得れども、之を乾燥する時は、自ら紛末となる。

## 釉薬（六月五日　水曜日）

　Glaze とは陶磁器の表面を覆ふ處の硝子質のものにして、其の目的とする所は、
　　1、器物の表面に光沢を発し装飾となす事
　　2、Body の汚染を防ぐ事
　　3、液體の侵入を防止する事
　　4、Body を幾分が〔ママ〕丈夫ならしむる事
之なり。勿論 glaze に依りて此の種の目的を悉く達するものには非ざれど、其の一ヶ條以上の効果は確に有すべきものなり。標準となるべき釉薬の特長は次の如し。
　A．透明にして光沢を有し、body の表面に施せる細工を隠すべからず
　B．Body と共に expantion or contraction をなし、決して剥離若しくは亀列を生ずべからず。
　但し普通の陶器の一部に在りては、之を防ぐ事頗る困難にして、粟田及び薩摩焼の如き、反って其の crack を以て装飾の一部となす事あり。されど斯の如き場合には、其の crack を形状に関して二種の好みあり。即ち粟田焼の如きは其の crack 細密にして、其の綿の短くして、明リョー〔瞭〕を貴び、或る種のものにありては、やゝ粗なるを好むが如し。普通品に於て、一般に crack を生ずる事は、伎術のセツ劣〔拙〕に帰すれども、任意に細粗の crack を生ぜしむる事は、又容易ならざる事なり。一般に飲食用器物に於ては、之なきを良とす。Crack は一液体の侵入を防ぎ能はさるのみならず、終に其 crack を汚染し、黴菌等の附着するを全く取り去る能はざるの憾みあり。
　C．glaze は其の質硬くして、使用の際摩滅すべからず。特に厄厨用のものに於て然りとす。肉皿等に於て Knife を使用する如き場合にも、特に其の質

硬きを要す。陶器製の肉皿面に knife の傷を有す glaze の摩滅せるを見る事しばしばあり。磁器に於ても本邦のものは歐州の硬質磁器に比すれば摩滅甚し。殊に美濃産のものに於て著しき傾きあり。

D. 水及び普通の酸類に浸さるゝべからず。若し厄厨及び衛生用等に使用するものが、醋酸（CH₃COOH）其の他の藥品に溶解せらるゝ如き場合は、其釉藥質を失ふのみならず、衛生上著しき害を與ふるを以て、内務省に於て 4 percent の醋酸水に 30 分間煮沸して、鉛分の析出せざるを必要とするも規定あり。但し弗酸は珪酸を浸すを以て防ぐ能はず。以上四の目的に對して、完全なるものは只眞の硬質磁器釉、及び石器に施せる食塩釉なり。普通の硬質陶器、英國の柔質磁器の如きは、其 glaze は低火度に於て燒成せらるゝを以て、此の目的を全く達す能はさる憾みあり。特に普通の樂燒、或は上繪具を以て表面を包みたるものは、其の欠点を現す事多し。（醋酸は其の融解点 16℃ 沸点 118℃ なるが故に、夏期の他は結氷するが故に、氷酸酸の名あり。其の化學式は C₂H₄O₂ を分子式として、CH₃OOCH を示性式として醋の主成分にしてより、鉛を溶かして醋酸鉛（C₂H₃O₂）2Pb₃H₂O となる。即ち鉛が醋酸水中に（C₂H₃O₂）2Pb の『イオン』となりて溶解せるものに、硫化水素又は沃化水素を通して、前者は白色後者は黄色の沈澱を析出せしめて検す）。

## 釉藥の種類

釉藥は其の品質即ち之に使用する原料の差によりて數種に分つ事を得べし。

### 1. 磁器釉　一名、石藥

此のものは透明にして、アルカリ及びアルカリ土類の珪酸塩類に加ふるに、礬土を以てしたるものにして、普通の原料としては長石、珪石、石灰石、及び粘土を以て作りたるものなり。之を使用する燒物には、普通の磁器及び陶器の一部と、石器の一部に之を見る。此の物は其の成分上より、アルカリ石灰釉と呼ぶ事あり。又、場合によりては長石釉、若しくは石灰釉と

製陶法

も稀せらる（参考の為め私が調べたる釉薬の化学式、及び分析表、並に數種の調合量を附記し置く）。

S.K.11 lime glaze　$\left.\begin{array}{l}0.3K_2O\\0.7CaO\end{array}\right\}$ $0.5Al_2O_3$ $5SiO_2$

SK.8 lime glaze　$\left.\begin{array}{l}0.3K_2O\\0.7CaO\end{array}\right\}$ $Al_2O_3$ $SiO_2$

磁器釉薬分析表

| compounds<br>name | $SiO_2$ | $Al_2O_3$ | $Fe_2O_3$ | CaO | MgO | $MnO_2$ | $K_2O$ | $Na_2O$ | Ig.Loss | T.S. |
|---|---|---|---|---|---|---|---|---|---|---|
| 有田香筒社磁器釉 | 65.28 | 13.52 | 0.5 | 7.58 | 0.36 | — | 2.39 | 3.43 | 7.02 | 100.08 |
| 清王景徳鎮皇窯釉 | 69.5 | 14.47 | 0.83 | 4.48 | 0.34 | 0.11 | 3.12 | 1.91 | 5.4 | 100.16 |
| セーブル磁器釉 | 60.2 | 12.57 | 0.47 | 10.6 | 0.21 | — | 4.6 | 1.55 | 10.03 | 100.08 |
| リモーヂュ磁器釉 | 74.08 | 17.08 | 0.08 | 2.47 | 0.16 | — | 1.67 | 3.89 | 0.85 | 100.19 |
| 全 | 73.16 | 14.76 | 0.34 | 2.28 | 0.72 | — | 4.11 | 2.92 | 2.13 | 100.42 |
| セーブル新磁器釉 | 60.2 | 12.57 | 0.47 | 10.6 | 0.21 | — | 4.6 | 1.55 | 10.03 | 100.03 |

SK11　柞灰釉　　水簸柞灰 25gr、天草 75gr
　　　　石灰釉　　天草 42gr、石灰 18gr、蛙目 13gr、珪石 27gr
SK8—11 石灰釉　長石 65.5、珪石 16.5、石灰 31.8
SK10　　　　　　長石 20、蝋石 42、珪石 137、石灰 20

**陶器釉**　1名、含鉛釉

此の種類に属するものは、低火度に於て熔融する物質にして、其の為めに鉛の化合物を加ふるものにして、之を細分すれば、

1. 鉛珪酸釉薬

此のものは酸化鉛と珪酸とよりなるものにして、樂焼の如き此の種類の釉薬を用ゆ。鉛としては多く唐土、即ち鉛白 $2PbCO_3(PbOH)_2$ を使用す。但し此のものに多少の礬土分を含むもの、或はアルカリ分を含むものあれど

も、同じく此の種に属せしむ。斯くする時は、石器の一部分に用ひらるゝ常滑焼、及び光沢強き陶器なる出雲焼、淡路焼の如きも亦此の種に属するものとなる。

2. 鉛酸化錫釉薬

此のものは可溶性不透明の釉薬にして、enamel glaze と称するものにして、1、の釉薬に酸化錫〔スズ〕、酸化アンチモン等を加へ、不透明性を與へたるものにして、storb 瓦等に廣く使用せらる。古代に於ける majolika glaze は、多く此の種のものを用ひたり。Enamel なる語は、元来、酸化錫及び酸化アンチモンに依りて不透明性を與へたる一種の硝子を意味したるものなり。

3. 鉛硼酸〔ほうさん〕釉薬

此の釉薬は、鉛珪酸釉薬の珪酸の一部を $B_2O_3$ にて置換したるものにして、其の為めに光沢と硬さとを増加し、溶融度を降下せしむるものなり。此の釉薬は上等の陶器なる硬質陶器、マヂョリカ〔マジョリカ〕陶器 (majolica)、英國磁器 (骨灰磁器) 等に用ひらる。硼酸を得る原料としては、硼砂硼酸及び米國に産する天然硼酸石灰等を使用す。硼酸は以上の如き効力あるを以て、多く用するを可とすれども、或る程度以上に達すれば、水の為めに浸さるゝ作用著しくなるを以て、普通は珪酸の量の 1/5 〜 1/3 分子程に止むるもの多し。陶器釉薬中に、其の成分中に、鉛を多く加ふる事は有害なるを以て、政府にて制限を加へたるものありて、之を避くる為め無鉛釉薬を用ふるに至れり。釉薬中に多くの鉛を含むものを割合低き火度にて焼く時は、其の器中にて有機酸、脂肪質〔脂〕、又は食塩の如きものを煮沸するときは、其の中の鉛分が溶解して人身を害する事あり。殊に鉛を珪酸のみにて混合して用ひたる釉薬にては著しく此の事実を認む。されど、一旦熔融し fritt〔frit〕として用ゆる時は、其の陶器は鉛が溶解する事比較的小なり。又、鉛を加へたる釉薬は、調合の始めに造るに、能く混合する時に酸化鉛の成分が dash〔dust〕となりて飛散し、人身を害する為めに、其の使用を法律にて制裁する國もあり。此の酸化鉛に代ふるに、他物を以てせん事は製造家及び學者に於ても種々な

る研究をなし、多少其の目的を達せるもあれども、完全に鉛釉薬と同一ならしむる事能はさる所あり。即ち鉛分を含むものは、他の化合物と容易に化合し、能く熔融して光澤強き透明なる硝子質となり、光線を屈折して美麗なる釉薬となる事はトテー他の金属酸化物の及ぶ處に非ず。従って今日尚廣く含鉛釉を使用する所以なり。無鉛釉薬として陶器に使用するものにBarium glaze あり。Barium は其の atomic weight 重くして、鉛に類したる所あり。且、其の珪酸塩は比較的やすくして、鉛の代用たらしむる事を得。されど、アルカリ及び礬土を有せさる場合には、水の爲めに幾分溶かさるゝ憾みなしとせず。且、其の光沢は鉛に及ばす。但し重土釉は他の金属酸化物を之に加ふる場合に、麗はしき色彩を呈するに依り、辰砂釉等に用ゆる事あり。

(到底)

## 食塩釉　Salt glaze　1名、炻器釉

此の釉薬は、前二者と異り食塩を調合するに非ずして、炻器類の焼成に当り、施釉せざる器物を窯に入れ、素地の充分に焼締りたる時に、damperを降し、焚き口の中に多量の食塩を投入するか、或は窯壁に多くの穴を設け、之より食塩を投入し充分に蓋をなして食塩を揮発せしめ、其の分解により て生ずる曹達が、素地中の珪酸、礬土、酸化鉄等と化合し、一種の硝子を器物の表面に形成するに依り、其の目的を達するものなり。

$$NaCL + H_2O = NaOH + ClH$$
$$2NaOH = Na_2O + H_2O$$
$$Na_2O + SiO_2 = Na_2SiO_3$$
$$2Na_2O \quad Al_2O_3 \quad XSiO_2 \quad\quad X = 6\text{--}10$$

従って、食塩を加水分解せしむる必要上、投入するものは混りたるものか、或は幾分水分を加ふる事あり。但し fuel 中に存する水素より生ずる steam が、此の作用を助くる事は勿論なり。尚、揮発釉薬の一種に鉛の化合物を用ふる事あり。此の方法は甲鉢の中に釉薬なき器物を入れ、甲鉢の内あらかじめ釉薬をぬり、器物の傍に炭酸鉛の如きものを置き、之を強熱せしむれば、鉛は揮発し器物の表面につき、珪酸($SiO_2$)其の他のものと化合して、珪酸鉛、即ち釉薬を形成す。此の方法は場合よりて陶器の一部に行はるゝ事あり。

## 釉薬の着色料

　釉薬或は硝子に呈色せしむるものは、普通諸種の酸化金属にして、顔料、即ち繪具に用ひらるゝ物も亦同し。又、稀には金属、或は炭素（carbon）使用せらるゝ事あり。一種の酸化金属は其の発すべき固有色を有すれども、二種以上の酸化金属を混して種々の色を発せしむる場合多し。二種以上の色を混ずる時は、往々補色の理によりて、其の色を消先せしむる事あり。例へば緑、紫に於けるが如し。一種の酸化金属は常に同一の色を呈するものに非ずして、主として次の三要件によりて変ずるものなり。即ち、

　1、焼成する品の種類
　2、焼成火度の高低
　3、釉薬の成分

即ち之なり。例へは酸化コバルト（CoO）の如き何れの焰にても色の変化〔著〕しからされども、第一酸化鉄 FeO の如きは還元焰や、強き時は緑色（青磁）となる。尚、還元強ければ金属鉄に変じ、而して酸化焰なれば黄色乃至赤色となる。銅の如きは酸化せば CuO の緑となり、還元せば $Cu_2O$ の赤色となる。尚、還元強ければ金属銅に変ず。茶録と称するは金属クロームの還元によりて生ずるものなり（多分、酸化クロームを過還元して金属クロームを析出せしむるものなるべし）。火度高き時は、自ら幾分か還元作用を受くれども、或る種の酸化物は、此の強火に耐へ得ずして退色するあり。CoO、$Cr_2O_3$ の如きは少量を用ふるも溶融度高きにより、容易に揮発退色をなさず、之に次ぐものは酸化鉄、金等にして　CuO、MnO 等は退色し易き傾きあり（但し、銅が $Cu_2O$ となる時は強火に耐ゆ）。されど之等の退色容易なるものも、他の酸化金属を変色せしめ、此の時に強火に耐ゆる事あり。是我、強弱の差異により磁器釉、陶器とに用ふ。従って、強火性磁器に用ひらるゝ着色剤は、是に溶け易き煤溶剤を用ゆる時は、悉く陶器に用ゆる事を得れども、此の反対は行はれざる事あり。是、磁器釉下顔料が、其呈色數多からざる所以なり。色の種類より、釉薬によりて呈色を異にする大要を述ぶれば次

の如し。

　甲、アルカリ釉薬、珪酸アルカリを珪酸鉛、珪酸石灰等よりも多量に含有するもの。

　乙、含鉛釉、珪酸鉛を多く含有するもの

　丙、硼酸釉、硼酸を多量に含有するもの

此の三種に依りて、同一の酸化金属たりとも、其の色を異にするものあり。即ち次の如し。含鉄釉、甲釉にては緑、及び帯青緑色となり、丙釉、及び乙釉にては、黄、又は褐色となる。硼酸釉中に礬土を含むものは褐色となり易し。酸化鉄は通常、硫酸鉄を焼きて作るものにして、又、其の物の代用に黄土、赤鉄鑛、磁鉄鉱、菱鉄鉱等を用ゆる事あり。

### 満俺釉 〔マンガン〕

甲釉にては帯赤紫色より帯青紫色に至る、乙釉にては褐紫色、丙釉にては褐色より黒色を呈す。通常の二酸化満俺〔マンガン〕の天産物は滑石（50—90％ MnO₂ を含む）なれども、不純物として鉄分及び粘土分を多少含有し、普通の滑石より過酸化満俺を得るには、之を硫酸にて塊め、焼く時は硫酸鉄は酸化鉄となる故に、之を水中に浸出せば clay 及び鉄分不純物となりて存し、硫酸満俺は溶解す。よりて此の溶液に苛性曹達液を加へて、pucipitate〔precipitate〕せしむるか、或は塩素を通じて酸化物を沈澱せしむ。市販の塩化満俺は之より製し得るなり。

### コバルト釉

コバルトは、呈色力甚た強くして、三種の釉薬にて何れも帯赤青色、即ちアイ色〔藍〕を呈す。礬土と亜鉛と化合せば赤味去り、空色若しくは水色となる。されど此の二者、又其色多少異り、酸化コバルトは天然に硫黄、砒素等と伴ふて生づ〔ず〕。普通に用ゆるは酸化ニッケルを 0.5—7.5％ あり。酸化コバルトは 30—90％ に達す。又スマルト〔スマルト〕SnO 花紺青なるものを用ゆる事あり。之はコバルトと珪酸の化合物にして、始めよりアイ色〔藍〕を呈す。

## ニッケル釉

　酸化ニッケルを用ゆる場合は、多からざれどもこのものを用ゆれば、鮮明なる色を呈し難し。甲彩にては帯緑褐色より帯黄褐色を呈し、乙釉にては緑色より褐色、丙釉にては黄色となる。この時強熱すれば緑色に変ず。

## ウラニウム釉

　此のものは價貴き故、原料として僅に用ひらる甲釉にては黄色となり、珪酸多ければ少しく緑色を帯ぶ。乙釉にては帯鼡黄色より黄色を呈し、丙釉にては強き黄色より鮮美なる帯緑ラン色〔藍〕を呈す。然れども、此のものを高熱するときは黒色となり、故に磁器釉下黒色顔料として用ひらる。

## 銅釉

　銅の呈する色は、青緑及び赤色の二種なり。甲釉薬にては青色を発し、礬土あるときは帯黄青色、若しくは帯鼡緑色を呈し、乙及び丙釉薬にては鮮美なる深緑色より水色に至る。此のものは通常黒色の酸化物と、緑或は青色の緑青 $CuCO_3Cu(OH)_2$、群青 $2CuCO_3Cu(OH)_2$ なるものを用ゆ。又、第一酸化銅は釉薬中に溶解するときは強く還元せしむれば赤色となる。

## クローム釉

　このものはコバルトの如く呈色力頗る強し。酸化コバルトよりも釉薬中に熔け込む事困難にして、少しく餘分に用ゆるときは熔け合はずして、釉薬中に混するときは、其の発する色は黄色或は緑色なり。乙釉にては黄色となる。是、酸焔の場合に、クローム酸鉛 $PbCrO_4$ を生ずるに依る。此の時、珪酸多ければ、鉛は珪酸鉛となり、クロームは緑色を呈す。丙釉にては緑色を発する事強し。概して酸化クロームはアルカリ又は鉛釉薬中に少量に混ずれば黄色となり、多量を混ずれば緑色となる。又、硼酸釉中にては常に緑色となる。クローム酸加里、クローム酸曹達、クローム酸バリウムもアルカリ又は含鉛釉中にては鉛と化合せば黄色となり、硼酸釉中にては緑色となる。塩基性の含鉛釉にてはクローム酸鉛は橙、黄、又は橙赤色を呈

するも、たゞ低熱の時のみなり。又、クロームとの酸化物と合すれば、諸種の色を呈す。例へば酸化、若しくは CnO、若しくは MgO と合へば Pink 色を呈し、酸化バリウムと合へば紫色を呈す。酸化コバルトと會へば帶青緑色となり酸化鉄と合へば褐、或は黒色に変ず。満俺と會へば褐色となる。クロームの原料は、クローム酸鉛（クロームミール[コロミール]と称し、圖案繪具に使用するものに赤口は橙色、黄口は鮮黄色の厚口なり。何れも 50% 以上）。クローム酸バリウム、クローム酸加里、重クローム酸加里、酸化クローム、クローム明礬等主なるものなり。

### アンチモン釉

　アンチモンは酸化錫と同じく釉薬を不透明となす。鉛なき場合には白色なれども、之あるときは黄色となる。酸化アンチモンは金属アンチモンに硝酸を注ぎて作る。又、硫化アンチモンより製するを得れども、小規模にては反って困難なり。天然の硫化アンチモンは不純物として鉄分を含有す。本那にては硫化物の良品を産する所多し。殊に伊豫の市の川鑛山は有名なり。而して、昔より琺瑯釉薬 (enamel glaze) 等に使用せり。上繪、其の他に於て唐白目と称するは即ち之なり。又、顔料にはアンチモン酸加里、礬土酒石を用ゆる事あり。

### 礬土釉

　$Al_2O_3$ glaze　主として不透明。白色ならさる時に用ゆ。而して、自ら発色せさるも、能く他の色を変化せしむる効あり。即ち酸化クロームを変して Pink となし、酸化鉄を変して鳶色[トビ]となすが如し。此のものは、其の價を安價ならしむる為めに、純粋の粘土を代用する事あり。之を製するには明礬又は蝋石、白繪土を用ゆ。

### 酸化亜鉛

　このものは白色にして呈色せさるも、よく他の色を変ずる動きあり。多くは其の色を鮮明ならしむ。殊に之を加へて結晶釉を作る事あり。

## 金

金は塩化金又は紫金（casias purple）として紅色、若くは紫色を呈せしむる為めに用ゆ。白金は塩化物として鼠色を呈する為めに用ひらる。銀は多く用ひられざれども場合によりて塩化物により黄色を呈せしむる事あり。此の他各種天産鑛石を用ひ呈色せしむる事多し。例へば満俺鑛、鉄鑛、呉須、黄色等の如し。次に硝子に於ける酸化物の呈色度を示す。

| 異りたる硝子に対する酸化物の呈色表 ||||
|---|---|---|---|
| 酸化物 | 曹達硝子 | 加里硝子 | 鉛硝子 |
| 酸化クローム | ミドリ | 黄緑 | 橙黄 |
| 酸化コバルト | 帯紫青 | 紫緑青 | 青 |
| 酸化銅 $Ca_2O$ | 帯紫紅 | 帯黄紅 | 血赤色 |
| 酸化ウラニウム | 帯黄緑 | カナリヤ黄 | 鮮黄色 |
| 二酸化満俺 | 暗紫色 | 紫水晶の水 | 赤紫色 |
| 酸化ニッケル | 帯黄紫 | 帯紫黄 | 帯青紫 |
| 第二酸化鉄 | 緑 | 全 | 暗帯黄緑 |
| 第一酸化鉄 | 帯緑青 | 全 | 帯黄緑 |
| 金 | 褐（青） | 紅若しくは帯紫紅 | 帯紫紅 |
| 酸化銀 | 淡黄（還元せし時に生ず） | 〃 | 〃 |
| 及び炭素 | 淡黄くは褐 | 〃 | 黒 |
| 酸化鉛及ビ酸化錫 | 白（不透明） | 白（高温にて透明す） | 橙黄（Feを加ふれば暗赤） |
| 酸化銅 $Ca_2$ | 天青色 | 〃 | 緑 |

## 白玉融熔法

普通、弱火性の釉薬を懸けるに当り、加里、曹達、硼酸、硼砂等の可溶性の物質を混ずる時は、是非之を不溶性の白玉となす事必要なり。是を作るには、前に述べし如く、不溶物の一物と混じて熔融し硝子状となし、急に却水中に投入する時は、容易に紛末となる。即ち次の図に示す如く、底部に小孔を有する坩堝を赤熱したる後、調合物を其の坩堝の六、七分入れて、

製陶法

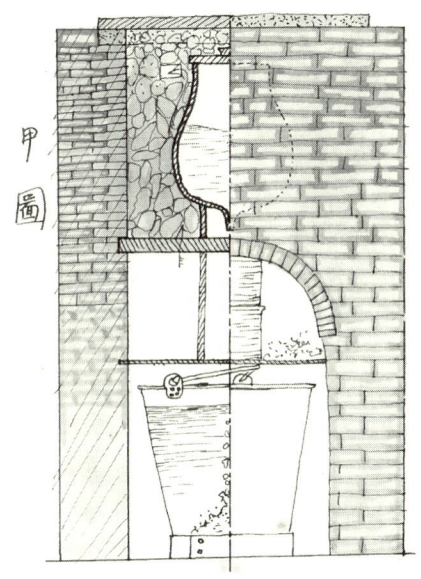

温度を高むる時は熔融するに從ひて、器底の小孔より硝子流出す。之を豫め水を盛りたる受器にて冷却するなり。若し此の調合物中硼砂、加里の如きものある時は、熔融に先だち膨張するを以て、能く注意して多量を一時に坩堝の中に投入すべからず。斯くして一度流出し終れば、次の調合を行ふなり。從來我國の白玉製造法は、普通の坩堝を用ひて、其の溶融せるとき是を鐵杓にて汲み出せり。此の方法は、坩堝の破損、原料の坩堝に附着する事、及び其の操業の繁雜と鐵の色を白玉に與ふる欠点あり。前方法によれば、此の憂ひ殆んどなし。甲圖は本場に備付けあるものにして、コークスによりて熔融せしむる式なり。此の式のものは多量に製造する場合には、其の作業頗る不便なり。何となれば、毎回熱せられたる坩堝の蓋を取りて爐上よりロート〔漏斗〕によりて原料を入る事は容易ならず。

　乙圖は fuel に石灰を用ゆるものにして、多量の製造に便なるものなり。坩堝はコップ状をなし、上部に耐火性のロート〔漏斗〕を有す。a は粘土球なり。是、原料が充分熔融し液化する時は、其の clay ball は其の比重軽きを以て浮ぶにより、白玉は底部の穴より流出す。而して、悉く流出し終れば、clay ball は下るを以て穴を閉づ。よりて新に原料を投入すれば、其の全く熔融するに及んで、粘土球は浮び上るなり。又、場合によりては a (a は球にして a´ は浮びたる時の球) の所に白玉の同質の球を入れ、初めの間其の落下を差へしむる事あり。又、甲圖の場合に熔融するまで、耐火粘土の棒を以て其の穴を閉ぢ、其の後取り出す事あり。白玉は強火性なれば、容易に流出せず、故になるべく弱火性となすを要す。調合を終りし釉藥は、なるべく粉末た

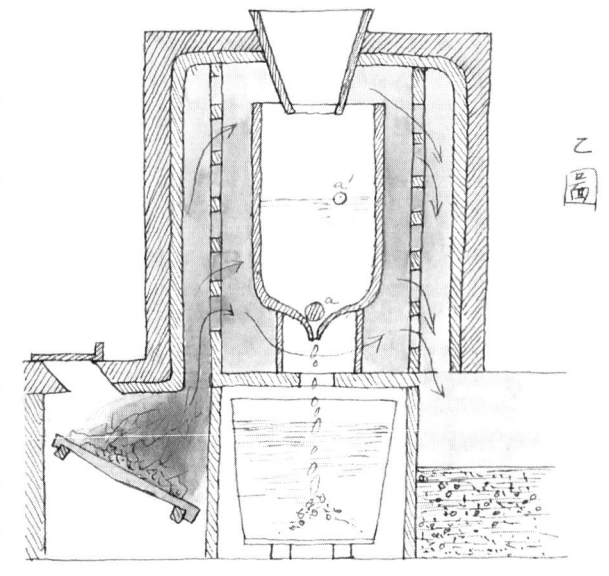

製陶法

らしむる事必要なり、釉薬の分子細末なれば、其の混合親密にして熔融早く、焼成後滑かなり。粗なる釉薬を施せしものは、其の表面平滑ならず。光沢又弱し。之を細末となすに、従来は乳鉢、又は碾き臼を用ひたれども、近来は
〔dust〕
dash の混入少なき處の ball mill を使用する事多し。

## 施釉法

　Body の表面に glaze を附着せしむる為めに行ふ方法には種々あり。普通は glaze の泥漿に body を入れて、body の吸水によりて glaze を附着せしむるものなるが、此の場合に於ける glaze の濃度は、glaze の種類により異り、color glaze の如きは厚き物が鮮明となり、磁器の如きは陶器に比し薄きを常とす。施釉に際し、Body の内部に大なる氣孔を有する力、或は小孔、又は石灰等を含む場合には、焼成に際し glaze の熔けたる後、瓦斯を発生する為めに釉面に小孔を生ずる事あり。之を pin hole と称す。品物として不良なるものとなるが故に、殊に小孔等ある場合には glaze はなるべく薄き泥漿に素地を徐々に浸すべし。普通 glaze の slipe〔slip〕として使用せらるゝ濃度は、次の如き割合のもの多し。

119

製陶法

| 調合物 \ 濃度 | | 稀薄のとき | 中度のとき | 濃厚のとき |
|---|---|---|---|---|
| 釉泥の重量及び容積表 ||||  |
| 容積にて | 固形分 | 18.8 | 22.4 | 35 |
| 容積にて | 水分 | 81.2 | 77.6 | 65 |
| 重量にて | 固形分 | 37.5 | 43.1 | 58.7 |
| 重量にて | 水分 | 62.5 | 56.9 | 41.3 |

## 1、浸し懸け法

　此の方法は普通最も多く行はるゝものにして、之には吸水性の素地を glaze の slipe〔slip〕中に浸し、其の水と觸れし丈 glaze を body に附着せしむるものなり。是は body をして glaze を吸收せしむる爲めに、body をして或る程度までの吸水性を有せしむる事必要なり。故に素地若し乾燥の儘にて吸水性弱きか、或は水に觸るれば直ちに崩解するものなるときは、之を素燒して此の欠点を補はしむ。素燒をなさずして施釉するときは、之を生掛と稱す。大なる器物にて直ちに水に解けさる如きもの、即ち土管、水瓶、碍子等の如きもの、又は body の性質により割合に溶解せざるもの、即ち會津燒の如き、或は瀬戸に於ける木節合せ body の如きは、浸し漬の時間及び body の吸水性によりて、glaze の附着に厚薄の差あり。然して glaze が body に附着する極度は（厚さの）、body が水を以て飽和せし時なり、普通品にありては 20—40 秒間程浸すを常とす。但し均一に附着せしむるには、相當の熟練を要す。又、body の吸水飽和せしめたる後、尚水中にあれば、其の表面に附着せし釉藥は液中に解け込みて、body の表面より剝離するを以て、餘り淡き slipe〔slip〕に於ては、釉藥を厚くせし爲めに、長く水に浸す時は、しばしば此の現象を見るべし。器物の偏手なる部分と、凹凸ある部分とは均一に施釉し難し。凸部は凹部に比すれば、其の body の物質小なれば薄くなり、凹部は厚くなる傾きあり。故に器物の口の如き處は、其の局部に再び釉藥を施す事多し。尚、高臺の周圍の如きは、吸水する事大なる爲め、厚きに失する恐れあれば、斯る處、一度水を以て漬し置く事あり。

## 2、流し懸け法

此の方法は、glaze の slip を、器物の上より注ぎ懸くる方法にして、我國にては大なる器物を施釉する場合に用ゆる事あれども、一般に吸水性なきものに行はれ、或は壁瓦類に應用せらる事あり。

## 3、捩り掛け法〔振〕

此の方法は仕上けを行ひ尚素焼せさる body に、未だ濕氣を有する間に乾燥したる glaze の分末〔粉〕を振りかけ、body の表面に粘着せしむる方法にして、其の glaze は多く密駄層、若しくは硫化鉛にして、稀には硫化亜鉛、硫酸曹達、若しくは含鉛釉薬を用ゆる事あり。此の内單味にて使用するものは、焼成の際 body 中の珪酸、或は礬土等と化合して一つの釉薬をば形成するものなり。

## 4、吹懸法

之は霧吹機械に依りて、釉薬の泥漿を霧状となして素地面に吹き懸くる方法なれば、此の方法に依る時は、呈色釉を用ひて自由に濃淡を與ふる事を得べし。此の方法は我國古くより彩画に行はるゝ。即ち、有する篩に依りて泥漿を霧状となす事は常に見る所なり。此の法をよく利用する時は、普通の繪付法にてなし能はさる程の精巧なる伎術〔技〕を施工する事を得べし。吸水性なき body に泥漿の釉薬を懸くる場合には、泥漿中に多量の炭酸アンモニヤ末を混じて、よく撹拌したるものを用ゆべし。

## 5、揮発法

此の方法は、揮発釉として石器及び陶器の一部分に使用せらるゝ事は既に述べたり。此の法方〔方法〕は焼成中に施釉を行ふものにして、前述の方法と箸〔著〕しく異る所あり。

121

## 釉薬又は素地及び水の不純より起る害

　陶磁器に用ゆる原料中に硫酸塩を含有するものは害あり。之、硝酸、炭酸塩類は焼成の際容易に分解するに依り、釉薬の光沢を害せされども、硫酸塩類の多少は分解を生ずれども、普通の場合に於ては悉く分解し難くして、釉薬中に遊離し、為めに白色不透明の斑点を與へ、若しくは釉面を覆ひて、焼成の際に body 或は glaze の光澤を減ずる事あり。若し是等の有害物が、素地或は釉薬中に含有せらるゝ時は、salt water を以て洗滌すれば、塩化物は除去し得れども、硫酸塩類は容易に除き難し。普通の硫酸物は、硫酸曹達、及び硫酸カルシウムなり。前者は、他に塩類無き場合には洗滌し得れども、若し石灰等を含む場合には、不溶性の物質を生ず。此の硫酸塩は、普通の酸性の釉薬中にて溶け難くして、塩基性の釉薬には多少溶解する性あり。普通陶磁器の Body は、glaze に比すれば多量の珪酸を含有するを以て、硫酸塩類は素地中に溶解せずして、釉薬中に溶解する理なり。然れども、焼成中に釉薬は素地中より暫々珪酸を吸収するを以て、最初に釉薬中に熔解せし硫酸塩も、終には遊離して釉薬の表面に来り、薄層を生じ、前記の如き害を及ず(す)ものなり。此の害を生ずる原因は次の三なり。

　1. 塩酸塩は通常の粘土中に含有する事あり。斯くの如き原料にて素地を作る場合は、可溶性の硫酸塩は、素地の乾操する時、内部の水と共に表面に来り。之に釉薬を施す時は釉薬と混ずるなり。

　2. 製造　用ふる水甚だ悪くして hard water なるときは、勿論害を生ずれども、普通清水に硫酸塩を含有せざるもの。

　3. 釉薬中に不純物として含有するによる事ある。されば總て原料を純粋なるものを選び、此の害をまぬがれ得べし。然し硫酸塩の害は、焼成の際に於ける焔の性質により、多少異るものにして、酸化焔に於ては甚だしく、酸化、還元に焔を交互に用ふるときは、次に示す如き反應によりまぬがれ得べし。

　　　　$CaSO_4 + C = CaSO_3 + CO$

$$CaSO_3 = CaO + SO_2$$

石灰石を磁器釉薬中に用ゆる事あるは、上の化学変化を起すに依る。されど此のものの多量を用ゆれば、害を生ずるに依り、少量を用ゆるに過ぎさるなり。

## 匣鉢及び棚板類

　陶磁器は其の表面に釉薬を施し、焼成に際し熔融して飴の如くなるを常とすれば、之を其の儘積み重ねて焼き能はざるを以て、焼成用具を使用する必要あり。又、直接火焰をして器物に觸れしめさる爲め、之を包む事を必要とする場合もあり。此の目的に向って使用せらるゝは、支柱（わく）、棚板、匣鉢（さや）等なり。殊に匣鉢は器物を重ぬるに便にして、且つ之を覆ふを以て灰等の品物にかゝる事なく、清き製品を得らるゝにより、高價なる製品、又は薄手の品物等に用ひらるゝ。されど場所を多く要するを欠点とす。されば普通の製品、殊に焰の割合に清き薪材焼成窯に於ては、棚板及び支柱によりて、棚詰法を行ふもの少なからず。棚板及び匣鉢は、直接焰に接し、且つ一個のものを數回も反覆利用するものなれば、充分耐火性ならざるべからず。最も焼成品の種類によりて、其の要する耐火度も異れども、製作する器物よりは、はるかに強き耐火力ある事は欠くべからさる事なり。且、匣鉢及び棚板は、互に積み重ぬべき物なれば、下方のものは上部の重量を受けるを以て、此の点に就きても箸〔著〕しき耐火力を要す。若し此の耐火力弱き時は、焼成中狂ひを生ずるにより、製品を損ぜしむるに至る。從って、之に使用する材量は、耐火力に強きのみならず、耐壓力に對しても弱からさる事カン〔肝〕要なり。

　我國の製陶地方に於て、匣鉢及び棚板に對して原料の不足を感ぜる所少からず。之の原料として最も良好なる所は濃美地方にして、耐火材量は直ちに附近の地所より彩〔採〕取し得れども、肥前地方の如きは、此の原料無き爲め、割合に窯の高さを低くからしむる傾きあり。殊に笠間、益子等に於ては、其の高さ箸〔著〕しく小なり。此の耐火材料は、普通の耐火練〔煉〕瓦に使用するもの

123

と、其の調製法、原料等相同し。在来、我國に於て一般に行はれしは、其の原料を彩屈[採掘]せるものを、直ちに窯道具となしたれども、耐火力大なる原料を選ぶと同時に、其の＿＿も防かんには、同一の耐火粘土より作りたる焼紛（shamott）、若しくは、匣鉢、棚板等の破損品を紛砕したるものを合せて造らざるべからず。此のものを混ざる時は、啻[ただ]に contraction 少きのみならず、氣孔多きを以て、熱の急変に耐へ、破損を防ぐを得。されど、之を碎くには多少の經費を要するを以て、所によりては反って高價となる場合もあり。従って、在来濃美地方の如き窯道具の破損品は總て抛棄せり。

　焼紛を多量に用ゆる時は、破損少なけれども、若し多量に過くる時には、其の粘力不足するを以て、之が混合量に就きては大いに注意を要すべし。匣鉢を造るには、耐火性、生粘土と焼紛とを相混し（其の割合及び焼紛の細粗は製品の種類に依りて異）て練り、之を久しく貯藏して、しばしば練り反し、最後に土練機械に掛けて、練和したるものは最もよろし。生粘土にて匣鉢を製造し得る土は多からず。今、匣鉢調製の一、二の例を示せば、某製造所にては焼紛を篩下する篩には第一号の穴の大いさ 1.5 millimeter を有し、次に 1 centimeter に付き 16 個の穴を有し、次に同じく 1 centimeter に付き 196 個の穴を有するものなり。而して、之を通せしものを調合する割合は、第一号の大いさのものをば 30〜40%、第三号の大いさのもの 30%、生粘土 30〜40%、又、棚板を造るには、第式号の大いさのもの 30〜40%、第三号の大いさのもの 25%、生粘土 45%。又、他の調合は次の如し。

| 窯道具坏土調合の例 | 生粘土 | 焼粉 |
| --- | --- | --- |
| セーブル | 2 | 3 |
| マイセン | 3 | 2 |
| ベルリン | 2 | 1 |

要するに、焼紛と生粘土とは四分六、或は等分程に混合したるものを用ゆれば可なり。我國にて篩の大いさを一定せる所なり。且、其の粘土は、只其の時に産するものを用ゆるを以て、一一[々]之を詳記せざるも、概して之に適する原料は、耐火力強き木節を用ゆるを可とす。然して其の焼紛の粒子の細粗は、匣鉢の大小によりて変ず。即ち大なる匣鉢に向っては、粗粒を用ひ、小なる物に於ては、細末を用ふべし。今、匣鉢及び棚板の原料の成分を示せば次の如し。

## 製陶法

| 窯道具用耐火粘土分析表 ||||||||| 
| --- | --- | --- | --- | --- | --- | --- | --- | --- |
|  | SiO2 | Al2O3 | Fe2O3 | CaO | MgO | K2O | Na2O | Ig.los |
| 英国スタホードシャの匣 | 68.24 | 26.31 | 4.89 | 0.18 | — | — | — |  |
| 瀬戸匣用キブシ〔木節〕 | 59.47 | 28.65 | 1.51 | 0.17 | 0.37 | 0.64 | — | 9.59 |
| 〃 | 50.93 | 37.92 | 1.03 | 0.54 | 0.28 |  |  | 14.1 |
| 〃 | 48.47 | 33.08 | 2.23 | 0.92 | 0.32 | 0.91 | 0.24 | 4.17 |

　匣鉢の形状は製品に依りて一定せされども、我國にては大別して円形及び角形の二種とす。而して、其の用途は製品の形状及び製造地の習貫〔慣〕等に依りて、一利一害はまぬかれず、其の角形たると円形たるとを問はず、なるべく多量の品物を入れ得る事に務めさるべからず。次に各種の形状を示す。之によりて大要を見るべし。〔図：次頁〕

　我國にて一般に用ひらるゝは、1、及び2にして、此の二つを比較するに、1は2よりも品物を多く入れ得る傾きあり。1は低のなき匣鉢と丸板とを用ゆる例なり。斯る理により棚積をなす場合には、製品を多く入るを得れども、灰の附着する恐れあり。優等品の焼成には鉢積に依る。我國にては、主に器物を 2, 3, 4 の如く匣鉢を向むけにして、器物を其の中に入れるもの多きも、西洋にては 5、6、8 の如く、之を伏せて其の上部に載するもの多し。又、品物を多く入れる為めに、3又は8の如き匣鉢を造り、鉢皿の如きものに應用する事少なからず、又、角形の匣鉢を用ふるもあり。特に角型の窯、又は角型の器物を焼成する場合に使用せらるゝ事多し。

　棚板は單に平なる板にして、其の大いさは窯及び器物の種類各地方によりて一定せされども、普通一尺角、又は1尺壱寸角、一尺二寸角位のもの多きも、京都の如きは巾九寸五分、長さ一尺三寸五分程のものを使用せるもの多し。其の厚さは、一寸より一寸二三分のものを多く見受くれども、中には二寸に達するものあり。棚板を非常に大きくすれば、少數の支柱にては、例へ耐火力を強くするとも強火に耐しては、多少のそりを来す恐れあり。又、大なるものは、大なるものは〔ママ〕熱が充分内部まで透徹する事容易ならざるを以て、自ら或る程度のものを使用する事となる。匣鉢及び棚板は、

125

製陶法

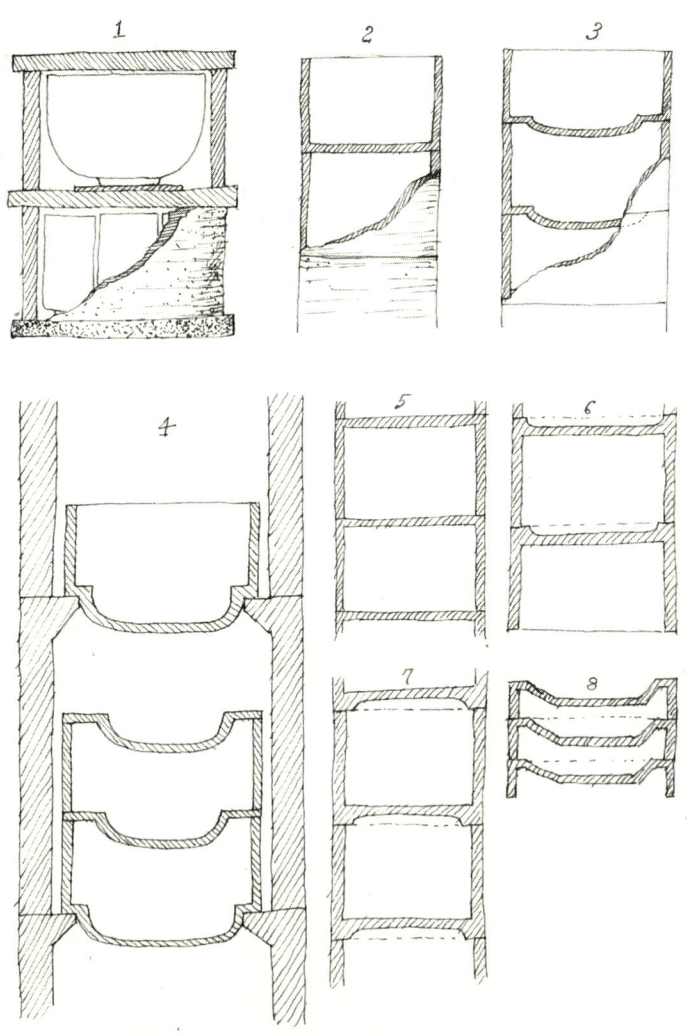

なるべく一度焼成したるものを使用するを要す。生の儘を用ふる時は製品を汚す事あり。又、揮発釉を施すか、若しくは含鉛釉を施したる器物を焼成する時は、匣鉢の内面も亦豫め塗布するを要す（同じ釉薬にて）。然らざれば、彩薬〔釉〕は揮発し、匣鉢に吸収せられ、製品の光沢を害する事少なからず。磁器等を焼成する場合にも、匣鉢より其の粒子の降下するを防ぐ為めに、

匣鉢の底面に釉薬を塗る事あり。製品を焼成するに、直接火焰に当つるものと間接に焼くものとあり、両種あり。是、製品の種類、及び窯の構造によりて一定せず。一般に直接火焰に接せしむるものは粗製品に限れり。次の其の積み方を述べし。

## 窯詰法

　焼成せんとする器物を棚、或は匣鉢の中に置くには、其の融着及び歪を防く為め、底の大いさと一到せる〔致〕耐火粘土製の板、或は夫れと同一素地の板("はま"又は"とち"或は"とちん")と、耐火粘土末、若しくは珪砂末を敷く(時として此の場合にもみから灰を用ゆる事ありと云ふ)。大なる器物を焼成する場合には、其の底部に敷く所の板、若し製品と同一の contraction を有せさる時は、製品自身の重量大なる為め、下部が上部と同一の contraction をなす事能はずして、為めに底部に亀列を生する事あり。斯の如き場合には、珪石末、若しくは耐火粘土の粉末を敷きたる上に、耐火粘土の板を敷き、其上に珪石末を撒布し、其の面上に(製品と同一の素地によりて作られたる板、若しくは製品と同一の expantion 及び contraction を有する粘土の板)粘土の板を敷き、其の熔着を防く為めに、更に其の上に珪石末を撒布するを要す。良質の耐火粘土より製したる匣鉢は、之を積み重ねる事を得れども、其の物弱きか、或は形状不完全なるものに於ては、其の重ね目に耐火粘土によりて鋏み、其の間ゲキを埋め〔隙〕、且つ熔着を防くを要す。棚板を積むには、其の板小なる時は四角に支柱を設け、面積小なさるか、若しくは耐火力大ならさる時は中央にも之を説く。斯くして、二、三の棚を並立せしめ、其の前面には所によりては棚板と同質のや、薄き板、即ち瀬戸附近に於ては、ヨーラクと称する〔瓔珞〕ものに依りて壁を設け、火焰が器物に觸れるを防ぐ。而して、次起立せるものとは僅の間を有し火焰の通路とす。又、棚結を実行する所に於ては、窯室内火焰の最強なる場所、即ち火前には一列に匣鉢を用ゆる所多し。又、楯と称する高さ1尺～3尺位の壁を設けて、火焰の急撃に當るを防ぎ、尚、火焰をして上部に向はしむる働をなす。我國の昇り窯は、後壁(おく)に近し部分、及び下部其の他の場所に比すれば火度弱

## 製陶法

きを以て、素地、釉薬は之に應し、幾種類にも分ち、各部一様に焼成し得る様に力むるなり。普通之を三段乃至五段程に分つもの多し。中には七八段に達するも有り。窯詰をなすに、我國にては旧来たゞ窯室内の高さの中程に止め、其の他は之を空キョ〔虚〕の儘放棄せり。現今、尚、有田、出石地方にては此の方法に従ふもの少なからず。されど美濃、及び尾張などにては、殆んど窯の天井までに達せしめ、能く焼成し得る事を示せり。従って、各地方に於て、次第に窯室に廣く充實する方法を取るに至れり。

Porcerain の焼成に於ては、多くは棚積、匣積を用ゆれども、出石等に於ては、今日尚、天秤積をなす所あり。窯室内、火焔の防げ無き以上は、品物はなるべく多く積み重ぬる様になさざる可からず。燃料は決して其の割合に多量を要するものに非ず。地方の状況により、匣鉢、棚板等の耐火原料の不良なる土地にては、窯の高さをなるべく低くし、尚、頂上迄積み重ぬる様になすを得策とす。匣鉢及び棚板等は、窯床上、直接に置かさるものとす。少くとも二寸乃至四寸の間を設け、火焔の通路に供すべし。然らされば、低部品物は充分焼成せられず。薄手の品物は歪み易きを以て焼成因難なり。此の類の品を匣鉢に入るゝには、豫め之と同質の原料にて作りたる板上に器物を伏せ、所由〔謂〕、伏焼として焼成する事あり。珈琲碗等に於てしばしば見る所なり。斯くする時は、其の expantion and contraction の両者相同じきを以て、歪みを生する事少し。又、薄き板類を焼成するには、匣鉢の底、或は棚板の上面を平に磨き、之を水平に据えて、細砂を敷き其の上に器物を置くか、或は器物と砂との間に製品と同一の板を敷き、両板間に細砂を撒布すればよし。下等品、特に土管、擂鉢等の如きものには匣鉢

128

を用ひず、直接火焔に觸れしめて焼成す。斯の如き品物は一品の内部に之よりも小なる他の器物を入れて互に組合せ、其の台は大にして丈夫なるを要す。普通に用ひらるゝものは、側面に數個の穴を穿ち flam〔flame〕をして内外相通ぜしむ。

## 焼成に依りて生する變化

### 1. Speciffic gravity

　Body を焼成して生ずる Speciffic gravity の變化は、今だ充分に研究せられざれども、普通の場合に於ては之を増加する物なり。而して、其の増加は火度の高低により多少異り、能く焼締めたる陶器は、此の増加不規則なるもあり。例へば、骨灰磁器の如き焼成の為め箸しく contraction をなせるも、其の量が反って減少し、其の減少したる contraction の度に比すればはるかに大なり。故に、此の場合に於ては、焼成素地の specific gravity は生素地よりも少なり。又、斯る現像〔象〕は、我國常滑焼の朱泥等に於てしばしば見る所なり。但し珪石は、其の結晶せるものは焼成すれば非結晶質に変するに依り、箸〔著〕しく其の溶積を expantion し、反って焼成する度毎に、其の specific gravity を減少するを常とす。從って、珪酸分多き粘土類等は、其の焼成 contraction 甚た少きを常とす。從って、其の specific gravity も増加するよりは減少する事あり。

### 2. Contraction

　Body が焼成の為めに contraction するは、原料の性質と其の製型法とに依りて異れども、前者に起因する contraction、主に body 中に含有する水分の放出に原因するものにして、粘力強き粘土にて、普通一割乃至二割の con-

traction をなす。但し、乾式法によりて強圧にて製形せるものは、其の収縮僅に五分内外なるも有り。又、此の変化は、素地中の可熔分、熔解せるに依る。例へば、パリアン磁器（佛國産の特種磁器）の素地の多量に長石を含有せるものには、乾燥の時より半透明となる迄焼成すれば、20 percent 以上の contraction を為す。今、見易き為め粘力 (plasticity) 大なる clay、及び可熔性のもの數種の比例に調合して焼成したる結果を示さん。

　此の三素地を乾式の押型に板となし、同温度にて焼成せんには、1 は contraction なく、2 は 25 percent、3 は 20 percent の contraction をなせり。此の内、水分拋出の為め生ずる contraction は、單に物理的作用なれども、物質の熔解に依る contraction は、化學的作用にして、他の新物質を生ずる為めに起るなり。此の兩作用の、著〔著〕しく見るを得べきは、眞正磁器の場合にして、之を先つ水分を失ふ迄焼成する時は、凡そ 10% 内外の contraction をなし、更に温度を高めて白熱をせば、此の上 7 percent を contraction し、是、実に物質の熔化に原因す。Body の製作法に原因する収縮に関しては、如何なる素地を問はず最強の圧力を以て作りたるものは contraction する事無く、故に押型にて作りたるものは、轆轤にて造りたるものよりも収縮少く、鑄込品よりも一層少し。轆轤にて引きし物は工人の手の圧力不平均より生したる不平面を焼成の際呈出し、且つ常に焼成の際、元来受けし比例に反戻せんとする傾きあり。

## 3. 色

　色に就きては既に述べたる如く。普通の土石は多少の Ferric oxide を含有するに依り、故に酸化焔の焼成にては淡黄、又は淡褐色となる。故に、此の色を失はしめんが為めに青化法を (blueing) 施す事あり。其の方法は少量の coblat を body に混じ、鉄分の黄色と混和して、白色の感じを與ふる事あり。殊に食器類等に於て安價なる製を欲する硬質陶器等にはしばしば應用せらる。場合によりては釉薬のみに此の方法を應用する事あり。cobalt は酸化コバルトを用ゆる事あれども、多くはコバルト塩類の可溶性なるものの塩化コバルト、硝酸コバルト、硫酸コバルトを溶液とし、之を precipitate せしめ、

## 4. 硬度

　素地が焼成の為めに堅固となるは、原粘土の硬さには関する事少くして、其の焼成温度の高低に依るものなり。即ち、素地が正に熔融せんとする程度に進みたるときは、其の硬度は増加すれども、又幾分ゼー弱[脆]となり、又、之に反し遊離珪酸石灰等の多量を含有するときは、強火後も尚より steel にて傷附け得べし。硬度は或る程度まで其の specific gravity と比例するものなれども、其の焼成温度とは正しく正比例するものに非ず。硬さと相関係するものに丈夫さ、即ゼー弱[脆]度の大小あり。素地を丈夫ならしる[むる]為めには、粘土分を増加し、之を強熱し吸水性を失はしむるを可とす。但し、素地の expantion and contraction を glaze と一致せしむる関係上、粘土分のみに依りて坏土を造り、強熱に焼成すると云ふ手段を取らさるを常とす。

# 焼成法

　器物の焼成は、製作中頗るカン[肝]要なる伎[技]術にして、此の方法如何によりて器物の善悪を生し、径剤[経済]上ナ[大]なる関係を生ずるに依り、各工場に於ても此の事に関し最も重きを置けり。但し焼成は製品の種類、熱度の強弱、及び時間の長短等に依りて差あり。一般に陶器の焼成火度は磁器よりも弱く、瓦練[練瓦]、瓦類は陶器よりも弱し。例へば、普通の練瓦[煉]を焼くには鮮赤熱、陶器及び石器の焼成には鮮白熱、磁器の焼成には青色熱を要するが如し。而のみならず、同じ磁器に属するも、本邦産のものと欧州のものとは其の火度同じからず。我國に於ても産地及び製品によりて熱度に強弱あり。其の原料の性質、性分に適当する焼成火度を與ふるを要す。如何なる場合に於ても、焼成せんとする素地は充分乾燥して、なるべく水分を除くべし。若し乾燥す充分なる素地を急に熱する時は破損する恐れあり。故にたとひ乾燥したるものと雖も、尚、多少の水分を含有するものなれば、焼成の初期には注意して徐々に熱を與ふるを要す。火焔が一様に分布さるゝや否や。

# 製陶法（其二）

大須賀先生講義

第一筆記帳の續き　134
窯　136
窯の分類（故藤江氏の分類）　150
壁内の堅煙道　154
天井　158
側壁　161
出入口の形狀　163
色見穴　164
素燒室　165
煙突　166
築窯に使用する morter　169
目地　170
角窯　170
昇り窯　171
古窯の特長　171
燒成の為めに生ずる現象　172
分類法　174

土器　175
練瓦　177
陶器　183
淡路燒　189
出雲燒（現時罍裂全く無し）　190
粟田燒　192
薩摩燒　194
本業燒　196
珪酸質陶器　199
石灰質陶器　201
長石質陶器　204
英國に於ける硬質陶器坏土　210
英國に於ける實例　214
獨逸に於ける實例　214
衛生用硬質陶器　215
Common porcelain　230

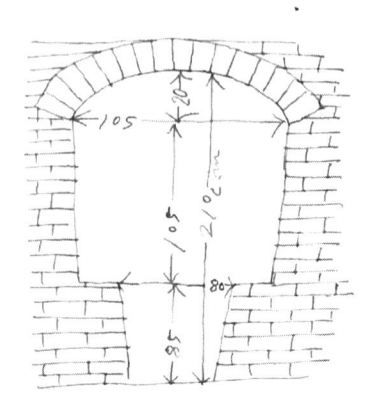

製陶法（其二）

## 第一筆記帳の續き

　熱度が急ゲキ〔劇〕に昇進せさるや否や、火焰の性質を自由に變じ得るや否やは、火夫の巧劣にも關係すれども、要するに窰の構造と、窰結の方法とに關係する事大なり。其の望む所はなるべく少量のfuelを用ひて、出來得る限りの多量の熱を平均に發生せしむるにあり。燒成の方法は各種の陶磁器に於て、何れも三段に分つ事を得るものなり。

### 第一期　あぶり

　此時期は品物の破損を防ぐ爲めに極めて徐々に熱し水分をク除〔驅除〕すべし。此の時は熱度尚弱くして、器物は未だ充分に化學變化を生ずるに至らず。只、粘土中に含有する水分の放出せらるゝものにして、此の時は若し急に熱を高むる時は、器物は其の表面の水分が急に揮發する爲めに、内部との平均を失ひ破損する事あるに依り、大いに注意を要す。斯くして火度次第に昇り、化學變化が粘土、長石及び珪石等の間に始まらんとする時期に達すれば、第一期を終るものなり。

### 第二期

　此の時期に於ては、定時間にfuelを投じ、温度昇るに從ひ、空氣の進入する量を次第に大なるを以て、燒成いよいよ完全となり、同事に窰内火焰の流通強きを以て、煙突を有する窰に於てはdumperに依りて、少しつゝ煙突内を鋏み、之を有せざる窰に於ては、焚口を鋏小にし、空氣の進入する量を減ずべし。然して此の時、赤熱の初めに當りて、素地面に氣孔性を有する間は、fuel中の炭化水素は、場合に依りてbodyに吸收せられ、空氣の供給不足するときは、水素は先づ酸素と化合す。Carbon遊離して黑色となり、body中に殘留す。此の場合に熱度昇り、素地氣孔水を失ふか、或は釉藥が溶融する時は、例へ多量の空氣を送るとも、も早、素地中に入りて化學的變化を起す能はず。炭素はイゼン〔依然〕として殘留するを以て、製品は黑色を呈

し、故に其の赤熱を始むるや、body 尚氣孔性を有する間に於て、充分に酸化焰を用ふるを要す。斯くすれば carbon はより combustion すべし。然れ共、此の時酸化焰を久しく持續せしむれば、body は其の酸化鉄の為めに黄色を呈す。故に磁器の如き黄色を欲せざる製品には、之を除く為め、第三期の燃燒即ち「せめ」を行ふなり。即ち body の締り始むるや、坯土は化學變化を始むるを以て、還元焰を與ふるを以て、酸化鉄は緑色の第一酸化鉄に還元し、容易に珪酸と化合して珪酸鉄となり、呈色する事甚しからず。尚進めば、素地は次第に締りて、oxygen は内部に作用する事能はざるを以て、body は無色となるか、或は淡色に変ず。又、無色の body を冷却の際、珪酸鐵と酸素との觸合により褐黄色を呈する事もあり。尚此の場合に、釉薬は熔け始むるを以て、酸素は body に作用する能はさるに至るものなり。陶磁器の燒成には、しばらく宛へだてて[隔] fuel を投入するに依り、或る時期に於ては酸化となり、或る時期に於ては還元となるものなれども、只其の酸化還元の時間の長短により、大体に於て酸化焰となるものと還元焰となるものとを生ずるなり。又、鉛のある場合に酸素少きときは、鉛の還元により製品を特に黒からしむるが如き事あれば、此の場合には特に酸化焰を行ゆべし。磁器に於て釉下顔料の現はるゝ時は、釉薬の熔け始むる兆候なるを以て、此の時は還元焰を與ふるを要す。決して始めより終まで還元焰を用ゆるが如き事あるべからず。素地中に若し鐵分を含有するときは、還元の為めに $Fe_3O_4$（黒濱、磁鉄鑛は $Fe_3O_4$ の formula を有す）を生ずる事あり。斯くなりし時は、此の物を淡色ならしむる事因難にして、鼡色となるを以て注意すべし。Flame はなるべく窯室内一様に分布するを必要とす。是れ窯の構造及び品物の詰め方に依る事勿論なれども、damper の加減と fuel の投入の如何により、或る程度まで変ずるを得るものなり。又、楯は窯壁内の面積甚だ大ならさる時は、炭素と水素とは全く此の間に於て悉く酸素と化合する能はず、進んで窯室内に入り、始めて化合 combustion するあり。又、火度はなるべく平均に暫時上昇せしむべし。決して此の順序を誤るべからず。若し急撃に上昇する時は器物を破損し、又充分に焼け締らさる傾きあり。Porcelain を燒成する時、fuel を絶へず投入すると、一定時間をへだてゝ一定量の fuel を

投入するとの二種あり。是、窯の構造と地方の習慣、及び窯結をなせる品種によりて異る。我國の昇り窯にては、丸窯の焼成にありては、側壁に色見穴を設け（火吹穴）此の所より絶へず火焔を吹き出さしめ、此の焔色に依りて薪材投入を加減す。既に焼成終れば、直ちに火床を密閉し、暫時の後damperを降し、煙道を閉づ。但し窯出の早きを要するものには、煙道及び焚き口を或る時間の後、或は始めより関〔開カ〕く事もあり。一般に冷却は徐々なるを可とす。急冷すれば品物ゼー弱〔脆〕となり、場合によりては破壊する事あり。

## 窯

窯は器物の焼成を目的とする處にして、火床装置、焼成室及び通風装置（煙突）の三部に区分する事を得べし。されども之を其の形態、様式等より区別すれば次の如くなり。

| 区別＼更に小分 | a | b | c | d |
|---|---|---|---|---|
| 一般的窯の分類 ||||| 
| 燃焼より | 直接燃焼窯 | 半瓦斯燃焼窯 | 瓦斯窯 | 液體燃焼窯 |
| 形状より | 四角窯（方） | （〃長方形） | 円形窯 | 楕円窯 |
| 装置より | 単一窯 | 接続窯 | （水平、垂直傾斜接続） ||
| 燃焼断続 | 不連続式 | 半連続式 | 連続式 ||
| 火焔より | 昇焔式 | 降焔式 | 平焔 | 斜焔式 |
| | 焼成室内に火焔の通過するもの || 焼成室を外部より熱する窯 ||
| | 焼成中器物の移動せざる窯 || 焼成中器物の移動するもの（トンネル窯） ||
| 電気爐 | 抵抗爐 | 炕熱爐（アーク） | 大須賀先は燃焼の内に入たるもの ||

## 円筒窯

此の窯には素焼窯を有するものと然らざるものあり。素焼窯は多く二階に設くれども、素焼なきものにては火焔を床下より煙突に引かしむる事多し。但し昇焔式に於ては、窯の中央に煙突を設けたるものあり。一室窯は

磁器焼成に於て素焼を行はさる。會津焼及び支那の福建、及び江西両省の如きものの他は便利少し。英國に於て硬質陶器の焼成の場合には、不連續式の一階窯を用ゆ。之其の焼締めの火度、及び釉薬の焼成が共に相当の強熱にして、其の餘熱によりて焼成し能はさる為めなり。其の普通の大いさは、直径 3.5 〜 6 meter にして、高さは 4 〜 7 meter にして、其の焚き口は六個乃至十個にして、大いさ中位のものが焼成し易しと云ふ。何れも中央に吹き出し口ありて、各焚き口が之に通ずるに依り、焚き口六個のものは七個となる。此の式は昇焰式を彩用（採）す。昇生（焼成）には小火（あぶり）と大火とあれども、porcelain の焼成にては還元焰を要す。我國にては焼成を、小火、大火と區別し、有田にては"くべ込"、瀬戸にては"せめ焚き"等の名あり。支那にては溜火、緊火の字を書し。英國に於ける此の焼成時間は、小火 6 〜 8 時間、大火 16 〜 24 時間にして、fuel は 1 cubic meter に附き 90 〜 100kg なり。窯はなるべく棚を積むを利とす。是、器物を二倍程入れるも、fuel は二倍を要せざるなり。されど密に過ぎる時は、通風を害し、むら焼を生ずるに依り注意すべし。燃焼に於て発生熱が如何に配布せらるゝかを計算したる表を示せば次の如し。

| 燃焼に依り発生したる熱量 | 100 | 理論上必要なる熱量 | 17 | 耐火陶業品 |
|---|---|---|---|---|
|  |  | 窯詰め容量を熱するに要する消費熱量 | 34 | 95 |
|  |  | 壁を熱するに消費する熱量 | 10 | 15 |
|  |  | 反射に依り消費する熱量 | 10 | 15 |
|  |  | 煙突より逃ぐる熱量 | 25 | 90 |
|  |  | 不完全燃焼の為めに消費する熱量 | 4 | 5 |
|  | 100 |  | 100 | 100 |

之に使用せる窯は 40 〜 150 立方尺程のものにして、其の高さと直径は殆んと相同じく、焼成時間は品物及び熱度によりて差あれとも、小火は半日乃至二日。大火は二日乃至三日位なり。耐火陶業品にて燃料の消費、物品の品物、温度の高低、燃焼時間の長短及び天候、窯結の良否、fuel の種類等により一定せるものには非れども、一噸（トン）の製品に就きて、其の fuel は 130 kg 位のものと 250 〜 300kg 程のものとあり。

製陶法（其二）

　普通赤練瓦〔煉〕を焼くには、連續式の ling kiln、又は四角をするものを用ゆるを得るも、此の場合に於ては石炭が直接製品に接觸して combustion し、為めに其の品質を害する事あるも、fuel は大いに減少し得らる。是に依り一噸の製品にて 80 ～ 120kg の石炭を用ゆれば焼成し得らる。Ling kiln に於て gas fuel を用すれば、石炭を直接使用せる程安價には非されども、製品は優良なるものとなる。耐火練瓦〔煉〕に於て連續焼成式となせる、メンドハイム式のものを用ゆれば、餘熱を利用する故、熱の配置は著しく變化を來す。此の窯は品川白練会社の盤城、大沼、肥前等の工場に於て使用せらる。

| 燃焼によりて發生する熱量、及び其の消失の表 |||||
|---|---|---|---|---|
| 燃焼によりて發生する熱量 | 100 | 理論上必要なる熱量 | 55 |
| 回收によりて生ずる熱量 | 30 | 壁を熱するに必要なる熱量 | 33 |
|  |  | 副射によりて消失する熱量 | 15 |
|  |  | 煙突より逃失する熱量 | 7 |
|  |  | 瓦斯化する為めに消失する熱量 | 20 |
| 合計 | 130 |  | 130 |

之は四角の窯にても同じ事となる。土管にも此の種の窯を用ひらるゝ事あり。窯の築造に當り、窯の側壁に多くの小穴を明け置く事あり。中には食鹽釉を施す為めに、焚き口の上部に穴を設けたるもあり。土管の如きは濕氣あれば吸込穴に凝固するにより、能く燃焼せられざる至る事あり。是は錦窯にても同一にして、濕氣を廃除する事は窯業品に於て大いに必要なり。故に始め小穴を解放し、濕氣を外部に逃失せしむる事あり。

## 本焼窯の大いさ

　本焼窯の大いさは築造者の第一に定むる要件にして、他の部分は此の焼成室の大いさを本〔元ヵ〕として割出さるゝものにして、其の望む所は器物を焼成するも少量の fuel にて良き製品を短時間に焼成し得るにあり。但し是を築くに当り、其の生産額、即ち營業高より割出して適当なるものたるべく、第二には耐火材量の為めに其の大いさを制限すべき事なり。先づ第一の場合を考ふるに、一般に窯が大なる程周圍の面積が割合小となるを以て、窯

は大なる程 fuel を割合少なからしむる事を得。今四角の窯に於て、一片が 1 meter なる正方形と、二片が 2 meter なる正方形の窯を焼くに場合に 1 meter のものは、其 volume が 1 cubic meter なるが 2 meter のものには 8 cubic meter となる。其の其〔ママ〕周囲の面積は 1 cubic meter に附きての比例は 6：1 の比となるものなれば、窯は大なる程 fuel が少き事を知るべし。この場合に於て窯道具は窯が大なる程匣鉢及び棚板等を高くせざるべからず。斯くする時は、下方に及ぼす圧力大となるに依り、下方のものが其の圧力に耐へざる事となる。されども瀬戸の如く、道具上の強きものは比較的高くなし得るも、之の弱き肥前、九谷、會津焼の如きは高くなし能はさるなり。尚、営業上の状態とは、小工場が大なる窯を持つ時は、注文を受くるとも直ちに焼成し能はず。故に、窯は安く焼成し得るも、営業上、資本を多く固定せしむる事となる。されば大工場に於ても、場合に依りて小なる窯を使用する事あり。尚、小なる窯を絶へず焼成する時は、其に其の fuel を節約し得るものにして、是及び煙突、煙道、窯道具等の熱を保持するに依り、焼成熱は、其の初期に於て主に器物を熱する為めに使用せらるゝに依るなり。されば、大なる窯に於てされば〔ママ〕大なる窯に於て主終〔ママ〕焼成すれば、斯かる状態となす事を得れども、多量の製品なき為め、長く其の期限を過せば、熱の利用を得る能はさるに至るを常とす。之を実地の例にチョー〔調〕すれば、耐へず焼成する場合には、稀に焼成するものの 2/3 程の fuel にて焼成し得る如き割合となる。今日、磁器焼成窯として使用せらるゝ円筒窯の大いさは、其の内径 6 meter 位の窯が先づ最大なり。米國に於ては、之よりも少しく大なるものありと云ふ。日本にては 5 meter 位なり。特殊の小なるものは 2 meter、3 meter の如きものあれど、営業上に使用せられるものは 4 meter 以〔以下〕のものは其の数多からず。其の大いさは昔より次第に増加する傾きあり。或人は 4，5 meter 程のものを最も可なりと云ひたれど、之は時代によりて異る事となる。一般には窯は小なる程焚き易きかの如く考ふれども、実際に於ては中位さの大いさのものが最も焚き易し。

製陶法（其二）

## 窯室内直径の高さの関係

極めて小なる窯に於ては、直径よりも高さの方が少しく大なるものあれども、先づ其の差殆んど少く、同一なりとして可なれども、大なるに至るに従ひ、次第に其の高さを減ず。尚、耐火材料多からさる所にては、其の高さを低くからしむる方便利なり。次に Sitain Brecht の選びし十種の窯につき、其の直径高さ等を表示すれば、

| NO | 直径<br>2 r | 全高<br>T | 天井のそり<br>h | 天井脚部迄の高さ<br>H | 容積<br>J | 直径と高さとの比<br>T/2r |
|---|---|---|---|---|---|---|
| | | | 第一表　Sitain Brecht の選し十種の窯 | | | |
| 1 | 3.5meter | 3.5meter | 0.7 | 2.80m | 30.5 | 1 |
| 2 | 3.75 | 3.75 | 0.75 | 3 | 37.5 | 1 |
| 3 | 4 | 3.95 | 0.8 | 3.15 | 45 | 0.99 |
| 4 | 4.25 | 4.15 | 0.83 | 3.3 | 53 | 0.98 |
| 5 | 4.5 | 4.35 | 0.95 | 3.4 | 62 | 0.97 |
| 6 | 4.75 | 4.55 | 1.05 | 3.5 | 72 | 0.96 |
| 7 | 5 | 4.7 | 1.15 | 3.55 | 82 | 0.94 |
| 8 | 5.25 | 4.85 | 1.25 | 3.6 | 92 | 0.92 |
| 9 | 5.5 | 4.9 | 1.35 | 3.6 | 103 | 0.89 |
| 10 | 5.75 | 5.05 | 1.45 | 3.6 | 114 | 0.88 |

以上の表は何れも meter 又は cubic meter を使用す。

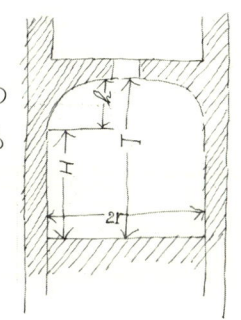

次に示す第二表は、現時実用されつゝある此の種の窯に就きて、第一表と同様なる各個の数量を示せるものなり。〔表：次頁〕

## 窯の容積の算出法〔右図〕

$i = r^2\pi H$　　　$i' = \pi h/6\,(sr^2 + h^2)$
$J = r^2\pi H + \pi h/6\,(3r^2 + h^2) = \pi/6\,(6r^2H + 3r^2h + h^3)$
$T = H + h$　　　$h^3 = h^2(T - H)$
$J = \pi/6\,[3r^2(T + H) + h^3]$
$J = i + i'$

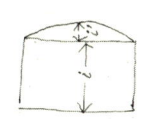

製陶法（其二）

| NO | 2 r | T | h | H | J | T/2r | |
|---|---|---|---|---|---|---|---|
| 11 | 2 | 1.95 | — | — | 5.7 | 0.98 | ベルリン官立磁器製造所 |
| 12 | 2 | 2.35 | 0.4 | 1.95 | 6.8 | 1.18 | 佛国国立陶器製造所 |
| 13 | 3 | 3.15 | 0.55 | 2.6 | 20.4 | 1.05 | リモージュに於ける二階窯 |
| 14 | 4.3 | 3.2 | 0.6 | 2.6 | 42.1 | 0.74 | ベルリン官立磁器製造所 下引窯 |
| 15 | 4.8 | 4.35 | 1 | 3.35 | 70.2 | 0.91 | リモージュ　マルチン |
| 16 | 5 | 4.2 | 1.2 | 3 | 71.6 | 0.84 | ボヘミヤ磁器製造所 |
| 17 | 5.4 | 4.5 | 1.2 | 3.3 | 90.4 | 0.85 | リモージュ　ド会社窯 |
| 18 | 5.5 | 4.6 | 1.1 | 3.5 | 96.9 | 0.84 | 〃 |

## 直径と髙さの比

一、二の表により、直径が 3 meter より以下にては、高さと直径との比は同大なるか、或は幾分髙さの大なるものあるも、直径が増大する程其の髙さを減し、No14 窯の如きは 0.74 となれり。されど大体は 0.8 程なり。故に直径二丈なれば高さ一丈六尺の如くなり。されど耐火材料の不良なる地方にては、今少しく大なる窯に於て髙さを減する必要を生ず。

## 天井のそり

円窯天井のそりが比較的小なる場合には、横圧大なる故に壁を厚くする必要を生ず。従って此の場合には締金を丈夫にせざるべからず。而して天井の形は丸天井、即ち穹窿状となすを常とす。此の最も安全なる形は、半球或は半楕円形なれども、普通築造の便宜上球の一部を採用す。次に其の割合の比を示さん。〔表：次頁2点〕

## 焚き口

焚き口の形状

焚き口の形状は其の形式種々あり。石炭を燃やす焚き口に種々あり。16 圖の如く、火鋼（grate）を用ひざるもの無きに非されども、焚き口は殆んど全部 grate を用ゆるものとしてよし。grate を分ちに。次の種類となし。

製陶法（其二）

### h/2r の比の表　第三表

| NO | 2r | T | h | H | J | T/2r | h/2r |
|---|---|---|---|---|---|---|---|
| 1 | meter 3.50 | meter 3.50 | meter 0.70 | meter 2.80 | cubic meter 30.5 | 1 | 0.2 |
| 2 | 3.75 | 3.75 | 0.75 | 3 | 37.5 | 1 | 0.2 |
| 3 | 4 | 3.95 | 0.8 | 3.15 | 45 | 0.99 | 0.2 |
| 4 | 4.25 | 4.15 | 0.83 | 3.3 | 53 | 0.98 | 0.2 |
| 5 | 4.5 | 4.35 | 0.95 | 3.4 | 62 | 0.97 | 0.21 |
| 6 | 4.75 | 4.55 | 1.05 | 3.5 | 72 | 0.96 | 0.22 |
| 7 | 5 | 4.7 | 1.15 | 3.55 | 82 | 0.94 | 0.23 |
| 8 | 5.25 | 4.85 | 1.25 | 3.6 | 92 | 0.92 | 0.238 |
| 9 | 5.5 | 4.9 | 1.35 | 3.6 | 103 | 0.89 | 0.245 |
| 10 | 5.75 | 5.05 | 1.45 | 3.6 | 114 | 0.88 | 0.252 |

### 第四表

| | 2r | T | h | H | J | T/2r | h/2r |
|---|---|---|---|---|---|---|---|
| 12 | meter 2.00 | meter 2.☐5 | meter 0.40 | meter 1.95 | cubib meter 6.8 | ☐ent 1.18 | 0.2 |
| 13 | 3 | 3.15 | 0.55 | 2.6 | 20.4 | 1.05 | 0.185 |
| 14 | 4.3 | 3.2 | 0.6 | 2.6 | 42.1 | 0.79 | 0.14 |
| 15 | 4.8 | 4.35 | 1 | 3.35 | 70.2 | 0.91 | 0.208 |
| 16 | 5 | 4.2 | 1.2 | 3 | 71.6 | 0.84 | 0.224 |
| 17 | 5.4 | 4.5 | 1.2 | 3.3 | 90.4 | 0.85 | 0.222 |
| 18 | 5.5 | 4.6 | 1.1 | 3.5 | 96.9 | 0.84 | 0.2 |

1. grate が horizontal 又は horizontal に近きもの。

　6、8、11、13、14 及び 15 に圖示せる各窯の焚き口は、此の式に属するものなり。此の式は、眞に水平に非ずして、幾分傾斜せるもあり。傾斜ありとすれば多くは後方（内方）が低きを一般とす。稀には前方が低きもあり。此の傾斜は石炭又は之を出したるコークスを委縮せしむる事と、此所に生したる gas を除去するに便ならしむるなり。此の式に属する焚き口の投炭口は、焚口上部に設けたるものと前方に設けたるものとあり。

製陶法（其二）

2.

　1、2、1〔ママ〕又は 4、9、及び 10、11 に示せる各窯の焚き口は此の式に属するものなり。此の傾斜は何れも後方が低し。之は前方の引ものなし。此の式にて grate 上の coaks は一部自動的に内部に進み、及び ash の如きものは、之のすきより落下し、為めに ash などを多く生ずる石炭には此の式を用ゆる事多し。

3. Step grate

　此の式にては、紛炭、或は紛炭を多く混ぜし切込炭を用するに便利なり。又、slack を生しても取り易すし。土地により fuel の種類に從って使用すべし。されど円筒形の窯にては此の種のものは多く見受けず。磁器にては比較的良き石炭を用ゆるものなれば、此の式は少し第十七圖は加藤友太郎氏がワグネル博士の考案に依りて作りしものなり。

4. 傾斜と水平とを複合せるもの

　此の式は十八圖に示せるものにして歐州の円筒窯に於ても時々之を見受けたり。

5. Grate の傾斜と階段二つの復合よりなるもの

　一般に傾斜せる grate は大火の際、良好なり。されど、あぶりの如き小火にては空氣が多量に失する恐れあり。十九圖は此の憂ひを調節せんが為めに設計せるものにして、階段が水平の位置となり、小火の際には練瓦〔煉〕等にてよりて其のすき間を塞ぐ。強火を要する時は之を開放す。

6. 階段と水平との復合よりなれるもの

　第二十圖は其の一例なり。

## 焚き口の數

　焚き口の數は燒成火度、窯の形狀、通風の強弱、fuel 及び品物等によりて

製陶法（其二）

定まり、築造者によりて多少異る焚き口を用ゆるも、例へば焚き口を大にすれば其の數を少にし、其の數を多くすれば焚口を小にするが如し。而して如何なる割合とすべきかは、又は、如何なる割合のものが用ひらるゝかは、次表によりて示さん。

| NO | diameter | Volum | 焚き口 | 窯周壁／焚口數上との比 | 窯低面積／焚キ口數上との比 | 窯の容積／焚き口數上との比 |
|---|---|---|---|---|---|---|
| | | | 第五表　焚口に関して他のものに対する比 | | | |
| 1 | meter 3.50 | cubic meter 30. | 6 | meter 1.83 | 1.6 | 5.1 |
| 2 | 3.75 | 37.5 | 6 | 1.96 | 1.84 | 6.3 |
| 3 | 4 | 45.3 | 7 | 1.79 | 1.8 | 6.4 |
| 4 | 4.25 | 53.3 | 7 (8) | 1.91 | 2.03 | 7.6 |
| 5 | 4.5 | 62 | 8 | 1.77 | 1.99 | 7.8 |
| 6 | 4.75 | 72 | 8 (9) | 1.87 | 2.22 | 9 |
| 7 | 5 | 82 | 9 | 1.75 | 2.18 | 9.1 |
| 8 | 5.25 | 92 | 9 (10) | 1.83 | 2.41 | 10.2 |
| 9 | 5.5 | 103 | 10 | 1.73 | 2.38 | 10.3 |
| 10 | 5.75 | 114 | 10 | 1.81 | 2.6 | 11.4 |

| NO | diameter | | 第六表 | | | |
|---|---|---|---|---|---|---|
| 11 | 2 | 5.7 | 2 | 3.14 | 1.57 | 2.9 |
| 12 | 2 | 6.8 | 2 | 3.14 | 1.57 | 3.4 |
| 13 | 3 | 20.4 | 4 | 2.36 | 1.77 | 5.1 |
| 14 | 4.3 | 42.1 | 6 + (3) | 2.25 | 2.07 | 6 |
| 15 | 4.8 | 70.2 | 6 | 2.51 | 2.87 | 11.7 |
| 16 | 5 | 71.6 | 8 | 1.96 | 2.46 | 9 |
| 17 | 5.4 | 90.2 | 8 | 2.12 | 2.6 | 11.3 |
| 18 | 5.5 | 96.9 | 10 | 1.73 | 2.38 | 9.7 |

No14窯の焚き口總數は九なり。内六個を周圍に六等分したる位置に配布し、殘りの三個は六個の焚き口の間に交互に配布せらる。而して此の三個は何れも本燒窯の中央にある火焰口に通ずるものなり。故に上表に於ては6

＋(3)とし、窯周壁及び焚口數との比には六個を以て等分する數をかゝげ、低面積と焚き口數との比に及び、窯の容積積〔ママ〕と焚き口數との比には、火焔を吹き出す火口、即ち七となる數を以て計算せるなり。

　上表より見れば、周壁と焚き口數との関係は、直径 2 meter なる小形の窯にては、周壁 3 meter 餘りにて一なるものもあるも、其の他は一の焚き口に對する壁は 2 meter 内外なり。多くも 2 meter 超えず、殊に第五表は 2 meter 以内にて計算せり。又、低面との比は、小なる窯にては、一つの焚き口が 1.5 程なるも、窯が大なるに從ひ、其の容積を増し、2.5 meter 前後に至れば、2.20 ～ 2.50 なる如き數となる。容積と焚き口數との比は、小なる試驗窯にては一つの焚き口が 3.4 cm 程を支配せざるものあれども、大なるものに至りては 10 ～ 12 cubic meter を支配するに至る。故に、大なるものを築くには、焚き口一つが 10 cubic meter 程を支配するが如きものとなる。但し一つ焚き口に於て、大なる容積を受持つ故に、大なる程焼成時間を長く要するに至る。

## 焚き口の面積

　焚き口の面積は窯の容積に関係する事勿論なれども、又焚き口の大いさは、焚き口の構造により差あるべきものなるが、今次に各窯の焚き口の大いさ、grate の全面積、及び焼成室との容積との比を示さん。〔表：次頁〕

　上表〔次頁〕は、焚き口の状態必ずしも同一ならず。第十七圖は No1 ～ No10 に至る焚き口にして、第七表のものを示せるものなり。記入の寸法は、第四号窯に適せるものにして、grate の長さは 89 cm となれり。焼成中 grate の前部なる空所は地中点線を以て示せる如く、板を以て之を閉室するものとす。第十一号以下第八表のものは、其の形式一様ならず。第十八号窯の焚き口は、第二十二圖に示せる如く、焼成用の空氣が grate の下よりのみならず、其の一部は上部、即ち地中 a 部よりも供給せらるものにして、焼成の際、適度の空氣の流通を許す様に第十六圖に示す如くすゆるものなり。従って單に grate の全面積、及び本焼室の比のみを求めても無意義の事となる。

　上記二表より、焚き口の大いさは巾 35 ～ 65cm なり。長さは凡そ 60 ～ 120 centimeter なり。されど窯の極めて小なるものにては、此の比に行か

製陶法（其二）

<table>
<tr><th colspan="7">焚口と面積に関する表</th></tr>
<tr><th rowspan="2"></th><th rowspan="2">NO</th><th rowspan="2">焚き口數</th><th colspan="3">焚き口の大いさ</th><th rowspan="2">Total area of grate</th><th rowspan="2">本焼室の容積と／grate の全面積の比</th></tr>
<tr><th>巾さ cm</th><th>長さ cm</th><th>髙さ cm</th></tr>
<tr><td rowspan="10">第七表</td><td>1</td><td>6</td><td>42</td><td>60</td><td>42</td><td>15120cm</td><td>20.2</td></tr>
<tr><td>2</td><td>6</td><td>48</td><td>63</td><td>42</td><td>18144</td><td>20.7</td></tr>
<tr><td>3</td><td>7</td><td>45</td><td>75</td><td>45</td><td>25200</td><td>17.8</td></tr>
<tr><td>4</td><td>7</td><td>50</td><td>89</td><td>50</td><td>31150</td><td>17.1</td></tr>
<tr><td>5</td><td>8</td><td>53</td><td>92</td><td>50</td><td>39008</td><td>15.9</td></tr>
<tr><td>6</td><td>8</td><td>60</td><td>96</td><td>50</td><td>46080</td><td>15.6</td></tr>
<tr><td>7</td><td>10</td><td>60</td><td>98</td><td>50</td><td>52920</td><td>15.5</td></tr>
<tr><td>8</td><td>10</td><td>63</td><td>105</td><td>55</td><td>59535</td><td>15.5</td></tr>
<tr><td>9</td><td>10</td><td>63</td><td>105</td><td>55</td><td>66150</td><td>15.5</td></tr>
<tr><td>10</td><td>10</td><td>65</td><td>111</td><td>55</td><td>71500</td><td>15.7</td></tr>
<tr><td rowspan="8">第八表</td><td>11</td><td>2</td><td>38</td><td>—</td><td>—</td><td></td><td></td></tr>
<tr><td>12</td><td>2</td><td>35</td><td>60</td><td>67</td><td>4200</td><td>16.2</td></tr>
<tr><td>13</td><td>4</td><td>50</td><td>100</td><td>75</td><td>20000</td><td>10.2</td></tr>
<tr><td>14</td><td></td><td></td><td></td><td></td><td></td><td></td></tr>
<tr><td>15</td><td>6</td><td>65</td><td>120</td><td>60</td><td>41800</td><td>17</td></tr>
<tr><td>16</td><td>8</td><td></td><td>120</td><td>60</td><td>52000</td><td>13.8</td></tr>
<tr><td>17</td><td>8</td><td>55　65</td><td>120</td><td>85</td><td>55200</td><td>16.3</td></tr>
<tr><td>18</td><td>10</td><td>40　45</td><td>110</td><td>145</td><td>46750</td><td>20.7</td></tr>
</table>

ず、面積は2100～71500平方センチメーターとす。然して、本焼窯全面積と grate の全面積との比は大いに求めんとする所なり。此の割合は、即ち total area grate が支配し得る容積にして、大なるものは 10～20 cubick meter〔cubic〕強なるものあるも、其の中位の 15.5～17 cubick meter〔cubic〕を受け持つ事となり、此の中両極端たる三、四個を去れば、平均數は約 16 cubick meter〔cubic〕にして 1 cubick meter〔cubic〕に對して本焼室 16 cubick meter を支配し得る如くなせば適度なり。之を日本尺とすれば grate 一平方尺に對して、本焼室の容積 50 立方尺となる。されど此の數は極めて小さきものには当てはまらず。普通の角窯等

製陶法（其二）

に於ては（製造に供するもの）30〜40の間にあるもの多し。之或る佛人の説に依れば、フランスのgrateは直徑6 meterにして容積120 cubick meter〔cubic〕の窰にては總面積約6.40平方 meter。即ち本燒室の容積一平方メートルに對して 0.05 meter² となる。即ち grate の面積一平方メーターに對して、本燒室が 20 cubic meter となると云ふ。一般に焚き口が大なれば石炭を多く投ずる故に早く火が昇る事となる。

## Grate

Grate の目的は fuel を保持し、之を適当に燃燒せしむるにあり。而して、燃えざるものが落下せずして、燃えたるもの（即ち灰）が落つる事は望む處なり。此の目的を達する為め、fuel の性質を＿＿＿し種々なる形のものを研究使用するものあり。されど、最も普通なるは23圖に示せるもの、及び角型棒状のものなり。

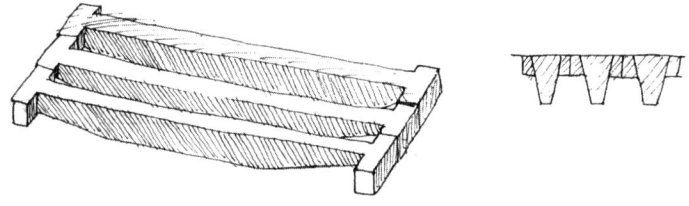

第二十三圖に示せるものは cast iron 製にして、各棒は板状をなす。其の間ゲキ廢ジンの落下〔隙〕〔應〕、及び空氣の上昇を容易ならしむる為め、上方を厚くし下方を薄くす。又、棒の強さを與へる為めに、上邊は一直線なれども、下邊は弧状をなし、其の中央部に於て厚からしむ。各棒は其の両端に於て廣くす。此の両端に於ける凸出部は棒間に於ける空ゲキ〔隙〕をなすものなり。この grate は free surface は、凸出部の大いさによりて定するものにして、其の凸出するは、左右相等しきか、一方のみ凸出せるか、或は又、一端が左、他端が右に出でたるもあり。grate の長さは 80 centimeter を超える時は、其の横たゆみを防がん爲めに、棒の中央部に於て凸出物を附する事あり。棒の太さは、太き程丈夫なれども、斯くすれば隙間も大となる。又、燃えざるものが多少落下する恐れあり。grate の空面積は、＿＿＿の形状、fuel の

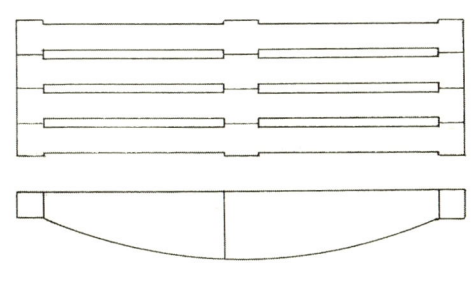

製陶法（其二）

種類に依りて定する。ash を多く生ぜず、粘結せざるものは其の目を小にするも可なり。此の場合には、全面積の 1/3 位の空面積のものあり。されど ash 多く、slack を多く生ずるものは空面積は 1/2―2/3 程となしたるもあり。grate 棒の廣さは、fuel の重さと鉄の重さに耐ゆるを度とし、其の割合は 25mm ＋ 0.1l or 1/7l × 1/8l 此の l は grate 棒の長さなり。されば 1 meter の grate bar にては 25 mm ＋ 100 mm ＝ 125 mm ＝ 四寸一分となる。1 meter 以下にても此の式にて可なるべし。四角なる棒を並ぶる場合には、一般に錬鉄の棒を用ゆ。其の太さは一寸二分―一寸三、四分角なり。小なるものにては一寸角位にても可なり。此の角棒の空間は一寸内外なり。第十五号及び 17 号窯には、一つの焚き口に對しては、太さ約一寸式三分にて、長さ四尺餘のものを八本配列し、此の角棒の欠点は多く間をあく所と、少くあく所とを生ずる恐れあるなり。Grate 受は No15～17 号窯は鉄棒にして、其の斷面巾一寸二分高さ 2 寸なり。

## 焚口の吹き出し口

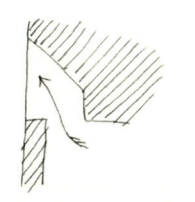

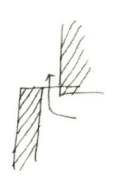

吹き出し口の巾は、焚口の巾よりも幾分大にせるものあり。之火が廣がりて行く故、平等に近くなると云ふ意にならんが、多くは同じ大いさとす。其の形は長方形なり。されど第六図、第十一圖の如く半円形のものあり。其の大いさは grate の全面積の 1/6～1/5 位とす。

## 吸込穴

吸込穴は其の形長方形のもの正方形のものを多く使用し、中には丸形のもあり。方形のものにては 12×12 cm～15×15 cm、長方形のものにありては

11×25 cm 〜 15×24cm、又は 10×27cm、其の配列は frame をしてなるべく平均に窯内に配布せらる、様に symmetry に配布するを要す。之は中心点を基礎として、適当なる半径を以て画きし円周上に配布すべし。之に依りて生ずる線は 2 〜 4 位なり。

第九表（特別科第二学年第一学期終り）

| NO | 穴の数 | 穴の大いさ | 穴の総面積 | 穴の総面積／grateの全面積との比 |
|---|---|---|---|---|
| 11 | 8 | 12 × 12cm | 1152㎡ | — |
| 12 | 4 | 15 × 24cm | 1440 | 0.34 |
| 13 | | | | |
| 14 | | | | |
| 15 | (6) 18<br>12 | 11 × 24<br>14 × 24 | 3936 | 0.095 |
| 16 | 65 | 12 × 12 | 9360 | 0.18 |
| 17 | 24 { 8<br>　　16 | 13 × 23<br>12 × 14 | 5080 | 0.092 |
| 18 | 40 { 10<br>　　30 | 円形<br>14 × 14 | | |

にして此の割合は grate と free surface とは 1/3、即ち 3/10 強なるあり。或は 1/10 に満さるものあり。通常は 1/10 強となすを可とす。

第拾表（特別科第二学年第二学期講義）

| NO | 焚き口数 | glate の全面積 | 吸口穴数 | 吸込孔孔一個の大いさ | 吸込孔の総面積 |
|---|---|---|---|---|---|
| 1 | 6 | 15120　ccm | 12 | 10 × 13.50.meter | 1620.　ccm |
| 2 | 6 | 18144 〃 | 12 | 10 × 17. 〃 | 2040. 〃 |
| 3 | 7 | 25200 〃 | 14 | 15 × 12. 〃 | 2520. 〃 |
| 4 | 7 | 32277 〃 | 14 | 15 × 15. 〃 | 3150. 〃 |
| 5 | 8 | 39008 〃 | 24 | 15 × 17. 〃 | 4080. 〃 |
| 6 | 8 | 46080 〃 | 24 | 15 × 13. 〃 | 4680. 〃 |
| 7 | 9 | 52920 〃 | 27 | 15 × 13.5 〃 | 5467. 〃 |
| 8 | 9 | 59535 〃 | 27 | 15 × 15. 〃 | 6075. 〃 |
| 9 | 10 | 66150 〃 | 30 | 15 × 15. 〃 | 6750. 〃 |
| 10 | 10 | 71500 〃 | 30 | 15 × 16. 〃 | 7200. 〃 |

製陶法（其二）

而して glate〔grate〕の全面積と、吸込孔の比は 12 に對して壹程の比なり。されど、窯結の時穴の塞がる處あるものには、其の割合丈大にすべし。glate〔grate〕は各棒間に石炭に依りて塞るに依り、其の通風面積は大いに小となるものなれば、吸込孔は glate の總面積の 1/10 にて足るなり。

## 窯の分類（故藤江氏の分類）

1、間歇式　Intermitend ofen

　甲　直燒式

　（イ）假設にして固定せる窯壁を有せざるもの

　　a. Feld ofen 即ち野燒

　（ロ）固定閉鎖し煙突を有せざるもの

　　（1）昇焰式

　　a. Dentscher ofen

　　　日本登窯（半連續式）

　　　Mallmitz ins schlesien なる練瓦〔煉〕工場にある steem を吹込む窯

　　b. Rollandischer Ziegel ofen

　　c. Iohn Barfes system

　　d. Clay tons

　　e. Runder Fayence ofen

2、横走式

　　a. Sevignies ofen

　　b. Beaunais ofen

　（ハ）固定閉鎖し煙突を有するもの

　　（1）昇焰式（普通陶磁器の窯）（階室を有すると有せさるとあり）

　　天、陶磁器を焼成する窯

　　　其の一　石炭を Fuel とする窯

　　　　（い）Creil Stain gut ofen

　　　　（ろ）新セーブル窯

（は）Thomas ofen

　　（に）Cosse ofen

　　（ほ）ウイン官立製陶所窯

　　（へ）Dalmitz 工場 Raual ofen

　其二　薪材を Fuel とする窯

　　イ、旧セーブル窯

　　ロ、ウィーン府官立製陶所窯

　　ハ、ベルリン官立製陶所の窯

　　ニ、佛國磁器釉

　　ホ、ゴッセスの窯

地、練瓦を焼成する窯

　Arnold の窯

　二重練瓦窯

人、耐火練瓦を焼成する窯

　イ、Oberhansn 耐火練瓦焼成窯


横走焔発式

　a、普通炻器窯

　b、Kasseler Flauun ofen（單復及び輪環式あり）

　　Seidel 氏石器焼成窯

　　支那景徳鎮　磁器窯

　c. Periodische ofen mit Riag benerung 輪窯　燃焼式間歇窯

　d. Berlaugerten Kassel ofen

　e. Common fritte melting kiln


## 3、昇降焔式

　a. 普通陶磁器焼成窯（階室を有すると有せざるとあり）又堅窯とも称す

　b. 普通屋根瓦若しくは土管焼成窯

　c. Burghard 氏窯（連續式のものに変ずる事を得）

製陶法（其二）

　　d. Unger 氏 in Coburg 窯
　　e. Augustin 氏式
　　f. 米國式
　　g. Endalgin Amerika 式
　　h. Heumliehe ofen

　其二　ムッヘル燒成
　　イ、煙窯を有するもの
　　　a. 並式錦窯
　　　b. Kachel Majolita breuuofen
　　　c. Cmail ofen
　　　d. Merkelbrash 氏有釉石器窯
　　　e. Ber aschen ofen
　　　f. 米國式錦窯
　　ロ、煙突を有せさるもの
　　　a. 日本式錦窯
　　　b. 支那式錦窯

　乙、瓦斯燃料を用ゆるもの
　　a. Segershe Berfuehs ofen
　　b. Heinechesche Berfuchs ofen
　　c. Loeferfche Berfuchs ofen
　　d. Beniers Porzelan gas ofen
　　e. 半瓦斯焚き口各種窯

## 第二、連續式

**個體燃料を使用するもの**
　其一、直焰式

イ、Ofen mit Festenhenden Fenes

  a. Otls Bosts Kanal ofen

  b. Frittechmelz ofen 之は maffle 式のものなり

ロ、Ofen mit Iorlshreclenden Fener

  a. Peclets system

  b. Maille a Pippow's system

  e. Alrnolds ofen firstenmald

    日本登窯（丸窯、小窯）半連續式なり

ハ、Ring ofen

  a. Foffmanische ofen

  b. Atto Bacts ring ofen

  c. Mittes ring ofen

  d. Dannenbergs ring ofen

二、Kammer ofen

  a. Haedrische & Frantesche Heizuoand

  b. Danenberg's system

  e. Algertons Thonnohreu ofen

  附　Ruluatz ofen


其の二　Muffel　燒成

（イ）ofenmit feltste hender Fener

  a. Caitz Zug muffel

  b. Hergels Zug muffel

  c. Furbringers Zug muffel

  d. Maffel Gabel syster

  e. Sembachs Zug muffel

（ロ）Ring ofen

  a. Schoder's wasser dammpfrug ofen

  b. Eckardt's Ring ofen

製陶法（其二）

## 瓦斯燃料のもの

其の一 直焼式

イ、Ofen mit festetehenden feuer

a. Fc. Chr. Ficfentschers system

ロ、Ring kiln（ofen）

a Gasring ofen system schwanderf nach Escherich

ハ、Kammar ofen

a. Mendheimsche gastammer ofen（新旧）

其の二 Muffer 焼成

イ、Kammer ofen

a. Algustins gasmander ofen

b. Rud Helschers ofen

# 床下煙道

　吸込穴によりて吸収せられたる焰は、何れも床下煙道を通し壁内の堅煙道を通りて二階室に至るものなり。此の煙道は第＿＿第十六号窯に示す如く、全部相連絡交通せるものあり。或は第 3 の No15 窯にて示せる如く、一部分を取り連結せるもありて、其連結交通せる状態は一様ならず。只、吸込穴に入りし焰を何れも均度に集中せしむれば良し。

# 壁内の堅煙道

　此の配置は種々あり。第壱、各の焚き口間に一個を有するもの、即ち焚き口と同數の堅煙道有るもの。此の場合に於て本焼室出入口に當る所のものは、窯結の後、出入口を塞く時に適當に之を設けさるべからず。第拾五圖は此の種類に属す。

## 第二

　出入口に當る部分を除き、其の他の焚き口間に一個あるもの。即ち、焚き口數より一個丈少きもの。此の場合に於ては出入口に當れる堅煙道を二分し、之を左右の兩煙道に加へて之に摘當せる樣に兩煙道を大きくなす。第三十二圖は此の一例を示せるものなり。

## 第三、十〔ママ〕

　焚き口二個に付き一個の堅煙道を有するもの、即ち焚口數の半分の堅煙道を一つ置きに、焚き口の間に置きたるものにして、第拾一圖及び31圖は此の例なり。

## 第四

　焚き口の間カク〔隔〕大にして其の所に出入口を設くるも、尚左右に堅煙道を設け得る餘地あるときは、第拾圖に示せる如り、此の部に於て二個の小なる堅煙道を設け、他の焚き口間には、各々一個の堅煙道を設くるものなり。此の場合には煙道の數焚き口より一個多し。

## 第五

　第四の場合に於ては、出入口部に於ける二個の小煙道と、他の部に於ける一ヶのものが、吸焰力に差違を生し易きを以て、各焚き口間に出入口と同しく二個を設けたるものあり。第拾二圖は此の種に屬するものなり。此の他違種のものあるべきなるが、第一、第二、第三は主に用ひらるゝものなり。

## 形状

　壁内の堅煙道は、火焰の進行すると云ふ方面より見れば圓形を最も可とするも、通常は長方形又はマス〔枡〕形にせるものあり。之は構造容易にして、練〔煉〕瓦のツギ〔継〕合せ容易なるに依る。No1～10窯に付き前記第二項即ち出入口部を除きたる各焚口間に、一個丈の堅煙道を有する如く設計せられたる大

製陶法（其二）

いさは、下表の如くなるべし。（壁内の竪煙道は煙突の作用をなし、窯室内の火焔の進行を促すものなるが故に、途中より air が漏れ入るが如き事は余り好ましからさるべく、練瓦〔煉〕の面も相當美くして、積み上け置かされば、後日の掃除、並に Draght にも関係する所あるべし。尚又、此の竪煙道に近き窯室内は、他の部分よりも多少熱度高きを常とす。故に絶對的にも窯内の熱度を一定となすには、竪煙道を壁の内側より練瓦〔煉〕一枚以上の所に設けさるべからず。附記）

第拾一表

| 係数 NO | 出入口部両側以外の煙道の大いさ | 數 | 出入口部両隣の煙道の大いさ | 壁煙道の全面積 | 壁煙道全面積／吸込穴全面積 | 壁煙道全面積／glate の全面積との比 |
|---|---|---|---|---|---|---|
| 1 | 11 × 25cm | 3 | 14 × 30cm | 1665 | 1.03 | 0.11 |
| 2 | 11 × 25cm | 3 | 16.5 × 30 〃 | 1965 | 0.96 | 0.108 |
| 3 | 15 × 24cm | 4 | 18 × 30 〃 | 2520 | 1 | 0.118 |
| 4 | 15 × 30cm | 4 | 20 × 34 〃 | 3160 | 1 | 0.1 |
| 5 | 15 × 33cm | 5 | 21 × 35 〃 | 3945 | 1.17 | 0.101 |
| 6 | 15 × 35cm | 5 | 25 × 35 〃 | 4725 | 1.01 | 0.102 |
| 7 | 18 × 35cm | 6 | 25 × 36 〃 | 5580 | 1.01 | 0.105 |
| 8 | 20 × 35cm | 6 | 25 × 40 〃 | 6200 | 1.02 | 0.104 |
| 9 | 20 × 35cm | 7 | 26 × 40 〃 | 6700 | 0.99 | 0.101 |
| 10 | 21 × 35cm | 7 | 27 × 40 〃 | 7305 | 1.01 | 0.102 |

上表に於て、竪煙道全面積と吸込穴全面積との比は、1.内外なれば殆んど其の大いさ同じ。

第拾二表

| 係数 NO | 焚き口数 | 煙道の数 | 煙道一ケの大いさ | 〃積 | 煙道の全面積 | 煙道全面積／吸込穴全面積の比 | 煙道全面積／glate の全面積との比 |
|---|---|---|---|---|---|---|---|
| 12 | 2 | 2 | 12 × 60cm | 720 | 1400 | 1 | 0.34 |
| 13 | 4 | 2 | 22 × 50cm | | 2200 | | 0.11 |
| 15 | 6 | 3 | 22 × 50cm | | 3300 | 0.84 | 0.08 |
| 16 | 8 | 8 | 20 × 40cm | 800 | 6400 | 0.68 | 0.12 |
| 17 | 8 | 4 | 32 × 37cm | 1180 | 4731 | 0.93 | 0.09 |
| 18 | 10 | 5 | 22 × 81cm | 1122 | 5620 | — | 0.12 |

されば煙道全面積は、大約 glate の拾分の壹内外たるを要すべし。煙道内の除煙装置、衛生及び樹木保護目的より、除煙問題が都會に於て議論せらるゝに至れり。然るに、磁器は還元焔を用ゆるを以て、完全燃焼を行ふ能はず為めに煤を出す事多し。之を防く目的に向って、内には竪煙道の外側より空氣を入れ、黒焔を燃焼除去する様になせるものあり。尚、将来に於ては、空氣を入るゝと同時にコークス等を加へて更に加熱し、再燃焼を起さしむるに至るならんか。

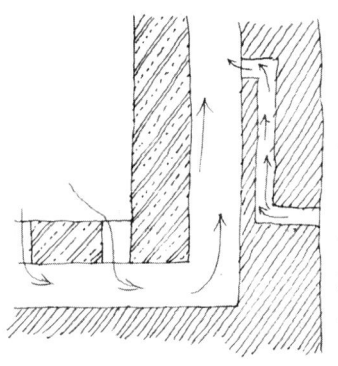

（air を入るゝ穴の大いは、練瓦〔煉〕一枚大より小なるを普通とし、或は練瓦〔煉〕半枚、又は一枚位に設け、出来得る限り下の方に非らざれば、燃焼に足る酸素を air が供給するとも、熱度が燃焼する丈に不足を告ぐる時は、C 或は CO は $CO_2$ とならず、返って窯を冷却せしむる害あり。）

## 煙道の吹出し口

竪煙道の上部は、二階室に至りて屈セツ〔折〕し吹き出す如くせるものなれども、此の吹き出し口は、煙道一個に附き一個の割合なるもの無きに非らざれども、多くは二個三個、或は四又は五個程に分布せしめて、一様に加熱の進行する如くなす事多し。其の穴は称には円形のものあれども、多くは方形のものとし。

## 掃除口

竪煙道は其の内部に焼物の破片等の落下して其の穴を塞ぐ事あり。之を除く為めには、掃除口を設く。其の口は竪煙道の外側の下部、即ち吸込穴より竪煙道に進む折れ目の所に於て、其の外方より掃除し得る様になせるものなり。

製陶法（其二）

## 天井

　天井は、其の下面は穹窿状をなし、上面即ち第二室の底は水平となす。又其の重量を減する為めに、窯の穹窿の壁に接する部分に於て、カーブを大にせるものあり。

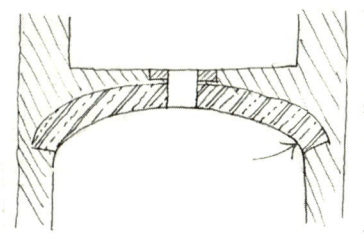

　穹窿部は、くさび形練瓦[煉]を以て築かれ、其の上方の面は平にする為め、並形練瓦[煉]を使用す。此の並形練瓦[煉]とくさび形練瓦[煉]との間には、練瓦[煉]の破片等を以て充テン[填]せしむる事多し。

### 天井と側壁との接合点

　天井の支特[持]は多く第三拾五圖の如く側壁の内部、即ち耐火練瓦[煉]部に於て行はしむ。

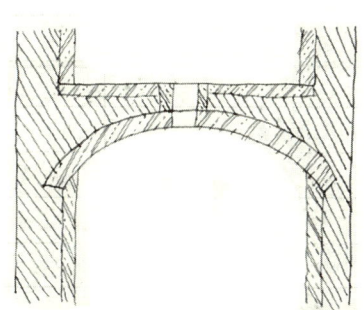

　されど内壁の耐火練瓦[煉]面は、熱の為めに犯され易きを以て、其の重量を外壁の赤練瓦[煉]に支持せしむる如く、側壁の内面の耐火練瓦[煉]に其の圧力を受けしめずして、中央の赤練瓦[煉]に接合せるもあり。

### 天井の厚さ及び穹窿殻の厚さ

　第拾一号窯〜18号窯に至る天井の厚さ及び穹窿殻の厚さをば示せば、第

拾三表の如し。

| 表名<br>NO＼係数 | 第拾三表 |  |  |
|---|---|---|---|
|  | Diameter | 天井中央部の厚さ | 穹□部の厚 |
| 12 |  |  |  |
| 13 |  |  |  |
| 14 |  |  |  |
| 15 |  |  |  |
| 16 |  |  |  |
| 17 |  |  |  |
| 18 |  |  |  |

天井と穹窿部は最も重要なる部分にして、天井の強弱は其の構造、及び厚さに関係する。其の厚さ左表に依れば、小なる窯の内にて 22 cm 有るものありと雖も、概して 25 cm なりとす。此の 22、又は 25 centimeter なる寸法は欧州に於ける並形練瓦長〔煉〕さなり。即ち練瓦〔煉〕の厚さは並形一枚の厚さとせるなり。尚、上表中にはなきも其の厚さを 10 cm 位となせるものあり。天井の厚さは、其の上面を平ならしむると云ふ点よりして、殻の厚さ〔ママ〕よりは厚くして、中央部に於て殻より厚き事 5 or 6cm にても良きも、天井部竪煙道の出口を設けると云ふ関係より厚くせるもあり。例へば上表中第拾二号の直径が 2 meter なる小形なれども、天井中央部の厚さは 50cm なり。されど第拾貳号窯を所有せるセーブル磁器製造所の薪材窯の内部に於ける厚さは 3 meter の直焰式のものが 30cm、4 meter の直焰式のものにして 35cm、又 3.75 meter の降焰式のものが 55cm なり。従って此の厚薄は主に天井に於ける煙道の有無に関す。Stainbrecht 氏の説によれば、天井の底の長さは、　　　　　：す。通常 d/h=3 なるが、此の場合に天井殻中央部の厚さ S は、実際上次の式にて可なり。S = 1/4 Q/KH + C, 此の式中 Q は天井の重量及び其の他の重荷、K は 1 c. meter の練瓦對圧重〔煉〕、即ち普通の耐火練瓦〔煉〕に對しては 7 kg、C は或る Constant の数。即ち本式の窯に對しては 0.08 なる數を可とす。

今、上式に依り No3 窯の天井殻の厚さ S を計算する事左の如し。

 Q =  5000 kg……… 天井の容積 3.14 m³ に對する重量

    1400 kg……… 天井以外の大凡の重荷

 K = 70000 kg

 h = 0.8 meter

製陶法（其二）

$$d = 4.25 \text{ meter}$$
$$s = 1/4 \frac{6400}{70000 \times 0.8} + 0.08 = 11 \text{ c. meter}$$

即ち今だ練瓦[煉]の半枚の厚さ 72 c. meter に達せさるも、之にて充分に耐ゆるを得べし。之は中央部に於ける厚さなれども、天井部の厚さは下降する程厚さを加ふるを要す。之は実験上より次の如くして得べし。一端を Si とすれば、Si = S/cos $a$ 、第三号窯にては $a$ は約 35°7' なり。故に此の式は S = Cos11cm/35°7' = 13.5 c. meter

実際、第三号窯の殻の厚さは 25 c. meter なるが故に、天井中央部は理論上の數に比し二倍強、側壁に近きし所にては二倍弱率を有す。第壹号乃至第拾号窯は、何れも其の厚さを 25 c. meter として充分なり。されど、熱度の変化に依り窯がゆるむ故に、堅固に過ぐると云ふ程にも非らざるべし。

## 天井用違形練瓦[煉]の割出し法

天井穹窿部の練瓦[煉]は其の構造上、違形のくさひ形のものならざるべからず。されど其の形は同一形状のものを以て、天井全部の殻を築く事は、極めて小なる窯の外は不可能なり。而して構造上より最も良きものを求むれば、其のくさび形の種類を多くし、各種其の形を形れば良ろしきも、斯くすれば費用を増加するに依り、相接近せる練瓦[煉]を二種、若しくは三種位同一形にて製する事あり。

## 本焼室天井の穴

本焼室中央の穴には何れも円穴をうがつ。其の大いさは窯の大小に依り 25 〜 50 c. meter 位の間にあり。ベルリン官立磁器製造所の直径 4.5 meter のものは、37 c. meter の中央穴あり。此の中央穴の主なる用途は窯の冷却なり。又一部は明りとりとなる。されど之は主要なる目的には非ず。焼成の際は耐火性の板を以て此の穴を塞くべし。焼成後早くさまさんとする時は、第二窯の出入口部にある穴により之を開く。若し此の穴なければ、一週間に一廻焼成すると云ふ如き速さに進むを得ず。又場合によりて築窯當初の焼成に通風起らずして、燃焼進ざるが如き場合には、此の穴を開きて煙を

直ちに二階に進ましめ、二階の暖まりたる後、之を閉する事あり。又、天井穴としては、多数の小孔を設けたるものなり。即ち直焔式の場合に於て、此の穴より熱は階上進むものなり。場合に依りては降焔式に於ても、二階の素焼を強くする場合に、焼成の最も終期に際して、小孔を開き階上室を熱する事あり。此の式は佛國のリモーシュに於て釉用せらる〔採カ〕。第拾一圖に示せる如き之なり。此の穴は、一焚き口に付き二三個ある場合には、焚き口の直上に一つを置き、他の一つは中央穴との中間なる適當の場所に配置するものとす。

此の種の穴は円形なると方形なるとあれど、第二室の床上に於て一片の長さは 13〜18c meter 位の方形となすもの多し。而して其の穴は下方に於て大にして、本焼室の天井に於ては 20−24cm 程なり。ベルリン官立磁器製造所の直径 4.5 meter の三階窯は此の種の小穴六個あり。

## 側　壁

側壁の厚さは天井の直径、天井の高さ、及びそれ丈の重さに對して拾捨せざるべからず Stainbrecht 氏の説に依れば、d を天井の重さに對する受部の厚さ。

a は次の如し。但し此の a は練瓦〔煉〕の直下に接觸すべきを除きしもの、a = d(1/3.5 − 1/5) meter 又穹窿に對して要する重さの厚さ。$a_1$ は穹窿を半球状のものとせるものと假定せば次の數となる。

　　$a_1$ = d (1/5.5 − 1/6) meter 今此の両式を第三号窯に当てはむれば、

　　a = 4.25(1/3.5 − 1/5) = 36.5 cm

　　a = 4.25 (1/5.5 − 1/6) = 7.0 cm

此の他、天井の厚さ、即ち 25 centimeter の直下に於て接觸すべき部分 b を計算せざるべからず。此の長さは、〔図：次頁〕

此の他、天井の厚さは 25 centmeter なれば、$b_1$ = 25cm×cos55° = 15cm。故に窯の壁の全厚さは $a_1$ + a + b + b = 35.5 + 7 + 12.5 + 15 = 71cm となる。即ち、此の厚さを保たしむるには、窯厚を三枚とすればよし。普通な

製陶法（其二）

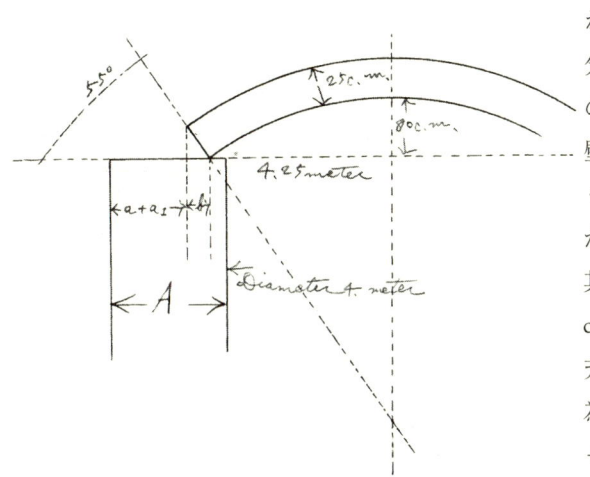

れば此の厚さにて充分なれども、降焔式のものにありては、壁中に竪煙道を設くるが故にそれ丈窯が弱くなるを以て、其の expantion 及び contraction に對し、充分安全ならしむる為めに $a + a_1 = 2(a + a_1)$ 又は $1\ 1/4\ (a + a_1)$ となすべきを可とす。されば $A = a + a_1 + b + b_2 = 7/4a\ (1/3.5 - 1/5) + 7/4a\ (1/5.5 - 1/6) + 12.5 + 15$

されば側壁の厚さ $A = \dfrac{d.333 + 37.5}{1300} = 102.5$cm 之を普通の練瓦〔煉〕にて積めば四枚の厚さとなる。されば三号窯に於ては四枚厚となし、前記せる公式に基き設計したる一号室より 10 号室に至る計算表は次の如し。

| 番号 | 直径 | 算出上よりの壁の厚さ | 算出上よりの必要なる煉數 | 実際の厚さ |
|---|---|---|---|---|
| 1 | 3.5 | 93 | 3 1/2 | 90 |
| 2 | 3.75 | 98 | 4 | 103 |
| 3 | 4 | 102 | 4 | 103 |
| 4 | 4.25 | 107 | 4 1/2 | 116 |
| 5 | 4.5 | 111 | 4 1/2 | 116 |
| 6 | 4.75 | 116 | 4 1/2 − 5 | 116 − 129 |
| 7 | 5 | 120 | 5 | 129 |
| 8 | 5.25 | 125 | 5 − 5 1/2 | 129 − 142 |
| 9 | 5.5 | 129 | 5 1/2 | 142 |
| 10 | 5.75 | 134 | 5 1/2 | 142 |

煉瓦の大いさ

| 國名＼寸法 | 日本 | 仏國 | 英國 | 独乙〔逸〕 |
|---|---|---|---|---|
| 長センチメートル | 二三、七 | 二二 | 二四 | 二五 |
| 巾センチメートル | 一〇、九 | 一一 | 一二 | 一二 |
| 厚センチメートル | 六 | 六 | 八 | 六、五 |

第拾壹号窯より拾八号窯に至る窯の壁の厚さを示せば次の如し。

製陶法（其二）

| 第拾五表 |||| 
| NO | 直径 | 壁の厚さ | 煉瓦板數 |
| 12 | 2 | 60 | 2.5 |
| 13 | 3 | 80 | 3.5 |
| 15 | 4.8 | 90 | 3.5 |
| 16 | 5 | 112 | 4.5 |
| 17 | 5.4 | 100 | 4.5 |
| 18 | 5.5 | 110 | 4.5 |

耐火練瓦〔煉〕と並練瓦〔煉〕とは、之を積む際に連結せずして、其の窯の大小に依りて差あれども、大約一二寸位の間ゲキ〔隙〕を保たしむるを良とす。之を保有せしむるは、窯壁のコ列を防ぎ、且つ熱を保有せしむるにあり、一般に瓦斯体は固体よりも熱の傳導少し。故に熱を散失せず。

## 出入口の形状

出入口の形状は両側垂直なるもの多し。されど構造上堅牢ならしむる為めに、之れに丸る味をもたせるものと下方を縮めるものとあり。

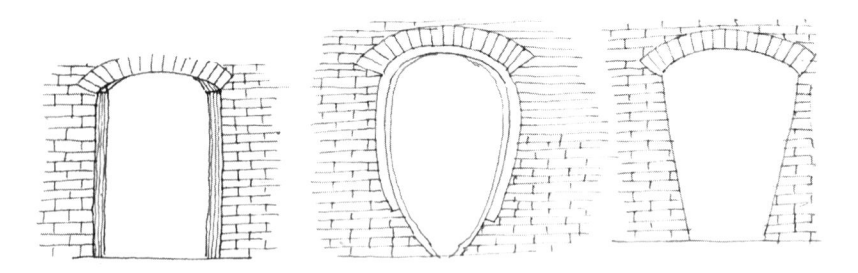

此の形は出入口のみならず mafful に於ても用ひられ、其の大いさは之を塞く時には小なるを可とするも、窯結には大なる方が便利なり。第15号、第17号窯の出入口は第三十三圖形のものなり。其の内部に於ける巾は何れも 70 centimeter にして、外方は少し開けるもの多し。第15号窯は外部にて 90 cm、第17号窯は 95 cm なり。高さは出入口の窯に於ける匣鉢の窯結め容易ならしむる為め、天井の脚部の下方一尺内外の處に達せしむ 15 号及び 17 号窯は（佛國に於ては一般に之より高くする倒きより）。〔表・圖：次頁〕

製陶法（其二）

| 窯の種類 | 直径 | 側壁の高さ | 出入口の高さ | 出入口の巾 |
|---|---|---|---|---|
| 降焔式石炭種 | 2meter | 1.95m | 1.70m | 0.8m |
| 降焔式薪材窯 | 2meter | 1.95m | 1.70m | 0.8 |
| 直焔式薪材窯 | 3meter | 2.4 | 2.1 | 1.415 |
| 降焔式薪材窯 | 3meter | 2.7 | 2.1 | 35 圖 |
| 降焔式薪材窯 | 3.75 | 2.6 | 2.3 | 1.45 |

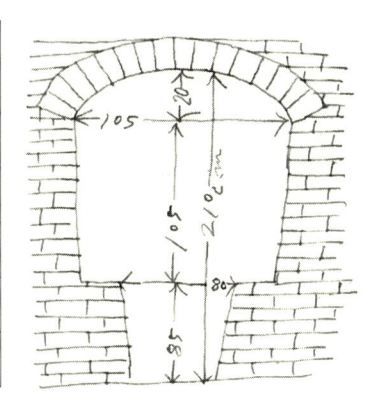

第拾六表

## 色見穴

　色見穴は燒成火度檢定の為め、又は Seger Keger 錐の如き熱度計を觀測する為め設くるものにして、其の數は上下に設くると、上にのみ設くるとあり。されど上方のみのものは焚口數の半分位のもの多し。即ち焚き口の間に一つ置きなるか、或は焚き口と同數のものあり。特に小なる窯にては此の數多し。されど中には特に色見穴を設けずして、只出入り口部に一ヶ丈明けんものあり。上下に色見穴を設くる場合には、上部二個に對し、下部一個の割合となすを常とす。此の形は一般に角形のもの多し。内には外部角にして内部丸きあり。又、丸穴となせるあり。其の大いさは一邊四寸角位のものなり。円形のものにても寸□は之に相當する程の大いさとす。色見穴は其の火度及び燒成の進行を定むべきものなれば、使用上特に注意を拂ひ、二重に蓋を設けたるもあり。

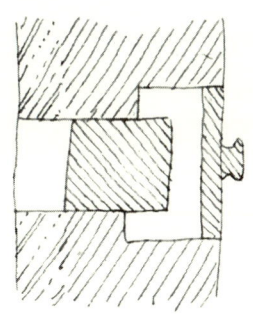

　我國にては色見穴を輕視するの傾きあり。色見穴の高さは一定せざるも、上部のもは〔ママ〕天井より、下部のものは床上より一、二尺の處に設けたるもの多し。又、焚き口の吹出し部

に設けて、fuelより出る焰の斷續を見る爲めに色見穴を設くる事あり。斯くすれば、焚き口の蓋を取らざれも、焰の出つる工合を知るを得べし。昇り窯に於て、窯室の中央に一寸內外の小穴を穿ち、焰を吹き出さしめて、其の斷續を知るが如きものなり。此の焰を見る穴は大なるを要せず。練瓦〔煉〕こぐち一個の大いさにて可なり。

## 素燒室

素燒室には最上室を使用す。されば二階窯には二階を、三階窯にては三階を使用す。其の構造は下室に比して側壁の重量少なると、壁中煙道なきと、冷熱の差違小なる爲めに本燒室より壁薄くして可なり。之を薄からしむるに、多くは外觀上內部に於て減すれども、中には外部を減したるものもあり。素燒室上部天井は鐘狀をなせるもの、或は円錐形をなせるものあり。鐘狀をなせるものは、其の穹窿線を造るに窯の直徑を半徑とするか、或は之に近きものを直徑とし、其の中心線は側壁の上方、或は其の附近に置くものとす。

丸天井の厚さは練瓦〔煉〕一枚瓦25 cenchimeter〔centimeter〕內外なり。素燒窯內の燒成火度を高める爲めに、中天井を設ける事あり。次の圖にては天井廣き故にfuelを多く要する故、其の中間に中天井を設くる事あり。

## 素燒室出入口

素燒室は本燒室の如く其の築造を密にせず、故に側壁等も多少廣くなすも支差なき故、其の高さ、及び巾も出入口に差支なきとなせば可なり。素燒の側壁內の穴は、出入口部に其の閉塞の際に設けたる外色見穴をあけさるあり。或は二三個の穴をあけたるあり。素燒室の下部に穴を設たるは、本燒室より吹き出す焰の狀態を見て、本燒室の火度を計る一助となし、此の穴は下方を廣くなす。又素燒室の中央穴部と煙突との接する部分は、火焰が集る爲め割合に熱度高くなる故、其の他の部分を普通の赤練瓦〔煉〕を以て積むも、此の部分丈は耐火練瓦〔煉〕を使用するを常とす。

製陶法（其二）

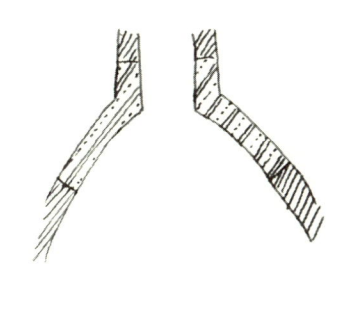

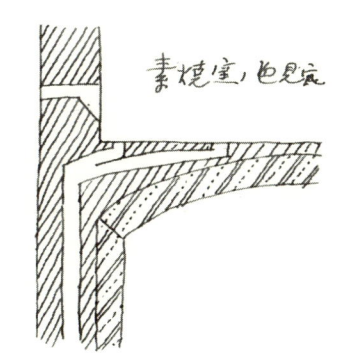

## 煙突

　一階窯の降焰式ものにては、別に地上に煙突を設く。又、二階にて本焼をなし、一階にて素焼をなす場合も之と同し。普通の二階及び三階窯にては、一般に窯の上部に煙突を設く。

　窯上に煙突を設くるものは、多く円形のものにして、其の円筒は上下同一のものと上方を少しく細くし、下方を少しく大にせるものあり。又、之には段を設けて細くするが如き事なし。其の材量としては、鐵と土管と練瓦〔煉〕とあり。鐵を用ひたる場合には、内部にasbestの如き耐火材料を塗布し置くを要す。鐵の煙突は其の重量を減する事を得、名古屋の日陶の如き數個の鐵煙突あり。練瓦なれば多くは安價なる耐火練瓦〔煉〕を使用す。軽量練瓦〔煉〕も可なれども、之は氷る時には良しからず。練瓦〔煉〕煙突の厚さは長手一枚にて可なり。小なる窯にては、尚更に薄むるも支差なし。赤練瓦〔煉〕の内にても、耐火性に富みたるものなれば之を使用するも可なり。土管製のものは小形の窯などに於て使用せらる耐火性の土管を用ゆれば、割るゝが如き事少し。
〔表2点：次頁〕

　煙突の長さは素焼窯の上部に於て3〜4meterなり。上表中に於て（　）の中に記せるは煙突下部の太さなり。上表中12号窯は煙突diameter比較的大なるのみならず、其の焚き口はsame gas systemをなすが故に、反對に其の面積小なるを以て煙突の面積とglate〔grate〕の面積とは、角余の窯に比して特に大

製陶法（其二）

第拾七表

| 系数 NO | 窯の直径 | 煙突直径 | 煙突面積 | 煙突の面積と／glateの面積との比 | 煙突の内径と／本焼窯の内径との比 |
|---|---|---|---|---|---|
| 1 |  | 65cm | 3327ccm | 0.22 | 0.19 |
| 2 |  | 75 〃 | 4418 〃 | 0.24 | 0.2 |
| 3 |  | 80 〃 | 5026 〃 | 0.2 | 0.2 |
| 4 |  | 85 〃 | 5674 〃 | 0.18 | 0.2 |
| 5 |  | 90 〃 | 6361 〃 | 0.16 | 0.2 |
| 6 |  | 95 〃 | 7088 〃 | 0.15 | 0.2 |
| 7 |  | 100 〃 | 7854 〃 | 0.15 | 0.2 |
| 8 |  | 100 〃 | 7854 〃 | 0.38 | 0.19 |
| 9 |  | 107 〃 | 7991 〃 | 0.14 | 0.19 |
| 10 |  | 115 〃 | 10387 〃 | 0.15 | 0.2 |

第拾八表

| 系数 NO | Dia. of kiln | 〔chimney〕Dia. of chimuay | 煙突の面積 | 煙突の面積／glateの面積との比 | 煙突の内径／素焼窯の内径との比 |
|---|---|---|---|---|---|
| 12 |  | 65cm | 2827c.cm. | 0.67 | 0.3 |
| 13 |  | 60（75） | 2827c.cm. | 0.14 | 0.20（0.25） |
| 15 |  | 70（90） | 3834 〃 | 0.09 | 0.15（0.19） |
| 16 |  | 105 | 8659 〃 | 0.16 | 0.21 |
| 17 |  | 80（100） | 5026 〃 | 0.09 | 0.15（0.20） |
| 18 |  | 85（100） | 5074 〃 | 0.12 | 0.15（0.18） |

なる故之を除き、其の他に就きて見るに煙突の〔grate〕glateとの比は0.1〜0.2、即ち1/10乃至1/5の間にあり。

又、煙突と本焼室内径との比は0.15〜0.2、即ち凡そ1/6乃至1/5の間にあり。第拾七表に於ては約1/5の比をなせり。煙突と〔grate〕glateとの面積の比は大なる窯となるに従って小となる。

## 煙突の髙さ

窯上に乗せたる煙突自身の髙さは12 meter なるものと、15 or 16 meter に

製陶法（其二）

達するものと、中には 10 meter 以下なるとあり。而して、階上二階窰なるものと、三階窰なるとに依りて差あり。又、窰自身の構造及び家屋の狀態、又は法冷規則に依りて制限せらるゝものなり。煙突を窰上に設くるものは、窰自身が通風をなすものなれば、窰の總高さを定めさるべからず。我國、特に京都府の如きは、30 尺以下の煙突、及び土管製の煙突は殆んど之を許可せず、50 尺以上のものには避雷針を附せしめ、fuel を多く要する窰にては大低 60 尺以上の高さを保たしめ、且、御所及び離宮より五丁以内、陵より三丁以内、保護建造物より一丁以内、御墓(ミサヽキ)より一丁以内の如きは對絶に之を許可せざる方針なるものゝ如し。

| 第拾九表 |||
|---|---|---|
| 系數 NO | 窰の直径 | 窰床より上端迄の高さ |
| 12 | 2 | 12.00meter |
| 13 | 3 | 11.6 |
| 15 | 4.8 | 14. 強 |
| 16 | 5 | 17.5 |
| 17 | 5.4 | 15 |
| 18 | 5.5 | 15.2 |

| 第二拾表 ||||
|---|---|---|---|
| 系數 NO | 窰の種類 | 煙突の口径 | 高さ |
| 19 | 石炭窰 | 降焰式 | |
| 20 | 石炭窰 | 降焰式 | 不明 | 9.08 |
| 21 | 薪材窰 | 降焰式 | 50cm | 11.95meter |
| 22 | 〃 | 〃 | 不明 | 9.67 (9.07) |
| 23 | 〃 | 〃 | 65cm | 11.32 (10.53) |
| 24 | 〃 | 〃 | 60 | 11.00 (10.50) |
| 25 | 〃 | 〃 | 55 | 13.00 (11.90) |
| 26 | 薪材窰 | 直焰式 | 〃 | 14.00 (13.00) |
| 27 | 〃 | 〃 | 〃 | 10.50 (9.60) |
| 28 | 石炭窰 | 降焰式 | 〃 | 10.50 (9.50) |

上表中、第二拾八号窰は獨に官立磁器製造所のものにして、他の九窰は佛國のものあり。第二拾参乃至第二拾七号窰に至る五つの窰は、セーブル国立磁器製造所のものなり。又、表中（ ）の數字は、薪材窰の燃燒する位置より煙突の頂上までの高さにして、總高さより幾分短し。之、薪材窰は焚き口が地面より少しく上部にありて燃ゆるものにして、第四拾四圖〔掲載なし〕、第二拾四号窰の焚き口に示せるものなり。上表に依れば、窰の總高さは二階のものにて 9～15 meter 余り、凡そ 30～50 尺、二階と三階とを通ずれば、9～17meter の 30～56 尺。今之を式に依りて示せば、二階窰の A = 1.5d + 7、三層窰の H = 2.2D + 6.5。此の式にて H は總高さ、D

は窯の直径にして、單位は meter なり。されば、直径 4 meter の窯にては、6 + 7 = 13 meter 位の數字となる。此の 1 式は降焰式石炭窯の場合にして、直焰式にては火焰も進行し易き故、幾分短くて宜し。薪材も亦石炭より燃え易きが故に、少しく短く爲すも差支なし。

## 築窯に使用する morter〔mortar〕

練瓦〔煉〕を要する接合剤 morter〔mortar〕としては、並練瓦〔煉〕には普通セメントモルタルにして、其の調合は　セメント 1、砂 2。此の調合は容積に依るものにして、普通はセメント 1 に對する 3 のものも使用す。されど特別入念のものには、セメント 1 に對して砂 2。化粧めじには、モルタル 1 に對してセメント 1 位のものを用ゆ。セメントと石灰とを供用する事あり。石灰は使用し易し。今其の調合は次の如し。

| セメント | 1 | 1 | 1 |
| 石灰 | | 2 | 4 |
| 砂 | 5 | | 8 |

石灰と砂のみを用ひたるもは宣しからず。石灰 4、砂 6 程なり。但し lime morter〔mortar〕は火に耐しては cement morter〔mortar〕よりも丈夫なれば、耐火練瓦〔煉〕に接する部分の赤練瓦〔煉〕の目地、或は煙突の赤練瓦〔煉〕を使用する部分の目地等に使用せらるゝ事あり。Cement morter〔mortar〕に使用する砂は、珪酸分多きものを良とす。泥分多きものは宣しからず。されど、之を篩ひて用ふる事あり。Cement morter〔mortar〕に於て普通に用ゆる cement 1、砂 3 のものを一立方尺作るに要する分量は、cement 4 升 7 合、砂 1 升 1 合、水 3 升四合 5 勺なり。

### Fire morter〔mortar〕

耐火練瓦〔煉〕を積むに用ゆる morter〔mortar〕は、珪酸練瓦〔煉〕には珪酸 morter〔mortar〕を用ゆるも、普通の場合には焼子モルタルを用ゆ。而して焼子モルタルは、焼子と耐火粘性粘土とを用ゆ。而して、其の調合は焼子 6〜7、粘土 4〜3 位のものを用ゆ。但し、7 と 3 との場合は、木節の如き粘力強大なるものの時なり。

## 目地

　目地の厚さは耐火練瓦〔煉〕のなるべく薄きを可とす。従って一分五厘位のものが適当なり。厚きも二分五厘を越へざる様にすべし。赤練瓦〔煉〕に於ては普通に三分なり。窯に於ては、焼成の際目地は収縮する故、耐火練瓦にては特に薄きを可とす。されば、此の目地の差を支差なからしめんが為め、赤練瓦〔煉〕と耐火練瓦〔煉〕との大いさを変し、白練瓦〔煉〕を少しく大ならしむれば更に可なり。白練瓦〔煉〕の大いさは、普通東京並形の大いさにして、以前に於ける日本窯業會社の目録に依れば、手打製は 780～800 匁、press 製は 800～835 匁なり。品川白練瓦〔煉〕会社のものは、礬土質耐火練瓦 700～830 匁、珪酸質 700～850 匁にして、普通の赤練瓦〔煉〕の重量は 600～700 匁にして、平均 650 匁、耐火練瓦は 750 匁と考ふれば大差なし。morter〔mortar〕の分量は目地の厚さに依りて差あるも、耐火練瓦〔煉〕1000 枚に對して、2～3 石にして、三分目的のものは平均＿＿升を要す。一石に就いて珪石なれば 63 貫匁内外、焼子ならば 55 貫匁内外。即ち、耐火練瓦〔煉〕千本を積むに要する morter〔mortar〕は、100～200 貫を要す。160 貫匁位を中度の計算に使用すれば可なり。赤練瓦の一立方尺に附き三分目地なれば、並練瓦〔煉〕62 or 63 枚、二分目地なれば 76 or 77 枚を積み得。但し、壁圧等によりて積み手間。

　練瓦〔煉〕工一人にて、粗雑なる積み易きものなれば一日 1000 本を積めども、平均一日複雑せる窯にては 300 本内外を積むに過きず。されど、之を請負にせしむれば、一日 500 本位を積む。本焼室の内径 5 morter〔mortar〕にして、赤白練瓦〔煉〕合せて 90000 個を積むに、練瓦〔煉〕積工 175 人程を要せり。

## 角窯

　西洋式角窯は、未だ前記の如き詳細なる研究せられたるものなり。参考書も適切なるもの無きが如し。故に、我等が努力して前に記したるが如き表を作り、より其の如何なる関係の存するかを確めさるべからさるの立場

にあり。大須賀先生の説によれば、円窯に於て其の円周上 2 〜 3meter に付一ヶ所の焚き口を要する如く、角窯も又五尺に付一ヶ所の焚き口を要す。故に、八尺なる時は二個を設けざるべからず。されば角窯は概ね両方より焚くを常とするが故に、八尺の角窯は四個の焚き口を要すと。而して、glate〔grate〕或は吸込穴等は、円窯と少しも異る所なしと。故に自分が調査したる角窯の寸法を記入する為め、今六、七ページの餘白を存するものとす。

## 昇り窯〔登〕

東洋及び欧州の或る部分に使用せらるゝ昇窯を分類する時は、大須賀先生の説に依れば次の如し。

登り窯
1、鉄砲窯　常滑　伊部　長門　景徳鎮
2、イ、古窯　瀬戸　美濃　會津
　　ロ、本業窯　瀬戸　品野　赤津
3、砂窯　相馬　笠間　益子　薩摩　流球
4、丸窯　肥前　九谷　砥部　瀬戸
5、京窯　京都　常滑　萬古
6、イ、割竹窯　朝鮮　石彎
　　ロ、蒲鉾窯　朝鮮　琉球

## 古窯の特長

此の窯は一間、即ち一室の高さに對して巾狭く、狭間は吹き上げ狭間である事。此の地方に於ては、胴木を大口と称す。窯の大いさの割合に高さが高い。焼成は斷續的である。火前は京都の如く匣鉢を用ゆれども、次には棚結を行ふ。瀬戸に於てはよーらく〔瓔珞〕を用ひて棚結をなす。

瀬戸　加藤吾助氏所有の古窯の寸法

製陶法（其二）

|   | 胴木 | 捨間 | 一の間 | 二の間 | 三の間 | 四の間 | 合計 |
|---|---|---|---|---|---|---|---|
| 高さ |  | 3.9 | 8.6 | 9.6 | 10 | 8.1 |  |
| 巾 |  | 2 | 5.8 | 6.5 | 6.5 | 9 |  |
| 長 |  | 22.5 | 24.2 | 26 | 28 | 28 |  |
| 焼成時間 | 13 |  | 8 | 8 | 8.5 |  | 36.5 |
| 薪材量 | 1628〆 |  | 1700〆 | 1674〆 | 1535〆 |  |  |
|  | 360足 |  | 370足 | 360足 | 330足 |  | 1410足 |

今、此の窯の火度を圖示する時は次の如し。

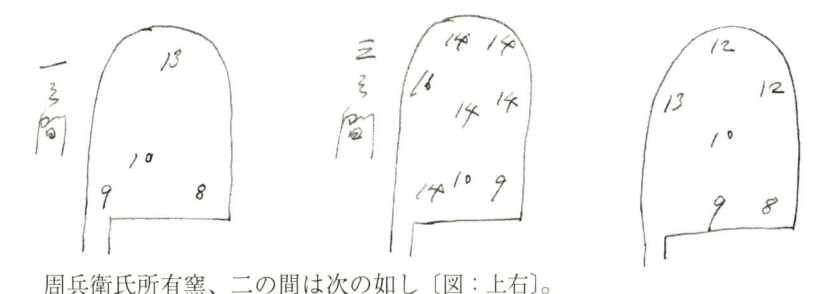

周兵衛氏所有窯、二の間は次の如し〔図：上右〕。

## 焼成の為めに生ずる現象

### 1. Specific gravity

　Bodyを焼成して生ずるspecific gravityの変化は、一般に増加するを常とす。之、粘土中に含まれたる水分の揮発したる後、存在せし氣孔が次第に減少して微密なる物質を生するに依るなり。されど、其の増加の割合は、sinterring pointに達すれば其の変化を少なからしむる傾きあり。又、其の割合は原料の性質によりて一定せず、珪酸分の多量なる坏土にありては、素焼以上のtemperatureに於て、或る熱度の間殆んど全く比重の変化なき如きものあり。之れ珪酸は熱の為めに、結晶質の物質より非結晶質の物質に変し、為めに其の容積を増加する如き傾きあるを以てなり。又、英國の骨灰磁器の如きは、焼成によりて箸しくcontractionを来せども、其の重さは反って減少し、其の割合は収縮度に比較すれば更に大なるものあり。されば、其

の比重は生の坯土よりも減少す。又、我國常滑燒朱泥の如きものに於て、往々かゝる現象を生する事あり。

## 2. Contraction

　Body が燒成に於て contraction を来すは、其の原料の性質及び製造法に依りて異るものなり。原料による contraction は、主に坯土中に含有する水分の放出に原因するものにして、plastisity 強き Body にては、普通 10 〜 20%の contraction をなす。又、坯土中に存する可溶物の一部分が熔化するに依る contraction は、Parian porcelain の坯土にありては、多量の長石を含有するに依りて、乾操の時より半透明に至るまで燒成すれば、20％以上の収縮をなす。

　今、見易き為め plasticity 大なる粘土、plasticity なき粘土、及び可熔性の物を種々の割合に調合し、之を燒成したる結果を示さん。

| No | boll clay | china stone | china clay | flint | lime stone |
| --- | --- | --- | --- | --- | --- |
| 1 | 10 | 7 | — | 80 | 3 |
| 2 | 25 | 60 | 10 | 5 | — |
| 3 | 60 | 10 | 20 | 10 | — |

　此の三つの素地を乾式の押型にて板となし、同じ temperature にて燒成したるに 1 は contraction なく 2 は 25％、3 は 20％の収縮をなせり。此の内水分の放出の爲めに生する contraction は始めは只物理學的作用なれども、火度登りて物質の熔化より生ずる contraction は matter of chemical にして、他の新物質を生ずるに依る。此の兩現象の箸〔著〕しく現はるゝは porcelain 燒成の場合にして、是を先づ水分を先ふまで燒成する時は、約 3％内外の contraction をなし、更に熱を高めて白熱に燒成すれば、此の上 7％の contraction を生ず。之、物質の熔化に原因する contraction なり。

　Body の製形法に関する（原因する）contraction に関しては、如何なる body なるを問はず、最強の圧力を以て造りたるものは収縮少し。故に、押型に依り作りたるものは、轆轤にて引きたるものよりも contraction 少し。鑄込品よりは一層少し。轆轤にて引きたるものは、工人の手の圧力の不平均よ

り生したる不平面を、焼成に依りて呈出す。且つ、常に焼成の際は、元来受けし比例に反戻せんとする傾あり。

[3.] 色

色は段に述べたる如く、普通の土石類は多少の鉄分を含有するを以て、酸化焰を以て焼成せば、少くも淡黄、或は淡褐色を附與す。故に、普通純白の陶磁器を製せしと欲せば、body に少量の酸化コバルトを加ふる事あり。之、酸化コバルトの淡青色が、鉄の黄色と中和するの効あればなり。又、鉄分少き原料として、白色蠟石、珪石、石灰石等を加へて、之を sinter せしめた程度に焼成すれば、箸〔著〕しく素地を白色ならしむ。

4. 硬度

素地が焼成の為めに堅固となるは、必すしも元粘土の性質のみならずして、焼成熱度の高低に依るものなり。即ち、Body がまさに熔融せしとするまで焼成する時は、其の硬度は強きも、反ってゼー弱〔脆〕となり、又、之に反して粒遊珪酸、石灰等を多量に含有する時は、強火後にても尚より鋼鉄にて傷つけ得べし。普通の硬度は、其の specific gravity とほゞ比例するものなれども、必ずしも正しき比例を有せず。

## 分類法

陶磁器の分類法は、其の標準となる處に從って種々に分つ事を得べし。フランスの Brogniert（ブロクニヤー）氏は ceramick〔ceramic〕 ware を次の如く分てり。

  Ⅰ class pottery of salt ware

  Ⅱ class pottery of hard opaque

  Ⅲ class pottery of transparent body

此の分類法は、物理的現象を基礎とせるものにして、first class は steel にて傷つけ得べき普通焼締さるものを此の範囲とせり。即ち、陶器及び土器の類は、主に此の部に属す。

Second class は steel にて傷つかさる不透明の焼物にして、炻器は此の種なり。

Third class は半透明質にして、又 steel にて傷つかさるものなれば、各種の porcelain は之に属する事となるなり。尚、Bragniert 氏は、之を細別して九種となせり。割合に理論的に圖示せる分類は、Hartigs classification（ハーテヒクラシヒケーション）なり。

## 土　器

土器は、焼物中最始〔初〕に製造せられたる原始的製品にして、其の起原に際しては液體を入るを主とせしが、現今飲食器としての用途は頗る減少し、其の用途を変したる建築材量品として、瓦及び練〔煉〕瓦に使用せらるゝものを除けば、陶磁器の 1 percent 内外のものたるべし。従って、＿＿なる製品、産地等殆んど無き有様なり。現今に於て僅に祭器として使用せらるゝ土器類（かわらけ）に、やゝ其の□あるものは山城の烟枝村の烟枝焼、及び深草焼、武蔵の今戸焼等なり。此の製品は、其の起原に於て、轆轤製形等を行はさりし為め、今日尚幼チ〔稚〕なる方法に依り、指頭のみに依りて製形する烟枝焼の如きものあり。製品は酒器にして、轆轤を使用するものは、尚、此の他各地に存すれども著しからず。製形せるものは乾操して素焼をなす。素焼窯は錦窯式のものにして、深草焼に於ては桶窯を用ひ、畑枝焼に於ては桶窯を用ふれども、少しく深草焼のものとは異り、菊窯、又は小判窯に依り製品を積みたる後、下方より焼成し、焚き終りに於て品物の上部にむしろ、又は藁を乗せ、上部の製品の煤切を全からしむるものにして、此の種の窯に於ては内窯を使用せず、外窯に直ちに製品を積むものなり。

今戸焼に於ては、登り窯を使用するものと、普通の錦窯を用ふるとあり。優良品は素地に水簸を行ひ、下等品に於ては之を行はず足にて履したるものをねり合せて使用す。此の種の製品に於ても、其の任上を□噂〔丁〕になせば、表面頗る滑にして炻器に觸るゝ如き感を與ふるものあり。此の場合に於ては、金篦、其の他に依りて數回の磨きを行ふものなり。焼成火度は、素焼

製陶法（其二）

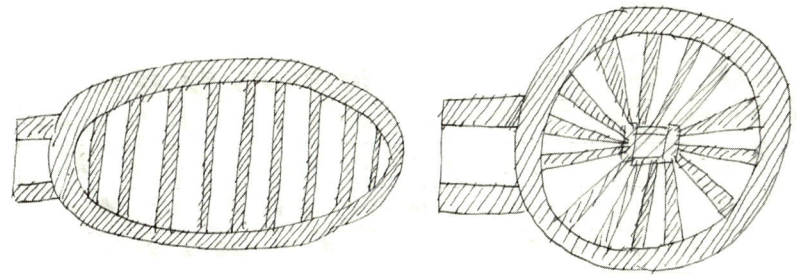

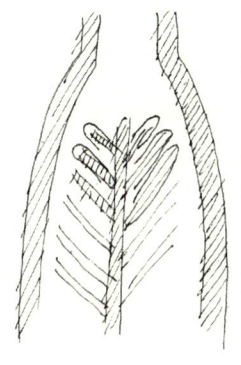

の熱度と、若しくはや、之より優れる火度なれば、此の製品を得る場合に、素地中に存する鉄分は其の分量箸〔著〕しからさる場合に於て、濃淡、色調、酸化の程度に於て変ずる事少なく。従って、其の色合を一致せしむる為めには、之に用ゆる鉄質粘土の分量、及び焼成の火度等に注意せざるべからず。素焼前後の火度に於ては、鉄分は第二酸化鉄の色調にして赤色を呈すれども、其の酸化の程度は一致せざるを以て、色を一様になす事困難なり。

西洋にては図の如く円筒形の窯を造り、内部に林樹の如き耐火粘土製のものを立て、其の板の先きにパイプをさし込みて焼成する pipe kiln ありと云ふ。此の pipe kiln にて焼成せる pipe は土器なるが故に、林樹の枝の如き焼成具を以て焼成する事を得るものにして、煙草を呑むに用ふるものなりと云ふ。而して、大なるは一回により数千本を焼成する事を得るものなりと云ふ。

〔Architectural〕
Architectual pattery 建築陶業品

1. Brick
2. Quarries 敷瓦　壁瓦
3. Pipe 土管（土木排水用）
4. Tiles
5. Teracottas〔Terracotta〕

# 練瓦
〔煉〕

　支那に於ては萬里の長城を築くに際し長さ一尺五寸～一尺六寸にして、巾さ六寸～七寸　厚さ3～4寸の磚と称するものを以て築きたる事、練瓦〔煉〕の如きものなり。

　我國に於ては、東京市中、殊に銀座通りに赤練瓦〔煉〕を敷かれ、大阪方面に於ては、東京よりも早く明治二年の頃、大坂神戸間の鉄道に使用せられたる事あり。明治二十年、東京深谷の日本練瓦〔煉〕會社を以て工業的製造の最初となし、大阪窯業株式會社は明治二十一年に創立し製造せらるゝに及びたり。

　原料は鉄質粘土と砂質粘土とを用ひ、一個に付き3キロクラム〔グ〕有り、東京方面は沖積層、大坂附近は供積層より粘土（ねばつち）、さく土などを取りて製形するものにして、東京附近の練瓦〔煉〕よりも、大坂附近の練瓦〔煉〕は耐火力に富みたれども、其の形の正確なるに於ては、東京を以て良となす。東京附近の粘土採堀には川底なども、バスケットエレベーターによりて採取せり。

　練瓦〔煉〕會社としては、

1. 原料地の附近に工場が存在する事
   運般の便利なる事
   燃料が経済に行く事
   販路
2. 準備

　湿式法と乾式法とあれども、多くは湿式法を以てなすが故に、湿式法に就ては

　1. 風化
　2. 原料より不純物をぬき去る方法としては stone removing machine
　3. 水簸の方法
　4. Pugging

Pug mill は少量の時は縦式なれども、多量の時は横置式となる。ローラー

177

製陶法（其二）

には cone system cylinder あり。

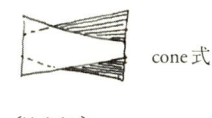

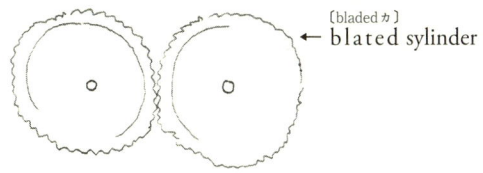

cone 式

← blated sylinder〔bladedヵ〕

Wet cruching〔crushing〕 mill と称するものは、フレット式のものにして水を混ずるものなりと。

## 製形法

練〔煉〕瓦製形機に依りて製形するものは、pug mill の出口に練〔煉〕瓦形の口を設け、cuting table に依りて切り分けらる。一日に機械一台に就て 150 馬力を要し、20000 個を圧製す。半濕式のものあり

## 練〔煉〕瓦の分類

1. 並形　2. 張付形　3. 穿孔練〔煉〕瓦　4. 異形練〔煉〕瓦、などあり。其の大いさを示せば如の如し。

|  | 長さ | 巾さ | 厚さ |
|---|---|---|---|
| 東京形 | 7.5 | 3.5 | 2.0 |
| 山陽形 | 7.5 | 3.5 | 2.3 |
| 関西形 | 7.3 | 3.5 | 2.0 |
| 全 | 7.4 | 3.5 | 1.75 |
| 北米 | 23.6 | 11.1 | 7.6 |
| 南英 | 25.4 | 12.4 | 7.6 |
| オーストリヤ | 32.0 | 15.0 | 6.7 |
| 獨勉〔逸〕 | 25.0 | 12.0 | 6.5 |
| 佛國 | 22.0 | 10.0 | 5.4 |
| ベルギー | 17.0 | 8.5 | 4.5 |

單位は寸及びセンチメートルとす

| | | | |
|---|---|---|---|
| ポーランド | 26.0 | 12.0 | 5.4 |
| スキッツル〔スィス〕 | 25 | 12.0 | 6.5 |
| イタリー | 30 | 15.0 | 5.0 |
| ユーナイテットステーツ | 20 | 10 | 5 |

張付練瓦〔煉〕は 1/2 又は 1/4 又は 1/8 まれには 3/4。

穿孔練瓦〔煉〕は表面を多くする為め、又は重量を軽くする為めとす。

Drying methord は最も注意を要するものなり。

天日乾操と人工乾操〔燥〕との二つに分つ事を得。天日乾操は野天と家屋の二つに分けん。人工乾操〔燥〕は餘熱乾操〔燥〕と特殊乾操〔燥〕とあり。乾操、又は窯積には井桁積、雁木積とあり。焼成するには、極最初は窯を用ひずして野焼を行ひたるものなりと云ふ。

現今にても不便にして、用途に應じて製造するが如き山奥の鉄道工事等に於ては、紛炭と練瓦〔煉〕とを積み、其の周囲を囲みを焼く事あり。高さは 30 段以下にして、巾は 80〜100 本。長さは無制限にして、焼成には八日乃至十日。さましには 10〜14 日位を要す。

焼成に用ゆる窯には、不連續式窯、半連續式窯、連續式窯等あり。

Opene Kiln〔open〕 は最初の窯にして

Chamber kiln は登り窯を水平にしたるが如きものとす。

Contarious kiln〔Continuous〕

Ring kiln　最初は円形をなし、其の中央に煙突を有せしが、目下は有る部分のみ丸味を帶ひたる小判形にして、西洋は 18 室を、日本には概ね 16 室を使用す。而して一室の大いさ、長さ、21 尺、巾 13 尺、高さ 9〜9.5 尺、容量 15000 個、一畫夜に二室半位を焚く事を得。

焼成火度は 1000℃ 内外なるが故に、SK1a 番以下なり。獨乙〔逸〕に於ては 7000 個を焼成するに 160 キログラム〔グ〕の石炭を要す。我國に於ては、10000 個の焼成に付き 2000〜2500 斤を要す。登り窯を用ひて焼成する時は、10000 個に付 3000〜4000 斤の石炭を要す。トンネル窯は 60〜65 メートルの長さを有し、巾さ 1〜1.5 メートル、高さ 1〜1.4 メートル位のものなり。練瓦〔煉〕の

製陶法（其二）

吸水量は獨乙〔逸〕の普通品にて 10～12％、表積上等品なれど 4～10％。東京附近産のものは 6.5～20 percent の吸水量を有す。

## 耐圧強

東京附近のものは大概一平方センチメーターに付て 58.2～300kgr なれども、獨乙〔逸〕品に於ては彼國の規定により、普通品は 150kgr、焼過上等品にありては 250kgr とせり。練瓦〔煉〕の風化物の試験としては、Barium 塩類を加へて製する時は、白色のこけを生せず。焼過に横黒、はな黒、かな黒の三種あり。

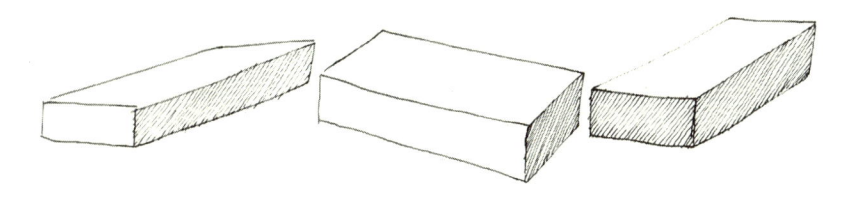

## 耐火材量　Refractory material

耐火材量とは少くとも SK26 以上に耐ゆるものたらざるべからず。

煙突及び煙道などに使用するには、赤練瓦〔煉〕なりと雖も 800～1000 に耐ゆるものなればよし。而して耐火材量たるものは、下の條件を具備せざるべからず。

　高熱に長時間接するも softing せざる事。
　化學作用に耐ゆる事を必要とす。
　高熱によって容積の変化なき事。
　熱度の急変に耐ゆる事。
　機械的の作用に抵抗する力の強き事。

我國に於て之等に對する原料としては、耐火粘土として礬土質のものを用ひ、最も廣く木節を用ひ、尾張、伊賀のものを用ゆ。尾張産のものは伊賀産のものよりも鉄分少くして、磁器又は白色陶器原料として使用する事を得。木節の黒色なるは、clay substance に加はる炭質物を以てするが故に黒けれど、焼成する時は白色となる。shala（頁岩）は満州方面に産するもの

にして、獨乙にも石炭と互層して出る。石炭と互層する時は、アルカリ分が樹木質の為めに吸ひ取られて、粘土が耐火性を増すが故に、石炭と共に互層して出るが如き處のものなるを要す。ラコユッツのカオリン、三石蠟石又よろし。三石蠟石は火山作用に依りて分解を非常に速められたる為め、粘力なく、珪石分多く、珪石分の多き割合に耐火度強し。蠟石練瓦など云ふ耐火材量あり。三石一等白石は製紙に用ひ、其の水簸かすを栗田焼に用ふ。夫れ等のくずを三石三号粘土と称して、SK28〜30位にて耐火物の原料となる。木節には焼紛を入れてcontractionを減少せしむ。

## 珪酸練瓦

英國にてはdamster sandを紛碎して2%位のlime milkを加へて製形する。珪酸を主成分として製したるものなるが故に、アーチなどに使用する時は、珪酸が熱に會して結晶質より非結晶質の物たらんとして膨脹するが故に、ツイ落の憂なきものなり。

特殊の窯業品にマクネシヤ練瓦あり

炭酸マクネシヤを主成分として製造したるものにして、一個一円以上の値にして、満州に於ては滑石(タルク)より製造せんとするものなり。

クローム鉄鑛を以て製造せるクローム練瓦あり。製鉄事業に必要なるものにして、之も一個一円以上を要す。

ボーキサイド練瓦。米國に於て製造せらる。

之等の練瓦は焼くには円窯を普通に用ふ。三石地方は登り窯を用ふ。ガス窯は品川白練瓦大坂工場と、盤城の工場にレキュペラチブ・システム・マッフルキルンを使用す。一般には角窯を用ふ。火度はSK10〜12位の焼成をなすに際して、練瓦一個に付き、石炭一近二分内外を要す。今其の主要なる練瓦、及び材料の分析表を示せば次の如し。〔表：次頁〕

製陶法（其二）

耐火煉瓦分析表

| 成分\\名称 | SiO$_2$ | Al$_2$O$_3$ | Fe$_2$O$_3$ | CaO | MgO | K$_2$O | Na$_2$O | (Loss) Los |
|---|---|---|---|---|---|---|---|---|
| 外国製 1 | 60.9 | 33.51 | 2.26 | 0.6 | 0.14 | 2.71 | — | 0.76 |
| 2 | 58.02 | 36.84 | 2.64 | 0.45 | 0.52 | 1.54 | — | 0.2 |
| 3 | 58.84 | 38.71 | 1.2 | 0.3 | 0.2 | 0.74 | — | 0.33 |
| 内地製 | 58.62 | 38.97 | 0.61 | 0.27 | 0.44 | 0.78 | 0.35 | 0.31 |
|  | 60.6 | 37.47 | 0.71 | 0.3 | 0.27 | 0.01 | 0.25 | 0.28 |

上記外國製の 1 は耐火度 31〜32　吸水量　6.5％
　　　　　　 2 は　　　　 31〜32　　〃　　　9.5％
　　　　　　 3 は　　　　 34〜35　　〃　　　8.1％

ボーキサイド分析表

| SiO$_2$ | Al$_2$O$_3$ | Fe$_2$O$_3$ | Ignition loss |
|---|---|---|---|
| 28 | 49 |  | 18 |
| 7 | 71.43 | — | 16.8 |
| 6.68 | 32.46 | 38.94 | 19.9 |

Dinas stone 分析表

| SiO$_2$ | Al$_2$O$_3$ | Fe$_2$O$_3$ | CaO | MgO | K$_2$O | Na$_2$O | Ignition loss |
|---|---|---|---|---|---|---|---|
| 98.31 | 0.72 | 0.18 | 0.22 | — | 0.12 | — | 0.35 |

マグネシヤ煉瓦分析表

| MgO | Al$_2$O$_3$ | Fe$_2$O$_3$ | CaO | SiO$_2$ | lose |
|---|---|---|---|---|---|
| 80.0 | 1.60 | 6.80 | 6.50 | 4.80 | — |
| 94.76 | 2.67 | trace | 0.60 | 1.53 | 0.24 |

クローム煉瓦分析表

| SiO$_2$ | Cr$_2$O$_3$ | Fe$_2$O$_3$ | Al$_2$O$_3$ | CaO | MgO |
|---|---|---|---|---|---|
| 5.23 | 35.87 | 15.26 | 31.28 | 0.91 | 11.40 |
|  |  | (FeO) |  |  |  |
| 1.00 | 51.23 | 36.63 | 3.17 | 5.1 | 3.79 |
| 2.60 | 62.00 | 28.10 | 2.60 | 3.07 | 1.10 |

## 陶　器

　陶器は素地は不透明にして吸水性あり。
　釉薬は施したるものにして、其の釉薬に二種あり。即ち磁器釉を用ふるものと、鉛釉を用ふるものとの二種とす。素地より分類する時は次の四種となる。
　　粘土質陶器
　　珪酸質陶器
　　石灰質陶器
　　長石質陶器
　磁器釉は、長石、珪石、石灰、粘土等を調合してSK7a番以上の火度を以て焼成するもの。
　陶器釉は、長石、珪石、石灰、粘土の他に鉛、硼酸、錫を調合してSK6以下の熱度を以て溶融するものとす。

## 1. 粘土質陶器

### 甲含鉛釉陶器

　粘土質陶器中にて低火度に於て焼成せらるゝものは、其の釉薬中に鉛塩として、唐土、鉛丹、密駝曽の如きものを混加し、大いに其の熔融火度を降下せしむるものなり。尚、同一目的に向って、硼酸、硼砂の如き硼素化合物も使用せらる。一般に、鉛を釉薬中に混ずれば鉛硝子となり大いに其の光沢を増加するものなり。故に之を光沢釉陶器などと称する事あり。西洋に於ては西洋に於ては〔ママ〕、鉛及び硼素塩類を加へたる釉薬を陶器釉と称す。我國に於て含鉛釉陶器の著名なるものは樂焼、大樋焼、八島焼、淡路焼、出雲焼等なり。此の種の陶器は何れも交趾焼に其の起原を発し、多少改良若しくは変化したるものにして、其の焼成火度はSK020番前後より、SK8

製陶法（其二）

番前後に達す。

　樂燒は朝鮮人阿米夜〔あめや〕（一説には支那人）、永承年間日本に歸化し、短時間に於て燒成せらるゝ陶器を造り出したるに始まれり。其の死後、妻尼となり、其の製品を尼燒と呼ぶ。其の子長次郎は信長及び秀吉に召されて陶器を作る。秀吉、聚樂亭に於て之に樂字の金印を與ふ。之より其の製品を樂燒と称す。從って其の起原係統等より論ずれば、外國より傳来せるものにして、支那南方に於て製せらるゝ低火度の陶器を交趾燒と呼び、美麗なる着色の光採を発するものあり。従って此の方法の我國に入りたるものと認むべきなり。但し我國に於ては、古く正倉院の御物中に、緑及び黄色の班点を有する陶鉢あり。支那傳来のものにして、交趾燒古代の製品として認めらる。現今樂燒に普通に調合する標準となるものは釉薬にして、素地は普通の鉄質粘土、若しくは砂質粘土を使用す。其の始め聚樂の粘土を用ひしが、其の後、岡崎土を使用するに至れり。此の粘土は信樂土に類するものと、地土と呼ぶものに似たるものとあり。最近まで各種の製品に使用せられたりしが、現今採堀し能はさるに至るを以て、地土、信樂土、黄土等を使用す。粘土は其の儘水を加へて粘り合せ用ゆる場合と、水簸して使用する場合とあり。製形法はひねり、及び手轆轤を用ゆるもの多し。製形せられたる素地は素燒を行ふ。素燒は普通品の素燒よりも少しく髙熱するを可とす。之に使用する釉薬は次の如き調合に依る。

### 樂燒標準釉

　日の岡（珪石）一貫匁、唐土（白紛、定紛、鉛白）三貫匁よりなるものにして、其の成分は $PbO1.5SiO_2$ 前後の化學式に近きものなり。是より珪酸分を増加する時は熔融し難くなる。此のものを更に可熔性ならしめんと欲すれば、日の岡と唐土と合せたるものを、一度フリットとなして充分に化合せしめ、其の紛末を用ゆる時は、數十度の低熱に於て熔融するに至るべし。故に現今、樂燒業の使用する釉薬は、日の岡と唐土とを合せたる白玉を使用す。

**樂燒業者釉**

　白玉五斤、唐土三斤半、珪石一斤半。

　更に上のものを可溶性ならしめんと欲すれば、硼珪酸鉛の釉藥を使用すべし。硼酸を加へんと欲すれば、一度之を<u>フリット</u>となさざるべからず。此の目的に向って作りたる硼酸フリットを鉛糖と呼ぶ。試驗所に於て最も可熔性の樂燒釉藥として使用する調合は次の如し。

　鉛糖四斤半、唐土四斤半、珪石一斤半。

　斯くして調合せる釉藥は充分によくまぜ、此のものを一貫匁に對し、布苔二枚を煮たるものを、之を篩を通して不純物を去り釉藥に混ず。水を加へて適當の濃度となし使用すべし。但し此所に注意すべきは衛生取締規則に關する鉛毒問題なり。内務省の規定に依れば醋酸4%の溶液にて30分間煮沸し鉛の析出する如き陶器は、飮食器として賣買を禁せらる。從って普通の樂燒は此の目的に對して頗る不適當なり。即ち醋酸 4 percent の溶液を以て 30 分間煮沸し、其の溶液にクローム酸加里の 4 percent の溶液を加へる時は、黃色の precipitate を生ず。

$$2HCO_2H + SiO_3Pb = (HCO_2)_2Pb + SiO_2$$
$$(HCO_2)_2Pb + CrO_4K_2 = CrO_4Pb + (HCO_2)_2K_2$$

　尚又、其の溶液にクローム酸加里の代用に、硫化水素を通ずる時は、硫化物の黑色沈澱となり鉛を析出す。沃化加里を以てする時は、橙々色の沈澱を生じ鉛分を析出す。

　されば此の規則に觸れさる爲めに、鉛を加へずして、低熱にて溶融する釉藥の研究をなせるもの少なからず。本場に於て使用する無鉛釉と稱するものは、鉛化合物を徐き其の代用に硼酸よりなれる<u>フリット</u>を混したるものにして、其の成分は $2Na_2O CaO 4SiO_2 2B_2O_3$ の化學式に近きものにして、炭酸曹達16、炭酸石灰15、珪酸37、燒硼砂31程の割合に調合せるものを<u>フリット</u>となし、此のもの fritte を單味粉碎して使用するものなり。在來、樂燒業者が使用する釉藥の名称、及び調合法を記すれば、地藥と稱するは Body の表面に施し、標準の釉藥にして、此のものは化糖せる上に施す場合と、又、之に繪具を加へて着色釉として使用する場合とあり。長二郎の製りたる頃

## 製陶法（其二）

は、樂燒は赤及び黒の二種に限りたるものにして、今日尼燒薬等の名称あり。記載せらるゝものは黒、及び赤の両種釉薬なり。其の黒の泥燒釉と称するものは、白玉 100、緑礬 30、唐土 50、硼砂 8、日の岡 20、唐土 30、日の岡 40、紅柄少量。

　此の調合を見るに、其の熔融性余り低くからず。従って、古代の樂燒は其の一個を焼成するに、二、三時間の時間を要せりと云ふ。普通の赤樂釉としては、唐土 150、日の岡 30、白玉 30 匁なり。又、

**赤繪薬**としては、金珠（光明丹　鉛丹）一匁、黄土 0.5 匁、唐土 1 匁、硼砂 0.3 匁にして、

**紅梅手**　此の製品は製形せる body に、黄土に布苔を加へて塗り、素焼したる後、地薬を施して焼成するなり。

**白繪薬**　此の目的に向って、同様に白色化粧を施すなり。古くは白雲母、又は白繪土等を用ひたりと云ふ。現今は長石、天草の如きものに唐土を加へて附着せしむるを可とす。

**萌木薬**　と称するは白緑、又は奈良緑青と唐土とを混じて使用するなり。

**黒樂**として、緑青 70、唐土 50、白玉 100 の如きものあり。されど、標準的黒樂はふいごに依りて通風を盛んにし、SK1、2 番の熱度に強熱するものにして、其の釉薬としては加茂川石（揮緑凝灰炭）100 匁、白玉 50 匁、唐土 40 匁位を混じたるものを施し、焼成後之を急冷する為めに、赤熱せる製品を挟み出して水中に投ずるなり。斯くする時は、鉄分が適度に還元せられ、磁性酸化鉄（$Fe_3O_4$）の黒色を呈するなり。

**青山黒薬**と称するは、白玉 60 匁、板緑青 50 匁、硼砂 80 匁、鉄錆 50 匁、水垂土 2 匁（黄土の如きも）、唐土 90 匁。

**大口黒樂薬**　浮石（軽石）30 匁、生瀬土 70 匁、紅柄 12 匁、鉄錆 4 匁、銅錆 12 匁。

**黄瀬戸**と呼ぶものは白色の土を素地となし。之に白玉 100 匁、紅柄 1.1 匁、黄土 1.1 匁、唐土 30 匁を加へて焼く。

**紺柿薬**と呼ぶは、奈良緑青 8 匁、白玉 30 匁、唐土 30 匁。

**白なだれ薬**と呼ぶは、大白石（珪石）と唐土とを等分に混して使用す。

**黒なだれ**と呼ぶは、唐土 20 匁、白玉 3 匁、緑青 2 匁、鉄鎬 2 匁。
**青なだれ**と呼ぶは、唐土 30 匁、白玉 20 匁、白緑 1 匁。
**淡黄薬**には、白繪土 3 匁、白緑 0.1 匁を混へたるものを化粧すべし。
**膽礬薬**、唐土 50 匁、膽礬 30 匁、白玉 5 匁。
**変り萠木釉**〔黄〕、素地には白土を用ひ、唐土 50、白玉 50、白繪土 7 匁、白緑 3 匁を混し。

試験場に於て樂焼繪具として使用せるものゝ二、三の例を示せば、

| | |
|---|---|
| 緑色 B | 焼明礬 11、酸化クローム 15、酸化亜鉛 10 |
| 黄色 A | 酸化錫 3、鉛丹 10、酸化アンチモン 6 |
| 青 | 礬土 70、酸化亜鉛 6、酸化コバルト 5 |
| 褐色 | 酸化鉄 2、酸化亜鉛 6、酸化クローム 1.5、酸化アンチモン 1 |
| ひわ色〔鶸〕 | 緑色 B1、黄色 A g |
| 白色 | 天草、蝋石等分のもの、又は出石、柿谷單味 |
| 黒色 | 黒濱、本窯の黒繪又は唐呉須 |

此の種の繪具にして、熔けて素地に附着せざるものは、唐土 20-30％を混じて使用す。

## 交趾焼

| | | | |
|---|---|---|---|
| もよぎ釉〔え〕 | 唐土 100 匁 | 日の岡 40 匁 | 水籤緑青 25 匁 |
| 黄色 | 唐土 100 匁 | 日の岡 35 匁 | 上紅柄 5 匁 |
| 紫色 | 唐土 100 匁 | 日の岡 35 匁 | 上呉須 4.5 匁 |
| 藤色 | 唐土 100 匁 | 日の岡 34 匁 | 上呉須 1.5 匁 |
| 散し釉 | | | |
| 萌黄釉 | 唐土 100 匁 | 日の岡 19 匁 | 水籤緑青 21 匁 |
| 黄色 | 唐土 100 匁 | 日の岡 20 匁 | 上紅柄 3 匁 |
| 紫 | 唐土 100 匁 | 日の岡 21 匁 | 上呉須 6 匁 |

## 素地の調合

樂吉左衛門

製陶法（其二）

　　岡崎土　一斗（泥漿）　信樂浅見屋土 4 升
　　木佐〃 ┌一斗　　　　〃　　　　4 升
　　　　　└大樋町　一升
　　　　〔阿弥〕
　仁なみ　　岡崎土　一斗　白繪土　三升
　　　　古　堂
　欽こどー　〃　　一斗　木腐土　三升　白繪土　二升

白交趾焼地薬としては

　　　　白繪 100 匁　唐土 60 匁
　　　　白繪 100 匁　唐土 80 匁
　　　　白繪 100 匁　雲母 50 匁　唐土 100 匁
　　　　白繪 140 匁　唐土 100 匁
　　　　白繪 100 匁　唐土 50 匁
　　　　唐土 100 匁　日の岡 35 匁
　　　　唐土 100 匁　日の岡 60 匁
　　　　唐土 100 匁　日の岡 55 匁
　　　　唐土 100 匁　日の岡 100 匁　白玉 100 匁
　　　　唐土 100 匁　日の岡 15 匁　白玉 30 匁
　　　　唐土 100 匁　日の岡 30 匁　白玉 10 匁
　　　　唐土 100 匁　日の岡 15 匁　白玉 20 匁
　　　　唐土 100 匁　日の岡 20 匁　白玉 15 匁

赤交趾地薬としては

　　　　黄土 100 匁　白繪土 20 匁　唐土 30 匁
　　　　黄土 100 匁　白繪土 50 匁　唐土 40 匁
　　　　水無土 100 匁　唐の土 20 匁

鼈甲色　　緑青 30 匁　白玉 30 匁　日の岡 20 匁　唐土 100 匁
黄の青まだら　〃 30 匁　唐白目 15 匁　白玉 30 匁　珪石 20 匁　唐土 100 匁
水淡黄　　紺青 15 匁　白繪 15 匁　白玉 50 匁　日の岡 50 匁　唐土 100 匁

| | |
|---|---|
| 飴色薬 | 緑礬 7.5 匁　膽礬 7 匁　白玉 50 匁　日の岡 50 匁　唐土 100 匁 |
| 瑠璃色 | 紺青 40 匁　白玉 40 匁　日の岡 20 匁　唐土 100 匁 |
| 大和_ | 膽礬 6 匁　6 匁　唐の土 100 匁　白玉 100 匁　日の岡 20 匁 |
| 藤色 | 紺青 40 匁　黒呉須 15 匁　唐土 100 匁　白玉 40 匁　日の岡 30 匁 |
| 青こげ茶 | 紺青 15 匁　〃 10 匁　〃 100 匁　〃 100 匁　〃 20 匁 |
| 藍納戸色 | 紺青 20 匁　黒呉須 10 匁　唐の土 100 匁　白玉 100 匁　日の岡 25 匁 |
| 鶯茶 | 紺青 15 匁　白繪 15 匁　唐白目 15 匁　唐土 100 匁　白玉 100 匁　日の岡 20 匁 |
| ねずみ色 | 加茂川石 100 匁　白繪土 7 匁　唐土 100 匁　白玉 100 匁　日の岡 20 匁 |
| 飴色 | 白繪土 10 匁　酸化鉄 5 匁　唐の土 100 匁　白玉 50 匁　日の岡 20 匁 |
| 澁純泥 | 黄土 15 匁　酸化鉄 5 匁　唐の土 100 匁　日の岡 20 匁 |
| 淡萠黄 | 膽礬 5 匁　白繪土 10 匁　唐の土 100 匁　白玉 100 匁　日の岡 20 匁 |
| 桃色 | 白繪土 10 匁　黄土 2 匁　唐土 6 匁 |
| まま色 | 荒き酸化鉄 3.5 匁　唐土 10 匁　日の岡 3.5 匁 |
| かば色〔樺〕 | 黄土 100 匁　紅柄 100 匁　唐土 40 匁 |
| 黒繪 | 酸化鉄 10 匁　唐土 6 匁 |

## 淡路焼

　淡路焼は文政 12 年淡路國三原郡伊賀野村の人、加隼珉平〔集〕氏の開窯に始まりしものにして、其の明治に至り同地の人田村福平の之を改良せる砥炊盧焼をも此の内に含めしむ。何れも殆んど粘土質器にして、含鉛釉を施したるものなり。現今の主産地は、兵庫縣三原郡比阿摩村なる淡陶株式会社、及び津奈郡須本町淡路製陶株式会社にして、其の他數戸の製造家あり。製品の主なるものは、黄青紫、褐等種々の色薬を施せる品物にして、組鉢、小皿、散蓮花等の内地向小物は、其の尤もとくいとする〔得意〕所なれば、飲食器装飾品の貿エキ品〔易〕をも製し、清國及び欧米諸國にも輸出せらる。此の地に於て原料として使用するは、花岡岩の分解に依りを生したる、外見蛙目に近き池の内粘土、及び其の分解風化の程度少なき池内玉石を使用し、尚、之に蠟石、若しくは長石の如きものを加へて、其の色を白色ならしめたる

製陶法（其二）

ものを礙炊慮焼と呼ぶ。坏土の調合は次の如し。

其の釉薬の調合としては、透明釉（一名紅毛釉と呼ぶは支那式の命名にして、支那産の茶に白毛茶と云ふがあり。何に依らず、毛の字に白とか紅とかを見して命名するは、支那流儀なる事明白なり）は次に示すが如き調合比なり。

|  | 唐土 | 日の岡 | 王石 |
|---|---|---|---|
| 強 | 400 | 116 | 106 |
| 弱 | 400 | 110 | 100 |
|  | 4000 | 1280 | 1166 |
|  | 200 | 45 | 40 |
|  | 300 | 105 | 天草 80 |
|  | 200 | 45 | 全 42 |
|  | 57.4 | 16.4 | 長石 22.2 |
| （強）黄南京釉 | 400 | 76 | 天草 50　黄土 116 |
| 弱　　全 | 400 | 35 | 〃 48　〃 180 |
|  | 200 | 40 | 〃 25　〃 52 |
| （強）緑南京釉 | 400 | 150 | 〃 85　銅鎔 50 |
| 弱　　全 | 400 | 150 | 〃 80　〃 46 |

## 出雲焼（現時罅裂全く無し）

出雲焼は島根縣八束郡布志名に産する（王湯村と改称し大字布志名）陶器にして、其の色黄色を帯び、割合に罅列少きものにして、全然無之きもの少なからず。製品の主なるものは湯呑にして、急須其の他の茶器、蓋物、及び花瓶等をも製す。其の原料として下等品には王湯村恩寺土を単味にて使用す。但し近年、原料不足等の為め、遠くせき州温泉津村の粘土を用ゆるもあり。又、上等品は大原郡三代村産の粘土に、玉造り産の玉造り石、若しくは大谷石を混じて使用す。其の調合北は三代粘土の泥漿（specific gravity 1.224）のもの 3.2（来待石）に對し玉造石、若しくは大谷石の泥漿（specific

gravity 1.22) のもの 1 の割合に調合するものなり。其の原料の成分を示せば

### 出雲焼原料分析表

| formula / name | SiO₂ | Al₂O₂ | Fe₂O₃ | CaO | MgO | K₂O | Na₂O | Ig.loss |
|---|---|---|---|---|---|---|---|---|
| 報恩寺土 | 67.57 | 16.63 | 6.33 | 0.79 | 0.44 | 1.85 | 0.46 | 5.6 |
| 三代土 | 60.63 | 24.28 | 3.41 | 0.84 | 0.11 | 1.08 | 1.02 | 9.59 |
| 大谷土 | 74.69 | 14.21 | 1.36 | 0.58 | 0.28 | 1.79 | 2.12 | 5.85 |
| 王造土 | 73.68 | 13.29 | 2.13 | 1.66 | 0.94 | 1.59 | 1.33 | 7.09 |
| 坏土 | 63.51 | 24.94 | 2.66 | 0.21 | 0.35 | 1.3 | 1.01 | 6.53 |

次の如し。

太谷石及び坏土の示性分析表

|  | clay subustance | quatze | feldsper |  |
|---|---|---|---|---|
| 坏土 | 53.28 | 22.40 | 20.29 | 4.03（其他）|
| 大谷石 | 18.93 | 45.11 | 35.59 |  |

釉薬の原料としては石紛、唐土及び木灰の三者を使用す。之に使用する石紛は、木町石紛と称するものにして、<u>出雲國八束郡木町村産</u>にして、純砕の長石には非ず。含鉄凝灰炭質のものゝ如し。尚、近年其の代用として神戸石を用ゆるものあり。此のものは簸川郡神門より出るものなり。其の

### 出雲焼釉薬原料分析表

| formula / name | SiO₂ | Al₂O₂ | Fe₂O₃ | CaO | MgO | K₂O | Na₂O | Ig.loss |
|---|---|---|---|---|---|---|---|---|
| 木町石粉 | 71.21 | 12.91 | 2.32 | 3.05 | 0.72 | 0.51 | 1.2 | 7.48 |
| 神門石 | 81.41 | 8.5 | 1.76 | 1.67 | 1.05 | 0.51 | 1.25 | 4.59 |

成分は

其の調合比は次の如し

|  | 木町石粉 | 唐土 | 樫灰 |
|---|---|---|---|
| 第一 | 600 | 400 | 100 |
| 第二 | 100 | 800 | 10 |
| 第三 | 100 | 100 | 10 |
| 平均 | 100 | 67〜100 | 10〜17 |

製陶法（其二）

其の化學成分は、

RO0.22—0.66Al$_2$O$_3$2.04—2.40SiO$_2$

其の製形には主として蹴轆轤を使用し、製坯土は磁器と同様に之を素焼なして、採画、施釉の後、之を登り窯にて焼成す。各室の長さ九尺内外。高さ及び巾さは五尺より12尺の間にあるものを使用す。又、中には円窯にて薪材焼成を行ふ一室焼のものもありて、焼成火度はSK8以下にして、其の起元は萬治元年、加田半六、布志名に於て窯を起せるに依る。現今の製造戸數は、十數戸に過ぎざれども、製品の一部は海外にも輸出せられ、其の産額二十萬円に近し。此の地は松江を去る二里内外の所にあり。尚、最近に於て摩郡、其の他より、其素地を取り白色陶器をも製せるもあり。

而れとも現時、縣の方針として、窯の改良に着手し右窯と京窯とをせっちうしたる窯に改造しつゝあり。
〔折衷〕

原阪九郎君云

## 粟田焼

粟田焼は主に三條粟田口に於て製せらるゝに依り此の名ありされど、近年五條坂附近に於ても、今熊野附近に於ても相應の製産額あり。此の陶器は淡黄色細罅ある焼物にして、製造としては輸出向き一尺内外の花瓶を主とし、其の他、内地向きとして湯呑、茶器の如きものを多く製造す。一時、其製産額八十萬円位に達せるも、數年来戰役の爲め、其の製産額を減少せり。此の陶器の素地は箸しき粘土質物を含み、SK8、9番に焼成せらるゝも、素地中に著しき氣孔を在し、從って其の膨張係數少き爲め、釉薬に多くの罅
〔裂〕　　　〔コ〕〔裂〕
列を来す。其の罅列は、年を徑るに從ひ次第に微細となる傾あり。是、木材等の使用せざるも、長き間に破れ行くが如き一種の変質を来すものなり。素地原料として使用せらるゝものは、昔は岡崎土、及び信樂土を混じて使用す。古粟田と称するが如きものは、黄色と称するよりも褐黄色に近きものあれども、其の後、之に白繪土を加ふるに至り、其の色を淡めたり。明治に至り、岡崎地方の發達につれ、其の原料を取る能はざるに至り、山科

に産する大日紅、近江國粟田郡、若くは甲賀郡等に産する篠原交、六地藏交、大和國、添下郡矢田村に産する矢田交等の、やゝ珪酸を含む粘土を用ゆるに至れり。此の信樂、白繪、交の三者を各く水簸して、同量に調合して、三等分と呼びて、やゝ久しく使用せり。明治四十年近くに至り、白繪土は不足を来せしに依り、此の土の代りに蝋石を使用するに至り、尚交土の代用に木節を使用するに至りて、次第にやゝ其の調合法を変ずるに至れり。若し木節、信樂、蝋石の三者を三等分に使用すれば、其の粘り多りして、返って製形に困難を来すが如き傾きあるを以てなり。されば、此の場合に於ては、蝋石及び信樂分を増加し、木節分を減少せしむるもの多し。尚、京都に於ては、粟田焼の白色に近ひ製品を薩摩焼と呼ぶ。之を珍重するに依り、其の目的を達する為めに、其の坏土に木節を混ぜずして、蛙目を使用するものあり。其の調合例を示せば次の如し。

第一　　白繪土 1　交土 1　信樂 1（泥漿を以て）
第二　　白繪土 100〆　交土 100〆　蝋石 50〆
第三　　蛙目 2.5　交土 2.5　信樂 2.5　蝋石 2.5（泥漿にて）
第四　　白繪土 1　　交土 1　　信樂 1.5（泥漿を以て）
第五　　美濃白土 4　信樂土 4　地土 2
第六　　信樂 40〆　大日交 15〆　白繪土 15〆　蝋石 30〆
第七　　信樂土 100〆　交土 100〆　蝋石 150〆
第八　　信樂土 40〆　木節 25〆　蝋石 35〆
第九　　信樂 35〆　木節 30〆　長石 5〆　蝋石 30〆

以上の素地の調合なれども其の釉薬の調合の比を示せば次の如し。

其一　　三雲長石 70　柞灰 15　土灰 15
其の二　　柞灰一升　天草一升
其の三　　石紛 10　　6　木灰 4
其の四　　山丈 85〆　珪石 15〆　石灰 18〆　土灰 7—10〆
其の五　　三雲長石十抔　柞又は土灰四杯
其の六　　三雲長石　十杯　石灰三杯
其の七　　三雲長石　70〆　石灰 30〆

製陶法（其二）

其の八　　三雲長石 55 〆　　天草二十〆　　石灰 25 〆

其の九　　山丈 44 〆　天草 16 〆　石灰 20 〆　土灰 20 〆

其の十　　山丈 60 〆　珪石 21 〆　石灰 19 〆

其十一　　山丈 67 〆　柞灰 14 〆　土灰 4 〆　石灰 15 〆

其の十二　山丈 63 〆　　土灰 28 〆　　石灰 9 〆

SK8 標準釉、長石 42 め、珪石 27.2、石灰 17.7、土岐口蛙目 13。SK8 番標準釉の化學公式は、$\left.\begin{array}{l}0.3K_2O\\0.7CaO\end{array}\right\}\ 0.5Al_2O_3\ \ 4.0SiO_2$ にして旧ゼーゲルケーゲル 4 番の化學式に相當するものなり。


## 薩摩焼

薩摩焼は薩摩の國日置郡伊集院村苗代川村（ナワシロ）及び鹿児島市田の蒲、其の他に三ヶ所に製造せらる、淡黄色の細コレツ釉を施せしたる粘土質長石、石灰釉陶器にして、其の紀元は文緑の役島津吉博〔義弘〕、朝鮮より陶工薩仲、朴平意等十七人を携へ歸り鹿児島市高麗町、及び日置郡串木に居らしめしにあり。其の後、大隅の國蛤良郡帖佐に移りたるもあり。尚、加治木及び龍の口の地に移りたるもあり。又、龍門字に窯を起せるもあり。文政の始め、田の蒲に於て藩窯を築き製造せしめたり。現今名代川及び田の蒲に於て使用せらる、原料は、次の三ヶ所より産す。

1、指宿郡指宿郷東方村産の粘土二種（イブスキ）（一般には「ばら」と称し粘力富からされども耐火力強く　他は「ねば」と称し粘力強く細工仕易し）

2、川辺郡加世田郷片蒲村、若しくは小湊村粘土。通常に之を加世田砂と称す。

3、くろ田郡、郷附近より産する、所謂、霧島粘土。此の他釉薬原料として、指宿郷東方村三石に産する白石にナラ〔楢〕灰を混ずるものあり。此の原料の成分は次の如し（次頁にあり）。

素地を調合するには加世田砂（小湊産）二分、霧島粘土一分、鰻村粘土一分、松ヶクボ〔窪〕粘土一分を、乾操紛末の状態に於て容積調合を用ひ、然る後水簸

して粗粒を除き、除水して坏土となし。之に使用する釉薬は東方村の白石の細紛、及びナラ〔楢〕灰の二種を混し、再三細磨して製するものにして其の割合は次の如し。

|  | 白石 | なら灰 |  |
|---|---|---|---|
| 強弱 | 10 | 7 | 此の三者は何れも泥漿の容積調合にして |
| 中 | 10 | 6.5 | なら灰の多少によりて強弱を生ず |
| 強 | 10 | 6 |  |

薩摩焼原料分析表

| formula / name | $SiO_2$ | $Al_2O_2$ | $Fe_2O_3$ | $CaO$ | $MgO$ | $K_2O$ | $Na_2O$ | $H_2O$ | $CO_2$ |
|---|---|---|---|---|---|---|---|---|---|
| 東方村松ヶ窪 | 60.72 | 22.68 | — | 0.48 | 0.65 | 1.02 | 0.82 | 13.64 | — |
| 〃湯川産粘土 | 47.25 | 35.02 | trace | 0.42 | 0.14 | 0.42 | 0.62 | 16.06 |  |
| 〃『ばら』 | 43.46 | 41.47 | trace | 0.47 | 0.16 | 0.44 | 0.21 | 13.71 |  |
| 〃〃 | 60.3 | 27.62 | — | 1.02 | 0.46 | 0.7 | 1.19 | 8 |  |
| 〃『ねば』 | 51.79 | 30.91 | 1.13 | 0.49 | 1.17 | 0.65 | 0.34 | 13.67 |  |
| 指宿郡山川郷鰻村 | 48.85 | 35.06 | 0.55 | 0.47 | 0.21 | 0.44 | 0.18 | 14.22 |  |
| 加世田村片蒲粘土 | 77.15 | 13.5 | 0.94 | 0.83 | 0.62 | 3.34 | 1.85 | 1.64 |  |
| 〃小湊産粘土 | 57.78 | 28.77 | 0.22 | 0.62 | 0.07 | 4.66 | 1.02 | 6.69 |  |
| 霧島粘土 | 59.42 | 27.9 | — | 0.13 | 0.26 | 0.61 | 1.01 | 11.55 |  |
| 〃 | 58.39 | 26.26 | 0.73 | 0.23 | 0.23 | 1.16 | — | 13 |  |
| ナラ灰 | 8.41 | 4.79 | 3.3 | 42.77 | 2.42 | 0.74 | 0.23 | 3.53 | 34.15 |
| 東方村白石 | 78.23 | 17.51 | 0.61 | 0.16 | 0.12 | 0.07 | 0.36 | 3.18 |  |
| 坏土 | 63.67 | 30.04 | 0.38 | 0.42 | 0.28 | 1.45 | 0.46 | 3.5 |  |

尚、此の白石の代りに、川辺郡加世田村宇津貫より産する石英粗面岩の分解より生したる京の峰石、又は加世田郡片蒲村野間嶽より産する片蒲石を使用する事あり。其の焼成火度はSK8前後なり。之に使用せらるゝ窯は其の構造、朝鮮の登り窯に近く、窯低階段的傾斜をなし、あだかも相馬焼、笠間焼等に行はるゝ砂窯に近きものにして、一室の大いさは長さ10尺、巾五尺、高五尺前後のもの多く、其の勾配は約三寸にして、窯詰は天秤詰を

製陶法（其二）

使用し、製品は主として茶器、其の他日用品の他、花瓶、香ロー〔炉〕等の精密なる彫刻物、特にすかし刻トクイ〔彫〕〔得意〕なり。製品には上繪付を施せるもの多く、中にも錦襴〔金〕様のもの少なからず。從って、其の價格も割合に高價なり。

尚素地の調合として近年行はるゝものに次の如きものあり。

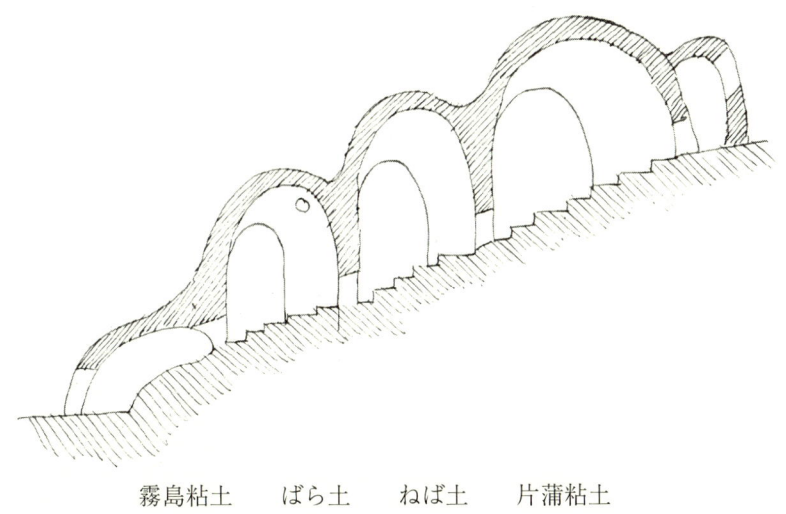

|  | 霧島粘土 | ばら土 | ねば土 | 片蒲粘土 |
|---|---|---|---|---|
| 其一 | 100 | 35 | 20 | 100 |
| % | 39.3% | 13.7% | 7.7% | 39.3% |
| 其の二 | 40 | 40 | 20 | 70 |
| % | 22.5% | 23.5% | 11.8% | 41.2% |
| 其の三 | 100 | 60 | 40 | 100 |
| % | 33.9% | 20% | 33.4% | 33.3% |

大正四年五月　第二百七十三号　窯業協会雑誌に詳細に報告あり　参考の為め附記す。

## 本業焼

本業焼は、尾張國瀬戸町、及び東春日井郡赤津村、及び品野村にて製造せらるゝ灰黄色の陶器にして、其の強く焼成せられたる所は吸水性を失ひ

て、炻器として呼ぶべきものなり。従って其の臚列、粟田及び薩摩焼の如く微細ならずと雖も、其の原料としては、瀬戸附近に産する木節に類せる各種粘性粘土を使用するを以て、粘土質陶器として其の成分製法等を記すべし。此の焼物は、其の起元を藤四郎量正に発し、或は夫れ以前より傳へられたるものなりと云ふ。之を焼成するに、窯内に支柱を有する本業窯を使用す。其の素地調合は次の如し。

## 加藤春二

　權四土七升、弱土二升五合、木節2升五合にして、同氏の使用する釉薬は石粉10升に對し　栗皮灰3～4.5合を加ふ。而して、栗皮灰を多く加ふる程、其熔融性低し。

## 加藤光藏氏素地

　黒土五升、白粘土5～7升、砂三升。
　釉薬は、石粉一升、くりかわ灰三合。

## 加藤滕三郎

　素地、黒地10升、菱土10升、白粘土9升、砂4升（強）
　　〃　、〃　15升、〃　15升、〃5升、〃3升（弱）
　釉薬、石紛一升、栗灰三合。

製陶法（其二）

## 水野武三郎

　素地、権四土6升、赤粘土4升。

　釉薬、石紛一升、石灰一合。

　〃　、〃　一升、柞灰四合。


　一般的に本業焼透明釉としては、

　　強　石紛一升、栗皮灰三合、四合薬と称するもの。

　　中　〃　一升、〃　　四合、四合薬と称するもの。

　　弱　〃　一升、〃　　四合五勺、四合半薬と称するもの。

　瀬戸本業焼に於ける着色釉薬として用ひらるゝものには次の如きものあり。

　　〔柿〕
　　かき薬　　　石紛40、灰5、水打土10
　　　　　　　　　　　　　　〔籾〕
　　卯の班一号　石紛6升、灰8升、もみ灰一升
　　　　　　　　　　　　　　　　〔糠〕
　　〃　二号　　石紛10升、灰8升、さやぬか灰5升
　　黄瀬戸　　　石紛10、灰8、水打2
　　　釉　　　　水打土10、灰8
　　〃　　　　　石灰400、水打土100
　　　　　　　　　　　〔紺屋〕
　　赤薬　　　　水打土10、こーや灰5、石紛3
　　　　　　　　　　〔紺屋〕
　　黒薬　　　　石紛10、こーや灰18、本地砂4（珪石　長石混）
　　　　　　　　　　　〔紺屋〕
　　黄瀬戸二号　石紛10、こーや灰4、水打土3
　　篠薬　　　　石紛10、灰2.5
　　　　　　　　　　　　　　　　　〔紺屋〕
　　青釉　　　　千倉土（珪酸質）10升、こーや灰10升、やすりこ40匁
　　本業焼青磁釉　石紛10升、灰7升、白子土ゝ三升
　　青織部　　　石紛五升、灰8升、砂五升、木節二升を調合したるもの
　　　　　　　　10升に對し酸化銅八十匁を加ふ。

　青織部を白釉の上に塗る時には少しく濃くする。故に、上記調合物10升に對し、酸化銅100匁を加へる。

　　　　白茶釉　　石紛　　石灰　　もみ灰　　二酸化マンガン
　　　　　1　　　　200　　120　　480　　　48

| | | | | |
|---|---|---|---|---|
| 2 | 200 | 80 | 320 | 30 |
| 3 | 100 | 80 | 200 | 40 |

〔玻璃〕
ハリ釉　　石紛 20、珪石 7、石灰 3.5、酸化銅 5

〃　　　　磁器釉薬 20 に對して酸化コバルト 0.4、二酸化マンガン 0.5

## 珪酸質陶器

　粘土質陶器は粘力多くして製形容易なれども、此のものに依りて鋳込法等を行はんと欲すれば粘力過多にして、返って製形に困難を来す事あり。又、粘土質陶器の粘土分極めて多きものありては、其の釉薬にコレツ〔罅裂〕を生ずるをまぬがれず。従って、実用的製品に向って理想的のものとはなし難し。粘土質陶器は、一單焼成せられたる後、其の膨脹（縮）小きにより、glaze の contraction 大なる為めに、glaze に crack を生ずるなり。之を防ぐには、焼成より冷却の際の、expantion 大なる珪酸分を坯土に加ふるを可とす。此の目的に向って珪石を素地に加ふれば、同時に其の色を色からしむる事を得る場合多し。我京都に於て半磁器と称するものは、粘土質陶器なる粟田焼に長石を加へたる如きものにして、明治三十以後に於て製造せられたるものなり。其の調合としては次の如きものを用ゆ。

| | 蛙目 | 蝋石 | 珪石 | 山丈 |
|---|---|---|---|---|
| 1 | 40 | 30 | 30 | — |
| 2 | 40 | 30 | 25 | 5 |
| 3 | 40 | 25 | 25 | 10 |
| 4 | 43 | 25 | 24 | 長石 10 |
| 5 | 40 | 28 | 25 | 石灰 5 |
| 6 | 木節 30 | 三石 30 | 紛細蛙目15 | 山丈 15 |

此の調合により半磁器の素地と粟田焼とを比較するに、其の粘土質として蛙目及び蝋石は在来あれども、信樂土は之を使用せず。信樂土を用ゆれば、其の中に含有する鉄分の為め淡黄色を呈するによるなり。而して、

製陶法（其二）

其の信樂土の代用に珪石の加へられたるものと考ふれば大差なし。之に使用する glaze は SK8 の長石質石灰釉にして、粟田焼の釉薬として使用せらるゝものは總て之に使用する事を得べし。珪酸質陶器に長石、石灰釉を施したるものの他に光沢釉を使用せるものあり。

昔エジプト、及びペルシャ人は、少許の粘土及び他の媒熔濟によりて個詰せしめたる砂質よりなる非常に珪酸質の陶器を製し、其の釉薬としてアルカリ性のもの、及び光採を有する。

其の素地の調合を遣分を分析して計算するに、次の如きものよりなるが如し。

**フリット調合**

　純砂 86、加里 7、曽達 3、石灰 4。

　此のフリットを用ゆる素地の調合は、白玉 24、白亜 24、珪石 48、フリット 4。

　其の釉薬には、砂 48 〜 50、鉛丹 30、炭酸加里 12、炭酸曽達 8 〜 10 の如き調合をフリットとして用ゆれば可なり。尚、西洋諸國に於て現今用せらるゝストーブ、及びはめ板用素地の調合は珪酸質のものにして、フリットとして白色耐火粘土 25、珪石 60、媒熔濟 15 を用ひ、其の素地には、此のフリット 63、白色含錫琺瑯 32、白色土 5。此の場合に於て、素地にフリットを加ふるは罟〔コ〕を防ぐ為めに力を有すれども必要ならず。珪酸及び石灰にて crack を止め得べし。されどフリットを多量に加ふれば、大いに其の光沢を美麗ならしむるものなり。又、素地の着せるものに白色釉を施す事あり。此の場合には可熔性透明釉に酸化錫 10 〜 12％。若し又素地が鉄質ならば酸化錫 12 〜 15％を加ふれば、白色釉薬を得べしと雖も、錫を混ずる為め glaze 強火性に失するば、少しく硼酸量を増加すべし。又、時としては次の如き白色 enamel glaze を用ゆる事あり。

　酸化錫 10 〜 12％、珪砂 40％、PbO　60％。

## 石灰質陶器

　石灰質陶器は、其の素地成分として粘土と珪酸と石灰とよりなるものにして、clay substance が之に plasisticity〔plasticity〕を與へ、且形を保持する骨子となる。珪酸子は之に加はりて、其の粘りを少からしめ、glaze に對して結合を全からしめ、尚、其の crack を少からしむる作用あり。石灰は珪酸、及び粘土を融合せしむる働きをなすものにして、此の種の陶器は素地箸〔著〕しく軽く、之を強熱すれば石灰分の為めに坏土熔融して飴の如くなるを以て、素地焼成火度は SK1 〜 3 前後の低火度にあり。西洋にては此の種の陶器や、多きを以て、之を普通陶器若しくは軽量陶器等の名あり。其の素地成分としては clay substance 35 〜 55、珪石 55 〜 30、炭酸石灰 8 〜 20、及び長石 0 〜 5 の間にして、此のものは珪酸質陶器に少しく、石灰を加へたるものと考ふるを得べし。其の大体の平均成分は純粘土 30、珪石 50、石灰 20　程のものにして、之を焼成すれば $SiO_2$ 72.6、$Al_2O_3$ 15.8、$CaO$ 12.2 の如き成分の如きものとなる。而して、此のものの実際の調合の例を示せば、

| 調合物＼番号 | 1 | 2 | 3 | 4 | 5 | 6 | 7 | 8 |
|---|---|---|---|---|---|---|---|---|
| 粘性粘土 | 21 | 21 | 15 | 18 | 15 | 15 | 16 | 10 |
| 不粘性粘土 | — | — | — | — | 45 | — | — | — |
| カオリン | 15 | 20 | 10 | 13 | 5 | 15 | 2 | 23 |
| 白亜 | 20 | 17 | — | — | 10 | 24 | 23 | 33 |
| 白雲石 | — | — | 2 | 28 | — | — | — | — |
| 長石 | — | 4 | — | — | 5 | — | — | 6 |
| 珪石 | 40 | 31 | 45 | 37 | 20 | 46 | 59 | 48 |
| 燃編破片 | 4 | 6 | 5 | 4 | — | — | — | — |

　白雲石と称するものは Daromite と称し、$CaCO_3$ と $CO_3Mg$ との化合物にして、$MgCO_3$ よりも $CaCO_3$ の方が多量に含有せらるゝものを云ふ。
　次にカオリンを含有せざる原料の調合例を示せば次の如し。

製陶法（其二）

| 調合物＼番号 | 1 | 2 | 3 | 4 | 5 | 6 | |
|---|---|---|---|---|---|---|---|
| 粘性耐火粘土 | 40 | 40 | 40 | 25 | — | — | |
| 不粘性耐火粘土 | — | — | — | — | 60 | 60 | |
| 珪石 | 40 | 25 | 35 | 42 | 20 | 20 | |
| 白亜 | 20 | 20 | 16 | — | 20 | 16 | |
| 泥灰岩 | — | — | — | 42 | — | — | |
| 長石 | — | — | 40 | — | — | 4 | |
| 焼締破片 | — | 5 | 5 | 5 | — | — | |

イタリーに於て $CO_3Mg$ を Daromite より加へたるものの用ひらる、分析を示せば、

$SiO_2$　$Al_2O_3$　$Fe_2O_3$　$CaO$　$MgO$　$K_2O$　$Na_2O$　ig,loss　Total
45.12　15.81　1.12　18.80　18.47　0.63　0.71　　　100.60

我國に於て旭焼と称してワグネル博士によりて製造せられたるものは、蛙目 20〜25　寺山 70、木節 8〜12 を素地となし、SK1 番に於て焼成を行ひ SK0.10 に於て釉焼をなせり。西洋に於て石灰質陶器を近年は Majolica と称するに至り、其の起元はイタリーの Majolica 島に起りたるものにして、製法をエジプト、ペルシャ等より學び、其の始めは普通陶器に含錫 enamel glaze を施し、之を白からしめて白色陶器の如くなし、又種々の着色釉を使用せり。其の後珪酸質陶器、或は石灰質陶器に其の装飾法を應用し、獨佛オーストリヤ等に於て盛んに製造せらるゝに至れり。石灰質陶器の釉薬の調合を示せば次の如し。〔表 2 点：次頁〕

The formula of the white majolica glaze.

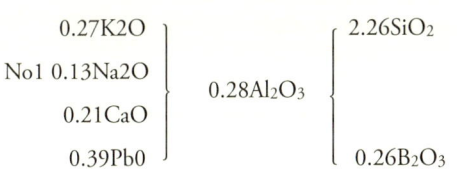

$$\text{No1} \left. \begin{array}{l} 0.27 K_2O \\ 0.13 Na_2O \\ 0.21 CaO \\ 0.39 PbO \end{array} \right\} 0.28 Al_2O_3 \left\{ \begin{array}{l} 2.26 SiO_2 \\ \\ 0.26 B_2O_3 \end{array} \right.$$

## (1) Fritte mixing「フリット調合物」

| 調合物 \ 番号 | 1 | 2 | 3 | 4 | 5 | 6 | 7 |
|---|---|---|---|---|---|---|---|
| Feldsper [a] | 41.5 | 3.5 | 16 | 30 | 24 | 25 | 15 |
| Sand | 13.3 | 18 | 29 | 22 | 20 | (Pbo) 19 | 30 |
| Red lead | 18.5 | 16 | — | — | — | 20 | Cornish stone 10 |
| Borax | 16.5 | 22 | 29 | 30 | 35 | 40 | 30 |
| Kaolin | 2.7 | 3.5 | 10 | 3.5 | 6 | ( ) 19 | — |
| Kalium carbonate | 1 | — | — | 4.5 | 3 | — | — |
| Chark | 6.5 | 6 | 5 | 11 | 12 | 20 | 15 |

| Mill mixing of Majolica glaze and formula ||||||||||
|---|---|---|---|---|---|---|---|---|---|
| NO | Fritte | white load | Sand | Feldsper | $SiO_2$ | $B_2O_3$ | $Al_2O_3$ | PbO | CaO |
| NO1 | 90 | 9 | — | — | 43.4 | 6 | 9.2 | 27.6 | 3.9 |
| 2 | 82 | 8 | — | 10 | 47.8 | 7.2 | 9.4 | 22.6 | 3.3 |
| 3 | 59 | 26 | — | 16 | 44.8 | 7.1 | 8.8 | 26.2 | 6.1 |
| 4 | 65 | 24 | — | 21 | 42.9 | 8.1 | 3 | 23.6 | 5 |
| 5 | 65 | 13 | 11 | 11 | 53.1 | 9.6 | 7.4 | 13.1 | 5.5 |

$$\text{No2} \left. \begin{array}{l} 0.27 K_2O \\ 0.17 Na_2O \\ 0.21 CaO \\ 0.35 PbO \end{array} \right\} 0.32 Al_2O_3 \left\{ \begin{array}{l} 2.77 SiO_2 \\ \\ 0.36 B_2O_3 \end{array} \right.$$

$$\text{No3} \left. \begin{array}{l} 0.4 K_2O \\ 0.15 Na_2O \\ 0.34 CaO \\ 0.16 PbO \end{array} \right\} 0.30 Al_2O_3 \left\{ \begin{array}{l} 2.32 SiO_2 \\ \\ 0.35 B_2O_3 \end{array} \right.$$

$$\text{No4} \left. \begin{array}{l} 0.27 K_2O \\ 0.16 Na_2O \\ 0.25 CaO \\ 0.30 PbO \end{array} \right\} 0.22 Al_2O_3 \left\{ \begin{array}{l} 0.13 SiO_2 \\ \\ 0.40 B_2O_3 \end{array} \right.$$

製陶法（其二）

$$No5 \left.\begin{array}{l} 0.28K_2O \\ 0.21Na_2O \\ 0.32CaO \\ 0.19PbO \end{array}\right\} 0.20Al_2O_3 \left\{\begin{array}{l} 0.88SiO_2 \\ \\ 0.45B_2O_3 \end{array}\right.$$

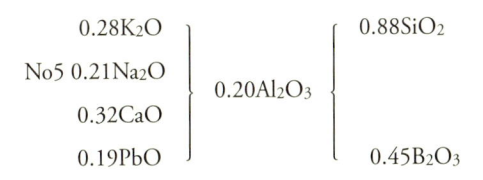

此の釉薬中、番二号は kaolin を有する石灰質陶器素地中 No2 に對するものなり。No3 glaze は body No3 に對するものなり。No5 の glaze は No5 body に、No.6 glaze は No9 body に、No7 の glaze は No10 及び

## 長石質陶器

此の種の陶器は普通硬質陶器と呼ぶものにして、外に於ても種々なる異名あり。即ち Iron stone china、Semichina、Semi porcelain、white granite ware、〔Feldspathic〕Feldsperthcic earthen ware。獨乙國に於ては haltstain gut, feld spot stain gut 此の種の陶器は、其の粗成分中に個結濟〔剤〕として長石分を加ふるものにして、其の分量多からず。從って多量に加へらるゝは珪酸分及粘土分なり。此の種の陶器は英國の最もとく〔得意〕とする處にして、Johnson 其の他の工場に於て盛に製造せらる。從って他國の製品は多く其の範を英國に取り、此の種の陶器は、陶器中に於て其の素地最も堅牢にして、且罾〔コ〕列なきを特色とす。從って日用食器等に廣く使用せらるゝ。

英國に於て使用せらるゝ原料は次の如し。

**Ball clay**

第三紀層に産する青灰色、粘性強き粘土にして、又之を bluw〔blue〕 clay と呼ぶ事もあり。其の specific gravity は 2.58 ～ 2.59 にして、耐火度 SK30 ～ 34 なり。此の粘土は我國の木節粘土に類似せるものなり。

**China clay**

正味 16 ～ 53percent 程の水簸物を得べく、平均 20 percent 内外にして、其

の正味等より論ずれば、我國の蛙目に近き如きものなれども、粘力甚だ劣り、大體の粗成質より論ずれば朝鮮景ショー南道の磁土、若しくは白繪土、或は蝋石に近きものと考ふべし。淡臭色にして、其 specific glavity 2.32 〜 2.52、耐火度 SK34 にして、此の水簸正味の示性分析は、clay subustance 95.4、〔Feldspar〕Feldsper 3.6、Quartz 1% 程なり。

## Cornish stone

此のものは一名 chinastone、或は單に stone とも称せらる。Pegmatite の一種にして、我國の三雲長石、瀬戸地方の石紛、或は多少天草石に類似せる處あり。

## Flint

此のものは英國に於て球状をなして、その南部と佛國の北海岸の白亜層中に産し、specific gravity 2.576 〜 2.596 なれども、一單焼成したる時は、2.464 〜 2.416 となる。而して、是等のものを調合するには、水簸物若しくは湿式紛砕に依れるものを泥漿状となし、其の濃度を一定したる後、調合槽に、高さの割合を以て記入せられたる寸法丈、各種の原料を流し込むものとす。されば、其の容積と含有量との比より調合比率を計算する事を得べし。而して、普通使用せらるゝ泥漿中にある原料の重量を示せば次の如し。

Ball clay、1 pint 中に 26 ounce、一升の中に 625 匁

China clay、1 pint 中に 24 ounce、一升の中に 577 匁

Cornish stone、1 〃　　 32 ounce、一升の中に 769 匁

Flint　　 1 〃　　 32 ounce、一升の中に 769 匁

其の調合割合は次の如き範囲にあり。

Chaina clay 13% 〜 40%
Ball clay　9% 〜 47%  }  40 〜 65percent

Cornish stone 6% 〜 48%
Flint　　6% 〜 40%  }  60 〜 35percent

而して、実際の調合として英國に於て行はるゝものを示せば次の如し。

製陶法（其二）

| name \ conposition | High | Percent | High | Percent | High | Percent | High | Percent | Total |
|---|---|---|---|---|---|---|---|---|---|
| No1 Vest Plinted body | 21" | 39% | 14" | 28% | 9" | 20% | 5" | 13% | |
| No2 Plinted body | 16" | 44 | 9" | 27 | 6 1/2" | 24 | 1 1/2" | 5 | |
| 3 Best body | 14" | 34 | 10 1/2" | 24 | 8" | 26 | 4 1/2" | 14 | |
| 4 White granitz body | 12 1/2" | 31 | 12 1/2" | 33 | 6 3/4" | 22 | 4 1/4" | 14 | |
| 5 Plate body | 14 1/2" | 35 | 11 1/4" | 30 | 8 1/2" | 27 | 2 1/2" | 8 | |
| 6 brew plinted body | 13 1/2" | 33 | 13 1/2" | 36 | 6" | 20 | 3" | 11 | |
| 7 fur horn | 10" | 24 | 13" | 25 | 8 1/2" | 24 | 4 1/4" | 15 | |
| 8 Common body | 27" | 46 | 14" | 25 | 8" | 19 | 4 1/4" | 10 | |
| Common plinted body | 14" | 41 | 8 1/2" | 27 | 6 1/4" | 24 | 2" | 8 | |
| | 10" | 45 | 5" | 24 | 5" | 24 | 2 1/2" | 7 | |
| Pu white body | 4 1/2" | | 11 3/4" | ☐ | 8 1/2" | | 2 1/2" | | |
| White tile body | 18" | 40 | 11 1/2" | 21 | 9" | 26 | 3 1/2" | 13 | |
| Alcacks body | 22 1/2" | 62 | 5" | 15 | 5" | 19 | 1" | 4 | |
| Plinted body | 14 1/2" | 40 | 9" | 27 | 7" | 26 | 2" | 7 | 32 1/2 |
| Vest Plinted body | 28" | 40 | 19" | 29 | 10" | 18 | 6 3/4" | 13 | 63 3/4 |
| Plinted body | 11 1/4" | 33 | 9" | 29 | 7 5/8 | 30 | 2 1/4" | 8 | 30 3/8 |
| Granitz body | 22 1/2" | 46 | 13 1/2" | 27 | 7" | 17 | 3" | 10 | 48" |
| | 32" | 42 | 20" | 28 | 8" | 13 | 4" | 17 | 64" |
| | 28" | 65 | 6" | 14 | 6" | 17 | 1 1/4" | 4 | 41 1/4" |
| | 20" | 55 | 7" | 20 | 6" | 21 | 1" | 4 | 34" |
| | 14" | 38 | 10" | 29 | 6" | 22 | 3" | ☐ | 33" |
| | 30" | 35 | 25" | 32 | 16" | 24 | 6" | 9 | 77" |
| Plinted body | 20" | | 10" | | 20" | | 60" | | 110" |
| Plinted body | 16" | 13 | 30" | 36 | 6" | 8 | 35" | 43 | 87" |
| | Ball clay | | China clay | | Flint | | Cornish stone | | Total |

Ball clay  
20" ～ 34.9  
11" ～ 31.6  
15" ～ 47.4  

China clay  
8" ～ 30.2  
9" ～ 32.4  
8" ～ 27.4  

Flint  
5" ～ 23.3  
4 1/2 ～ 19.9  
4" ～ 16.8  

Cornish stone  
2 1/2" ～ 11.6  
2 1/2" ～ 11. 1  
2" ～ 8.4  

Clay substance  
40 ～ 50  

Quartz  
40 ～ 50  

Feldspar  
8 ～ 12

| No \ comk | Ball clay | China clay | Calcind quartz | Cornish stone |
|---|---|---|---|---|
| 1ノ甲 | 47 | 24 | 22 | 7 |
| 1ノ乙 | 43 | 24 | 23 | 10 |
| 2 | 31 | 36 | 21 | 12 |
| 3 | 30 | 22 | 36 | 12 |
| 4 | 26 | 26 | 30 | 18 |
| 6 | 21 | 28 | 38 | 13 |
| 7 | 21 | 23 | 36 | 20 |
| 8 | 19 | 30 | 31 | 20 |
| 9 | 18 | 43 | 24 | 15 |

|  | Plosistic clay | Kaolin | Quartz | Feldsper[a] | 焼占破片 |
|---|---|---|---|---|---|
| 1 | 36 | 30 | 30 | 4 | — |
| 2 | 60 | — | 35 | 5 | — |
| 3 | 30 | 40 | 16 | 17 | — |
| 4 | 72 | 18 | — | 10 | — |
| 5 | 49 | — | 44 | 3 | 4 |

　我國に於て、此の種の陶器を始めて試みたるは、名古屋市の松林八十郎〔村〕氏にして、次〔次〕に金沢市の日本硬質陶器株式会社起れり。前者は美濃地方の原料を多く用ひ、後者は新鍋谷、及び木節等を使用せり。工業試験場に於て、此の種の陶器に向って英國品と同一のものを得る目的を以て、ball clay の代りに木節を china clay の代用に白繪土を使用し、Cornish stone には長石を flint には珪石を使用せり。而して、其の試験せる範囲は次の如し。

　　　木節 10 ～ 45　　白繪土 15 ～ 40　　長石 5 ～ 30　　珪石 15 ～ 50
　　　　　　　　40 ～ 65%　　　　　　　　　　　　60 ～ 35%
　　　　　　　　　　　　　　　　100%

　而して此の試験結果、可良なりしものは次の如き範囲にあり。

　　　木節 20 ～ 30、白繪土 15 ～ 35、長石 12 ～ 22.5、珪石 27.5 ～ 37.5

　上記の調合を変へて、木節して多量に加ふる時は、其の色黒色を帯ぶる

## 製陶法（其二）

に至り、少なければ粘力に不足を来す。白繪土が少なければ、素地が多少ともに磁器の如くなる。白繪土を35%以上に達すれば、其の素地を強火度に於て焼成せざれば焼占らず、長石に於ては12%以下にては剝裂〔締〕を生ずる。22.5%以上になると素地が磁器化する。珪石に於ては、以下のものは罸列〔裂〕を生ずる如きウラミ〔憾〕あり。37.5%以上に加ふれば、剝裂を増す傾向あり。第二の試験として、木節及び長石、珪石を以てなす。其の範囲は次の如し。

　　木節 30 ～ 60、長石 5 ～ 30、珪石 15 ～ 50

而して、此の調合は 5 percent おきに全部を調合した結果、可良なるものは次の如し。

　　木節 37.5 ～ 52.5、長石 15 ～ 22.5、珪石 32.5 ～ 40

此の範囲以上に出るものは、木節が多くなれば色が黒くなる。以下になると焼締り過ぎる。

尚、英國の硬質陶器を分析すると、石灰がん〔岩〕が故に石灰を 2 or 5 percent を混じ、試験を用ひたり。然るに其の最も宣しきものは 2 percent の石灰を加へたものがよい。而して、此の種の陶器に使用する釉薬は、次の如きものなり。

第一　　0.25Na₂O ⎫　　　　　　⎧ 2.7SiO₂
　　　　0.50CaO  ⎬ 0.225Al₂O₃ ⎨
　　　　0.25PbO  ⎭　　　　　　⎩ 0.43B₂O₃

第二　　RO　　　　0.300Al₂O₃ ⎧ 3.0SiO₂
　　　　　　　　　　　　　　　⎨
　　　　　　　　　　　　　　　⎩ 0.5B₂O₃

第三　　RO　　　　0.375Al₂O₃ ⎧ 3.42　SiO₂
　　　　　　　　　　　　　　　⎨
　　　　　　　　　　　　　　　⎩ 0.50　7B₂O₃

硬質陶器釉薬用　Fritte mixing 〔Frit〕

| comk No | Calcind borx | Nalrium CO₃ | 蠟石 | 珪石 | 石灰 | Red lead | Total |
|---|---|---|---|---|---|---|---|
| 1 | 82.13 | 3.71 | 63.68 | 119.64 | 50 | 31.92 | 351.08 |
| 2 | 95.5 | — | 84.9 | 133.92 | 50 | 28.5 | 392.8 |
| 3 | 95.5 | H3BO3　8. 68 | 106.13 | 154.95 | 50 | 25.03 | 440.34 |

## Mill mixing of the hard fience ware glatz〔glaze〕

|  |  |  |  |  |
|---|---|---|---|---|
| No1 | Fritt〔Fritt〕 | 100 | 唐土 | 100 |
| No2 | 〃 | 100 | 〃 | 10.1 |
| No3 | 〃 | 100 | 〃 | 11.1 |

其の後、天草石を使用したる成分範囲を示せば、clay substance 35～65、長石 35～30、珪石 15～50 の範囲として、調合試験したるものの成績〔續〕を示せば次の如し。但し、此の場合に於て使用したる天草石は、高濱産のものにして其の分析に依れば、$H_2O$ 3.00、$Si_2O$ 77.98、$Al_2O_3$ 14.62、$Fe_2O_3$ 0.37、CaO 0.23、MgO 0.03、$K_2O$ 3.13、$Na_2O$ 0.67、total 100.01、にして、之を計算上よりして示性分析を示せば次の如し。

Clay subustance〔substance〕26、Quartz 25、feldspur〔feldspar〕24。而して其結果は、

| | 試験範囲 | 良火度 | 良結果 | 可良範囲 |
|---|---|---|---|---|
| 天草石 | 60～85 | SK5a～6a | 75 | 70～80 |
| 木節 | 40～15 | | 25 | 30～20 |
| 天草石 | 50～85 | | 60 | 60 |
| 木節 | 10～40 | SK6a～8 | 20 | 15～25 |
| 蠟石 | 5～40 | | 20 | 25～15 |
| 天草石 | 50～75 | | 65 | 60～65 |
| 木節 | 20～40 | SK4a～5a | 20 | 20～30 |
| 長石 | 5～15 | | 15 | 5～15 |
| 天草石 | 60～85 | | | |
| 木節 | 40～15 | 結果皆面白からず | | |
| 珪石 | 5～20 | | | |
| 天草石 | | | 60 | 60 |
| 木節 | | | 15 | 15～20 |
| 蠟石 | | SK5a～6a | 20 | 10～20 |
| 長石 | | | 5 | 5～10 |
| 天草石 | 50～20 | | | 55～60 |
| 木節 | 20～40 | SK6a | | 25～30 |
| 蠟石 | 5～15 | 一般に弱火に適す | | 5～10 |
| 珪石 | 5～15 | | | 5～10 |
| 木節 | 10～45 | | | 20～30 |
| 白絵 | 15～40 | SK6 | | 15～35 |
| 長石 | 5～30 | | | 12.5～22.5 |
| 珪石 | 15～50 | | | 27.5～17.5 |

製陶法（其二）

## 英國に於ける硬質陶器坏土

或る記録に依れば　　kaolin 28、quartz 35.5、plasistic clay 22.5〔plastic〕、feldsper 14〔feldspar〕。

米國に於ける一ヶ年間に使用する原料は

| | | |
|---|---|---|
| Kaolin | 67449084 Lbs | percentage 38.90 |
| ball clay | 26540313 Lbs | 14.80 |
| Flint | 57173649 Lbs | 32.06 |
| Feldsper〔Feldspar〕 | 25213937 Lbs | 14.14 |
| cobalt oxide | 25878 Lbs | 0.02 |
| | 178331841 Lbs | 100.00 % |

工業試驗所に於ては斯くの如き原料使用額を調査して、此の percentage を求めて、其の percentage に從ひて坏土を作り、試驗せりと。工業試驗場に於ける標準釉薬の formula を示せば、

$$\left.\begin{array}{l} 0.25 Na_2O \\ 0.50 CaO \\ 0.25 PbO \end{array}\right\} 0.225 Al_2O_3 \left\{\begin{array}{l} 2.57 SiO_2 \\ \\ 0.43 B_2O_3 \end{array}\right\} SK\ 01^a \sim 1a$$

$$\left.\begin{array}{l} 0.25 Na_2O \\ 0.50 CaO \\ 0.25 PbO \end{array}\right\} 0.30 Al_2O_3 \left\{\begin{array}{l} 3.00 SiO_2 \\ \\ 0.50 B_2O_3 \end{array}\right\} SK\ 1^a \sim 2a$$

$$\left.\begin{array}{l} 0.25 Na_2O \\ 0.50 CaO \\ 0.25 PbO \end{array}\right\} 0.37 Al_2O_3 \left\{\begin{array}{l} 3.43 SiO_2 \\ \\ 0.45 B_2O_3 \end{array}\right\} SK\ 2^a \sim 3a$$

## Fritte mixing [Frit]

| Composition \ no | a | b | c | d |
|---|---|---|---|---|
| Calcind Borax | 30 | 36.34 | 39.34 | — |
| Cornish stone |  | 19.48 | 22.95 | 24.49 |
| Quartz |  | 19.48 | 18.03 | 20.49 |
| Whiting (chalk) | 20 | 18.18 | 13.11 | 14.21 |
| Bornic acid | 5 | 6.49 | 6.56 | 10.11 |
| China clay | — | — | — | 24.04 |
| 曹達灰 | — | — | — | 10.66 |

## Mill mixing of Hard glatz [glaze]

| Composition \ no | a | b | c | d |
|---|---|---|---|---|
| Fritte [Frit] | 50 | 36 | 60 | 55 |
| Cornish stone | 25 | 40 | 17 | 25 |
| Quarty [Quartz] |  | — | 4 | — |
| Red lead | 25 | 24 | 23 | 20 |

## Fritte mixing [Frit]

| Composition \ no | e | f | g | h | i | j | k |
|---|---|---|---|---|---|---|---|
| Borax | 35 | — | 30 | — | Pb₃O₄ 19 | — | — |
| Cornish stone | — | — | 31 | 25 | — | 41 | — |
| Quarty | 35 | 28 | 17 | 10 | 26 | 24 | 32 |
| Whiting (Chalk) | 18 | 17 |  | 15 | 13 |  | 16 |
| Kaolin | 12 | — | 〃 | 8 | 11 | 3 | 13 |
| Boric acid | — | 17 | — | 18.5 | 15 | 32 | 18 |
| Curistal [Crystal] 曹達 | — | 22 | — | 23.5 | 16 | — | 20 |

## Mill mixing

| Composition \ no | e | f | g | h | i | j | k |
|---|---|---|---|---|---|---|---|
| Fritte [Frit] | 52 | 47 | 74 | 60 | 70 | 59 | 60 |
| Cornish stone | 30 | 31 | 8 | 22 | 長石 23 | Stone 11 | 18 |
| Whit lead | 18 | 21 | 12 | 18 | 6 | 18.5 | 22 |
| Quartz | — | — | 6 | — | — | — | — |

211

Serger 氏の説に依れば硬質陶器は次の formula。

  RO 0.1R$_2$O$_3$ 2.15SiO$_2$（SiO$_2$ は B$_2$O$_3$ をも含む）

  RO 0.4R$_2$O$_3$ 4.5SiO$_2$

Dietz 氏は又次の如く説きたり。

SiO$_2$ 53.2、PbO 16.5、Al$_2$O$_3$ 15.08、CaO 8.28、K$_2$O 6.95 にして、

$$\left.\begin{array}{l}0.25\text{K}_2\text{O}\\0.50\text{CaO}\\0.25\text{PbO}\end{array}\right\}0.5\text{Al}_2\text{O}_3 \quad 3.0\text{SiO}_2$$

〔faience〕〔glaze〕

Hard fience glatz は此の farmula の範囲内にあるものの如し。而して、次に分析表を示せば、

| No\comp. | SiO$_2$ | B$_2$O$_3$ | Al$_2$O$_3$ | PbO | CaO | K$_2$O | Na$_2$O | Loss | Total |
|---|---|---|---|---|---|---|---|---|---|
| e | 53.4 | 7.8 | 9.1 | 17.9 | 6.2 | 2.2 | 3.4 | — | 100 |
| f | 49.3 | 8.3 | 10.7 | 21.9 | 5.5 | 2.4 | 2.7 | — | 100 |
| g | 56.7 | 8.8 | 11.4 | 11.2 | 5.3 | 2.8 | 3.8 | — | 100 |
| h | 45.4 | 11.8 | 10.9 | 18.9 | 6.4 | 2.9 | 3.7 | — | 100 |
| i | 46 | 4.6 | 14.6 | 21.4 | 6.2 | 4.4 | 2.8 | — | 100 |
| j | 50.6 | 8.1 | 8.3 | 19 | 8 | 2.6 | 3.4 | — | 100 |
| k | 46.3 | 11.4 | 8.3 | 22.8 | 6.8 | 1.5 | 2.9 | — | 100 |
| l | 49.2 | 5.25 | 12.03 | 20.98 | 4.41 | 1.94 | 2.91 | 3.28 | 100 |

$$\text{e.}\left.\begin{array}{l}0.1\text{ K}_2\text{O}\\0.20\text{Na}_2\text{O}\\0.40\text{CaO}\\0.30\text{PbO}\end{array}\right\}0.37\text{Al}_2\text{O}_3\left\{\begin{array}{l}3.11\text{SiO}_2\\0.65\text{B}_2\text{O}_3\end{array}\right.$$

$$\text{f.}\left.\begin{array}{l}0.11\text{K}_2\text{O}\\0.15\text{Na}_2\text{O}\\0.38\text{CaO}\\0.36\text{PbO}\end{array}\right\}0.40\text{Al}_2\text{O}_3\left\{\begin{array}{l}3.10\text{SiO}_2\\0.77\text{B}_2\text{O}_3\end{array}\right.$$

$$g \left\{\begin{array}{l}0.14K_2O\\0.25Na_2O\\0.80CaO\\0.21PbO\end{array}\right\} 0.45Al_2O_3 \left\{\begin{array}{l}3.93SiO_2\\0.62B_2O_3\end{array}\right. \qquad h \left\{\begin{array}{l}0.12K_2O\\0.20Na_2O\\0.39CaO\\0.29PbO\end{array}\right\} 0.35Al_2O_3 \left\{\begin{array}{l}2.56SiO_2\\0.76B_2O_3\end{array}\right.$$

$$I \left\{\begin{array}{l}0.171K_2O\\0.14Na_2O\\0.37CaO\\0.32Pb\end{array}\right\} 0.47Al_2O_3 \left\{\begin{array}{l}2.5SiO_2\\0.22B_2O_3\end{array}\right. \qquad j \left\{\begin{array}{l}0.08K_2O\\0.18Na_2O\\0.47CaO\\0.27PbO\end{array}\right\} 0.36Al_2O_3 \left\{\begin{array}{l}2.73SiO_2\\0.37B_2O_3\end{array}\right.$$

$$k \left\{\begin{array}{l}0.06K_2O\\0.16Na_2O\\0.47CaO\\0.36PbO\end{array}\right\} 0.29Al_2O_3 \left\{\begin{array}{l}2.75SiO_2\\0.59B_2O_3\end{array}\right. \qquad l \quad RO \qquad 0.49Al_2O_3 \left\{\begin{array}{l}3.47SiO_2\\0.32B_2O_3\end{array}\right.$$

| Compounds \ no | [Frit] Fritte mixing of in English |||||||||
|---|---|---|---|---|---|---|---|---|---|
| | m | n | o | p | q | r | s | t | u |
| Stone | 80 | — | 90 | 80 | 25 | 120 | 75 | 84 | 75 |
| Quartz | 115 | — | 60 | 115 | 20 | 60 | 75 | 64 | 75 |
| Borax | 114 | — | 80 | 148 | 38 | 110 | 140 | 144 | 80 |
| Kaolin | 25 | — | 16 | 25 | 15 | 20 | 25 | 24 | 27 |
| Chark〔Chalk〕 | 20 | — | 40 | 70 | 18 | 80 | 70 | 48 | 52 |
| ソーダ灰 | 39 | — | — | — | — | — | — | — | — |

| Composition \ no | mill mixing |||||||||
|---|---|---|---|---|---|---|---|---|---|
| | m | n | o | p | q | r | s | t | u |
| Cornish stone | | | | | | | | | |
| Quartz | | | | | | | | | |
| Kaolin | | | | | | | | | |
| Fritte〔Frit〕 | | | | | | | | | |
| White lead | | | | | | | | | |
| Charld | | | | | | | | | |
| Frint glaze | | | | | | | | | |

213

製陶法（其二）

## 英國に於ける実例

**素地**

　Ball clay 20、china clay 32、flint 31、Cornish stone 27
　此の調に依る素地に對し次の如き釉薬を用ふ。

**Fritt mixing** 〔Frit〕

Borax 10.1、智利硝石 3.5、chark 7.1〔chalk〕、china clay 23.3、Cornish stone 20.3、flint 16.5、red lead 19.2。
此の調合物を熔融して fritt となし、次の mill mixing を作る。
fritte 84〔frit〕、唐土 10、Cornish stone 8。

## 獨逸に於ける実例

〔其の一〕 Common clay 28、radin 30、quartz 32、feldsper 10〔feldspar〕
此の調合に依る素地に、次の glaze を施すものとす。
Flint 30、chark 10〔chalk〕、borax 12、red lead 13、kaolin 12、feldsper 3〔feldspar〕
此の Fritt mixing を、一度熔融して fritte〔frit〕 したる後、之を次の如き mill mixing を行ふ。
Fritt 84〔Frit〕、kaolin 10、feldsper 6〔feldspar〕

## 其の二

Bohemia clay 38、kaolin 20、quartz 30、feldsper 12〔feldspar〕
上記の如き body を調合して坏土となし、之に上記と同一の glaze を施して焼成す。

## 衛生用硬質陶器

〔其の一〕Body の調合は
Micen clay（Micen）[Meissen] 35、Kaolin 30、quartz 27、feldsper 8 [feldspar]
glaze としては、次の Fritte mixing〔Frit〕を行ひ、
quartz 16.2、calcium calonate 7.6、feldsper 26.7 [feldspar]、red lead 22.7、borax 27.8〔硼砂〕
而して、次の mill mixing を行ふ。
fritte 85〔frit〕、kaolin 3.2、feldsper 11.8〔feldspar〕

## 其の二

Body は blue clay 25（ball clay の一種）、kaolin 32、quartz 35、feldsper 8 [feldspar]
此の recipe〔配合〕に適する glaze は次の如し。

Fritte mixing〔Frit〕

　red lead 9.1、quartz 32.7、borax 28.3、chalk 18.2、kaolin 12.7

Mill mixing

　Fritte 80〔Frit〕、feldsper 12、唐土 8

### 炻器　Stone ware

　Stone ware は、其の body 不透明なる点に於て陶器に類し、吸水性（poracity）〔porocity〕なき点に於て磁器に類せり。されど其の焼成法、及び原料等より考ふれば、porcelain よりも、むしろ陶器に類せるにより、我國に於ては土器、及び陶器と合せて之を土焼と称せり。然れども、西洋に於ては、質チ密〔緻〕にして吸水せざる点より、磁器と共に之を compact ware となせるものあり。只、porcelain と異る處は、其の body 不透明なると、焼成に酸化焔を使用すると、火度の低きと硬さの弱きとにあり。炻器は、其の種類、陶器及び磁器の如く多様に分類し得ず。之を用途上より見るときは、実用品と装飾品とに分れ、装飾品に於ては、室内装飾用と屋外装飾用のものと二種あり。実用品に於

215

製陶法（其二）

ては、建築用品（土木収蓄）、庖厨具、衛生用器、化學用品等となり、之を其の製造及び性質の差より分てば、施釉品と無釉品との二となる。施釉品に於ては、我國に於ては、長石及び石灰を主とする磁器釉を使用するもの少からざれども、西洋に於ては、石器釉と云へば、燒成の際揮發によりて附着せしむる食鹽釉を意味するものなり。炻器は一般に其の白色なるもの殆んどなく、多くは赤褐、鼡、黒等のものにして、從って着色に於ても、陶器若しくは磁器の如くに便ならざるに依り、割合に裝飾品多からず。されど、素地の燒締よりて吸水せざる點より、施釉せずして之に彫刻を施し、裝飾とみたるものは少からず。なれど、一般に鮮美色を得る事困難なるにより、装飾品よりも實用品の方が其の用途多し。素地原料としては、赤色、又は黄色の粘土を用ゆる事あり。中には白色なるを用ゆるものあれど、多くは之に着色粘土を加ふるを常とす。又、價を廉ならしむる爲めに、石紛類を混ずるもの少くして、天産の粘土一種、若しくは二種を調合して使用するを普通とす。從って、此の目的に向って注意すべき用件は、

(1) 製形に適する placistcity 〔plasticity〕を有する事
(2) SK10 以下の熱度にて sinter すべき事
(3) 食鹽釉藥を用ゆるものは、食鹽の分解に依りて生じたる Na2O と化合して、SiO3Na2 を生ずるに足りる丈の過乘〔剩〕の珪酸分を含有する事。
(4) 普通炻器は酸化焰にて燒成せらるゝものにして、此の火焰により施釉せざるものに於ては、鼡色、若しくは赤褐色、或は黒褐色を呈する種の鐵分を含むものにして、充分燒締りたる後、還元焰に燒けば、鼡色、若しくは帶鼡緑色になるものたるべし。
(5) 燒成の際、瘤を生ぜざるものたるべし（普通炻器素地の瘤は硫化鐵の小粒を存するもの多し）。

米國、其の他の國に於て用ひらるゝ石器素地の成分を示せば次の如し。〔表：次頁〕

製陶法（其二）

|  | SiO$_2$ | Al$_2$O$_3$ | Fe$_2$O$_3$ | CaO | MgO | K$_2$O | H$_2$O | Clay sugatau | Quartz | Feldsper |
|---|---|---|---|---|---|---|---|---|---|---|
| Bohemia clay | 59.42 | 27.15 | 1.77 | — | 0.52 | 1.5 | 9.01 | 72.21 | 23.21 | 2.89 |
| 〃 | 66.76 | 20.94 | 1.92 | — | 0.81 | 4.64 | 4.43 | 62.03 | 33.08 | 1.3 |
| 〃 | 59.82 | 28.63 | 1.2 | — | 0.61 | 3.44 | 3.99 | 62.03 | 22.5 | |
| ライン地方の clay | 64.53 | 24.59 | 1.01 | trace | 0.34 | 3.06 | 6.55 | 37.42 | 2.35 | 66.23 |
| 〃 | 78.22 | 14.94 | 0.79 | trace | 0.35 | 2.11 | 3.78 | 54.15 | 3.14 | 57.71 |
| | 70.12 | 21.43 | 0.77 | — | 0.39 | 2.62 | 4.92 | 41.71 | 0.35 | 54.73 |

| Composition of stone ware clay |||||||||
|---|---|---|---|---|---|---|---|---|
| name＼composition | SiO$_2$ | Al$_2$O$_3$ | Fe$_2$O$_3$ | CaO | MgO | K$_2$O | Na$_2$O | H$_2$O |
| French | 49.68 | 20.6 | 6 | 4 | — | — | — | 12.00 7.42 |
| 〃 | 52.6 | 22 | 4 | 6 | — | — | — | 9.63  6.95 |
| 〃 | 56.22 | 23 | 5.5 | — | — | — | — | 9.3 |
| Clay in English | 72.23 | 23.25 | 2.54 | trace | 1.78 | 1.78 | — | — |
| | 74.34 | 20.32 | 1.34 | 0.04 | — | 3.94 | 3.94 | — |
| | 74.12 | 20.9 | 0.68 | 0.38 | — | 2.92 | 2.92 | — |
| | 65.49 | 21.28 | 1.26 | 4.72 | 1.25 | 1.25 | — | — |
| オースリヤ Kattiken | 59.42 | 27.75 | 1.77 | — | 0.52 | 1.5 | 1.5 | 9.65 |
| 〃 Ledeg | 66.76 | 20.94 | 1.92 | — | 0.81 | 4.64 | 4.64 | 4.64 |
| | 70.12 | 21.46 | 0.77 | — | 0.39 | 2.62 | 2.62 | 4.92 |
| 獨逸　Batten back | 59.28 | 28.63 | 1.29 | — | 0.61 | 3.44 | 3.44 | 7.39 |
| Lammer back | 64.53 | 24.69 | 1.01 | trace | 0.34 | 3.06 | 3.06 | 6.55 |
| Beudorf | 78.22 | 14.92 | 0.77 | trace | 0.35 | 2.11 | 2.11 | 3.78 |
| 日本　伊部土 | 72.92 | 19.42 | 3.03 | — | — | 2 | 1.07 | — |
| 〃 磯上土 | 58.62 | 19.73 | 2.98 | 0.94 | 1.02 | 1.98 | 1.09 | 14.46 |
| 萬古　羽津赤土 | 68.22 | 12.6 | 5.17 | — | — | 1.38 | 0.9 | |
| 常滑　赤土 | 60.54 | 21.04 | 12.13 | — | — | 1.17 | 3.49 | |
| 〃　〃 | 55.39 | 19.25 | 11.1 | 0.51 | 0.94 | 1.07 | 3.23 | 8.78 |
| 〃 奥田土 | 60.9 | 21.08 | 4.35 | 0.55 | 0.71 | 1.74 | 1.11 | 7.82 |
| 〃 平井土 | 59.34 | 20.52 | 4.22 | 0.45 | 0.73 | 1.68 | 1.06 | 12.46 |

製陶法（其二）

|  | 粘土質物 57.70 | SiO₂ 21.74<br>Al₂O₃ 23.08<br>H₂O 6.88 | 62.20 | SiO₂ 30.36<br>Al₂O₃ 24.88<br>H₂O 6.96 | 66.50 | SiO₂ 32.30<br>Al₂O₃ 26.62<br>H₂O 7.52 |
|---|---|---|---|---|---|---|
|  | 遊離珪酸 35.73 |  |  | 33.19 |  | 24.11 |
|  | 熔剤 4.21 | Fe₂O₃<br>CaO<br>MgO<br>K₂O<br>Na₂O | 4.47 | Fe₂O₃ 1.17<br>CaO 0.56<br>MgO 0.47<br>K₂O 2.27<br>Na₂O ── | 6.56 | Fe₂O₃ 2.00<br>CaO 0.47<br>MgO 0.63<br>K₂O 3.20<br>Na₂O 0.26 |
|  | 水分 2.18 |  |  | 1.38 |  | 2.48 |

　上表の如く炻器素地は鉄とアルカリを多く含有す。之に依り、低熱にて sinter し焼成に際して堅固のものとなれども、其の melting point に達すれば、急に熔解して変形するに至るものなり。即ち聊か熱の変化の為めにも、其の形体を失ふ事あり。尚、炻器は一般に匣鉢に入して焼成する事稀にして、主として重ね焼を行ふものなれば、殊に下部の物は其の形を失ひ易し。優等品の製造には、なるべく細末の原料を用ひざるべからず。されど、細末にして粘力強き土は、contraction 又従って強く、殊に其の contraction 一割以上のものにありては、窯中にて熱度の急変なき處にて焼成するを可とす。然らされば、変形する事甚たし。此の憂を避ける為めには、砂、若しくは耐火粘土の焼紛を混すれば、其の粘力を減する事を得。殊に大器物に於て然とす。英國製炻器の堅固なると、其の坏土の基ソたる粘土の耐火性強きと、之に適量の減粘剤を混じて製するに依るなり。磁器原料に於て 15 or 16 percent の contraction をなすも、其の収縮の為めに、其の形體を失ふもの殆んどなけれども、炻器原料には斯くの如き contraction をなすものは大低形を失ひ容し。之磁器原料の主成分たる pure clay substance が高熱に達するまでに、徐々に其の化合水を失ひ contraction するに反し、炻器原料中の impurity clay substance は、低熱に於て急に其の化合物を失ひ contraction を来すを以てなり。西洋に於て行はれたる焼成の際の contraction table を示せば、

赤熱（素焼）石器原料坏土　12.1%、　磁器坏土　3.5%
白熱（焼𥫤）〔締〕　〃　　4.3%、　〃　　6.5%
磁器焼成窯にては　〃　　—　　〃　　6.4%
計　　　　　　　　　16.4%　　　　16.4%

　斯くの如く炻器原料中の impurity clay substance は、red heat に於て其の contraction の大部分を終る。此の red heat の間は、窯中の temperature 最も登り易くして、徐々に temperature を昇す事因難なる時なり。(common stone ware の焼成には此の間に於て大いに注意を要す)。されど、斯くの如き原料も sand、又は shamott〔shamotte〕 の多量を混ずる時は、其の contraction は porcelain と同様に徐々に起り狂ひを生ずる事少し。Stone ware 中無釉品、及び salt glaze を施す素地との差は、後者の場合に於て無釉品よりもやゝ多量の quartz を含有せざるべからず。之、salt glaze は hight heat に於て食塩蒸氣が分解して生したる natrium oxide $Na_2O$ が、body 中の quartz と化合して始めて硝子質の glaze を生ずるものなれば、粘土中に多量の遊離珪酸を含有するを要するなり。即ち其の化學作用は、

　　$2Na_2O + H_2O + XSiO_2 = 2ClH + Na_2OXSiO_2$

又、body 中の鉄分をも亦此の作用に関係するものにして、

　　$AlFeO_3 + XSiO_2 + 3NaCl = AlNa_3O_3XSiO_2 + FeCl_3$

| no glaze stone ware ||||||||||
|---|---|---|---|---|---|---|---|---|
| composition / name | $SiO_2$ | $Al_2O_3$ | $Fe_2O_3$ | CaO | MgO | $K_2O$ | $Na_2O$ | 呈色 |
| 支那 | 62 | 22 | 14 | 0.5 | trace | 1 | 1 | 赤褐色 |
| 〃 | 62.04 | 20.3 | 15.58 | 1.08 | trace | trace | | 〃 |
| 蒙古 | 70.29 | 22.46 | 0.86 | 0.38 | 0.88 | 5.81 | 5.81 | 白 |
| 米国製品 | 67.4 | 29 | 2 | 0.6 | — | 0.6 | | 白 |
| 英国製品 | 66.49 | 26 | 6.12 | 1.04 | 0.15 | 0.2 | | |
| 蒙古 | 72.1 | 25.13 | 1.63 | 0.25 | — | 0.36 | | 褐黒色 |
| 〃 | 72.29 | 21.06 | 1.26 | 2.92 | 1.98 | 1.43 | | |

製陶法（其二）

| 食塩釉薬を強したる石器 |||||||||
|---|---|---|---|---|---|---|---|---|
| composition＼name | SiO₂ | Al₂O₃ | Fe₂O₃ | CaO | MgO | 〔Alkali〕Alkary | Ig loss | 呈色 |
| スエーデン | 74.6 | 19 | 4.25 | 0.62 | trace | 1.3 | | 鼠色 |
| English | 74 | 22.04 | 2 | 0.62 | 0.17 | 1.06 | | 淡鼠 |
| 佛国 | 74.3 | 19.5 | 3.9 | 0.5 | 0.8 | 0.5 | | 褐色 |
| 獨 | 64.01 | 24.05 | 8.5 | 0.56 | 0.92 | 1.42 | | 〃 |
| 佛国 | 75 | 22.1 | 1 | 0.25 | trace | 0.84 | | 〃 |
| English | 70.05 | 26.9 | 1.26 | 0.6 | — | 1.25 | | 〃 |
| 〃 | 72.23 | 23.25 | 2.54 | trace | 1.78 | 1.78 | | 〃 |

上表に於て glaze なきものと、salt glaze を施せるものとは、其の成分に於て大差なけれども、幾分か salt glaze のものは siricat〔silica〕多き傾きあり。我國にても、萬古焼を除けば silica 分多く、salt glaze を施せるものは大低 70 percent の SiO₂ 分を含有す。

炻器の色は、主として其の坏土に含有する鉄の量と、之を焼成する焔の性質とに依り変ずるものにして、之を分くれば次の如し。

1、色白き炻器

此の種のものは稀にして且 pure white は殆んどなし。

2、黒色炻器

一般に珪酸分を多く含み、鉄分割合に少くして、アルカリも亦餘り多からず。

3、赤色石器

此のものは鉄分多くして、アルカリ多く、比較的多量の珪酸を含む。之鉄とアルカリと共に含有すれば火に弱く、且鉄多きときは熔け易くして膨張大なるに依り、珪酸の多量を含量せざるべからず。

4、褐色炻器

鉄の分量前者よりも幾分少し。西洋にては此のものを salt glaze を施す。

## 黒色炻器

天然に此種の原料として定まれるもの無し。大低は着色剤として酸化コバルト、若しくは二酸化マンガンを混して造る。此のものにも salt glaze を施せるもの多し。

## 青及び緑色石器

天然の原料にて作る事能はざる場合多し。即ち Cobalt oxide or chrome oxide を加ふるなり。されど、稍には含鉄粘土を還元して得る事あり。我國青備前の如き之なり。西洋に於け使用する stone ware glaze は、salt glaze を主に Kassel kiln を使用するものにして、其の構造は我國に於ける鉄砲窯を水平にし煙突を附せる如きものにして、

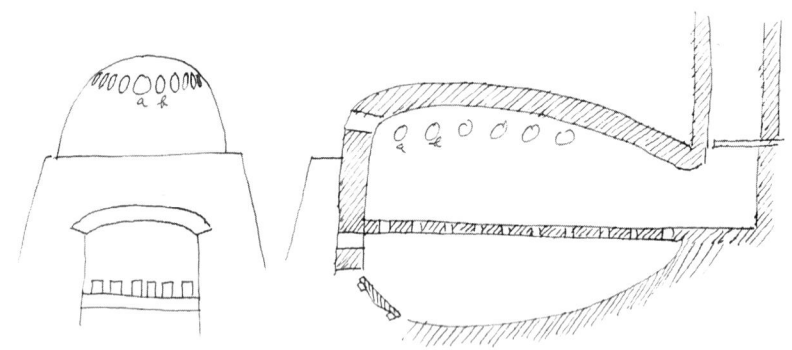

此の窯に於て、素地が焼け締まりたる時、窯の左右両側に各々一人つゝ居り、右側の一人窯の前方にあれば、左側の一人は後部に位置をしめ、前者は前方の穴より食塩を投入し、漸次後方の穴に投入し、反對の側にある後者は、後部の穴より漸次前方の穴に食塩をば投入するには、豫定の食塩を二分し、最初に其の部分を窯内に入れ、食塩投入口を悉く蓋をなして、一時間程を放置して後、色見を取り出し、若し glaze 不充分なるときは、再び前の如くして食塩を投入するか、若しくは、食塩を燃料にふりかけて燃やすなり。然るときは、食塩は少量なりと雖も、均一に掛くる事を得。此の食塩を投入する前には、焚き口に多量の fuel を積みて還元焔となし、是が酸化焔と変ぜんとする時 damper に依り、chimney を塞ぎ、尚此の時 steem 〔steam〕

を供給する必要あるを以て、焚き口に水を供給するか、然らざれば生木を燃焼せしむ。斯くして、單一の方法により salt glaze を施せども、深き器物に於ては其の内面迄充分に珪酸曹達を生し難きを以て、豫め施釉するを要す。此の窯に用する食塩の量は、窯の大さと製品の多少によりて差違あれども、大約 1 cubic meter に付、0.5〜3 kiro gram〔kilo〕の食塩を要す。以上の salt glaze は、窯内全體の器物に同一の glaze を施す場合に限れり。されど、之と同樣の方法、即ち他の揮發釉を一個の匣鉢内の器物に施すには、匣鉢の内面に揮發性の調合物を塗附して、其の目的を達するを得べし。揮發物として用ひらる、ものに次の如きものあり。

炭酸曹達　67、炭酸加里　26、酸化鉛　5.0

炭酸石炭に炭酸鉛を加ふる、又次に示す調合物を以て小さき玉を造り、之を匣鉢の底部に置くも同樣の揮發釉を得。

硝石　6、炭酸曹達 34、食塩 34、鉛丹 40、木節　40、炭酸石灰 46

又、金屬の塩化物を匣鉢の内面に塗りて無色釉に着色せしむるもあり。而して此の方法はしばしば磁器に應用せらる。

## 土釉

土釉は salt glaze に次ぎて炻器釉藥として廣く行はる、ものにして、白熱に於て熔融する一種の粘土により行はる、ものなり。されど、時としては之に鐡多き土、若しくは石灰、曹達、或は食塩を混じて稍や強き土を弱むるもあり。普通用ひらる、土藥の成分は次の如し。

| comp no. | SiO₂ | Al₂O₃ | Fe₂O₃ | CaO | MgO | KNaO | CO₂ | H₂O | 石英 | 長石 | 粘土質 | 石灰 |
|---|---|---|---|---|---|---|---|---|---|---|---|---|
| 1 | 58.99 | 11.73 | 4.16 | 7.41 | 1.83 | 4.83 | 6.19 | 4.8 | 38.39 | 14.99 | 29.25 | 14.07 |
| 2 | 64.49 | 14.35 | 4.38 | 4.13 | 1.53 | 3.69 | 3.12 | 4.31 | 34.34 | 13.72 | 44.85 | 7.09 |
| 3 | 62.4 | 15.51 | 5.68 | 4.36 | 1.13 | 3.62 | 2.88 | 4.41 | 29.27 | 15.98 | 48.21 | 6.54 |

表中：土釉の獨逸に行いたる實例の成分表

此の表中の glaze の分子式は次の如し。

No1 glaze　Ro.0.40 Al₂O₃ 2.3SiO₂

No2 glaze　Ro.0.68 Al₂O₃ 3.5SiO₂

No3 glaze  Ro.0.80 Al2O3 3.15SiO2

| 米國に於て行いたる一例 |||||||||||||||
|---|---|---|---|---|---|---|---|---|---|---|---|---|---|
| CO3Mg | SiO2 | Al2O3 | Fe2O3 | CaO | MgO | KNaO | H2O | CO2 | SO2 | P2O5 | clay | Quartz | stone | lime | SO4Ca |
| 7.13 | 58.04 | 15.41 | 3.19 | 6.3 | 3.4 | 4.45 | 1.23 | 6.85 | 1.12 | trace | 39.35 | 29.72 | 15.31 | 7.09 | 1.87 |

上表に示せる米國に行はるゝ土釉は、旧 serger kerger No3 の分子式に近きものにして、其の分子式を比較すれば、

SK 旧3番の分子式   $\left.\begin{array}{l}0.25K_2O\\0.75CaO\end{array}\right\}$ $\left.\begin{array}{l}0.4Al_2O_3\\0.1Fe_2O_3\end{array}\right\}$ $4.4SiO_2$

米國の土釉の分子式   $\left.\begin{array}{l}0.1954KNaO\\0.4592CaO\\0.3454MgO\end{array}\right\}$ $\left.\begin{array}{l}0.608Al_2O_3\\0.081Fe_2O_3\end{array}\right\}$ $3.96SiO_2$

にしてSK8番に於て焼成せらるゝものとす。(glaze は SK4a 番の formula は SK8番の glaze の formula とする事を得るが故に旧 SK3 の formula に近きものは SK7〜8番に於て glaze として使用する事を得るものとす)。

我國に於ける此の種の釉薬の成分は次の如し。

| 土釉の成分と其の formula ||||||||||
|---|---|---|---|---|---|---|---|---|---|
| compo\name | SiO2 | Al2O3 | FeO | CaO | MgO | KNaO | CO2 | H2O | Formula |
| 蒙古 | 65.76 | 17.84 | 1.25 | 7.54 | 0.94 | 2.18 | 1.37 | 5.38 | $\left.\begin{array}{l}0.15Na_2O\\0.732CaO\\0.127MgO\end{array}\right\}$ $\left.\begin{array}{l}0.966Al_2O_3\\0.42Fe_2O_3\end{array}\right\}$ $5.90SiO_2$ |
| 常滑 | 70.03 | 14.51 | 1.49 | 0.71 | 0.22 | 4.79 | 3.13 | 5.21 | $\left.\begin{array}{l}0.762KNaO\\0.103CaO\\0.075MgO\end{array}\right\}$ $\left.\begin{array}{l}0.335Al_2O_3\\0.117Fe_2O_3\end{array}\right\}$ $0.117Fe_2O_3$ |
| 全土管用 | 58.99 | 11.73 | 4.16 | 7.47 | 1.83 | 4.84 | 6.19 | 4.18 | $\left.\begin{array}{l}0.277KNaO\\0.517CaO\\0.206MgO\end{array}\right\}$ $\left.\begin{array}{l}0.513Al_2O_3\\0.163Fe_2O_3\end{array}\right\}$ $4.388SiO_2$ |
| 〃 | 65.49 | 14.35 | 4.38 | 4.13 | 1.53 | 3.69 | 3.12 | 3.33 | $\left.\begin{array}{l}0.296KNaO\\0.465CaO\\0.239MgO\end{array}\right\}$ $\left.\begin{array}{l}0.886Al_2O_3\\0.163Fe_2O_3\end{array}\right\}$ $12SiO_2$ |
| 〃 | 62.4 | 15.51 | 5.68 | 4.36 | 1.13 | 3.62 | 2.88 | 4.41 | $\left.\begin{array}{l}0.309KNaO\\0.516CaO\\0.239MgO\end{array}\right\}$ $\left.\begin{array}{l}0.932Al_2O_3\\0.235Fe_2O_3\end{array}\right\}$ $6.8SiO_2$ |

製陶法（其二）

## 常滑焼釉薬の調合

普通日用品に用する glaze は、

白砂　6、木灰　3、赤土及び満俺（マンガン）1

白砂　6～8、満俺　2～3

眞焼品と称する瓶類に用ゆるもの、

知多半島より産する奥田土、坂井土、上野土、阿野土、樽土、榎木戸土、板山土、比方土、とー（東野）の田の土等3～7、常滑附近、新板山土、平井土、上野土、横須賀土等の砂多き畑土3～7。

## 朱泥と白泥

朱泥　水簸の奥田土、又は酒井土8～9、赤土1～2

白泥　水簸板山土、平井土、上野土、横須賀土、何れも單味。

火色焼及び火だすき（欅）焼、水簸板山土單味。

## Slack glaze

熔鑛炉等より出る slack を急に水中に投し紛末となしたるものなり。此の物は熔け難きものなれども、其の儘之を用ゆる事を得れども、未だ廣く行はれず。而して、slack は鉄鑛の種類に依りて一定せざるもなり。我國に於て用ひらるものの成分を示せば、

SiO$_2$ 56、Al$_2$O$_3$ 7、Fe$_2$O$_3$ 12、CaO 21、MgO 1、MnO$_3$

## 陶器質釉薬

優等なる石器に於て鉄分多き土釉は、其の色合を害するを以て近来陶器に行はるゝ含鉛釉薬を用ゆるもの多し。此の種の無色釉薬としては、普通の含鉛釉薬の外に亜鉛によりて熔融点を底（低）めたるものあり。

米國に行はるゝものの成分に次の如きものあり。

$\left.\begin{array}{l} 0.2335 K_2O \\ 0.3066 CaO \\ 0.4005 ZnO \end{array}\right\} 0.3307 Al_2O_3 \ 1.942 SiO_2$

## 磁器質釉薬

　石器に於て磁器質釉薬を施せるものは、長石及び石灰を主成分とするものにして、我粟田焼、及び薩摩焼（萬古焼）等に於て用ゆる釉薬と大差なきものなり。信樂地方に於て使用する普通釉薬としては（長石は三雲長石を使用す）。

　　強釉薬　　長石 10 杯、木炭（〔紺屋〕こーや灰）5 杯
　　弱〃　　　長石 10 杯、木灰　　〃　　10 杯

## 相馬焼

　素地の調合　大堀土水簸物　六杯、砂四杯。

　大堀土は二葉郡大堀村小星倉大字井手、樅木曽根薪山村等あり産し、蛙目と木節とを混したるが如きものなり。

　相馬焼の本家田代清右衛門氏の調合は（相馬郡八幡村）、
山田土水簸物六杯、砂 4 杯（大堀村にて用ゆるは富沢村粘土）。

　　青ひび釉薬　　砥山石 10 杯、槻灰 3 杯 (Planera Japaniea ash)
　　白ひび釉薬　　會津五色 20 杯、槻灰　3 杯
　　白釉薬　　　　砥山石 10 杯、槻灰 4 杯
　　白ひび釉薬　　〃房白土 10 杯、槻灰 1 灰

　小月焼の釉薬は無色のもの。對州石 10 杯、石灰石五杯、白色（　）、長石 3 杯、藁灰 10 杯、土灰 5 灰、海鼡釉薬、赤まが石　7 杯、土灰 3 杯、白釉薬、長石 5 杯、藁灰 7 杯、土灰 5 杯。

## 益子焼

　Body の原料としては、前山土、本山土、東山土、榾鉢久土、北古谷土、壁土等何れも單味にて使用する事が出来る。而して、其の化粧に用ゆるものには、寺山を 10 杯、上素地土 3.5 〜 4 杯を用ゆる（寺山土は八代田郡役所の附近より産す）。之に使用する釉薬は、

　　柿色釉薬の 1、蘆中沼石　單味
　　　　　　　2、代木岡石　單味

製陶法（其二）

```
                    3、蘆沼石　6 灰、代木岡石　4 杯
並釉薬強　　寺山石　10 杯、土灰 10 杯
 〃　中　　寺山土　10 杯、土灰 10 杯
 〃　弱　　寺山土　10 杯、土灰 13 灰
□白釉（スガ）　もみ灰　15 杯、寺山　10 杯、土灰 25 杯
青釉薬　　　摺白　10 杯、銅縮　80 匁
桔黒　　　　摺白（スカシロ）　10 杯、黄土　若干
なろそ（赤）　もぎ　杯、鹿沼　6 杯
```

## Parcelain　Porzelan

　Parcelain は其の本質として白色 compact にして、吸水性なく、半透明性を帯び、打てば金属音を発し、焼物中最上質のものにして、粘土に加ふるに feddsper〔feldspar〕及び quartz を以てし、其の熔融性を助け、且透明性を與ふるものなり。而して、透明性を得る為めに、他の焼物に比し、比較的に高熱に於て焼成せらる。其の調合及び性質、焼成法等より分類すれば、

```
磁器 ┬ 普通磁器（長石質磁器） ┬ 強火性磁器　欧州磁器　　SK13 以上
　　 │　　　　　　　　　　　 └ 弱火性磁器　東洋磁器　　SK13 以下
　　 └ 特殊磁器（含鉛釉薬磁器）┬ 骨灰磁器　　英国磁器
　　　　　　　　　　　　　　　 └ 玻璃質磁器　フランス磁器等
```

## 骨灰磁器　Bone ash porcelain

　此の種の porcelain は、乳白色半透明にして外観大理石の如き感あり。其の透明性を與する為めに、牛骨を仮焼して骨灰即ち紛末となしたるものを加ふ。従って此の body は普通の長石質磁器よりもゼー弱〔脆〕なり。而して、其の焼成順序等陶器に似たる處ありて、始め坯土を SK6〜9 位の熱度に於て締焼を行ひ、後之に含鉛釉薬を施して SK1 内外にて釉焼をなす。従って、其の釉薬は酸に犯され易く、knife 等によりて傷附け得べし。尚、熱度の急変に耐する力弱はし。英國に於て使用せらる、成分範囲は、

Kaolin 20 〜 30、pegmatite 10 〜 30、Flint 0 〜 14
calcinde bone ash 40 〜 50、feddsper 0 〜 30 〔feldspar〕

(pegmatite には hard fience〔faience〕に使用する Cornish stone を使用する。Cornish stone は天草と長石との中間物なりとす)。

| no \ composi | Kaolin | Pegmatite | Plastic clay | Quartz | 素地粉末 | アルカリ性熔剤 | | Feldsper〔a〕 |
|---|---|---|---|---|---|---|---|---|
| 1 | 30 | 18 | — | — | — | 49 | — | — |
| 2 | 28 | 30 | — | — | 5 | 41 | — | — |
| 3 | 23 | 31 | — | — | — | 46 | — | — |
| 4 | 20 | — | — | — | — | 60 | — | 20 |
| 5 | — | 23 | 23 | 14 | — | 46 | — | — |
| 6 | — | — | — | — | — | 40 | — | 30 |
| 7 | — | 27 | — | — | — | 46 | 3 | — |
| 8 | — | 7 | 4 | 3 | — | 50 | 6 | — |
| 9 | — | 10 | — | — | — | 45 | — | 20 |
| 10 | — | 15 | — | — | — | 35 | — | 20 |

英国に於ける骨灰磁器の調合実例

我國に於て試験せる骨灰磁器の佳良なるもの。

| 蛙目 | 骨灰 | 石紛($SiO_2$?) | 長石 |
|---|---|---|---|
| 20 | 50 | 30 | — |
| 20 | 40 | — | 40 |
| 25 | 50 | 20 | 5 |
| 30 | 40 | 30 | — |

## アルカリ性熔剤の recipe

Pegmatite 56 〜 60、flint 20 〜 30、natrium carbonate 0 〜 8、boric acid 8 〜 10、lead oxide 0 〜 8

Ball clay を body に加へざるは、品物を汚さゝられ〔ざる〕為めなり。此のものは我國の木節の如く、焼成後其の色を白からしめざるを以て上等品にはなるべく之を避くるを可とす。其の glaze 調合としては、Flitte〔Frit〕を用ゆるものにして、次に示すが如し。

## Mill mixing of bone ash porcelain

Fritte mixing of bone ash porcelain [Frit]

| composi no | Kaolin | Pegmatite | Flint | chalk | Baron | Lead oxide | NKO₃ | CO₃K₂ |
|---|---|---|---|---|---|---|---|---|
| 1 | 34 | — | 14 | 18 | 34 | — | — | — |
| 2 | — | 38 | 24 | 11 | 27 | — | — | — |
| 3 | 12 | 10 | 15 | 18 | 35 | — | — | — |
| 4 | 24.9 | — | 35.7 | — | 7.7 | 33.7 | — | — |
| 5 | 53.1 | — | 15.4 | — | 46.5 | — | 7.7 | 7.7 |

| NO | fritte [Frit] | pegmatite | flint | white lead | feldsper [feldspar] |
|---|---|---|---|---|---|
| 1 | 70 | 9 | — | 21 | — |
| 2 | 60 | 20 | — | 20 | — |
| 3 | 65 | 11 | 11 | 13 | — |
| 4 | 66.5 | — | 3.6 | 11.6 | 18.3 |
| 5 | 31.2 | 20.1 | 8.5 | 40.2 | — |

砂　27、焼硼砂　11、炭酸加里　15、炭酸曹達　9　　？

日本に於て使用せられたる釉薬の foumula は、

$$\left.\begin{array}{l} 0.3K_2O \\ 0.46CaO \\ 0.24PbO \end{array}\right\} 0.24Al_2O_3 \left\{\begin{array}{l} 2.8SiO_2 \\ \\ 0.44B_2O_3 \end{array}\right.$$

にして之に用ゆる Fuitt [Frit] の調合は

Fritte mixing [Frit]　quartz 77.0、feldsper [feldspar] 12.0、蝋石　42.5

Lime stone 47.5、clistal Borax 4.8 にして、其の Fritte [Frit] を次の如き mill mixing を行ひ使用せり。

Fritte [Frit] 348、quartz 71、stone 72、蝋石　22、white lead 117

此の body は調合は乾燥状態に於て行ひ、泥漿等を使用せず。其の坯土は plasisticity [plasticity] 少なるを以て製作に困難なり。従って石膏等によりて型押をなし、或は鋳込等を行ふもの多し。又、焼占に於て殆んど全く吸水性を失ふを以て、glaze は濃厚なるものにして、施釉に際し body を温むるを常とす。

## 玻璃質磁器

此の porcelain と fritte〔frit〕 porcelain とも称すべきものにして、其の起元〔源〕比較的古く、西暦1689に其の性質等よりすれば寧に硝子品となすを適当とする程のものなれども、其の用途、外観及び製法よりする時は、porcelain の内に分類せらるゝものなり。

此の porcelain は body に硝子質 fritte〔frit〕を混し、透明性を與ふるものにして、fritte〔frit〕 mixing としては、sand（砂）600、蝋石 220、明礬 36、炭酸ソーダ 36、石膏 36～72。此の fritte〔frit〕を用ゆる坏土、即ち mill mixing は fritte〔frit〕 75、chalk 17、石灰粘性粘土 8。此の分量によりて調合する場合には、fritte〔frit〕は全く硝子化したる部分のみを撰び、之を水中に於て摩細し、全く細末の糊状となし、之を乾し、更に石鹸及び膠を與へて糊状となす。此の body は粘力が殆んど欠乏せるを以て、石膏型に厚き坏土を適合せしめ、他の石膏形を以て之を圧し製品となす。後乾して仕上をなす。釉薬調合としては、同じく可溶性多きものを混じて fritte〔frit〕となしたるものを紛砕細摩して使用するものにして、其の調合としては、

　　lead oxide 38、sand 27、焼硼砂　11、CO₃K₂ 15、CO₃Na₂ 9

## 新セーブル磁器

此の磁器は1884年セーブルに於て製造せられたる一種の白色磁器にして、其の調合は、
　　Fritte〔Frit〕 mixing　　砂 77、CO3Na2 8.5、KNO3 16.5、chalk 18.5
此の fritte〔frit〕を用ひ body の調合は次の如し。
　　fritte〔frit〕 27.45、砂 49.02、chalk 16.66、clay 6.86

此の body は粘性やゝ不足なり。半透明微密にして、割合に呈色剤を使用し得るを以て、装飾品に用ひらる。此の釉薬調合としては、

| no \ comp | Sand | PbO | Na₂CO₃ | NO₃K | Chalk | Pegmatite | Feldsper〔Feldspar〕 | Total |
|---|---|---|---|---|---|---|---|---|
| 1 | 36.98 | 38.44 | 8.76 | 16.82 | — | — | — | |
| 2 | 25.52 | — | — | — | 8.6 | 65.98 | — | |
| 3 | 35.15 | — | — | — | 7.43 | — | 57.42 | |

製陶法（其二）

## ビスケットポーチェラン　素磁器

　此の磁器は肖像等を変り造るに依り肖像磁器の名もあり。而して、body 箸〔著〕しく、半透明性を帶び、光澤あるを以て釉藥を用ひず、調刻せる形體を其の儘現すものにして、此の爲めに長石分を多く用ひ、又 fritte〔Frit〕を加へて其の body を造る。其の fritte〔Frit〕 mixing は、

　　Kaolin 11、feldsper〔feldspar〕 25、white sand 58、K₂CO₃ 6

　　　〃　―　〃　―　〃　83　〃　17

　mill mixing of Body

|     | fritte〔frit〕 | kaolin | feldsper〔feldspar〕 | pegmatite | flutglay（破片） |
|-----|--------|--------|----------|-----------|---------|
| NO1 | 15     | 39     | 39       | —         | 6       |
| NO2 | 9      | 28     | 42       | 14        | 7       |
| NO3 | —      | 33     | 44       | 23        | —       |

　此の body は粘力少き故に、鑄込法によりて製造する者多し。ドクトルゼーガーは肖像磁器として、此の如き成分のものを可なりと言へり。

　　feldsper〔feldspar〕 66.5、kaolin 32.6、CaCO₃ 1.5

　斯の如き磁器素地は、新セーブル磁器と同じく SK9 程の熱に於て焼成するものなり。


## Common porcelain

　Common porcelain は其の body として箸〔著〕量の feldsper〔feldspar〕分を含み、其の glaze も又 feldsper〔feldspar〕を主成分とし、其の焼成火度は SK8 以上にして、其の glaze と body との焼成火度は同一なり。而して、其の glaze には lead or boric acid を用ひず。從って質硬くして、肉小刀等によりて傷かず。又、鉛毒等の問題を引き起す事なし。焼成には必ず還元焰によるものにして、fuel としては薪材及び coal を使用するを常とす。されど稀には gas 焼成を行ふものあり。獨乙〔逸〕ベルリン官立磁器製造所の、メンドハイム kiln の如き之なり。Body の一般成分としては、clay subustance 66 〜 24 ?、quartz 57 〜 12、feldsper〔feldspar〕 46 〜 14 にして、此の内強光性磁器は、主に歐州諸國に於て行はるものにして、弱

火性磁器は、日本及び支那を其の主産地とす。

## 強火性磁器

　強火性磁器は其の焼成火度 SK13 以上にして、其の clay subusance〔substance〕は何れも 40〜以上なり。質硬くして破損する事少く、clay subusance〔substance〕多きものを high temperature に焼成して、光沢及び半透明性を與へたるものにして、装飾品として下繪、若しくは着色釉薬を施す事は、其の body の強熱に焼成せらる、為め、顔料揮発して其の呈色を得る事頗る困難なり。従って其の着色装飾は主に上繪に依るものとす。其の焼成窯は、古くは薪材窯を用ひたりしが、近年は fuel 高く、節約の目的と high temperature を発生せしむる必要上殆んど coal を用ゆるに至れり。焼成窯は直焔式円筒窯あれども、多くは down draught kiln に依る。尚、陶器に於ては、大工場は何れも tunnel kiln により製造を行ふもの少なからざれど、porcelain は焼成中、其の body が sinter して飴の如くなるを以て、器物の運動する tunnel kiln は困難なりとせらる。欧州大陸に於て使用する body の成分範囲を示せば、

　　　clay substance 66.37〜42.25、quartz　29.62〜12.05、feldspar 36.86〜17.05 0.35R$_2$O、R$_2$O$_3$、3.0SiO$_2$ の如きもの

　　　Severes　　A　0.30〜0.35R$_2$O　R$_2$O$_3$　2.8〜3.5SiO$_2$
　　　Belrin〔Berlin〕　B　0.20〜0.30R$_2$O　R$_2$O$_3$　4.2〜4.8SiO$_2$
　　　Limoges　C　0.40〜0.45RO　R$_2$O$_3$　4.8〜5.3SiO$_2$
　　　Chinese　D　0.40〜0.45RO　R$_2$O$_3$　5.5〜6.0SiO$_2$
　　　Japanese　E　0.30〜0.40RO　R$_2$O$_3$　6.2〜7.4SiO$_2$

　上記の A の者〔もの〕は kaolin 60％以上を含有し、最も高熱に於て焼成せらる、ものなり。B 及び C は 40〜50 percent を含有し、d 及び e の二者は kaolin の含有量 40 percent 以下にして、SK12 以下に於て焼成らる、ものとす。〔表:次頁〕

|  | Quartz | Alminium oxid | Alkali |
|---|---|---|---|
| Severes〔Meissen〕 | 58〜66 | 26〜33 | 27〜3 |
| Ｍｉsen | 58〜60 | 33〜27 | 3.5〜5.5 |
| Belrin〔Berlin〕 | 64〜69 | 24〜29 | 2.6〜4.5 |

製陶法（其二）

| | | | |
|---|---|---|---|
| limoge | 65〜70.5 | 24〜28 | 4.5〜5.5 |
| カールスバット | 20 | 75 | 3 |
| ウイ〜ンナ〔ウィーン〕 | 58〜62 | 31〜38 | 2.28 |
| Bohemia | 71.5〜75 | 21.5〜23.5 | 3〜4 |
| ニンヘンベルヒ | 73 | 18.5 | 0.5 |

強火性磁器（硬質磁器）の分析表

| Name＼comp | $SiO_2$ | $Al_2O_3$ | $FeO_3$ | CaO | MgO | $K_2O$ | $Na_2O$ | $H_2O$ | $CO_2$ | Total |
|---|---|---|---|---|---|---|---|---|---|---|
| セーブル | 52.94 | 28.91 | 0.48 | 3.99 | 0.17 | 1.7 | 0.68 | 9.12 | 2.98 | 100.47 |
| リモージュ | 64.42 | 23.49 | 0.87 | 1.77 | trace | 1.11 | 3.07 | 5.48 | 0.69 | 100.76 |
| 〃 | 64.52 | 22.07 | 0.97 | 2.1 | trace | 1.35 | 3.13 | 5.6 | 0.57 | 100.31 |
| 〃 | 64.32 | 23.64 | 0.83 | 0.86 | trace | 2.66 | 1.82 | 5.98 | — | 100.11 |
| 〃 | 64.42 | 26.47 | 0.52 | 1.37 | — | 2.75 | 1.6 | 7.19 | — | 100.52 |
| ハル belgium | 63.95 | 25.59 | 0.69 | trace | 0.54 | 2.07 | 0.98 | 6.24 | — | 100.53 |
| ボヘミヤ Karlsbad | 66.78 | 22.7 | 0.55 | 0.97 | trace | 1.07 | 1.51 | 6.07 | 0.55 | 100.22 |
| 〃 | 65.17 | 23.62 | 0.51 | 1.05 | trace | 2.92 | 0.9 | 5.98 | 0.7 | 100.9 |
| ベルリン | 63.07 | 24.64 | 0.59 | — | 0.4 | 4.25 | 4.25 | 7 | — | 99.98 |

〔上表の続き〕

| Clay subts | Quarty | Feldsper (feldspar) | Lime |
|---|---|---|---|
| 66.37 | 12.05 | 15.11 | 6.67 |
| 42.05 | 19.5 | 36.84 | 1.61 |
| 42.23 | 22.64 | 33.84 | 1.29 |
| 45.47 | 21.17 | 33.36 | — |
| 54.36 | 19.24 | 26.49 | — |
| 57.92 | 26.06 | 16.02 | — |
| 51.87 | 26.62 | 14.26 | 1.25 |
| 51.97 | 24.5 | 21.95 | 1.6 |
| 54.92 | 23.52 | 21.56 | — |

## 調合例

獨逸の例

SK13 にて焼成し No2 の glaze を使用するもの。

Hall kaolin 20、English kaolin 20、feldsper 26、zettritz kaolin 25、ビスケットブロークン 40

SK13 にて焼成する Bohemia porcelain

Zettaritz kaolin No4 45.5　feldsper〔feldspar〕 26　quartz 29.3　body 末―

　　　　　No5 45　　〃　24　　〃　25　　〃　6

SK16 にて焼成するコペンハーゲン磁器素地
Kaolin 47、feldsper〔feldspar〕 33、quartz 22、にして之に使用する。

釉薬は NO6　quartz 69、almina 25.5、alkaly 5.5
Kaolin 65、feldsper〔feldspar〕 15、quartz 14.5、chalk 5

| composition<br>name | Hall Kaolin | Hall stone | Getting kaolin | Sper | Clay sabustace | Quartz | 〔Feldspar〕Feldsper |
|---|---|---|---|---|---|---|---|
| 〔Berlin〕Belrin common | 77 | — | — | 23 | 49 | 28 | 23 |
| 〃 chemical porcelain | 55 | 27.5 | — | 27.5 | 54 | 28 | 18 |
| 〃 table ware | 60 | — | 18 | 22 | 55 | 22.5 | 22.5 |
| 〃　〃 | 42 | 21.5 | 17.2 | 19.3 | 57.5 | 22.5 | 20 |
| 〃　〃 | 22.4 | 44 | 16.2 | 16.2 | 60 | 22.5 | 17.5 |

佛國セーブル　磁器素地

|  | kaolin | sand | feldspar | chalk | 破片 |  |
|---|---|---|---|---|---|---|
| サンケレー普通品 | 18.0 | 15 | 13.5 | 3.5 | — | 50 |
| 〃　厚物用 | 15.0 | 20 | 10 | 4 | — | 51 |
| 　　組合せもの | 20.0 | 10 | 10 | 7 | 3 | 50 |
| 　　鋳込用 | 20.0 | 15 | 15 | 9.5 | — | 40 |

P.b=Porcelain broken

Feldsper glaze in Severes porcelain

Pegmatite 66、quartz 18、porcelain broken 16、SK 13

Feldspar 50、quartz 40、kaolin 10、SK 13

Lime glaze No2 quartz 65、feldsper 60〔feldspar〕、lime stone 17、焼 kaolin20、porcelain broken 48

Lime glaze No4 gettrity kaolin 7、feldsper 60、lime stone 5、quartz 25、Pb.—、素焼蛙目—

Lime glay No5 gettrity kaolin 1、feldsper 35、lime stone 10、 焼 kaolin4、porcelain broken 15、quartz —

Bohemia (glaze No4) kaolin 44.7、feldsper 6.0、quartz 23.3
〃 49.0、〃 29.4、〃 21.6

上記 Bohemia のものは前記 glaze No4 に適する body の調合量なり。

佛國 lime glaze sand 32.5、chalk 24.0、Pegmatite 25.5、kaolin 20

No7 glaze、SK14—15 に適するもは次の如し。

Sand 105.6、lime stone 36、porcelain broken 20.4、Mg 5

にして其の成分より分子式を打算すれば、

$\left.\begin{array}{l}0.11 K_2O \\ 0.67 CaO \\ 0.22 MgO\end{array}\right\}$ $Al_2O_3$ $10.0 SiO_2$ となる

No6 glaze　コッペンハーゲンに於て使用せらるゝもの、

Kaolin 6.75、quartz 48.75、feldsper 48.00〔feldspar〕、chalk 75、P.h 13.75

Per about fuel and time volume and temperature of kiln.

|  | | Diameter or Volume | Time | fuel | | Temperature |
|---|---|---|---|---|---|---|
| 佛國 | 大 | 12.9 cubic meter | 50-55 | coal 約 | 20 噸 | SK13-14 |
|  | 中 | 69.9 cubic meter | 40-48 | 〃 | 12.5 噸 | 〃 |
|  | 小 | 51 cubic meter | 40-43 | 〃 | 10 | 〃 |

製陶法（其二）

| ベルリン | Diameter 4.3 meter | 30 | brown coal 3000kg | 〃 |
| | Volume 38 cubic meter | 〃 | brown coal 6000kg | 〃 |
| オーストリ | Diameter 5 meter | 29 | brown coal 28000kg | SK13 |
| | Volume 71 cubic meter | 〃 | 〃 | 〃 |
| 瀬戸（商務省） | Diameter 5 meter | 28 | 13000-14000 斤 | SK12 |
| | Volume 66.4 cubic meter | 〃 | 〃 | 〃 |
| 〃 | 〃 | 〃 | 15000-18000 斤 | SK12 |
| 日本陶器会社 | Diameter 5 meter | 38 | 18000 斤 | SK13-14 |

## 弱火性磁器

　日本及び支那に於て製造せらるゝ磁器は、長石質磁器は SK12 以下に於て焼成せらるゝもの多く、其の熔融性を助くる為めに arkaly〔alkali〕及び quartz の多量を含み、焼成火度 SK8～12 の間にあるもの多く、焼成後は硝子に近き如き傾きあり為めにゼー弱〔脆〕なる憂みなしとせず、其の素地成分は次の如き範囲にあり。
　　　　clay substance 20～35、quartz 40～45、feldsper〔feldspar〕25～35
而して其の実際の調合は、

## 瀬戸焼

　瀬戸焼の原料には蛙目、木節、石紛、＿＿＿を用ゆるものにして、其の主なるものを示せば、

加藤門右衛門氏丸窯用素地
　　印所木節　8 升、五位塚蛙目 2 升、長石　6 升

全用釉薬　Feldsper 6、Giyaman 4、Lime stone 0.7（二合に相当）
　　〃　　　〃　 7.5　〃　 2.5　〃　 1
　　〃弱　　〃　 8.5　〃　 1.5　〃　 1

伊藤四郎左衛門　丸窯用素地
　　強　　　山口蛙目　　10 杯　　長石　　14

製陶法（其二）

| | | | | | |
|---|---|---|---|---|---|
| 中 | 〃 | 10 杯 | 〃 | 18 | |
| 弱 | 〃 | 10 杯 | 〃 | 22 | |

全用釉釉［薬］

| | 石紛 | Giyaman | Lime stone |
|---|---|---|---|
| 強 | 6.5 | 3.5 | 0.6 |
| 中 | 8.0 | 3 | 0.7 |
| 弱 | 7 | 〃 | 1.4 |

加藤光太郎氏　丸窯用素地及び釉薬

| | | 木節 | 石紛 | 五位塚蛙目 | |
|---|---|---|---|---|---|
| 強 | 甲 | 14 | 10 | — | |
| | 乙 | — | 10 | 13 | 〔volume〕volium に依る |
| 弱 | 甲 | — | 10 | — | |
| | 乙 | — | 10 | 12 | |

之に使用する釉薬の調合

| | 石紛 | Giyaman | Lime stone | |
|---|---|---|---|---|
| 強 | 10 | 4 | 1 | |
| 中 | 10 | 3 | 1.2 | 〔volume〕volium |
| 弱 | 10 | 2 | 1.5 | |

水の海　古窯用（white china）

| Body | | 五位塚蛙目 | 石紛 | |
|---|---|---|---|---|
| 弱 | | 10 | 10 | |
| 中 | | 13 | 10 | 〔volume〕per volium |
| 強 | 甲 | 16 | 10 | |
| | 乙 | 18 | 10 | |

全用 Glaze

| | 石紛 | Giyaman | Lime stone |
|---|---|---|---|
| 1 | 7 | 3 | 0.6 |
| 2 | 7.5 | 2.5 | 0.9 |

|   |     |     |     |
|---|-----|-----|-----|
| 3 | 8   | 2   | 1.5 |
| 4 | 8.5 | 1.5 | 1.6 |
| 5 | 9.2 | 0.8 | 2.0 |

加藤仙八氏

|   | 山口蛙目 | 五位塚蛙目 | 石紛 |
|---|------|-------|----|
| 強 | 8    | 8     | 10 |
| 弱 | 7    | 7     | 10 |

仝用釉薬

|   | Stone | Giyaman | Lime stone |
|---|-------|---------|------------|
| 強 | 10    | 3       | 0.8        |
| 弱 | 10    | 2       | 1.5        |

森村廻　瀬戸原料精錬所

| comp no | 石組 | 山口蛙目 | SiO$_2$ | Al$_2$O$_3$ | Fe$_2$O$_3$ | CaO | MgO | NaKO | Ig Loss | Total | Clay substance | Quartz | Feldspar |
|---|----|----|-------|-------|-------|------|------|------|------|--------|-------|-------|-------|
| 1 | 75 | 25 | 69.24 | 18.73 | 0.66  | 0.18 | 0.11 | 7.43 | 3.84 | 100.19 | 35.12 | 40.24 | 24.64 |
| 2 | 70 | 30 |       | 19    | 0.13  | 0.21 | 0.13 | 6.95 | 4.45 | 100.2  | 39.06 | 37.68 | 23.26 |

瀬戸陶器學校

| 蛙目 | 石紛 | 珪石 |
|----|-----|----|
| 10 | 5.5 | 1.5 |
| 10 | 6   | 1   |
| 10 | 5   | 2   |
| 10 | 5   | 3   |

仝用釉薬

| 石紛 | 珪石  | 石灰石 |
|----|-----|-----|
| 10 | 2.0 | 1.4 |
| 10 | 6   | 1.5 |
| 10 | 5   | 1.5 |
| 10 | 6.5 | 2   |

製陶法（其二）

瀬戸陶器學校の調合

|   | 蛙目 | 石紛 | Giyaman | 本石 | 〔千倉〕竹□石 | 備考 |
|---|---|---|---|---|---|---|
|   | 6 | 3 | 1 | — | — | 容積 |
|   | 6 | 4 | — | — | — | 〃 |
|   | 6 | 5 | — | — | — | 〃 |
|   | 10 | — | 2 | 8 | 2 | 〃 |
| 上 | 10 | 5（廣見石） | 7（白川） |  |  | 〃 |
| 中 | 10 | （白川）7 | — | — | 5 | 〃 |
| 下 | 10 | 7（並廣石） |  |  |  |  |

山口蛙目　　石紛

| 17 杯 | 10 杯 |
| 28% | 72% |
| 20 杯 | 10 杯 |
| 33% | 67% |

容積と重量とにて現す

|   | 蛙目 | 石粉 | giyaman |
|---|---|---|---|
|   | 10 杯 | 3.5〜4 | 1 |
|   | 6〜4 | 3〜4 |   |
|   | 15 | 8 | 2 |
|   | 17 | 8 | 2 |
| 強 | 10 | 4 | — |
| 中 | 10 | 5〜6 | — |
| 弱 | 10 | 7〜8 | — |

瀬戸に一般に行はるゝ釉薬の調合

| 本表は何れも容積によるものとす ||||||
|---|---|---|---|---|---|
| no / name | 二合半釉 | 三合釉 | 三合半釉 | 四合釉 | 四合半釉 |
| 石粉（stone） | 6.5 | 7 |   | 8 | 8 |
| Quarty | 3.5 | 3 |   | 2 | 2 |
| Lime stone | 3.75 | 1.93 | 1.05 | 1.2 | 1.4 |

製陶法（其二）

|        | 二合 | 二合半 | 三合半 | 四合半 |
|--------|------|--------|--------|--------|
| 石紛    | 10 } 10 | 10 } 10 | 10 } 10 | 10 } 10 |
| ニュードベ | 3 | 3 | 2 | 2 |
| 石灰石  | 0.65 | 0.8 | 1.0 | 1.2 |

薬元の調合

|      | NO1 | NO2 | NO3 | NO4 | NO5 | NO6 |
|------|-----|-----|-----|-----|-----|------|
| 石紛 | 10  | 10  | 10  | 6.5 | 8   | 7〜10 | 8〜10 |
| 珪石 | 5   | 4   | 3   | 3.5 | 2   | 3    | 2 |

即ち、薬元を造り此のものに二合の石灰石を加へたるものを二合釉と称す。

加前木左衛門

 尤も強き釉薬　石紛6杯　giyaman 4杯　柞灰2杯又は石灰 0.8　　合

 全　弱　　　石紛7杯　giyaman 3杯　柞灰4杯半又は石灰 1.8

瀬戸に用ひらる、青磁釉

|   | 石紛 | Giyaman | Lime stone |
|---|------|---------|------------|
| 上 | 6 | 4 | 0.8 |
| 中 | 7 | 3 | 1 |
| 下 | 8 | 2 | 1 |
| a | 88v | 32v | 12v |

此の釉薬6升に對して紅柄一近及び酸化クローム7〜8匁のものを 264 volume に對して紅柄四斤及び酸化クローム五十匁

|   | Stone | Giyaman | 柞灰 | Lime stone |
|---|-------|---------|------|------------|
| 上 | 6.5 | 9.5 | — | 0.8 |
| 中 | 10 | 4 | 3 若しくは | 1 |
| 下 | 9 | 1 | 3.5 | — |

此の釉薬一升に對して酸化クローム八匁紅柄四十匁

## 美濃焼

 美濃焼は瀬戸より北なる土技津の附近に散在する村落に産するものにし

製陶法（其二）

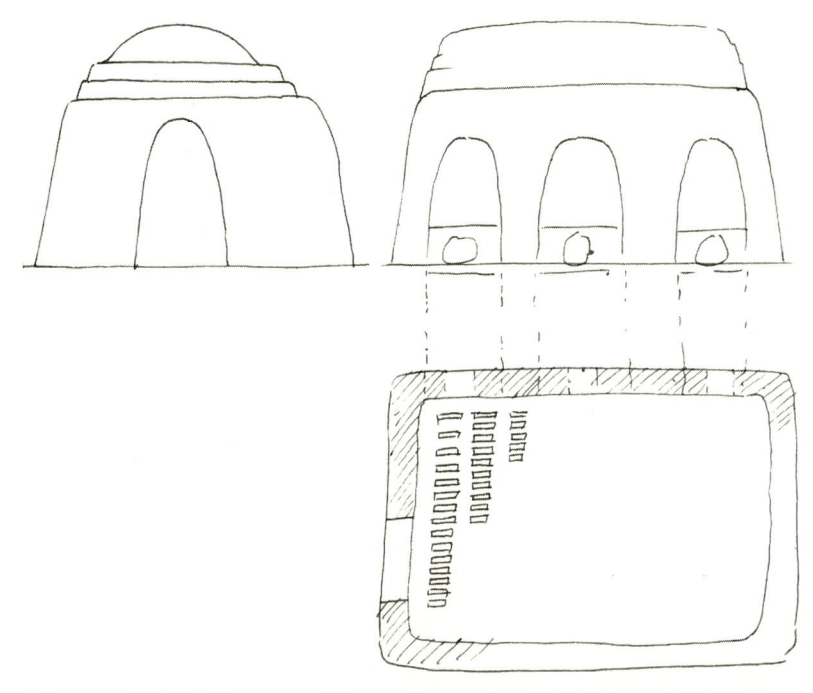

て、分業的にして一村落は他の村落と製品を異にするを特色とす。例へて云へば、市の倉の盃、土技津の煎茶、妻木の珈琲、瀧呂の小皿、下石の徳利、奈良茶碗の如し。製形法は別に異る所なしと雖も、此の地方の分類に從へば、丸作り、ほけ作り、型物の三種となす。燒成には下等品多ければ生掛にて窯詰を行ふ。燒成に使用する窯は三種あり。何れも角窯にして、圖の如く

|   | 長石 | 珪石 | 石灰 | トヤネ土 | 藁灰 |
|---|---|---|---|---|---|
| 1 | 6.0 | 2.0 | 0.8 | 2.0 | — |
| 2 | 3.0 | 9.0 | 2.1 | 3 | 4.5 |
| 3 | 10 | 2 | 1.5 | 1 | — |
| 4 | 10 | 2 | 1.8 | 1 | — |

|   | 廣見土 | Giyaman | 石粉 | 柞灰 |   |
|---|---|---|---|---|---|
| 強 | 6 | 2 | 2 | 3 | ⎫ |
| 中 | 6 | 2 | 2 | 4 | ⎬ volume recipe |
| 並 | 6 | 2 | 2 | 5 | ⎭ |
| 安物 | 石粉 | 0.2 | 竹ら石〔千倉〕 | 1 | 栗皮灰 0.5 |

240

出入口は一個又は二個にして、焚き口は一方に二個乃至七個あり。此の圖は三個にして、兩側を計算すれば六個あり。窯内には床一面に吸込穴あり。斯くの如きものを松村式と稱す。而して眞中にのみ吸込穴を有するものを縣聽式と稱し、薪材窯を石炭窯に改めたるものを元六式とす。故に角窯には三種類ありて、別に餘熱應用の素地を添へたるもあり。稀には登窯を使用すれども、殆んど角窯なり。而して、其の素地の調合には、

陶器學校（並上）　蛙目　24俵、三河　石紛4俵、窰土長石4俵、三河長石
　　　　　　　　21表、トヤネ土　1俵半
　　　　　下　　蛙目　40俵、トヤネ土2俵、窰土12俵、長石　5升、
　　　　　　　　天草八升、蛙目7升　珪石3升

　釉藥の調合としては
伊藤五郎衛門
　　石紛　一杯、蛙目　一杯
　　石紛　一杯、〃　一杯四分
其の釉藥は、

|   | 石紛 | giyaman | lime stone |
|---|---|---|---|
| 1 | 7合 | 3 | 1 |
| 2 | 7.5 〃 | 2.5 | 1.2 |
| 3 | 8 〃 | 2 | 1.4 |
| 4 | 8.5 〃 | 1.5 | 1.6 |
| 5 | 9 〃 | 1 | 1.8 |

駄知の一例
　　石紛　20俵、青蛙目拾五俵
　　石紛　20俵、青蛙目10俵、砂蛙目5俵

## 清水燒

　　（古）　　天草石7杯　　信樂　3杯
　　　　　　　〃　　　〃　6杯　　〃　4

## 製陶法（其二）

| | | | | | | |
|---|---|---|---|---|---|---|
| 天草石 | 五貫匁 | 三雲長石 | 五貫匁 | 信樂 | 三貫匁 | |
| 天草石 | 一杯 | 三雲長石 | 一杯 | 信樂 | 一杯 | |
| 〃 | 8割 | 〃 | 4割 | 〃 | 二杯 | |
| 〃 | 6〆 | | 4〆 | 〃 | 2〆70 | |
| 天草石 | 八貫四百匁 | 長石 | 4貫匁 | 信樂 | 二貫七百匁 | |
| 天草石 | 八貫四百匁 | 長石 | 4貫匁 | 蛙目 | 二貫匁 | |

小田床七杯と都呂々三杯と合せたるもの6杯に對して、信樂四杯を加へて素地とするもあり。

　　天草　5杯　三雲長石　5杯　蛙目2〜3杯　信樂　2〜3杯

京都市立陶磁器試驗場に於て使用する素地及び釉藥の調合は次の如し。

　　天草 70　　　　土技口蛙目 10　　三雲長石 10　　重量調合
　　天草 73〆　　　伊部長石 12〆　　土技口蛙目　　15〆
　　天草 68〆　　　伊部長石 12〆　　土技口蛙目　　20〆
　　天草 65〆　　　長石 15〆　　　　土技口蛙目　　20〆

此の物の示性分析を示せば次の如し。
　　　　　〔substance〕　　　　　　　〔feldspar〕
　　clay subustance 42%、quartz 26%、feldsper 32 percent

試驗場に於て使用する glaze の recipe は次の如し。

　　天草 4　　　　長石 6　　　　柞灰 4〜6
　　天草 20〆　　 長石 55〆　　 柞灰 25〆　　珪石 25〆
　　天草 100〆　　長石 10〆　　 柞灰 30〆
　　天草 10〆　　 長石 30〆　　 石灰 23〆
　　天草 10〆　　 長石 12〆　　 石灰 30〆
　　天草四杯　　　柞灰 30杯　　 石灰 6杯
　　天草四杯　　　柞灰 6杯
　　燒天草 3000　天草 1000　長石 6600　珪石 685　蛙目一
　　燒天草 180　 天草 84　　長石 520　　珪石 497　石灰 280　蛙目 69.2

## 有田焼

有田焼に使用する素地は泉山石單味とす。

其の釉薬は、

|   | 釉石 | 對州石 | 柞灰 |
|---|---|---|---|
| 強 | 5 | 5 | 4 |
| 中 | 5 | 5 | 5 |
| 弱 | 5 | 5 | 6 |

} volume recipe

柞灰は日向の國都の丈に産するもの。

今萬里焼  
平戸焼  } 肥前磁

三河内焼は長崎。

## 有田焼

内山、泉山、上幸平、中樽、本幸平、白川、赤繪　以上西松浦郡。

外山、中野町、稗古場、炭谷、川内、大外山、黒年田應法、外尾、上南川原、廣瀬、大河内、吉田、志田、濱山、以上藤津郡

成瀬、小田志、杵島郡

|   | 釉石 | 對州石 | 綱代土 | 柞灰 |
|---|---|---|---|---|
| 強 | 5 杯 | 4 | 1 | 4 |
| 中 | 5 〃 | 4 | 1 | 5 |
| 弱 | 5 〃 | 4 | 1 | 6 |

# 三橋先生 製型講義

陶器用石膏型製造法　246
陶器用模型の種類　256
原型作法　256
鋳込型作り方　258
鋳込型使用法　264
押型の作法　265
普通押型　265
花鳥動物等の形状よりなる皿の押型　270
押型の使用法　274
型の保存法　276
石膏製機械轆轤用型製造法　277
石膏轆轤盤の作法　280
石膏輪の作法　280

原型盤　282
型の種類　283
原型の作法　283
皿の加工法　285
周縁の加工　286
袋物の原型作法　288
使用型作法　290
石膏型の使用法　298
皿型の使用法　298
石膏製受板は適宜に之を作るべし　299
碗類及び袋物型の使用法　300
型の保在法　301

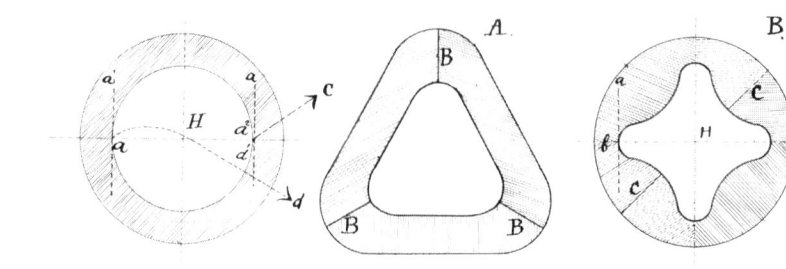

# 陶器用石膏型製造法

## 1 石膏

　石膏は石炭岩の一種にして、多くは柱状或は板状をなして孤立して発見せらる。時として廣潤なる岩層、或は山脈をなすものあり。纖維状、又は粒状の結晶にして、交互に分離する事を得。成分は二分子の結晶水を含有する處の硫酸石灰、即ち（CaSO₄H₂O）にして、英國にては gyps 獨國にては gips 佛國にては Platn de Paris と云ふ。

　石膏は硫酸の作用に依り、炭酸石灰の分解より生ずるものなり。即ち炭酸石灰より成る岩層が、他の硫酸を含有する所の塩類、即ち硫酸鑛の如きものは分解より生ずる遊離せる硫酸、或は火山より噴出せる硫酸、又は有機物の腐敗より生ずる硫化水素の酸化による硫酸の作用を受け、漸次分解して硫酸石灰を形成するものにして、此等の遊離硫酸が雨水に溶解し、漸次浸透して石灰と化合して組成せらるが故に、其の大なるものは連々たる山脈をなし、又は溶解せる硫酸石灰が徐々に滴下して、漸く凝結して垂直なる円筒形をなすものありと云ふ。

## 2 種類と産地

　石膏の種類はⅠ透明石膏（無色透明なるもの）、Ⅱ雪花石膏（白色細粒状 Alabaster）、Ⅲ繊維状石膏（繊維状なるもの）

　産地は陸中湯田、甲斐靜川、陸前宮崎、出雲國簸川郡鵜峠礦山〔濃〕、信儂桑原、佐渡相川、山形縣、福嶋縣、新潟縣。

　外國、獨ハルツ、伊ベスビアス、米カリフォルニア、アラスカ、佛ウラル、南支那の各地方。

## 3 石膏の性質

　石膏は硫酸石灰と二分子の水とよりなる。而して百分中 32.54 percent の石灰 46.51 percent の硫酸及び 0.95 percent の水を含有し、無色透明或は白色。

時としては赤、黄、青、緑、黒、褐色等のものあり。焼石膏の原料は専ら白色のものとす。

硬度は 1.5 〜 2. 度にして specific gravity 2.2 〜 2.4 なり。表面は眞珠光澤を有し、水の温度零度の時は 488 分に、20℃の時には 414 分、35℃度の水には 393 分に、100℃度の時には 360 分に各石膏一分を溶解するものなり。然れどもアルコールには溶解せず。

石膏は攝氏 100° 〜 120℃度に於て熱すれば、速かに結晶水の殆んど 16%（3/4）、即ち結晶水の四分の三を失ふ。然れども此の温度に於て残餘の結晶水は、甚だ徐々に脱水するに過ぎず。若し之を 200℃ 〜 250℃の温度に高むれば、再び迅速に脱水するものなり。是れ二分子の結晶水に於て、其の四分の一は硬結合にして、四分の三は軟結合なるが故に、低き温度に於ても、軟結合の四分の三を分解し易きに依る。而して、赤熱するときは、漸次溶解して他の硫酸塩を構成す。適當なる温度にて焼き、粉細せる石膏を水と混和し、糊狀となすときは水と結合して、原容積（水と焼石膏との混和容積）に比し、僅かなる膨脹凡そ（百乃至百五十分の一位）をなして硬化す。此の時には、必ず熱を件ふ（伴）ものにして、流動体より固體に変ず。焼石膏を空氣中に放置する時は漸次濕氣を吸収して再び結合するものなり。

## 4　石膏の焼煅法

石膏は焼煅法の如何によりて性質に変化を来すを以て、注意せさるべからず。

之を焼くには、之を焼くには始め小塊となし、焼煅後粉末とすると、初より粉末となし後に焼くの両法あり。其の焼成窯又は種々あれども、塊狀にて焼くものは多くは円筒式にして、大塊を低部に。其の上に中小の塊を順次に積み、凡そ攝氏 80° 〜 100℃度にて、凡そ四時間焼き、次に稍々強く、凡そ 140℃ 〜 160℃に約八時間焼煅し、其の焚き口を密閉し、上部に石膏の粗粒を二、三尺の層（大塊より粗粒の石膏層は各々約 3 〜 4R とす）を積み、其の儘拾二時間放置し冷却せしめ、全部を混淆して粉砕するの法とす。

## 三橋先生 製型講義

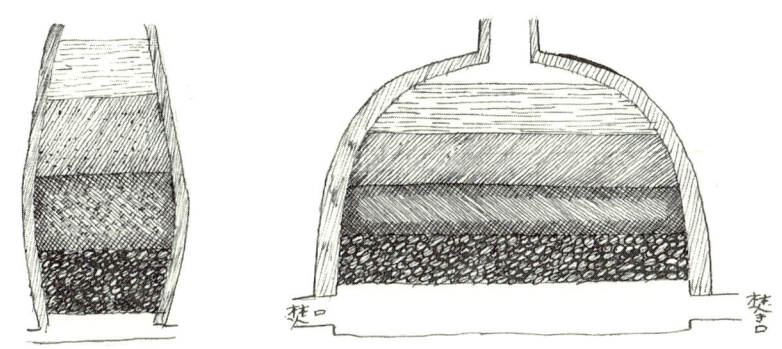

然れども此の方法は塵芥の混入するのみならず底部は火度強きに過ぎ平均なる焼成物を得る能はざるなり。

　粉末にせる石膏を焼成するには鉄製の円筒形の窯にして、内部に粉末を攪拌する装置を有し、之を以て絶へず攪拌しつゝ焼成するものにして、室の大小により、容量に多少有り火度120℃〜150℃に於て約三時間にして焼成するものを普通とす。此の方法に依れば、比較的平均なる焼成を成し得らるを以て、上等品の製造には多く此の方法に依る。而して焼成物は之を冷却し、其の儘供用し得るものとす。

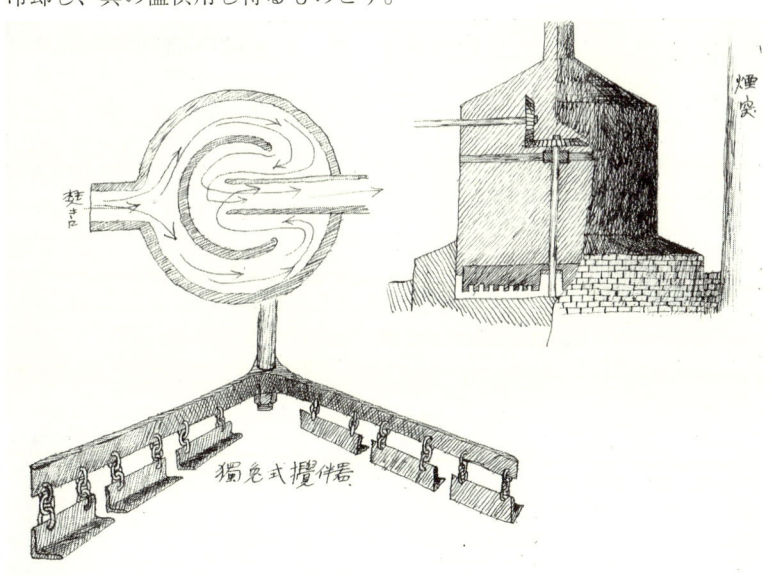

小量の石膏を焼くには鉄製の鍋を用ふるを便とす。即ち鉄鍋を火上に置き、之に石膏粉末を約半容積入れ、攪拌するときは粉末は漸次に輕く動揺し易くなり、液体を攪拌するの状態となる。此の時は温度 120℃〜190℃にて盛に脱水しつゝある の時期とす。數拾分時間にして、漸次粉末重くなり、液體を攪拌するが如き状態を失ひ、再び攪拌し易からざるに至りて、適度に焼成せられたるの證なり。故に之を火上より取り、粉末を冷却せしめ供用すべし。此の方法は小規模に焼成し、且つ多量に使用せざるありては、常に新鮮なる焼石膏を供用し得る便あり。然れども、焼成の方法に熟練せざる者は、常に不同一の製品ならしむるものなるを以て、原石の撰擇と火度の高低及び焼成中の状態を熟知するを要す。

石膏の焼成は、其の結晶水の 3/4 を脱水せしむるに有るを以て、其の脱水の程度の如何を知るに、斯くの如き小規模の方法にありては、冷たき硝子板を粉末中に押入するとも、粉末の硝子板に附着せざるを以て、脱水の終へたるを証するものとす。故に粉末動揺する事なきに至れば時々之を試み、以て焼成を止むべし。

石膏は空気の流通よき處にて熱すれば 90℃。流通悪しき處にて熱すれば 100℃以上に於て結晶水を於出するものとす。結晶水の放出後と雖も、尚其の硬結合の四分の一を含有するものにして、実用に供するものは四分の一を含有する物を以て最良とする以所なり。

石膏の粉末状態は、其の粉末の細かき程良好なり。即ち一吋平方に付、二千五百孔の篩過物は良好なり。普通防間に鬻けるものは之に多くの粗粒を混じあるを常とす。

塊状にて焼成したる石膏は、甚だ崩壊し易きものにして最も粉砕し易く、生石膏は硬度小なれども粉末とするには頗る難にものなり。故に先づ粗粒

にて、適當に之を焼きたる後に粉砕するも亦可なり。然れども塊状にて焼きて粉砕したる物と、粉末を焼成したるものとは硬化時間は著しく長短あるものなり。故に之を実施するには數回の試験を經たる後に於て決定すべし。

## 5 石膏の硬化 (9.1%)

石膏を190℃〜500℃に熱すれば全く結晶水を失ひ無水物となる。之に水を混ずれば第一に $2CaSO_4H_2O$ となり、更に水を取って $CaSO_42H_2O$ に移り、是等の反應は共に發熱を件（伴）ふ。此の無水なる物質は硬化の性を有する可溶性硫酸カルシウムより成り、之が硬化する時は $CaSO_4H_2O$ となる。此の化合物は更に水を取るの性を有するものなり。

焼石膏は生石膏よりも水に溶解し易き性あり。此の焼石膏の溶液は漸く飽和するに至り、之が生石膏に接觸すれば直ちに結晶するの特性あり。此の際に於ける生石膏は、石膏結晶の核子、即ち結晶種となりて結晶遂行の作用を生ずるものなり。故に焼石膏中に此の結晶種の混在せざるときは、該溶液の状態を變ずるに非らずして結晶を生ずる事なし。之れ焼石膏が再び結晶水を回復して焼成前の状態に復歸するものなり。故に焼石膏の硬化は $CaSO_42H_2O$ の結晶の折出と共に始まり、全體が此の結晶と為るに至りて終る。而して石膏結晶の生ずるや、中心たるべき結晶種の周圍に輻射状に増殖す。但し此の中心は焼成の際、分解せざる儘にて残りたる石膏なり。石膏の脱水を稍高温度にて行ふときは、$CaSO_42H_2O$ 種の消滅は硬化速度の減退を来す。されば、焼成に先んじて粉砕すると焼成の後粉砕するとに依りて、硬化速度に影響あり。粉末の大さは、又此影響の度合に變化を来す可きなり。粉末となし焼成を行ふ場合には、粉末の細きは以て硬化の速さを減退せしめ、焼成後粉末となす場合は、其の細きは反って速度を増し（結晶種を失はしむる作用あり）。後者に於て粒の細きは結晶種の分布を助く。焼石膏を水と混和するとき $2CaSO_4H_2O$ より漸次 $CaSO_42H_2O$ に移り硬まりて一塊となるものにして、此の時必ず發熱あり。之結晶水を攝取するとき起る化合熱にして、始め拾五分間は殆んど温度上らず、夫より後に至りて

発熱し 10℃〜 20℃度の温度上昇するを普通とす。

## 6　水と混和する事

　焼石膏を使用するには必ず水と混和せざる可からず。而して硬化せるもの丶硬度は原石の硬さに比例するものなれども、溶解の如何に依りて又硬度に大小を来すものなり。即ち混和する水の量多少、及び攪伴時間の長短によりて変ず。過度の水を混ずれば柔軟となり、少量の水を混ずれば著しく堅硬となるなり。焼石膏は、其の結晶水の四分の三を除去したるものなるが故に、夫れ丈け加ふれば原態に復すべきが如きも、決して然るには非ずして、全然使用する事能はさるものにして、実用上には必ず必要以上の水量を以て泥漿状に混和せさる可からず。而して餘分の水は機械的に硬化したる塊中に吸収せらる丶ものにして、此の機械的に吸収せる水は硬化後蒸発せしめて乾操するものなり。而して水量多き時は、其の硬塊箸〔著〕しく多孔にして、硬度小にして且つ硬化時間は幾分か延長するものなり。

　混和す可き水量は、石膏の 3/4 なる時は稍釈〔稀ヵ〕糊となり、5/8 なる時は濃厚なる泥漿となるなり。而して過量の水を混ずる時は、容積約 48% を増し、一立方寸の物は、一.四八立方寸となり、少量の水を混和する時は 12% を増して、一立方寸の物は 1.12 立方寸となる。石膏を水と混和するには、石膏中に水を注入す可からず。必ず水中に石膏末を入る可し。而して、其の全部をして悉く濕潤せしめ、棍棒を以て充分攪伴し、成る可く均一の泥漿となり、且つ氣飽を有せざる様に絶へず攪伴すべし。

　実験上、大器に石膏を溶解するは先つ必要以上の水量を盛り、徐々に石膏を篩ひつ丶投入すべし。然るときは石膏は最初水面に浮び居るも、漸次に沈降するが故に、幾度之を繰返して所要の量を投入し、粉末の全部水中に沈降するを待ち、徐々に過量の水を流し去りし後に、棍棒にて気飽を生ぜさる様に均一に攪伴すべし。此時攪伴の方法宣しきを得ざれば、泥漿亦良好なる能はず。而して粉末投入の時、一時に多量を投下せば濃厚となり、且つ大なる氣飽を生じ易く、少量つゝ投入すれば氣飽を生ずる事少なきも、稍薄となるが故に常に一定の程度を過ささる様に注意すべし。今石膏と水

との割合を示せば、

| | | |
|---|---|---|
| 堅硬 | 石膏 63 percent | 水 37 percent |
| 中位 | 58 | 42 |
| 軟 | 50 | 50 |
| 極軟 | 石膏 46 percent | 水 54 percent |

要するに各特種の目的に就き、如何にして石膏を溶解し良好の結果を得るやは、宜しく実験し是を定めさる可からず。

防間に鬻ける良好なる石膏は、石膏と水と同量に依るものにて、陶器模型に充分なるが如し。然れども硬化を始むるも、尚ほ撹拌を継続する時は結晶の結合を破壊し堅硬ならしむる事能はざるものなり。故に撹拌は可成短時間に於て均一ならしむべく注意するを要す(9.19.)。

石膏の硬化の遅速は接觸剤に依って増減する事を得、即ち硫酸カルシウムの溶解度を下すもの、例へば可溶性カルシウム塩、又は硫酸塩の如きは硬化速度を小となす。反対に其の溶解度を高むるものは之を大となす。此の作用は石膏が一度溶解して石膏に移るものなるを知らば、容易に了解し得べし。

今硼砂溶液に依る硬化時間延長を例示せば、次の如し。

| 石膏硬化時間延長表 | | |
|---|---|---|
| 硼砂飽和溶液 | 水 water | 延長時間 15 分 |
| 1. | 12. | 15 分 |
| 1. | 8. | 50 分 |
| 1. | 4. | 3〜5 時間 |
| 1. | 2 | 7〜10 時間 |
| 1. | 1 | 10〜12 時間 |

之に反して硬化時間を速進せしむるには食塩を用ふにあり。而して食塩は之を溶解して用ふるも、或は石膏泥に其儘投入撹拌するも可なり。可して食塩は石膏の容積に於ける約五十分の一位(1/50 なりや不明なれども凡そ直径 10 インチ位のバケツに一ぱいの石膏に対し片手に握り得る丈の食塩)にし

て、其の時間をして半ばならしむるが如し。斯くの如く硬化時間は、之を任意に伸縮し得ると雖も、單に之に依りて硬度の増加を望むべからず。却って時間を短縮したるものは、比較的柔軟なるを免れざるなり。

　然れども硬塊を非常に堅硬なくしむるには、蜀葵根液（とろゝ）を以てせば、硬化時間を延長するのみならず、之を研磨するを得べき硬塊となる。然れども吸水性少なきを以て、陶器用模型とする事を得ず。又アルコールは石膏を全く溶解する事なけれども、アルコールを 15 〜 25 percent を含有する水溶液は純水にて作るに比し硬化時間を延長するのみならず、一層緻密にして堅硬となる。

　硬化したる石膏の質密にして強靱となるを可とす。良好なる石膏は常に此の性を有する硬塊となるものなれども、水に溶解するの方法、其のよろしきを得さる時は、不良なるものと撰ぶ所なきものとなる結果になり、終るを以て凡そ焼石膏の取扱は充分に注意を要すべきなり（9.16）。（此の外、石膏の硬化時間を延長し得べきものは、大概の金属酸化物は此の目的を達し得られ $CaO$、$ZnO$、$Fe_2O_3$ など其の一例にして、是等の物を混して硬化時間を延長したるものは大概吸水性を減し、$CaO$ 或はゼラチンの如きものに於ては、吸水性は殆んどなくなるを以て、或は $Fe_2O_3$ は其の色に染めらるゝを以て陶磁器の模型に適せず）。

## 7　塗料

石膏型の塗料として加里石驗及びオリーフ油（阿列布油）を用ふ　共に模型に新石膏の附着を防ぐものとす。

加里石驗

　加里石驗は油脂肪及び苛性加里より成る。其軟石驗（或は黒石驗）と称するものは常温に於て半液体にして（粘体）、普通石驗の如く疑結せず。故に、其の称釈液〔稀〕を塗布する時は石膏型の凹凸あるに拘はらず、各部分均一の薄層をなし、如何なる微細なる彫刻をも塡充する事なるを賞用するものなり。

　加里石驗の石膏に對する作用は石膏と石鹸との接觸により石鹸中の加里

と石膏中の硫酸及び石灰と化合し複分解を起し、硫酸加里石灰を形成し石膏自ら身體を堅硬ならしむるのみならず機械的に表面に薄層をなすものにして、之により吸水性を充分に防禦すると共に、他物の粘着を防止する事を得るものなり。

　普通石鹼即ち曾達石鹼は、石膏に對し加里石鹼の如き作用を為さずして、只、其の表面に機械的に累積するに過ぎず。故に曾達石鹼は之を温液ならさるときは模型の微細なる凹所を悉く填充するものにして其の附着は防ぎ得ると雖も新模型は用に堪へさるものとなるを常とす。

　加里石鹼は、温水には容易に溶解するも冷水には却って凝結するの性ありて、普通石鹼の如く冷水に溶解し難きを以て、型面に於ける石鹼層は如何に薄きものと雖も、型面を保護する事を得。只、熱に遇へば容易に柔軟となるを以て、石膏の發熱による損害を防止せざる可からず。オリーブ油の薄層はより之を防止して型の分離を容易ならしめられるものなり。故に加里石鹼を（特に軟石鹼）を使用したるものは必ずオリーブ油を塗布するを必要とす。

　石鹼液を造るには一ポンドの石鹼を一升乃至二升の温水に入れ、尚ほ煮沸溶解せしめて称釈液〔稀〕とす。先つ鐵鍋に水を盛り、之を火上に置き温湯となりたる時、石鹼を投入して沸騰せしむべし。充分煮沸して後、火上より取り其の冷却したるものを、石膏型に塗布し、充分に吸收せしめ石膏型の吸性せさるに至りて止む。石鹼液を塗布するには強き毛の刷毛を以てするを宜しとす。然る後餘液を海綿を以て充分に拭ひ取るべし。海綿は石鹼液濕潤するを以て綿布に包み、其の儘固く絞りて石鹼液を去り、幾度も繰返して完全に拭ひ取るなり。海綿は可成柔軟なるを撰ぶべし。堅硬なるものは拭ひ去る時に模型を損傷する事あるものなり。

Fenet seile（フネット石鹼）
Venetianische seile（ヘネシァン石鹼）
　Fenet feile は水に溶け易く普通石鹼の如く凝結せず（寒冷の候には凝結す）。故に之を型面に塗布するも、凝結の為め凹所を填充する事なく、能く均一

なる薄層を構成するを以て、亦防着料として使用するに適当す（此の点より見れば多分加里石鹸ならん）、然れども冷水にも溶け易きと。石膏の発熱によりて柔軟となるが故に、従って容易に剥離して第二鑄造物に轉移するなり。此の轉移附着せる石鹸層は防水性なるが故に、型の種類によりて非常に防害となるものなり。即ち鑄込型にては些少の防水性の固體あるも、害となるを以て之に使用するを避くるを要す。只、押型のみ之を使用するを防げず。然れども其形状の如何によりては、尚防害を生するの處あり。

　Venetianische Seife を使用するには水中に其の削片を漬積し置くときは漸次、容解するを以て之を刷毛にて塗布し、吸水せざるに至って餘液を除去し鑄込するものにして、其餘液を除去するにも、加里石鹸の如く些少の餘液を残さざるまで拭ひ去らざるも防げなし。


オリーフ油
　オリーフ油は不乾燥性油中の最も良なるものにして、低温には凍結するとも決して乾固する事なし。之を石膏型に防着料として塗布するも害なき所以なり。石膏型は其の吸水性を利用するものなれば、其表面に油、石鹸、或は蝋の如き吸水性を附着するは最も避けさる可からず。若し是等防水性のものにして、其の一部分に附着しあるときは、之を使用するに當り粘土之が為めに吸水せらるゝ事なく、模型に固着して取り外す事能はず、遂に毀損するものなり。故に苟も乾燥性、或は甚しき凝結性の油は、決して使用するべからず。然れども尚型面に防水性なる油分を可とするが故に、オリーフ油も亦極めて小量なるを宣しとす。多量に塗附するときは、新型面に其の痕跡を移し用に耐へざるに至る。且つ、容易に油援をなす事能はざればなり。故に之を塗布するには、強き毛の刷毛を用ふべし。オリーフ油を初し少し皿に移し、小量を刷毛に付け、刷毛を立てたる儘、輕く表面を打つべし。決して横に引くべからず。横に刷毛を引くときは必ず多量に塗附せらる。夫れ痕跡を止むるものなり。若し油の量多きときは、刷毛を綿に拭ひて後、打つを宣しとす。斯くして得る新模型の表面には、尚、油の附着しあるを以て、是を援くには型の表に粘土を一様に圧迫し、置くとき

は油の一部は水分と共に型の内部に。一部は粘土に吸引せらる型面には油分止まらさるに至る。三、四回にして粘土を分離し易らゝしむ。故に初めより油の少量なるものは、特に油援せさるも、初めより製品に使用するを得るなり。

不乾燥性油の主なるものは、オリーフ油（橄欖油）、椿油、扁桃油、種油等とす。此の内、椿油はオリーフ油と殆んど同一にして、種油は日を経るに従ひ粘着性を増すの性あり。故にいはゆる不乾燥性油に非ずして、乾燥と不乾燥との中間に位するものなり。

## 陶器用模型の種類

陶器用模型を大別して四種とす。
1. 原型、2. 押型、3. 鋳込型、4. 機械轆轤用型、之なり。而して各種皆原型を作り、之に依りて模型を製作するものにして、1は模型の種となり、2は粘土を圧迫して成形し、3は泥漿を注入して製品し、4は模型を機上に廻轉せしめて使用するものなり。其の作法は2及び3は相近似し4は著るしく異るものとす。

## 原型作法

原型は模型の種子となるものなれば、作法最も精密ならざる可からず。原型の粗雑なる部分は、同一に模型に現はるゝが故に、之によりて得る製品は、又著しく粗雑となるものなれば、可成精巧に仕上ぐるを必要とす。而して押型及び鋳込型の原型は、殆んど同一物なるを以て、先つ之を説明し轆轤用型のものは其條下に詳説すべし。

製品の如何を問はず、模型を成型するものは先つ其の標品を作るべし。即ち花瓶、急須、或は壺等の如き簡単なる円型、或は複雑なる形状にして、其の標品（即ち原型）を完成し、押型、或は鋳込型の何れが便利なるかを研究し、造型の準備をなすべし。而して押型とするものは、手足等を別々

に取り離し、其の便宜に従ひて其の胴体を二分、若しくは三分すべし。鋳込型とするものは可成、耳、手足等一完備したるを宜しとするの別あり。且つ、原型は石膏を以て作るを宜しとするも、機械轆轤を有せざる場合には、却て煩雑を来すが故に、普通手轆轤に依りて従来の方法を以て粘土にて充分に厚く成型し、簡単にして小形のものは、直ちに原型として造型するを得れども、尚横傷し易きにより、能く之を焼にしむる時は、石膏製のものは同一の方法に作り造型し得るものなり。焼き締めたるものは石鹸[鹼]液を塗附し、型の片数に座して其の境堺線を記し置くべし。

凡そ模型により作りたるものは、初め平滑にして欠点無きが如くなれども、焼成後に至りて、型の合目は著しく隆起するものなれば、模型を作るとき製品の外観を損せざる個所に合目を撰ぶべし。模型に接觸する粘土は、均一に吸水せらるゝ時は、粘土の収縮均一なれども、型の合目は吸水力著しく強大となるが故に、粘土従って緊密となり、他の部分は同様に緊密を保つ事能はさるに依り、花瓶壺の如き耳、或は手あるものは、其の耳手の個所に型を接合せしむる様注意すべし。彫刻あるものは其の最も隆起せる部分に於て接合するものとす。

粘土を以て作りたる原型は、極めて簡単なるものは、直ちに使用するを得べし。此の時は石鹸[鹼]液を塗布するに及ばず。然れども其の乾燥せるものは、甚だ水に崩壊し易きものなれば、石鹸[鹼]液、或は乾燥性油、即ち荏油[えのあぶら]、亜麻仁油等を塗布吸収せしめ、油を用ひたるものは能く乾固したる後使用すべし。然らされば、石膏泥の水分を吸収し、模型表面粗鬆にして使用に耐へさるものとなり、且つ原型を保存すべきものは、必ず焼き占[締]むるを必要とす。

模型を以て製作するものは、形状は模型自身に依りて甚たしく制限せらるゝものなり。就中、鋳込型に於て最もとし、押し型は稍や其の範囲廣し。即ち日本従来の急須の口縁（キー又は蓋座）、或は高台の如き狭くして高きものは不安全なり。模型の吸水力に依りて粘土を集結せしむるのみなれば、粘土の集結力堅固ならず、耐抗力少くして毀損し易きなり。故に斯の如き部分は、成るべく厚くして且つ低きを宜しとす。欧米に於て製造せられし器物の如きは、蓋座、及び高台の著しく大なるものは之が為めなり。日本

三橋先生 製型講義

及び支那の如き手工に依るものは、斯くの如き制限なく任意の型状に作り得らるを以て、甚だしく薄く、且つ髙きも毀損の處比較的少なく、故に原型を作るに当り、何種の型なりとも模型の可能範囲を研究して徒労に歸せさる様注意すべきなり。

　　　欧米の蓋座及び髙台　　　　　　東洋の蓋座及び髙台

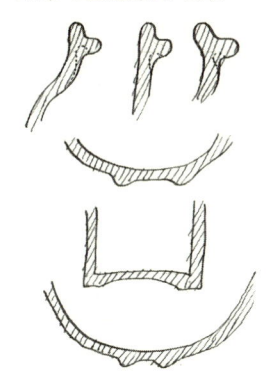

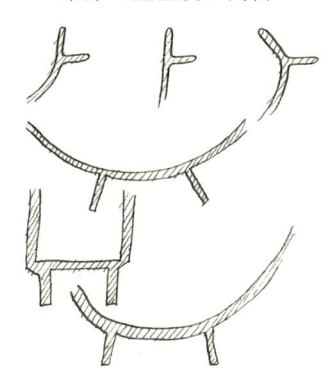

## 鑄込型作り方

　原型の準備整はゞ、次の模型の作法に移る。而して、模型は原型の口縁の髙台及び胴體の三部よりなり、胴體は最も簡単なるものにても、尚に片より成し(但し碗鉢の如き如状[形カ]の單純なるものなれば全部を抱含する型唯一個とす)。故に、全數三片より少き事殆どなし。口縁の型は原型を作る時は之を共に作るを便利とす。後に作る時は口辺を粘土にて圍みて、之に石膏泥を注入し、硬化せしめ、取外して製品所要の厚さ丈其周圍を削るべきなり(第一圖a)。髙台の型も同様の作法により、粘土を以て周辺を圍みて石膏泥を注入硬化せしめ、之を取り外して髙台の外縁に從ひ、之を削り其の側壁の中央に横に適宜の溝を作り、且つ之より下方に向って垂直に同一の溝を丁字形に造るべし。此の溝は胴の模型と交互に箱□して、其の安定を保ち且つ落下を防ぐ用をなすものなり(第一圖b)。口縁の型は模型の坏漿注き口となり、髙台型は模型の底となり坏漿を支ふるの用をなす。故に共に充分に

三橋先生 製型講義

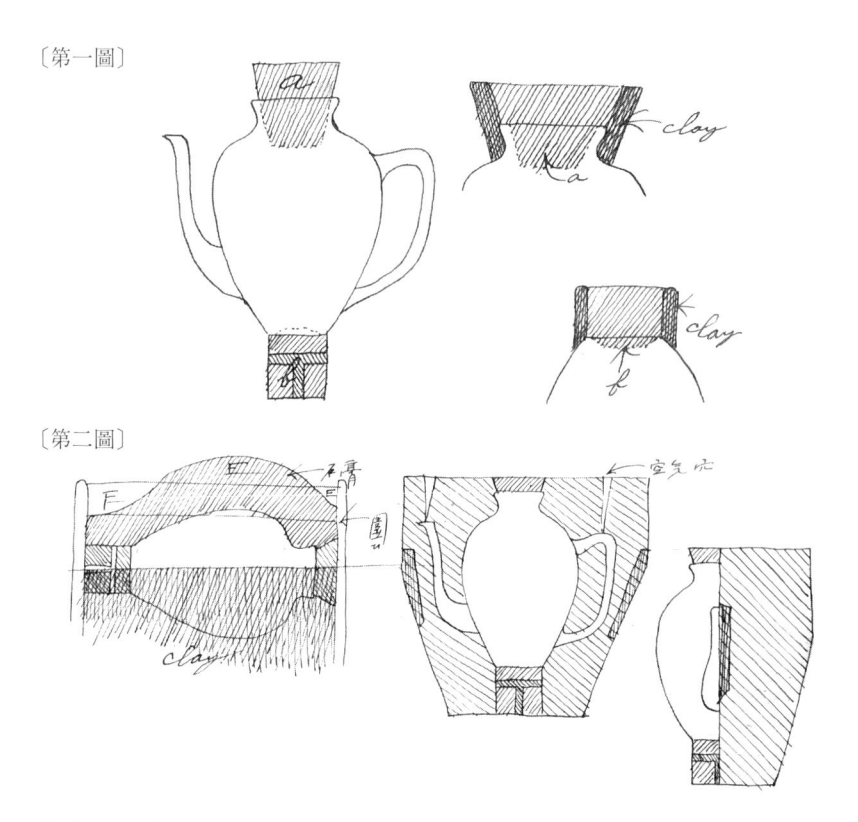

〔第一圖〕

〔第二圖〕

精密ならざれば、使用の際、意外の不便を来たす事あり。造型に先だち能く其の使用法の如何を考へ、不便なき様注意を要す。高台型の丁字形の溝は必ず胴型の一片の中央に當るべく。若し両片の接合点、若しくは一端に偏する時は、型を取り外す時、失策を来たし易きものなり。既に口縁及び高台の型を作り終らば、充分に之を防着し、次に之を胴の原型に組合はし、以て全体の造型作業に移るべし。

　胴型を作るには口縁、及び高台を組み合せ、其の儘之を横へ粘土を以て既記分堺線に至るまで平滑に、且つ水平に埋むべし（第二圖）。而して、其の四方を粘土或は板を以て、石膏泥の漏出せざる様充分に之を囲むべし。此の時原型を、石倹液を塗布して吸水性を防止しをき、且つ、オリーフ油を塗布する事を忘るべからず（用後單に防着料を施し、又は云ふは石倹液及び油

259

の塗布を云ふ）。次に石膏を溶解して氣泡を生せさる様に注意をしつゝ注入すべし。此の時、急速に注入する時は多数の氣泡を生まるを以て、刷毛にて中間に之を受け原型に直接落下せざる様、徐々に注入し刷毛を以て輕く泥を揺り動かすべし。然る時は下部、即ち原型に引きよりある小氣泡は漸次上昇して型面平滑ならしむるを得べし。暫く静に放置し、稍硬化を始めたるとき、型の両側に於ける餘分の石膏層を掻き取り、中央の薄き部分に塗り高むべし（第二圖に於て上の部分を取り E' の部分を作るを云ふ）。然るときは模型の全體は、稍同一の厚さとなり、且つ石膏の消費を輕減し得るなり。斯くして作業を終らば、其の儘静置して完全に硬化せしめ、決して硬化の中途に於て振動すべからず。之にて胴型の一片を得たるを以て、之を翻して粘土を取り去り、石膏面に附着せる粘土を能く拭ひ取り、合せ口を梯型〔図〕に彫りて他片の接合を安全に且つ堅密ならしむるの用とす。此の合口は、型の大小厚薄に依ると雖も、甚たしく大ならさるものは中央に一個にて足れり。大なるものにありては其の長さを五分し、其の二及び四を合せ口とするを安全とす。

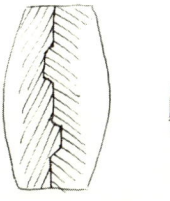

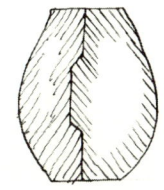

即ち梯子型の凹所を作るときは、他片に於ける緊密に箱入する所の凸起自ら成り、両片よく安定ならしむるものなり。然る後充分防着料を施したる後、更に四方を圍みて石膏泥を注入し、前法を繰り返して、静かに硬化せしむれば、茲に〔ここ〕胴の両片を得るなり。而して、第二圖に於ける口及び手は高く突出しあるを以て、其の上端より上方に型の外部に向って各の細き溝を（第二圖 C）作り、坭漿をして容易に塡充せしむべき air の逃出孔とす。若し型一個にて足る時は、初めの一片に防着料として石儉〔鹸〕液、及油を用ゆる代りに、粘土漿を薄く塗布して第二片を作るべし。然る時は泥漿は防着料となると同時に、型の吸水性を防げずして、直ちに製品に使用する事を得るものなり。今茲〔ここ〕に得たる模型の全部、即ち胴の両片、及び高台の型を更に原型として、之より多数の型を製造し得べし。即ち各片別々に能く防着し、其の模型を作るなり。而して、高台の型は特に一組の模型を作る。

然るときは原型及び其の模型は永久に保存し得るを以て必要に應し随時同一の模型を作る事を得。第三圖に於ける如く、先つ胴の一片を能く防着し、其の四方を圍して石膏泥を注入硬化せしめ、他の一片も亦同一の作法により石膏泥を注入硬化せしむれば、原型と口縁及び高台型全部を組合せたるもの、正半部（第三圖a）を得。依りて此の新型を防着し、之を原型として模型を作るときは、最初原型に依りて得たる模型と同一なるもの、即ち使用すべき型を得る事容易にして、同一模型を多數作る事を得べし。

高台及び蓋は各一組の模型を作る。其の作法は様相同し、即ち第四圖に於ける如く粘土（第四圖b）を平滑にし、蓋は其の一半部を、高台は其の土面、

〔第三圖〕

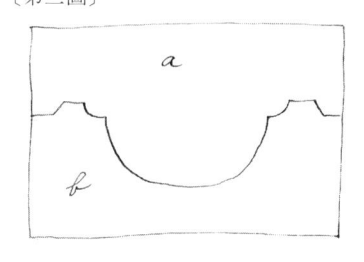

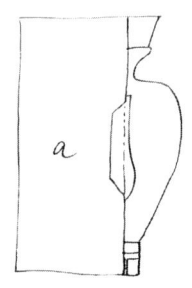

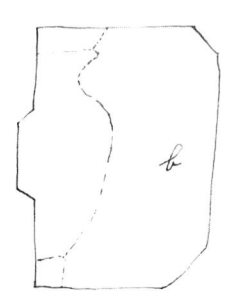

即ち胴の低の外面を之に埋め、上方露出せる部の一半（第四圖a）を粘土にて圍み、外周を宜適の間隔を取り、粘土又は鋤力にて圓く圍ひ、之に石膏泥を注入硬化せしむべし。充分硬化終らば、其の圍を取り去り、防着して他半部（第四圖c）〔次頁〕を同法によりて作るべし。然るときは上部は二片よりなる模型となる。次に之を其の儘に緊縛し、下部の粘土を取り去り、能く防着して周圍を圍み、石膏を注入硬化せしむべし。之にて三片よりなる一組の模型を得、依りて其の原型を取り去り、各片を防着して組合せ、元の原型ありたる空所に石膏泥を注入硬化せしむれば、高台形を多數作る事を得るも容易なりとす。而して、蓋は得たる模型に於て（第四圖e）のあるものは最初之を作る事を第一圖aの作法と同一方法に依るものとす。

模型を作るとき多數の同一模型を作るには、前記の如く新模型により順次其の模型を作るなり。斯くして得たるものは其の内の一片のみを毀損したるとき、直に此の一片のみを補足する事容易にして作業上便利なり。且

〔第四圖〕

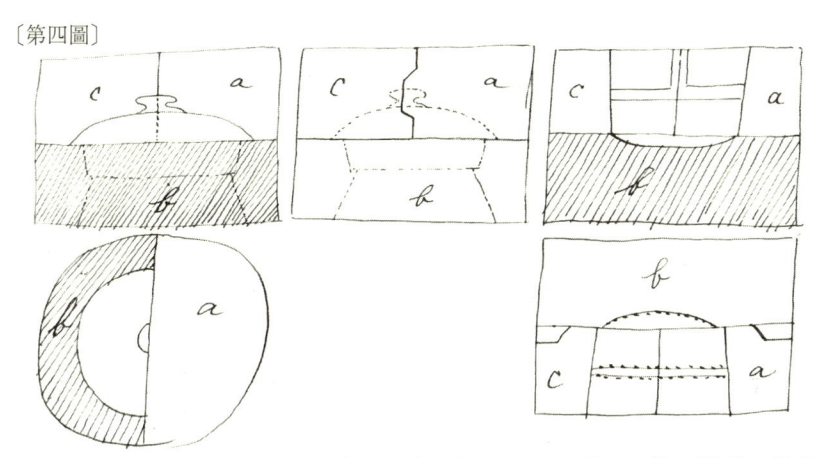

つ原型及び其の模型を永く保存する事を得、但し原型及び其の模型は防着しあるを以て製品に使用する事能はず。故に多数に同一の模型を要せずして、只一個にて足り、且つ原型の保存を必要となさざるときは、粘土製の原型の乾燥せざる内に模型を作るべく、防着料も石験液も用ひず称釈せる〔稀〕泥漿を塗布すべし。然るときは模型の吸水性を防げずして、直ちに製品に使用する事を得べし。但し原型には泥漿を塗布すべからず。其の面を粗荒にし使用に堪えざるに至らしむものなり。此等は簡単なるものには便利なれども、造型と同時に原型を破壊するを以て、其の保存は望むべからず。且つに片より成る型とせば、最初の一片より、第二片は多小の膨大するを免れず。是即ち粘土製の原型が、吸水より生する膨張に依るを以てなり。模型は、原型の形状により其の強弱及び使用の便否二種の影響を来すものなるを以て、初めに使用の方法に就ては考究するの要あり。第五圖は円形なる原型に就き、模型の分割点を示せるものなり。即ち円は其の中心を示せるものにして、a点線は円形の二分点の接線にして、bは模型の分割線、即ち模型両片の接合面とす。而して斯の如きは最も簡単なるものにして、單にに片よりなるに過ぎず、然れども其の分割線を原型の等分線上に置かずして、若しd点より分割すれば、切断面の長さ ($a'd'$) は円の半径 ($a'a^2$) より短く、従て原型を取り出す事を得ればなり。又a、$a^2$、bなる角度はb線の作法によりて、直角、鋭角、或は鈍角となる。此の中の鈍角は最も

丈夫にして、直角は之に次ぎ、鋭角甚だ毀損し易きものなり。故に分割線、即ち模型の接合面は、必ず円の中心を貫きたる線上に来らさるべからず。若しCの如く接点に直垂ならさるときは＜aa²C"鋭角となるが故に、甚だ脆弱となるものなり。模型は如何なる型状にても此の点に常に注意すべく、鋭角は只毀損し易きのみならず、使用中水分飽和し易く、他の部分との均衡を失ふを以て、其の欠点は製品に現はるゝものなり。（大正六年第二學期製型構義終り）

第五圖（第三學期大正七年一月九日）　第六圖

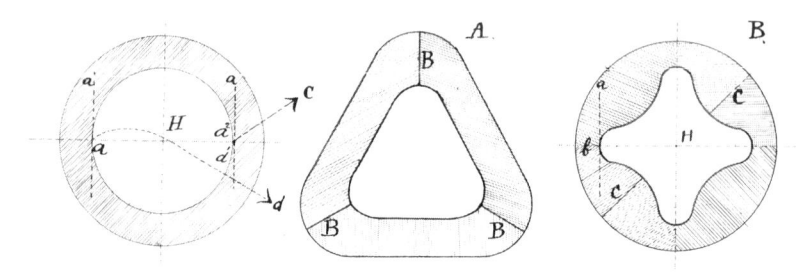

多角形のものは、其の最も隆起る部分に分割線を作るべし（第六圖A、B）。然る時は模型は二片より成るも、若しCに於て分割せば必ず四片とせざるべからず。造型の難易自ら明白なり。彫刻模様あるものは此の理により二片若しくは三片より成る。斯くの如の模型は角數、及び片の多數なるより来る。欠点は悉く製品に影響するものなるを以て、角度は両片同角度たらしむべく、小數ならしむる様注意せざるべからず。而して、円形にして彫刻なきものは二片より成り、角度も亦直角以上となるも多角形のものは彫刻の有無によりて、片數を取捨すべく角度は必ず鈍角となすものなり。

胴の口縁の内部に蓋座（キー）あるものは造形法多少複雑なり即ち第七圖a〔次頁〕の如き蓋なるときは、先つｂの如き口縁の型を造り、之を組せて胴の型を造り終るべし。次にｂ片を去り、代りにＣ片を押入してｄ片を作るときは、口の内側にキーを有する。且つ泥漿注入孔を有する一片を得るなり。此の外は第一圖乃至第三圖の作法によりて造型す。次にｄ片を能く防着して、之を水平に粘土上に据えＥを造り、翻して粘土を去り、合口Ｈを作り防着

してFを造るべし。然るときはd片の模型を得、依りて之を防着して組合せKより石膏泥を注入、硬化せしめたるものは使用すべき模型のd片なり。之にて胴の型二片、高台形一片、及び蓋座を有する口縁型一片の三部よりなる模型一組となる。蓋は第四圖に説明せる作法に依る。

　石膏製の原型は之を乾燥したる後防着するを宣しとす。

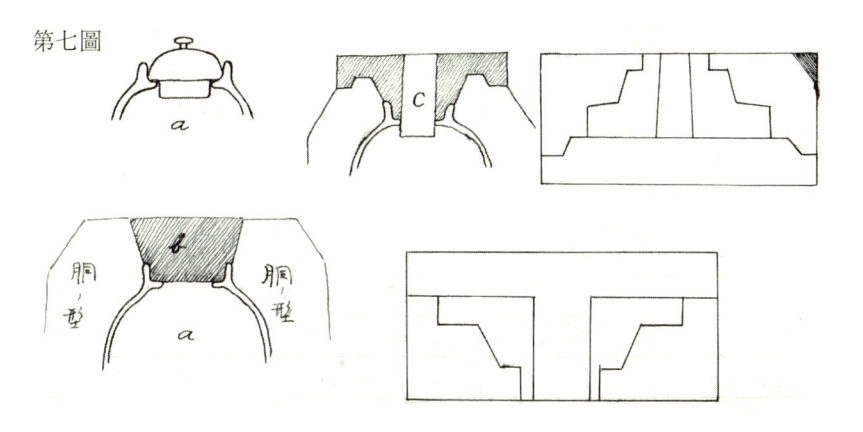

第七圖

## 鋳込型使用法

　鋳込型を使用するには、先づ型の全部を完全に組合せ能く之を緊縛して、之に泥漿を注入し、暫く静置する時は泥漿は型に吸着せらるゝを以て、型の内側に集結して薄層を造る。此の時に泥漿は其の溶積を減じて、少しく下降するが故に、再び泥漿を注入して充満せしむべし少時の後、製品所要の厚層を作りたる後、之を倒にして残餘の泥漿を傾瀉し、少時静置すれば水分は充分吸収せられ、従って側壁は堅固となるを以て、型の結束を解き、注意しつゝ製品を取り出すべし。而して、泥漿を吸収せしむる時は、製品により厚さに別あり、又型の乾湿により吸収力に強弱ありを以て、凡て実験の上、其の時間及び厚薄を豫め決定し置くを要す。

　乾燥せる型は石膏壁の厚薄に拘らず、粘土集結の時間及び其の厚さは同一なれども、型の湿潤するに依り、其の湿潤の程度に依り、粘土集結の程

度を異にするものなるが故に、單に型の厚薄のみを以て同一視する事能はざるものなり。即ち一模型を以て鑄込する時は、第二回は第一回より同じ厚さを作るに長時間を要し、尚且つ粘土の締り弱きものなり。第三回は第二回よりも更に長時間を要して、其の締り一層弱きものとす。泥漿は普通粘土を水を以て稀釋すれば可なり。而して粘力の大小によりて、鑄込の難易を來すものにして、餘りに粘力大なるよりは稍や小なるを可とす。又泥漿の流動を容易ならしむる爲めに、純水にて稀釋したるものに無水炭酸曹達 0.1%（粘土の乾燥量に對して）を加へて攪拌するを可とす。然るときは泥漿の流動輕易にして、且つ沈澱する事なく、從って鑄込安全にして製品亦美となるものなり。鑄込型は乾燥型を用するを可とす。一鑄込毎に之を乾燥すべし、濕潤の儘繰返し、使用するときは模型の損傷大なるものなり。

鑄込型講義終り。

## 押型の作法

押型の作法は殆んど鑄込型と同じくして、只粘土の薄層を圧迫して製品するものなるを以て、型の組合せ順序に一、二の差異あるに過ぎず、鑄込型は其の高台型小にして、胴型の内部に包括さるゝに反し、押型の高台型は大にして、胴型を組合せたる後、其の一端に之を組合すべく作るものなり。即ち鑄込用の高台型は、第一圖のBは高台の周圍よりも大なるを要せざるも、此の型にありては胴型の厚さを含める丈けの大さを與ふるものなり。而して此の作法に依るものも、亦鑄込に使用する事を得、小なる製品には反って便利なる事あり。次に第一圖に於ける原型によりて押型の作法を説明すべし。

### 普通押型

原型を倒にして粘土を以て胴の周圍を第八圖 a〔次頁〕の如く埋め、更に其の周圍を胴型の厚さを含めてBを圍み、之に石膏泥を注文硬化せしむべ

し。然るときは高台型Cを得、之にDなる合口を作り、防着して組合せ、正しく之を据へ、高台型の上方に第二圖の如く胴の型二片を作るべし。然るときは胴型二片、高台型一片の三片よりなる一組の模型を得べし。之即ち押型にして、高台型の外部に露出せしむるは作品の順序に基くものにして、胴を組合せたる後、底を附けて製品するに依る。斯の如く胴型二片を作り終らば、第八圖Eなる溝を両片、及び高台型に作り、能く防着して之を原型として、其の模型を作る。然るときは今得たるものは使用すべき型して、多数に作る事容易なり。作法は鋳込型と同一にして、之は口、手等を取り去り、只胴のみとして作るに過ぎず、口及び手は各一組の模型を作るべし。口及び手は其の尖端と胴に附着すべき個所に於て、縦に其の中より二分し、平滑に粘土に埋め、一片（第九圖a）を作り、次に他方の一片を作るべし、二片すでに成らば、Eなる溝を造り、更に所要の厚さを取りて、Hなる溝を造るHは口の一定するが為めなり。而して手の作り方は、全く此の作用に依りて造るものにして、口Hなる溝を作らさるのみ（第九圖B）。溝は粘土の餘分を取り易くし、且つ両片の密着を確実ならしむる用をなすものにして、H溝は両片の厚さを定め、且つ外観を整ふる為めにして、必ず製品所要の厚さ丈細く作るものなり。

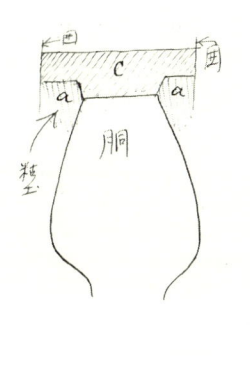

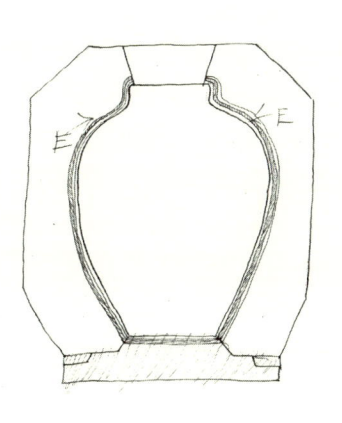

第八圖

第九圖

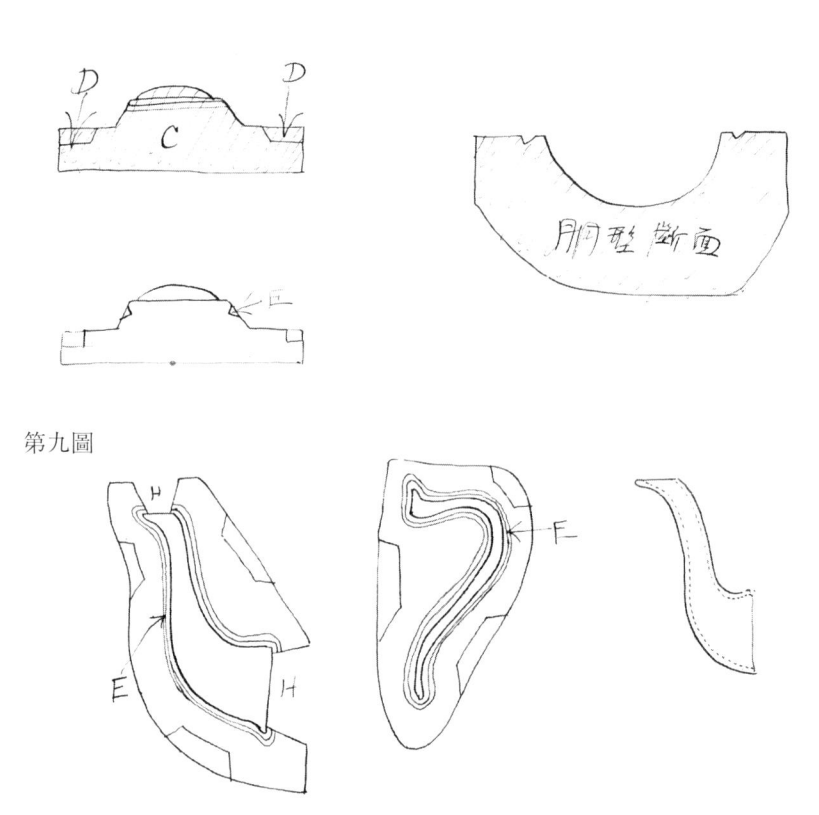

　壷、其の他の蓋及び蓋座は、第2圖に説きしAなる口縁の型、及び第七圖に説明せるCなる蓋座の型を作る。即ち第拾圖〔次頁〕に於けるC片之なり。而して第拾二圖の如く製品所要の厚さを有する胴型を作り終らば、之を組み合せC片を押入してDなる石膏を注文せば、一の圓環を得べし。之蓋座の型なり。之を防着して第七圖に於けると同様に、粘土を以て之を埋め、周囲を圍ひ第十圖Eなる石膏片を作り、又之を防着してF片を作るときは、円環の模型を得べし。依りて之を防着して、組合せKより石膏泥を注入して、Dなる圓環を作るなり。
　蓋座型は製品の際、最後に使用するものにして、胴を作りたる後に円環を押入して、其の内部に捻り土を添へ、手指を以て圧迫して、所要の厚さを具ふれば蓋座となるなり。凡そ蓋物の蓋座は其の形状の如何に拘らず皆

第拾圖

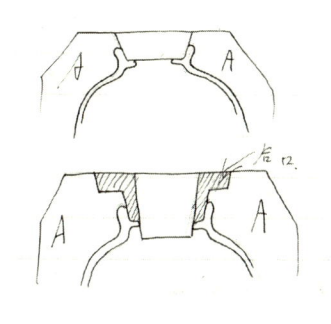

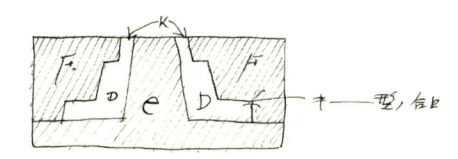

Dは、キー型
eは、キー型の内側型
Fは、キー型外側の型
Kは、石膏注入口
Aは、胴型
キー型の合口は胴型に接合す
Cは、キー型内側の原型
Dは、キー型外側の原型

同一作法とす。

　皿、又は浅き鉢は内面の型とし、高台及び外側の形状は轆轤にて削り、或は手工にて任上[仕]くるものなり。故に型は内面の型のみとす。其の作法は原型の内面に石膏を注入して、其の周圍の形状を整ふれば足れり。正円のものは轆轤上にて使用するものなるを以て、型は水平に据はる様注意すべし。ペン皿、灰皿の如き底部の扁平にして圓型ならさるものは、底部の形状を一定せしめんが為めに、其の所要の厚さ丈大にして扁平なる一片を作るべし。第拾一圖のAは円型の皿にして、Bは圓形ならさるものにして、Cは底部の形とす。第拾一圖Aの作法は第十二圖の如く、粘土を以て皿、若くは鉢の内面を轆轤上に作り、表面の水分やゝ乾きたるとき、其の周圍を囲みて石膏を注入硬化せしむ。其の周圍は石膏やゝ硬化したるときに轆轤を徐々に回轉しつゝ、削りて仕上くべし。而して、此の時は上面は底部なるを以て水平に削るべし。此の型は始めより轆轤

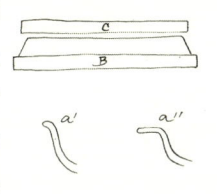

第拾一圖

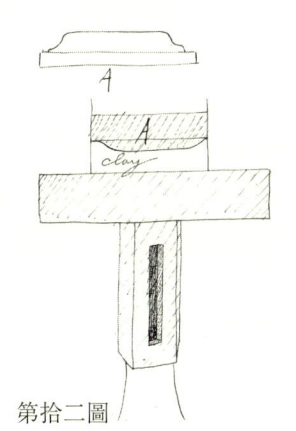

第拾二圖

上に於て作るものにして、充分硬化したる後、之を取はずすものとす。

　ペン皿、灰皿の如き方形なるものは第十三圖のAの如く、皿の内面の形狀を、所要の深さを厚さとして石膏にて作るべし。＿＿方法にして其の縁の眞直なるものは、粘土にて作るときは形狀歪み易き作業なるを以てなり。或は粘土板の乾燥したるものを以てするも可なり。此の時は内面の形は製品と反對に凡て隆起するもの、即ち既製品の内面に石膏泥を注入硬化せしめたるものと同一の形狀に作るべきものなり。斯く原型を作り終らば、之を防着して其の周圍に一寸許の間隔を取りて圍み、石膏を注入硬化せしむ（第十三圖1）。次に之を取り防着して、其の周圍を圍ひ、石膏泥を注入硬化せしめ、（第十三圖C）を作り、之使用すべき型となるものとす。故に其の周圍に於て、製品の縁の厚さを取りて削り、之を仕上くべし。次に之を防着して、再び母型に組合せ、其の周圍に於て四片の枠を作るときは、皿の使用型の一組を得べし。故に全部を防着しCを取り去りたる空所へ石膏泥を注入硬化せしむれば、容易に使用型を作る事を得べし。高臺なきものは、

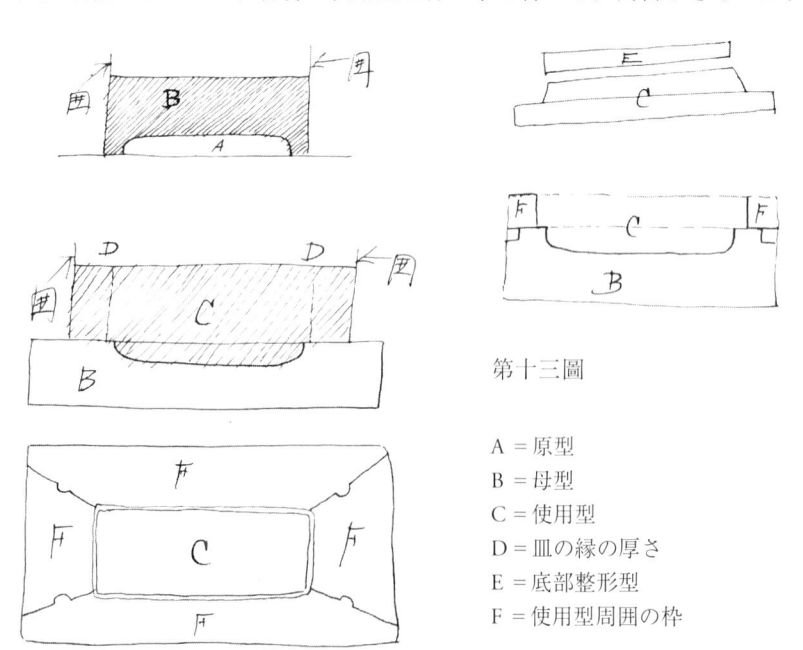

第十三圖

A＝原型
B＝母型
C＝使用型
D＝皿の縁の厚さ
E＝底部整形型
F＝使用型周圍の枠

其の底部の型状に應じて第十一圖Cの如き石膏を作り、之に依りて底面の型狀を整ふるものとす。

## 花鳥動物等の形狀よりなる皿の押型

　皿鉢等にして花鳥動物等の形狀を模せるものあり。是等は既記方法と多少の差異あるを以て、其の原型作法より説明すべし。複雜なる形狀の皿等の原型、即ち魚形ペン皿の如きものは、先つ其の粘土を以て、其の内面を完成し、之に石膏泥を注入硬化せしむべし。凡て内面に於て、種々の物體の調刻〔彫〕其の他の模樣あるもの、從て其の周縁も複雜なる形狀なるものは粘土を、＿の形狀を作製すべし。之に石膏を注入硬化せしめたるものを模型の原型とすべきものなり。即ち第拾四圖1Aは、粘土製原型にして、1、2、Bは石膏原型とす。依りてBに附着せる粘土を清拭し、尚微細なる點を訂正し、之を防着して石膏泥を注入硬化せし第拾四圖Cを作るべし。之最初粘土にて作りたる原型と同一の模型にして、之により初めて使用型を製作し得べきものとす。即ち之を防着し、製品所要の厚さを隔てゝ、周圍を粘土にて圍ひ、石膏泥を注入硬化せしめ、其の周圍を削りて使用型を完成すべし。多數の型を作るには、今得たる使用型を原型に組合せ、其の周圍に三片及至四片よりなる枠を作る事、第拾三圖4Eと同一に作るときは、容易に使用すべき型を作る事を得べし。

　花鳥動物等の形狀を模せる皿は、多くは高臺を要するものにして、底部の扁平なるもの少し。之高臺は其の形狀の變形を防ぐものなればなり。故に高臺あるものは、最初原型製作に當り、其の品物の据を注意し、總て水平に作るを要す。何となれば高臺は、高臺〔ママ〕は原型に件ひて、其の形狀及び高さを定むべきものなればなり。故に石膏に移すに當り、石膏型の裏面は平準に作るを要す。然らされば高臺の高さを定むる困難なるものなり。

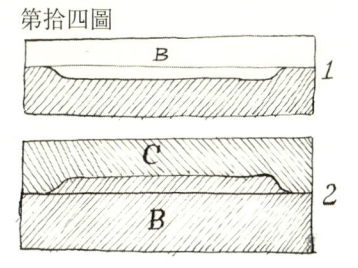

第拾四圖

三橋先生 製型講義

第拾五圖の壹

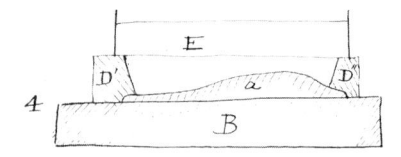

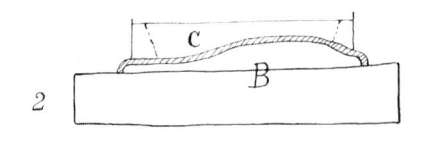

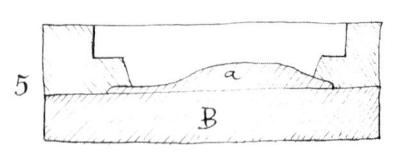

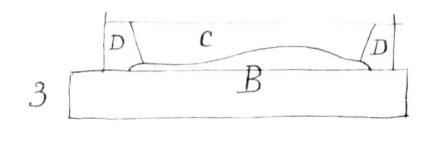

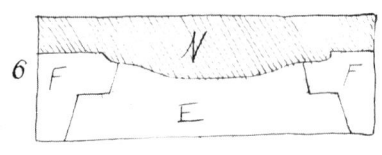

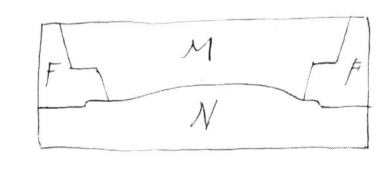

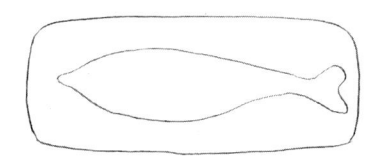

a ＝粘土
B ＝第二原型即ち内面の石膏模型
C ＝高台の内面、即ち皿の底面及び高台の側面
D ＝石膏の切捨つべき部分
D'＝高台の内側面、即ち石膏を切り取るべき界線
D"＝Cと同し高さにして、其の周壁を有する型、即ち高台内面全部の模型
E ＝高台内面、及び厚さを有する型、即ち使用型
F ＝使用型の周壁の型
FИ〔N〕＝使用型を作るべき模型
M＝ 使用型を鋳造すべき空所

## 第拾五圖の貳

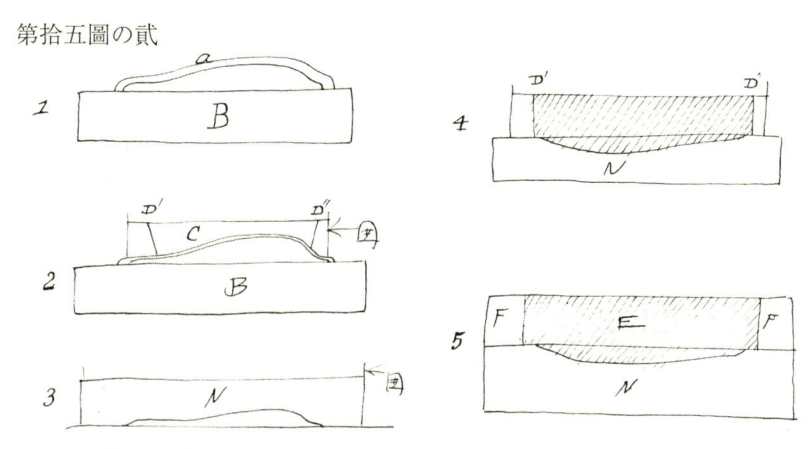

a＝粘土（拾五圖壹のaと同じ）
B＝第拾五圖の壹のBと同一物
C＝第拾五圖のCと同じ。但し長さ及び巾大差なきもの
F,e,N＝第拾五圖壹のF、E、Nと同一物
D"＝髙台型に於ける製品髙台の厚さを取り切り取るべき部分第拾五圖の壹のD'と同じ

　花鳥等の形に依る皿の髙台型を作るには、原型（第十五圖B）を取り之に製品する時と同様に粘土を圧しつけ、其の上に髙台となるべき部分の印を附し、其の周圍を粘土にて圍み、髙台の高さ丈石膏泥を注入硬化せしめ、而して上面を水平に作るべし。硬化全く終りたる時、之を取り外し、初めに印したる髙台の部分のD'より切り取り、内部に狭く削り仕上くべし。

　之を防着して原型のa上に始めの如く載せ、更に其周圍に間隔を取りて粘土にて圍み、第拾五圖の3に於けるが如くし、其の間隙内に石膏泥を注入して、石膏環Dを作るべし。此の時注意して上面を水平に同髙さならしめ、完全に硬化するを待ちて、能く防着してCを取り去り、其の周圍を圍み石膏泥を注入硬化せしめ以てFを造る。之即ち所要の髙台型なり。故に髙台の底部の厚さを以て、其の周圍を削りて之を完成す。之を防着し、原型としてBのa上に載せ5のFを作り、其の儘之をaを取り去り、防着して石膏を注入硬化せしむれば6のNを得べし。是にて髙台型の模型一組を得たるなり。依りて各片を防着してEを取り去り、其の空所へ石膏泥を注入硬化せしむれば、7のMを得。之使用髙台型とす。又第拾五圖のにに於ける〔ママ〕

272

2のCを完成したる時、直ちに之を平板上に据へ、之を防着して3のNを造り、次にCを取り去りて4のFを作り、其の周囲に於て高台の厚さを取りて削り、仕上げたる後再びNに組合せ、5のFを造るべし。此の法は前法よりは簡単なれども、長さと巾と大差なきものに施行し得べく、細長或は瓢形の如きものは、前法の作法に依るを便とする事あり。故に造型の際、其の可否を研究するを要す。総て高台の型状は製品を正置するのみならず、同時に其の形状を維持せしむる一の方法なるを以て、其の型は必ず器物の形状に従ひて成形するものとす。而して、其の高さは各部分一様ならず、焼成に依りて起る。器物の変形に就き作製すべきものなり。器物の変形は其の形状に依り常に一様ならず、故に高台も亦一様なる事能はさるが故に、平素自ら研究すべき必要あり（三月十二日）
（特別科一學年に於ける製型講義終り）

（大正七年四月十日特別科第二學年製型講義初め）
　古来一般に使用せらるゝ素焼型の製法は、第拾六圖の如く粘土にて水引したるものを、所要の製品の内面の形状に削り仕上げ、之を普通の素焼としたるものなり。而して其の使用法は、豫め水引したるものを型に掩ひ圧迫し、捻り土を以て高台となるべき所に其の概形を作り、其の儘放置せば、粘土は自ら型より分離するを以て、之を普通の如く裏面を削り仕上ぐるも

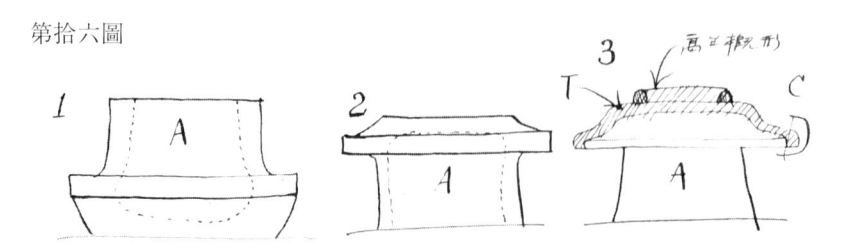

第拾六圖

1. A 素焼型の水引（倒に作る）
2. A 轆轤上に正しく据へ所要の形に削る
　　　但し皿の内面は其の形状を凸状に作る
　T. 水引したる製品の概形
　C. 皿の周囲を切り取る弓

のとす。

　此の型を作るには、第拾六圖 1A の形状を水引し、之を削て仕上ぐべし。其の台は初めより作り上ぐるか、又は別に作りて削り上げたる後に、之を固着するものなり。削りたる面は磨きを磨きを掛け、氣孔なきものとすべし。周囲の形状、又は内面の模様彫刻あるものは、之を施行したる後素焼す。同一の型を多数に作る事は、石膏型の如く容易ならざれども、使用に堪える力は多きを以て、二、三種の異りたる型を同時に使用するときは、型の少数なるより来る不便を補ふ事を得べし。

　2A を素焼し之を轆轤上に正置して 3 の如く使用す。伏見人形の如き粗大なるものは素焼形に依る。但し（7、4、17）簡単なる二面よりなるものにして、形の片數多きものは到底製型するを得ず、原型は粘力大なる粘土を以てし、稍々硬りたるもの、或は之を素焼したるものを行ふるも精巧なるものは製造し得さるものとす。其の作法は原形の半分を稍や硬き粘土にて塊めり、全面に雲母末、或は素焼粉をうすく平均に振り懸け、粘土を以て圧迫して、一片を作り、之を返して、初めの粘土を取り去り、接合面を平滑に修正し、原形の形に依り、自ら凹凸あるものは其の儘とし、然らざるものは合口を作りて、更に雲母末を振り懸け粘土を以て全面を圧迫して其の儘放置せば、原形と粘土とは自ら分離さるゝを以て、注意して原型を取り出し、接合面に再び雲母末を振り懸け、之を組合せ除々に乾燥せしめ　素焼するものとす。其の使用法は石膏型に同じ。

## 押型の使用法

　押型を以て製品するには、能く揉みたる粘土を"へご"板に依りて細き針金に依り、之を薄く切りたる粘土板の表面を箆を以て平滑にし、之を圧迫して形成するものとす。而して、押型に依り製形する粘土は、粘力多き粘土なるを要す。粘力少きものは作業困難なり。

　花瓶其の他の袋物、及び皿体等の作業を挙ぐれば次の如し。

　花瓶の型を各片に分解し、胴型の一片を取り出し、其の内面に澱粉、又

は細かき素焼粉を薄く振り懸け、澱粉は木棉の袋に其の粉程を入れ、其の口を閉ぢ置くべし。之を型の上方にて軽く上下に振るときは、平均に薄く振りかくる事を得るものなり。次に豫め切りたる粘土の板の上面を平滑にし、之を型に掩ひ海綿又は素焼を入れたる袋を以て全部を打ち、空間なき様密着せしむ。而して、特に凹したる部分又一隆起せる個所は、粘土を添へ其の厚さを均一ならしむべし。次に餘分の粘土は、型の溝に沿せて切り取り、全面を平均に強く壓迫して、一片の作業を終る。次に其の他の一片を取り、之を繰り反して両片の作業を終らば、接合部に濃き泥漿を塗布し、両片を組合せて固く束縛し、内部より接合部平均一に壓迫して、能く密着せしめ、之を正しく靜置して、次に高台型を取り、粘土板を載せ、一様に壓迫し、拇指を以て局部を圧迫し、捻り土を添へて平滑に作り、泥漿を塗末して、胴形に組合せ、之を正しく据ゆべし。而して綿布の球を、尖端に付けたる棒を以て内部より穴き、接合点を密着せしめ、之にて花瓶の成形を終りたるなり。依りて尚一組型を以て前法の如く作業し終らば、前者を
〔分カ〕
□解して、花瓶を取り出し再び作業するものとす。

　壷、急須の如きものも亦花瓶型使用法と殆んど同一なるも、蓋座（キー）を作る点のみ異る所とす。蓋座を作るには、前法により胴の全體を作り終りたる時、之を正しく据え置き、蓋座の型、即ち第拾圖 D 輪を正しく組合、其の下面に捻り土を添へ、指頭を以て能く圧迫し、内側及び円周を整ふべし。而して型を分解するには、先つ蓋座型を取り外し、次に高台型を取り外し、胴型を横へて、其の一片を分離し、之を反して製品を掌上に受けば、他の一片を取り外すべし。急須、水指等の口の型は、粘土板を各型に圧迫し、接合部を泥漿を塗布して組合せ、更に内部より圧迫して密着せしむ。而して、口を胴に附着するには、稍や固くなりたるとき、其の附着すべき部分は、精密に胴の外壁に附着する様削り、泥漿を塗布して固着せしむ。手の型は捻り土を填充し、型を組み合せ、能く圧迫す。之を胴に附着するには、口を附着すると同一手順なり。

　皿及び鉢等は、其の概形に水引したるものを載せ、線布を之に掩せて圧迫し、轆轤上に正しく廻轉せしめつゝ、弓を以て縁を切り取り、捻り土を

以て高台の概形を作り、暫く放置し其の型より離るゝに至りて取り離すべし。素焼型も亦同一手順により作業す。

　ペン皿、灰皿の如きものは、粘土板を載せ綿布を覆ひ充分に圧迫し、或は厚き木板を以て軽く打ち、尚其の局部を拇指を以て圧迫し、薄き部分には捻り土を添へ、弓又は箆を以て縁を切り、次に底の型を載せ、縁と底の角度を整へ、能く平滑にしたる後、之を静置し他の型を取り外すべし。

　物体を形状よりなれるものは、前法の如く全く作り終りたる後、尚高台型を正しく載せ、捻り土を添へて高台を作るものとす。

　鋳込ものは口、手の附着法は、押型ものと全く同一なり。急須の如き茶濾あるもの、又は珈琲碗の如き極めて薄きものは、皆同一作業とす。

　方形なる小器は、所謂指し物法によりて作るを得。然れども少しく大なるものはと一底歪形となるを免れず。斯の如きものは其の外面の型によりて厚く作り、内部は稍や乾きたるとき精密に彫（鑿）〔のみ〕て作るべし。然るときは稍や歪形となる防くを得べし。

## 型の保存法

　鋳込、押型、何れも原型は高台、及び口縁の型を組み合せたる儘、充分乾操すべし。胴型及び高台は、亦各其の雌雄を組合せ、能く乾操して保存すべし。若し乾操せざるものを空気の流通悪しき場所に放置せば、往々黴〔かび〕を生じて型面を傷くる事あり注意すべし。且雌雄を組合せ置かざれば、乾操の際、自ら反る事あるを以て、必ず組合せたる儘、速に乾操するを要す。型に塗布する石鹸液は、濃厚なるよりは、稀薄なるものを用ゆるを可とす。濃厚なる石鹸液は厚き石鹸膜を生じ、之を乾操するに、膜は自ら分離して、型面を傷潤〔湿カ〕し置くときは、石膏を分解して面を粗荒ならしはる事あり。若し又濃厚液を永く湿潤せしむるときは、型面を分解するか、又は不同の膜を生して、亦型面を傷くるものなり。注意すべし。石膏型を乾操するに当り、摂氏80℃以上に熱せざるを要す。

　石膏は60℃にして、自ら結晶水を分解するの性あるを以て、高温にて乾

三橋先生 製型講義

操するときは自ら分解して崩潰するものにして、仮令崩潰するに至らずして、其の形状を保持するものと雖も、型の磨滅する事早く、不良たるを免れず。一度使用したる型の乾操又同じ、石膏型は乾操せるもの堅硬なれども、一旦水を吸収せば、箸しく軟弱となり、傷み易きを以て、取扱上注意すべし。而して乾操の際は必ず平坦に据へ、決して他物に寄せ掛く可からず。寄せ掛けたるものは多く反りを生ずるものなり。

## 石膏製機械轆轤用型製造法

### 機械ろくろ用具

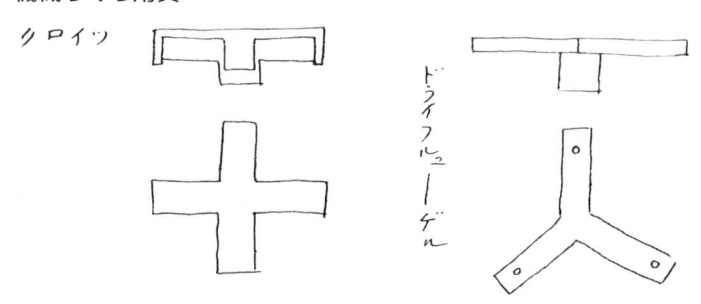

クロイツ

ドライフルッーゲル

機械轆轤尖頭金物にして石膏板の心とするものなり。

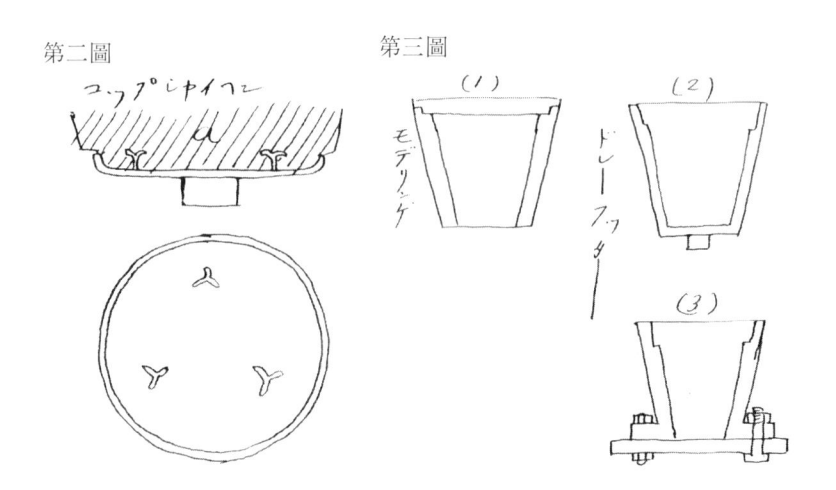

第二圖　　　第三圖
コップシャフェ
　　　　　　(1) モデリーゲ
　　　　　　(2) ドレーフッター
　　　　　　(3)

277

モデリングは珈琲碗型製造用金物にして、第三圖1は石膏型の外側を一定ならしむる金物にして、2、3は其の石膏に緊密に安定ならるゝ轆轤尖頭金物なり。

第四圖

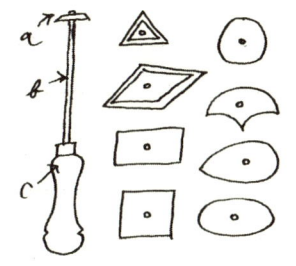

〔こてかんな〕
鏝鉋

形状は種々あるべし。便宜之を作るaは厚さ七厘の鉄板、或は鋼を用ふ柄bは、下端を方錐形とす。Cは普通鑪の柄と同じ。

〔第〕五五圖

Ⅰは厚さ二分、鉄製鏝釣の支柱
Ⅱは土伸し鏝にして厚さ二分乃至一寸とす。共に鉄製にして、シャブローネルハルターに固定し、粘土板を造るに用ふ。

第六圖　　土伸盤

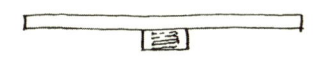

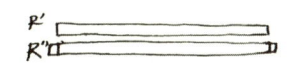

土伸盤は眞鍮製にして、表面に平滑ならしめ、之に濕布を敷き、粘土を置き、土伸鏝を下げて一様なる粘土板を作るに用ふ。又、Rなる大小二個の輪を取り、R'R"の間に濕布をば鋏み、之を土伸盤に載せて粘土板を作り、輪を儘にて石膏型に粘土板を蓋ふ事あり。何れにても可なり。R'は真鍮製厚の分巾一寸、R"は厚さ一分巾五分、大いざR'は土伸盤に、R"は其の外部に押入す。

第七圖

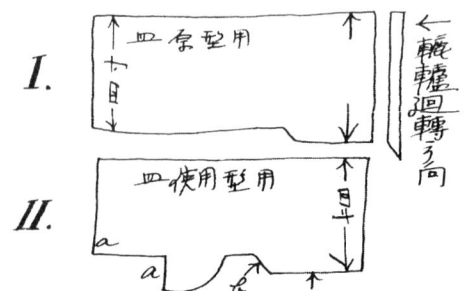

原型用裏型板

裏板は鉄板製にして、厚さ約一分、大いさは大小数種を要す。シャブローネルハルターに支持し、稍や硬化した石膏を削るに用ふ。即ち型の裏面を一定のならしむるの要具とす。而してaは型の中央に於ける把手を作り、Bは斜面にして、Cは其の縁とし、石膏板又は輪の上面に相当し、且つ安定に据はる個所とす。

Ⅰ.は使用型を鋳造する原型の裏面を作るに用ひ、裏面に把手を要せさるが故に、aを除きたるものとす。

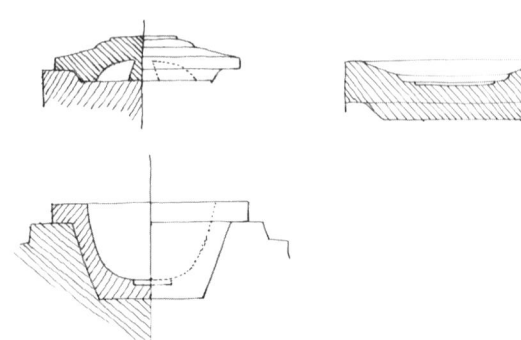

Ⅱ.は使用型の裏面を作るに用ふるものにして必ず把手を必要とするを以て、aを依り把手て概形を作り、之を仕上くるものとす。B、CはⅠ、Ⅱ共に型の裏面に於て最も緊要なる部分にして、之を依り轆轤盤に整正に安定ならしむるを得るものとす。而して皿の如き廣くして浅き型は皆此の型板を用ふ。

279

## 石膏轆轤盤の作法

　石膏轆轤盤はクロイツ・ドライフリューゲル、及びコップシャイヘン等を心[志]とし、之に石膏を以て作りたる円盤を云ふ。其の作法はクロイツの下端を水平に粘土に埋め、四端より適宜の距離を以て周囲を円く生子板、又は粘土にて囲み、上面より約一寸乃至一寸五分の高さに至るまで、石膏を注入硬化せしめ、之を轆轤上に固定して、上面を水平に周囲を直角に下部の角を円く削るべし。次に上面の周縁に近く底廣き溝を一乃至二本を作り、外周及び内部に於て約一寸の距離を取りて囲みて、其の間に石膏を注入し、稍や硬化したる時、囲みを取り去り、上面を水平に囲みて垂直に内側を斜傾を作りて削るべし。之石膏ろくろ盤にして、ドライフリューゲルは使用法同一なり。コップシャイヘンは、其の底面全部を露出し、縁より上方に於て同一の作用によりて作るものとす。

第八圖

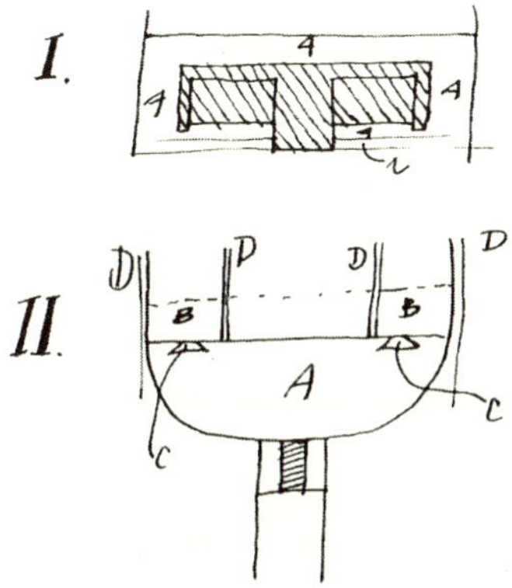

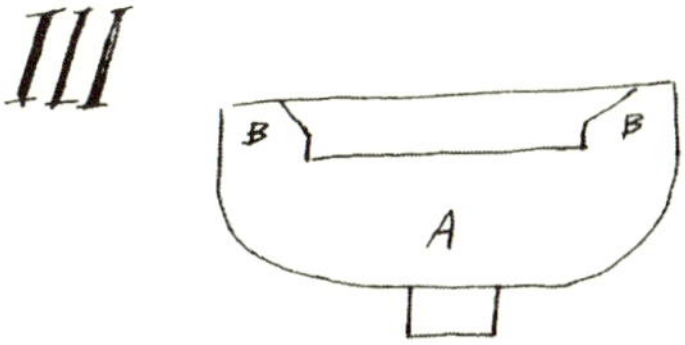

A. 石膏泥
B. 第二回に注入せる石膏
C. 溝
D. 囲
N. 粘土

## 石膏輪の作法

　石膏輪は石膏轆轤盤に押入し、之に各種の型を安定して製品するものに

して、原型を作る時、亦欠くべからさるものとす。而して、型を作る時は二個あるを便とす。型は大小によりて裏面の形状各異なるを以て、此の輪の上面のみを訂正せば、轆轤盤を改めずし各種の型に使用するを得るなり。故に一個の轆轤盤には、大小の型に応する輪、數個を備へ置くべし。其の底部は轆轤盤に緊密に押入すべく、上面亦轆轤盤の上面の形状をなすものなり。

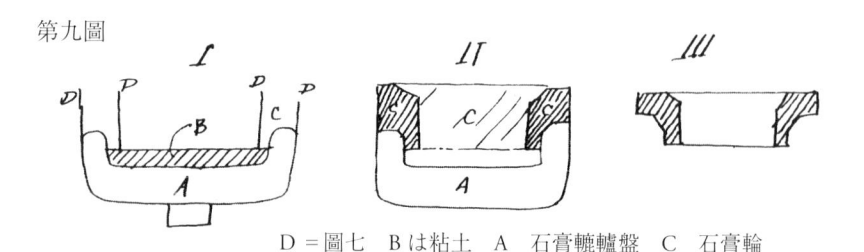

第九圖

D＝圖七　Bは粘土　A　石膏轆轤盤　C　石膏輪

　作法は第九圖一の如く、轆轤盤Aを防着して、其の凹底に粘土を薄く敷き（斜面の下端に近くまで）、轆轤盤の外壁及び粘土上に於て、一寸乃至一寸五分の間隔を以て、Dなる囲をなし、内外の囲の間に石膏泥Cを注入硬化せしむ。稍や硬化したる時、轆轤盤の上面の如く、上面を水平に内側を斜面に削り、充分に硬化せしむべし。然るときは底部は緊密に轆轤盤上に押入して、少しも不正なる動揺を生ぜず。其の粘土を取り去りたるものは、輪と轆轤盤との間隔によりて、少し許の物体あるも、之が為めに動揺する事なく常に安定なり。原型を作り之より第二次の型を作るときは、其の低面を此の輪に緊密に押入し得る様に作るを便とす。若し多數の型を作るときは、裏型板によりて同一の底面を作るものなれども、使用の際は必ず輪に安定ならしむるものなるを以て、後に訂正するものとす。若し輪に緊密に作る為めに長時間を要するが如き時は、型を作り終りたる後、輪の上面を訂正すべし。輪を作り終らば、充分に乾燥せしむべく、必ず之を水平に据へ置き決して斜に他物に懸け置くべからず。乾きたる後、歪みを生ずるものなればなり。且つ之を作る石膏泥は、薄からさるを必要とす。稀薄なるときは、乾燥後 contraction して、大小を生ずる事あり。若し轆轤盤より

小さるものは、轆轤盤の上面を削りて安定ならしむべし。輪の底面を削るべからず。大小一定ならさるときは改造すべし。輪と轆轤盤との不安定は大小二様の差あり。即ち輪を轆轤盤に押入して、其の縁の両方を上より交互に圧して、動揺するものは輪の大なるに依る。之は轆轤盤の斜面を削りて訂正すべし。又、横に交互に圧して動揺するものは、輪の小なるに依る。之は〔轆轤〕ろくろ盤の上面を削り訂正するものとす。

## 原型盤

原型盤は石膏平板にして、此の上にて原型を作るものなり。其作法は轆轤を防着し、其凹底に粘土Bを布き、傾斜の下端に至るまで平らに敷き、第拾圖の如く外圍Dを圍みて周圍の厚1寸以上に達するまで、石膏泥を注入し、や、硬化せる中Dを取り去り、上面を水平に外側を垂直に削る可し。之即ち原型盤Cなり。而して中央に於ける突起は、造形に当り、其の型状に依り作るものなるを以て一定せず、皿の如く廣くして浅きものは、突起又太くして短く、花瓶、湯呑の如く高くして深きものは、突起亦細くして高きを要するものなり。之を作るには、盤の中央に底部の開きたる溝を造り、石膏泥を注入硬化せしめ、必要の形状に削るべし。

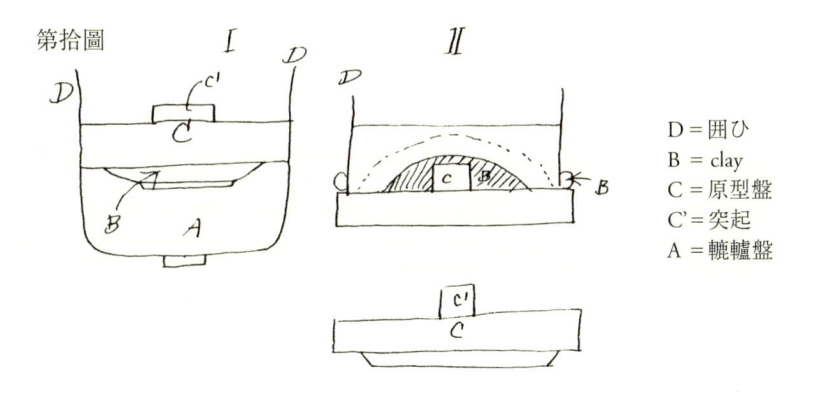

第拾圖

D = 囲ひ
B = clay
C = 原型盤
C' = 突起
A = 轆轤盤

突起の用途は第十圖二に於けるの如く、例へば皿の原型を作らんとせば、

粘土Bを以て皿の概型を之を包み、其の周囲より充分に間隔を取りて、D囲をなして以て石膏泥を注入硬化せしむるものにして、之に依りて原型を固定し且つ、且つ石膏の節約を計るにあり。故に近似の形状なる皿の原型数種を作る時は、之をなす代りに原型盤に數條の溝を作り、石膏泥を囲着せしむるも可なり。要は其の時宣に座して捨寸(捨)すべきものなり。之にて一般造型の要具を終れり。各原型及び模型の作法に就き説明すべし（特別科弐學年一學期）。

特別科二學年第二學期

## 型の種類

石膏製型を區別して原型及び模型とす。而して、原型には鋳入型、押型及び機械轆轤型用の三種にして、使用には之等の種類に付き皿型の如き單一の型、及び複合せる型、即ち二片又は三片よりなる割型あり。且つ機械轆轤に依りて造型するもの一組の模型を作り、之に依りて鋳造するものの別あり。然れども其の方法は、大低相近似し、唯其の順序を前後し、或は繰返し行ふに過ぎず。依りて、先つ各種の造型を説明し、次に使用型の作法を述ぶべし。

## 原型の作法

轆轤用石膏製原型は、必ず器械轆轤を以て作るものにして、極めて精確ならさるべからず。即ち器械ろくろ盤(第八図A)に原型盤(第十図C)を据へ、其の廻轉に不正なき様に適宜に突起を作り、之を防着すべし。今肉皿の原型を作らんには、粘土を以て突起上に皿の小概形を作るべし。即第十一図2〔次頁〕に於けるBは、粘土の概形にして、必す原型より小なるべきものとす。之より充分原型の寸法を取り、Dなる生子板の囲を施す。Dは平面上に据ゆるものなるを以て、其外部の底側に、捻土bを以て原型に固定し、上端

## 三橋先生 製型講義

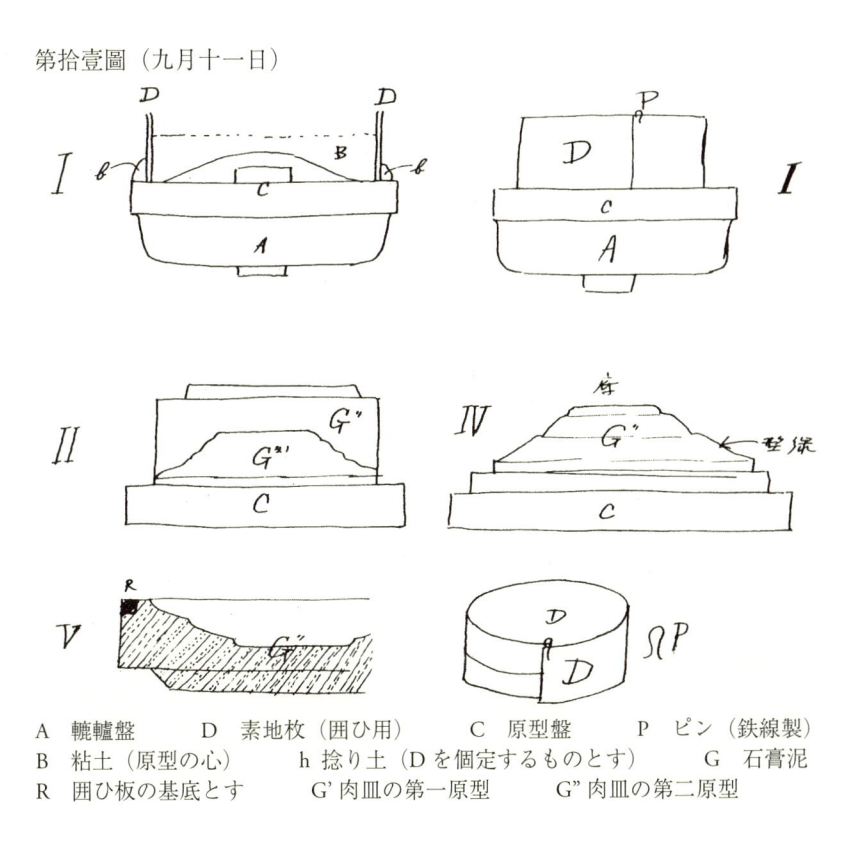

第拾壹圖（九月十一日）

```
A  轆轤盤        D  素地枚（囲ひ用）    C  原型盤      P  ピン（鉄線製）
B  粘土（原型の心）  h  捻り土（Dを個定するものとす）    G  石膏泥
R  囲ひ板の基底とす    G' 肉皿の第一原型    G" 肉皿の第二原型
```

に於てピンPを以て之を挟み展開するを防ぐべし。ピンは鉄線を以て図の如く作り、豫め備へ置くを要す。次に石膏泥Gを注入し、稍硬化したる時、先づ其大体の形を削り、徐々に之を仕上くべし。皿の型は底部廣縁、及型縁の三段より成り、底部及廣縁は皿に属し、型縁は型の使用上必要なるものにして、常に八分位より狭くす可からず。何となれば其過半は使用型となりて、一部は造型の際、囲ひを施すの基礎となるを以てなり。皿の形状を作る時、鏝鉋を深く石膏に入るゝ時は、往々其圧力により石膏Gを原型盤より分離せしむることあるを以て、注意して徐々に。然れとも亦迅速に仕上けさるへからす。若し之を分離し難くせんには、初め原型盤を防着せす、只水を與へたるのみに止むべし。尚又、絶對に之を防止せんには溝を作り、

之に石膏泥を注入して固着せさるへからす。然れとも只一個を作りて止むるものなる中は、粘着せしむるは却て不便なることあり、能く研究すへし。

第二原型 G" に石膏泥を注入硬化せしめ、裏面を削成したるものは使用型となるものとす（第十一圖）。

鏝鉋を以て削たるものは、其の表面未だ充分滑かならす。故に砥草〔とくさ〕を以て捻り磨き仕上くるなり。仕上げたる後充分之を防着し、油を塗布して型の周圍を圍み、石膏泥 2、G" を注入し、稍々硬化するを持ちて低〔底〕を作る。即ち第九圖に於ける輪の一をとり、之に堅密に箱まる様に仕上くるなり。而して、硬化全く終りたる時は、之を取り外れたるものは、第二原型 5'G" にして、即ち使用型の原型なり。是に於て、輪を轆轤盤上に乗せ、之に今得たる原型を安定して、多數の使用型を作るを得べし。若し使用型數百枚を作らんとせば、第二原型 G' を作るに當り、第七圖の 2 に於て示せる原型用の裏型板をシャブロネルに支持せしめ、原型 G' との所要の巨距離に於て上方に安定し、之を以て第二原型 G" の裏面を削り、仕り上げたる後、充分硬化せしめ取り去り、再び之をくり返して、G" を數個作るべし。然る時は、同一の第二原型數個を得るを以て、之に依り使用型多數を作る事を得べし。此の時には、石膏輪と堅密に接合せさるを以て、輪の上面を削。訂正して安定ならしむべきものなり。凡そ一原型によりて、約五十個の型を作るを得べし。夫れ以上は原型の微密なる部分は磨滅して、最初のものと同しからさるものとなるを以て、第二原型を多く作り置かさるべからず。（此の割合を以て）、然れども簡單なる型にして熟練なる工人は、一原型より 50 乃至 100 枚を作り得。斯の如き場合は型の大いさ深さ、形状等に大關係あるものなるを以て注意すべきものとす。第二原型は直ちに乾燥し、之を防着して造型の準備に移るものとす。

## 皿の加工法

皿、鉢等の原型は、前法にありて之を作るものにして、其の加工するものは、第二原型於て行ふものとす。尚、花瓶、壺等如何なるものにしても、

施工し得るものなれども、其の方法は殆んど同一にして、其の一つを知れば他は推知し難からさるを以て、今は皿の廣縁に於て、模様の加工法を説明すべし。

皿の加工法に二種あり。其の周縁を花形、其の他の装飾を施すものにして、一は其の周縁に於て孤立、或は連續せる模様を彫刻するもの之なり。今順次説明すべし。

### 周縁の加工

皿型の(第二原型即ち)第十二圖のA(第拾一圖に於てVのG"なるもの)を取り、其の中心点A(第十二圖A)を貫き、等分線を劃し、其の周縁に於て、等分線によりて其の形状を作る。此の簡單なる型状にして、此の内方に模様の彫刻を要せざるものは、周囲に一一彫刻すべし。皿の廣縁に於て模様あるものは、第十三圖の如く同一なる模様にして、孤立なるものは、其の等分線内に模様の上下に沿ふて、Ⅱに於ける(ロ)線を劃し、其の内に模様

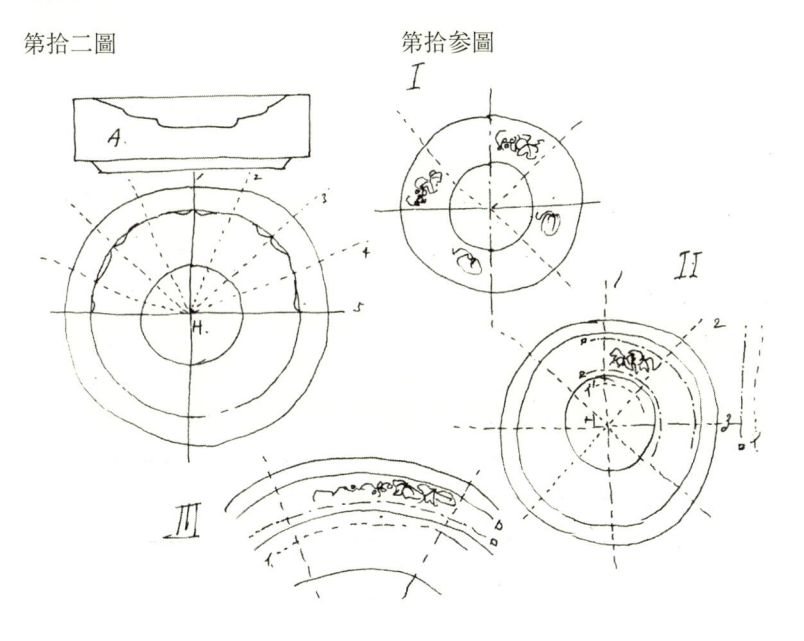

第拾二圖　　　　　第拾参圖

を画き、其の臨劃を細線にて彫り、(イ)點線に於て粘土を以て圍み、石膏を注入すれば3なる一片を得べし。之を其の模樣の臨廓内を模樣の高さとなるべき丈深く彫り、防着して、石膏を注入すれば、模樣丈高まり且つ原型と同一なる一片を得るを以て、之を模樣の範圍に於て精密に彫刻すべし。

故に原型の今得たる片を箱入すべき部分丈、片の厚さより少しく深く堀り、此の處正確に固着すべきものにして、其の部分はⅡ、1、2及びイ'丈けの個所とす。即ちⅢ片を所要數丈鑄造し之を一一1、2、イ'の堺線に依り、正確に切り且つ裏面を削りを薄くし、Ⅱの堀り下げたる部分に精密に押入し、石膏泥を以て固着するなり。此の時にⅡの押入すべき部分の四隅に、粘土の小塊を置き、之に三片を其の堺線より切りたるものを載せ、上面を同一に整へ、先づ原型と隣接すべき三方を、稍薄なる石膏泥を筆にて充填し、少時にして硬化するを待ち、外方に於ける堀下げの間隙、石膏泥を注入し、原型に固着せしむべし。他の數片も亦同し作法をくり返して箱入し終りたるものは模樣ある皿の原型となるものなり。

拾月二日

肉皿の廣縁に於て同一なる模樣の連續しあるものは、前法と殆んど同一なれども、其の連續點を作るの法に多少の差を生す。即ち第十四圖に於て、1、2の間に於ける模樣が、周圍に連れるものなるが故に、1、2に於けるものを其の左方、或は右方に於て、1'2'の距離を其の間に模樣を畫くべし。而して、

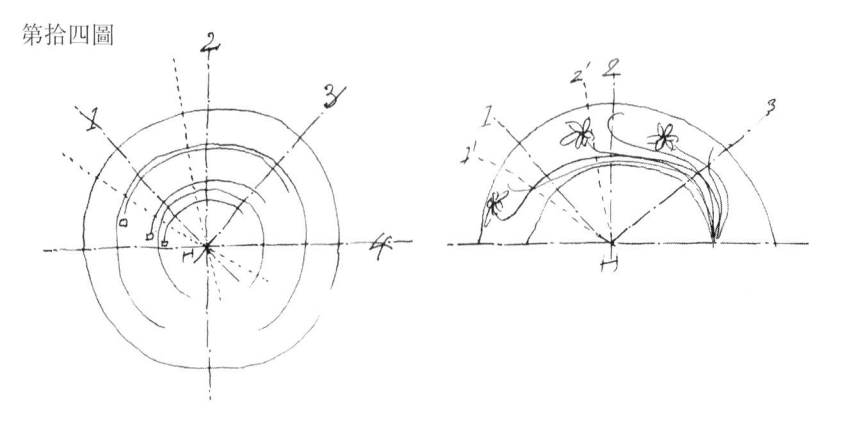

第拾四圖

充分彫刻を終るまでは、前法と同一法方〔方法〕を以て之を彫刻し終るべし。次に之を防着し、1'1 の間丈を之を圍み、石膏泥を注入硬化せしめて、小模型を作り、之を防着して更に之に石膏泥を注入硬化せしめて模型を作るときは、2'2 の間に連續すべき一部分を得るなり。依りて其の 1'1 のロ' に於て之を切り、模型の 2'2 ロ' 縁の間を堀〔掘〕り、前法と同様に之を箱入すべし。然るときは其の左右の兩端同一なる模型の一部となる。故に之によって得たるものは、原型に箱入し連續し得る一片なるを以て、前法と同様に全部を箱入し、其の模型を作りて連續点を訂正し、更に之に依って得たるものは使用型を作るの原型となるなり。

斯くの如く幾度も模型を取り改め彫刻するものなるを以て、先つ模様の大なる部分より始め、最後に細小なる部を彫刻し終るべし。而して其の間に於ける操作は、常に丁寧に扱はされば、石膏の膨脹により甚だしく擴大を來し、或は皿の面に凹凸を生じて甚しき失敗に終るものなり。此の彫刻法は獨り皿に限りらず〔らず〕、他の凡てのものに應用し得るものなり。只、其の形状に依り、作業に難易あると手法に前後を來すに過ぎず、故に先つ其の順序、及び作法を暗して、後に一般のものに應用すべきなり。

## 袋物の原型作法

袋物、即ち花瓶、壷、水指、乳入等の原型作法は、第拾五圖に於ける如く原型盤の突起に粘土を添へ、石膏を注入するは既記の如し。其の如何なる形状なるに拘らず、倒に作るものにして、口は原型盤へ沿ひて水平なる高台を、任意の形状を與ふるものなり。之、型の使用は正置して作るに依る。高台の型状は模型に依り、口の形状は成型の際に作るに依るなり。湯呑茶碗等一切此の法に依る蓋座あるものは、原型盤の突起の周圍に先つ其の形状を正反對に作り、之を防着して石膏を注入し、以て胴の型状を作る事第拾六圖の如くす。

而して、原型 D（第拾六圖）に口、手等を附着すべきものは、D を防着して、之が二等分点に於て、油土を以て口手の椴形を作り、第拾七圖に於け

三橋先生 製型講義

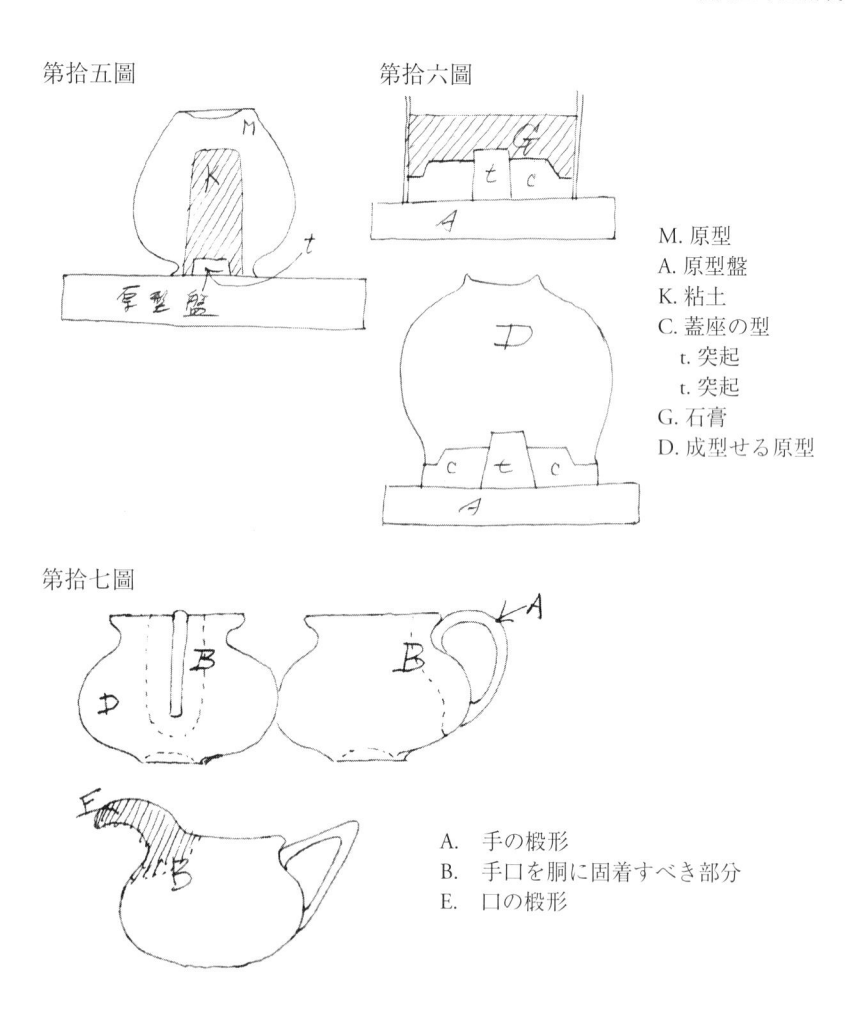

第拾五圖　　第拾六圖

M. 原型
A. 原型盤
K. 粘土
C. 蓋座の型
　t. 突起
　t. 突起
G. 石膏
D. 成型せる原型

第拾七圖

A.　手の概形
B.　手口を胴に固着すべき部分
E.　口の概形

るB点線を細線にて区畫を彫り、其の半分を粘土を以て埋め、石膏を注入硬化せしめ、次に他の半分の型を作る時は、手、或は口の模様を得、之を防着して石膏泥を其の内部に注入する時は、胴に附着せる手の概形を得べし。依りて之を彫刻を手の形状を仕上くる時は、即ち手或は口の原型を得べし。依りて之をB点線より切り、胴は亦B点線より堀下げ、此の處に手を箱入、固着する事既記の作法に依る。然る時は口、或は手あるものの原型を完成し得べし。之鋳込、或は押型とせんには、既記の作法に依り各種

289

の模型を作るべし。轆轤を以て使用するものは、其の口手を原形に取附け、別々に模型を作るの準備をなすものとす。

　袋物にして口縁の種々なる形状をなすものあり。其の周囲の縁に変化なきものは第拾二圖に於て説明する皿の作法に依り、口の形状全く変化せるもの、即ち多角形、或は花形をなすものは、第拾三圖以下に説明せる作法に準據すべきものとす。此等は作業中汚損し易きものなるを以て、能く乾操防着して、之を豫防する事を怠る可らず。轆轤により作る原型は、其の形状の如何に拘らず、前述の詰法によりて造型し得べし。依りて示後轆轤用使用型の作法を説明すべし。

## 使用型作法

　模型に單一なる型、即ち肉皿の如きもの及び割型、即ち花瓶の如き種々なる胴張のものは二種あり。而して、單一なる型は其の形状の如何に拘らず其の作法を同ふし。割型も亦形状によりて作法を異にする事なり。只、其の片數によりて、多少の手數を要するに過ぎす。故に板型より始め、次に割型に及ほすべし。

### 肉皿類

　肉皿類に属するものは肉皿、菓子皿、スープ皿、小皿等數種あり。之等は形状及び寸法に差あるのみにして、造型法全く同一なり。故に茲に肉皿型の作法を説明するを以て、他は推知すべし。

### 作 法

　肉皿の原型(第十一圖5のG")を取り、之を轆轤盤に石膏輪を載せ、其の上に安定すべし。次に裏面の型板(第七圖1)を、シャブローネルハルターに支持し、原型の外周より三分位の高さに水平に固定し、拾十八圖2に於ける如く装置し、型板を上げ、原型を完全に防着し、2に於ける如く、原型の外周に於て囲を施すべき部分を少しく削り下げ、茲に素地板を以て圍ひ、

底部をNなる捻り土を以て固定し、之に石膏泥を注入し、硬化を始めたる時、囲を去りシャブローネルハルターを以て型板を降下する時は、裏面自ら成る。依りて外周を原型に添ふて、垂直に突起Tの上縁、及び底部を鏝鉋を以て持ち、宣き形に作り、完成の後、型板を引き上げ、其の儘充分に硬化せしむべし。而して、原型の装置より石膏を削るまでは、轆轤の廻轉を停止し、型板を以て裏面を削るときには、轆轤を廻轉せしむべし。削り終らば、再び廻轉を止めて、硬化を全からしむるものなり。斯の如く硬化せしめ、石膏発熱するに至りて取り去り、更に前法を繰返して、同一の模型を作るべし。此の作業に要する時間は、石膏の溶解より完成まで約四十分を要す。故に二時間に三枚を作成し得べし。餘りに時間を短縮せんとして、模型を取り去るに急なる可らず、時間早きに過ぐれば、表面を剥離するものなり。実検して其の程度を定むべし。裏面を削るときの石膏の硬さの程度は、指頭を以て之を圧し、指の痕跡を印し難きに至りて削るべし。其の程度過不及あるときは、模型に大小を生して、同一の石膏輪に安定ならず、大小一定せさるを以て、裏面を削る時の石膏の硬化の程度は最も注意を要する所なり。而して、模型に大小を生したる時は、其の大なる模型の裏面に於て、傾斜面を削りて石膏輪に安定ならしむべし。大なるものの數、例令比較的多しとも、其の傾斜面を削りて一定ならしむべく、決して小なるものは水平面を削るべからず。水平面を削るときは、製品の厚さは大なる模型に比し箸く厚くなりて、甚しくは別種の觀を呈するに至るものなり。裏面を削るには、型を裏返して轆轤上に完全に据え、鉋を以て斜面を除々に削るものなり。然れ共も斯の如く訂正したるものは、理論上一定ならしむる事難く、往々に模型の廻轉に狂ひを生するを以て、始め削るときの硬化の程度を一様ならしむべく注意するを肝要とす。

## 珈琲碗類

　碗類に属するものは、珈琲碗、湯呑、蒸発皿、等にして其の作法同一なり。而して此等は皿の内面型なるに反し、皆器物の外面の型を用す。其の原型は石膏盤上の原型より作りたるものを、轆轤盤上に安定して、之に依りて

得たるものとす。例令は皿型の原型より得する使用型に相当するもの、即ち第一原型より得たる模型を原型とするなり。而して、實際使用すべき模型は、碗の深さに伴、石膏輪に對する傾斜面著しく增大するものなり。第十九圖に於けるDは原型盤にして、Aは碗の第一原型なり。而して、Eは特に原型盤に於て一、二分高くし、直徑を使用型の上面の全直徑と同じくすべし。之を碗類の原型とす。　之によりて一組の模型を作り、既記壺の蓋及び高台型と殆んど同一なる作法により使用型を作るものとす。

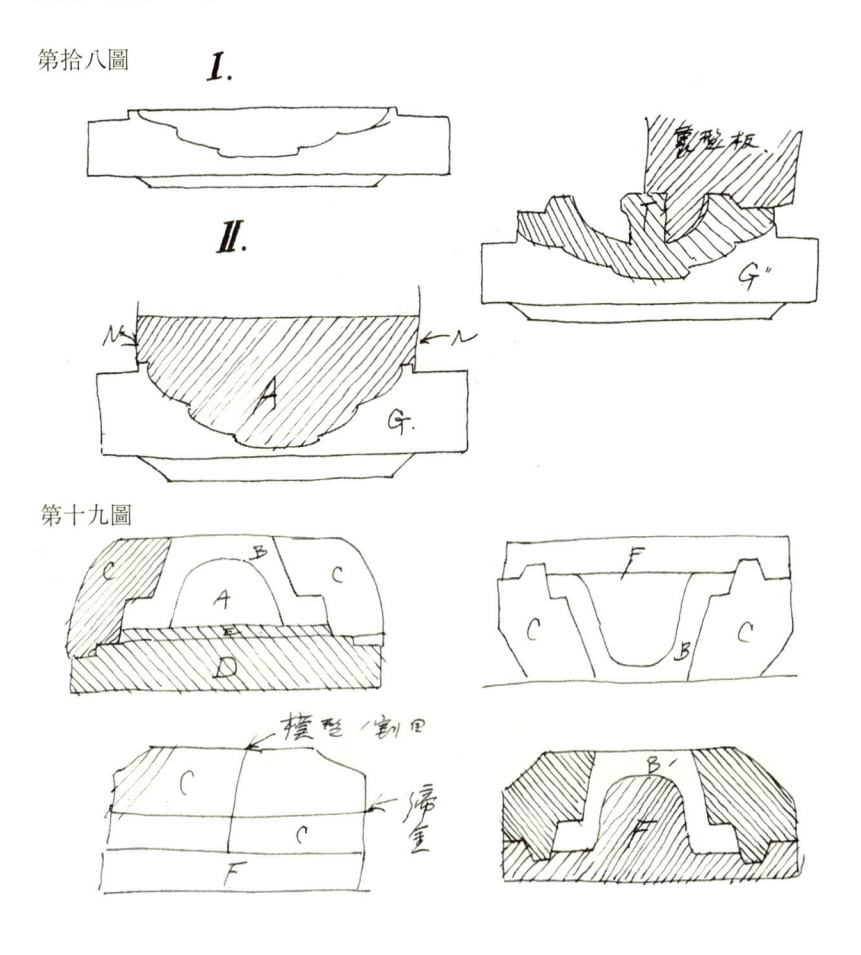

第拾八圖

第十九圖

## 作 法

　原型、A、E（第十七圖）を防着して、Eの周圍にて素地板を以て圍み、之に石膏Bを注入し、所要の厚さを與へて、外部の斜面及び水平面を削りて、充分に硬化せしむ。次に之を防着して、外周に一寸乃至二寸の間隔を以て、亞鉛引鐵板にて圍み、Bの高さに至るべく、石膏Cを注入し、外部を削りて充分に硬化せしむべし。硬化終らば、C及びBを取り、C片に合口Hに彫り、之を防着してC、Bを組合せて外周を圍みて、石膏Fを注入し、硬化せしむべし。之にて一組の模型を得たり。依りて各片を防着して、F、Cを組合せ、之に石膏B'を注入硬化せしむれば、即ち使用の型を作り得べし。而して、石膏B'を注入する時に、前にC片に縱にG溝を作り置くときは、膨脹によりて自らG溝よりC片を割るものなり。若し溝なきときは、割れ目は不便なる個所に生ずる事あるを以て、豫め之を決定し置くものとす。而して造型の際は、鐵線を以てC片を緊縛する丈けの輪Sを作り、之を嵌裝してB'を注入すべく。然らざればC片の割れ目は漸次に擴大して、造作同大ならざるに至り、型を訂正する力、又は放棄するの不利を來すものなり。

## 袋物類

　袋物に屬するものは花瓶、壺、急須、其の他胴張りのもの之を屬し、悉く外型の型にして、且つ割型とす。而して、珈琲碗鉢等にして、胴張りのものも、亦其の作法同一なり。但し花瓶、壺等、丈け高きものは、段記鑄込法に依るものにして、轆轤用の型は口徑大にして、丈け低きものならざるべからず。故に主として珈琲具の壺等に應用せらるゝ事多し。

## 作 法

　袋物の型は珈琲碗の製形法と殆ど同一なり。即ち原型を防着し、之に依りて先づ使用型を作り、之を以て一組の模型を作るなり。第二十圖〔次頁〕に於けるDは原型盤にして、Eは使用型の口徑と同徑にして、一分乃至二分の高さある。稍や下に擴がりたる平盤にして、模型を組み合せたる時に緊密ならしむものとす。

### 第二十圖

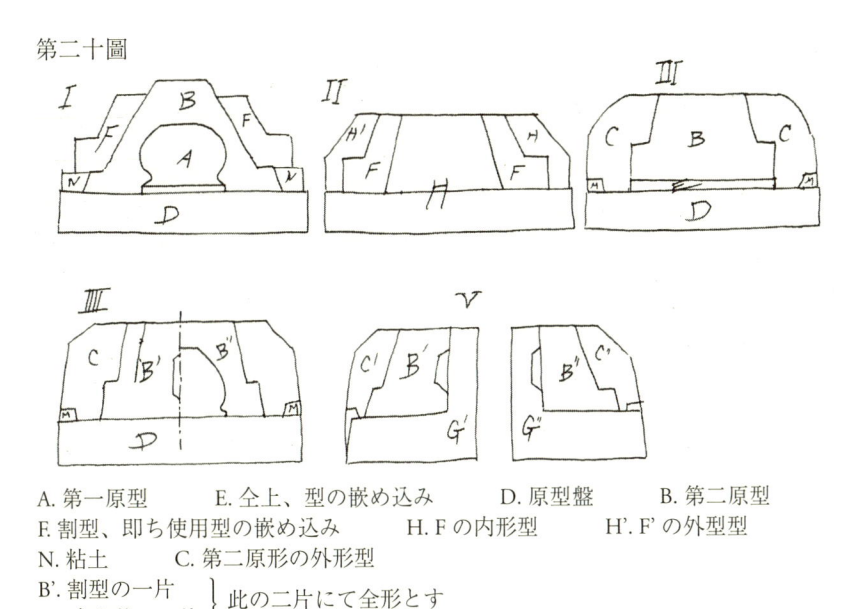

A. 第一原型　　　　E. 全上、型の嵌め込み　　　D. 原型盤　　　B. 第二原型
F. 割型、即ち使用型の嵌め込み　　H. Fの内形型　　H'. Fの外型型
N. 粘土　　　C. 第二原形の外形型
B'. 割型の一片　　⎫
B". 全上他の一片　⎬此の二片にて全形とす
C. 割型の外形型　　C". 全上　　G'. 全上内形型　　G". 全上の合口

　Aは原型にして、外型Bは第十九圖と全く同一作法なり。次にBを防着し、外側に於ける水平面に至るまで粘土を以て之を埋め、五分乃至一寸の間隔を取りて周囲を囲み、之に石膏Fを注入し、Bの高さと同一に、側面に於てBの外形の如くし、斜面と水平面を作りて削るべし。此のFは使用の際、割型を安定ならしむるの用をなすものなり。依りて使用型各個に一個づゝを要するものとす。故にF片を取り去り、之を防着して一組のH、H'よりなる模型（第二十圖Ⅱ）を作り、以て多數の型を作るの準備をなすべし。但しF片はC片を作りたる後にするも可なり。B片及びF片を作り終らば、F片及び粘土を取り去り、更にⅢのC片を作る事前法に同し。C片全く作り終らば、之を取り外し、B片を取て之を縦に二等分し、B'とし合せ口Mを作り、全部を組合せ、且つC片をも防着して之を外部に組合せ、石膏B"を注入硬化せしむべし。然るときはB'B"より成る一組の割型を得べし。次にB'B"二片を各全部防着し、Vに於ける如く各片の一組つゝの模型C、G及びC'、

G'を作るべし。然るときは所要数の割型を作る事容易なり。此の如く割型を組合せたるものを、F片に嵌め、之を轆轤上に安定ならしめて使用するものとす。若し数百個の模型を要する場合には、各模型の模型を作らざるべからざる事は既記の如く、一模型を使用し得る数は多くとも50個と見なすべきものなるを以て、所要数に應じて、模型の模型を増加すべきものなり。而して、此の法は二片よりなり割型の作法なり。若し彫刻あるものにして、三片若しくは四片を要する場合は、其の各片に依りて分割点を定め置き、其の一片分を切り取り、之に石膏を注入し、漸次片数を作り終るものにして、其の作法は同一なり。又、割型は先づ各片数を作り、後に其の外型を削り、後にF、C片を作る手順に依るも可なり。要する各片の接合は凡て緊密に接合する様注意造型すべきなり。

　以上説明したる諸作法にて機械轆轤用型の一班を終れり。而して、各種類に就て形状異なるに従ひ、作法の順序に前後の差を来すべしと雖も、手法に於ては此等造型法の外に出る事なし。故に、一作法にのみ拠る事能はざるものの他の作法を酌〔斟〕應用して、其の完成を期せざる可からず。要するに要易に模様を製作し得るを主とするものなるに依り、原型及び第一、二原型の作法に煩雑なる手数を要する事ありとも、変りに之を省略すべきものに非ず。準備に欠くる處あれば、最後の造型に意外の欠点を来すを以て、何種の造型に於ても宣しく注意周到ならざるべからざるなり。

### 裏形板の作法

　型板は鉄板にて製し、製品の外部若しくは内部の形状を作る要具にして、一面は模型に依り、一面は型板によりて製品の形状、大いさ及び厚さを一定ならしむるものなり。即ち皿類に於ては、其の裏面の形状、及び高台を一定に作り、碗数及び袋物の如く深凹なるものに於ては、其の内面の形状及び、其の厚さを作るものなるを以て、之を使用するに當り、一は上下動及び他の上下及び右左動をなす「シャブローネルハルター」を必要とするものなり。

### 作法

　型板の作法は各種に従て之を作らざるべからず。一個を以て種々の形上應用し得るものに非ず。肉皿に於ても其の寸法、形狀に依り、各種異なるものにして、各種必ず一個を作るものとす。鐵板は厚さ約一分にて足る。大いさは型の最高部、即ち肉皿にありては、高臺より約四寸、巾は製品の大いさに準すべし。皿類の型板を作るには、皿の原型（第二十一圖 A）の中

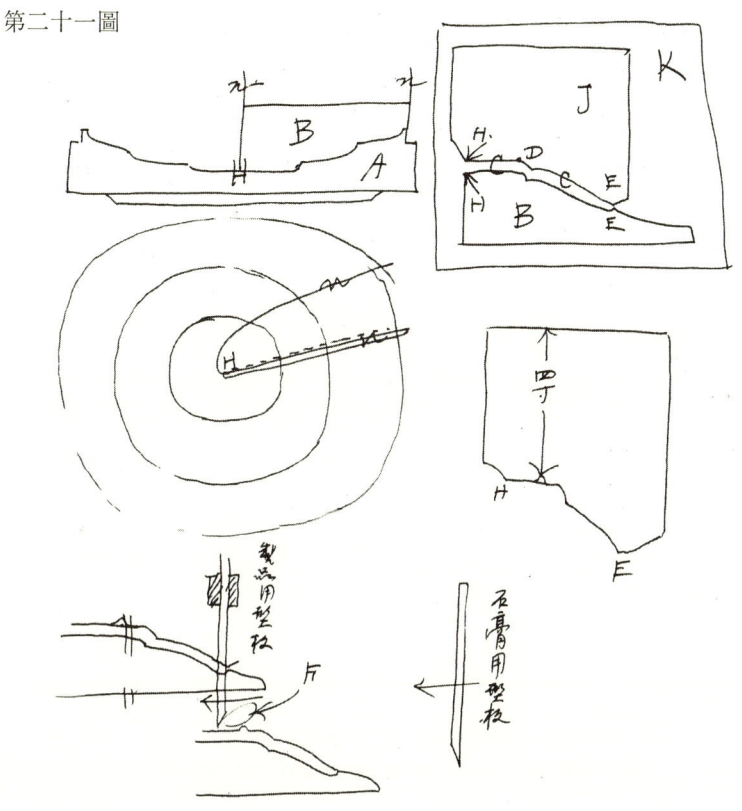

第二十一圖

A = 原型　　　B = 型板原型　　　H = 中心點　　　N = 粘土の圍ひ
-------- = 點線の中心を貫ける直線　　　E = 皿の緣の切れ目
C = 皿の廣緣及び底の外形　　　D = 高臺　　　F = 製品の際に溜る clay
K = 厚紙　　←、轆轤廻轉の方向　　　型板の刃 = 目高用と正反對の刃を作る
J, 厚紙製型板の型

296

心点Hより周縁に向て、粘土を以て中心を含み、巾約一寸を取りて之に石膏Bを注入硬化せしむべし。之型板の原型Bなり。

　型板の原型Bを取り、中心点Aより周囲に眞直に削るべし。之を厚紙の上に横へ、鉛筆にてBに沿ふて画くときは、皿の内面の形状を印す。依りて之より所要の皿の厚さ、及び裏面の形状を以てC線より、中心点Hより上方に斜に周縁Eより約五厘を去りて上方に斜に外方約三分乃至五分に於て切り、高さは約四寸に切り取る時は、形状は全形状を得、之によりて鉄板を切り、製品裏面の形状を精密に作り、高台は_____の湾曲部に設くべし。而して型板前方に於て斜に鑢〔やすり〕掛をなす。即ち石膏用裏型板（第七圖）と正反對とす。

　碗類其の他の袋物用は、製品の内部の形状に依るものにして第二十二圖は即ち之れなり。

　第二十二圖に於ける原型Aの中心点Hより、其の一部分を粘土にて囲み、石膏を注文硬化せしむべし。而して、其の一方H点より眞直に削り、其の表面を厚紙上に据へ、形状を作る事前法と同一にして、唯内部の型なるが故に、製品の口縁となる個所Dに於て、少しく上方に所要の厚さを以て半円に作るの別あるのみにして、他は全く前法に異らず。

　之等の型板は、初め其の概形を作り、後に最も細少なる目の鑢を以て仕上くべし。然らされば粘土に鑢目を印して粗糙なる製品たるを免れず。何程のものにても型板の作用は、中心及び周縁より少しく延長せる巾となすべし。

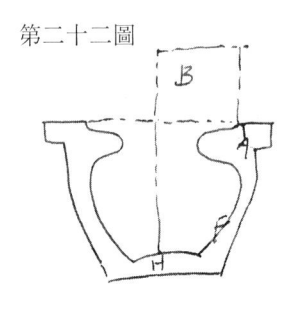

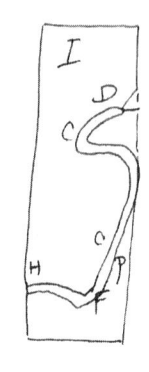

第二十二圖

A = 使用型
H = 中心点
F = 形内面線
B = 石膏、即ち型板の原型
C = 製品内面線
P = 厚紙
D = 型と型板の接縁
I = 鉄板の全形

## 石膏型の使用法

　型の使用法は、皿類即ち内型の型、及び碗類、及び袋物、即ち外形の型の二種とす。先つ皿類に於て説明し、次に他のものを述ぶべし。

## 皿型の使用法

　皿を作るには先つ轆轤に就き、其の準備をなすべし。即ち轆轤盤上に石膏輪を安定し、之に皿型を安定ならしむべく、凡てに就て注意すべし。
　皿型の安定終らば、型板を取り、之を支持器に固定し、次で製品の厚さを定め、型板を充分堅く締め置くべし。土伸し盤を他の轆轤に固定し、眞鍮輪に綿布を張り、土伸盤に箱装し、粘土板の厚さに定む。次に土伸し鏝を支持器に支へ、土伸し盤に於ける粘土の厚さを定め、水平に緊締すべし。茲に製形の順備終へるを以て、豫め順備せる粘土の一塊を取り、土伸盤に載せ、水を與へつゝ手指を以て廻轉せしめつゝ圧迫扁平ならしめ、尚水を與へつゝ、土伸鏝を以て圧迫すれば、所要の粘土板となる。之を眞鍮輪、或は綿布と共に取り外し、之を反して皿型の上に冠せ、眞鍮輪、又は綿布を取り去り、粘土板の上より濕布を以て輕く圧迫しつゝ、轆轤を緩かに廻轉せしめ、皿型に一様に密着し、型板を下上し除々に粘土を圧迫すれば、粘土の餘分は型板によりて削り去られ、茲に完全に皿の裏面を作る事を得、次に型を取り去り、直ちに他の皿型を安定して、粘土板を作り、前法法［ママ］を繰返して成形するものとす。
　成形したるものは之を静置せば、型は水分を吸收して、皿は自ら型より離るゝを以て、豫め準備せる石膏製の受け板を以て、之に取り高台に載せ、全體を返して皿を受け、型を取り外すべし。而して、型の表面を軟き綿布を以て輕く清拭し、再び成形する事、前法の如く使用するものなり。

## 石膏製受板は適宜に之を作るべし

　其の表面は最も水平なるを要す。若し凹凸あるときは皿の乾燥する迄に狂ひを生ぜしむるを以て、水平なる硝子板に細小なる燒粉の粉末を振り蒔き、之に受板を磨きて充分に水平ならしむべし。裏面は平滑ならざるも可なれども、甚だしく傾斜せざるものたるべし。

　製品の乾燥法は適宜に裝置して可なり。然れども只一方より空氣の急に流通せざる裝置なるを要す。一方より急に風の吹く場所に放置せば、乾燥は全體一樣なること能はず、風の入り來る方は先つ乾燥し、粘土は此の方に牽引せらるゝを遂に歪形となるものなり。注意すべし。

　完全に乾燥せるものは、其の周緣を削りて仕上げるなり。即ち型及び型板の接觸點に於て、殘留せる粘土を圓滑に削りて、仕上くるものにして、次に素燒又は燒締又の手順に移るものとす。

　土伸盤は型板の製造にのみ用ひ、内形の型を使用するときは之を用ひず。又粘土板を作るとき水を振り掛ける事多きに過ぐべからず。水分多きに過ぐれば、型の分離宜しからず。

　而して、粘土板を取るには決して一方にのみ牽引せざる樣注意すべし。若し之を牽引せば製品は其の方向に牽引せられて歪形となるものなり。故に土伸盤と共に之を取扱ひ、粘土板のみ單獨に取り扱はざる樣になすを要す。故に土伸盤を使用する代用に、其の概形を水引して之を用ゆるも亦可なり。故に何れに依るも便宜に從ふべし。又、例令水引したるものにしても、其の取り扱ひ粗暴なれば、又一方に旁引せられて、定型となるものなれば、生板の時に於ける粘土板の取扱は、最も周密なる注意を要するものにして、製品の歪形は粘土板の取扱ひと、乾燥時の不注意より生ずるものなり。製品の型より離るゝ時は、型に防着の爲に使用せる油分の淺留する時、又は皿緣の深きに過ぐる時は、型の周緣の或る一方は、既に離れたるも、他の方は尚粘着し居る事あり。此の時は、其の粘着し居る方に皿を牽引せられて、製品は歪形となる原因なり。故に皿の如き淺く手なるものは、型は其の油

分を充分に拭き取りて、吸水力を全部一様ならしめざるべからず。且つ成形の際、水分を與ふる時、又は型を取扱ふ時に型の一部分をのみ濕潤ならしむるとき、又は此の分離に不同を来すものなるを以て、周到なる注意と熟練なき者は、正整なる製品を作る事能はざるものなり。

## 碗類及び袋物型の使用法

　碗類に二種あり。普通茶碗の如き胴張りならざるものと、其の胴張りなるとの二種とす。而して、胴張りならざるものは、上下動のみの型板支持器を使用するものとす。袋物類は凡そ胴張りにして、且つ深さも亦大なり。是等は長柄支持器、即ち上下動及び左右動の支持器を使用すべし。之にて尚及ばさるものは、縱式支持器を使用せさるべからず。型の装置準備は前記皿型使用法に異らず、唯之は深さの大なるものなるを以て、粘土板を用ゆる事能はず。水引ものは又外面を奇麗ならしむる事さるに依り、適切なるものには非さるなり。型に粘土を充塡するには、型中に充たしたる粘土を圧迫して、全体を密着せしむるを要す。此の仕事をなす機械を豫壓機（ホールプレス）と云ふ。〔図ヵ〕（面を略す試験場にあり）先づ一塊の粘土を取り、之を型中に壓し入れ、餘分を餘すを以て切り取り、上に線布を覆ひ之を豫圧機に装置し、ハンドルを上下し、壓迫塡充すべし。此の時圧迫過ぐれば表面を破裂し、足らざれば密着せず。且つ粘土の硬軟も其の宣を得ざれば、完全なる能はざるを以て、豫め実験し、其の程度を決定し、其の度も改めさるべからざるを要す。豫壓終らば、之を轆轤上に安定し、支持器を取りて成形する事他の作業と相似たり。唯之は深型なるを以て、水を與ふる事多きに過ぐれば、中に留まり、為めに粘土面を粗糙ならしむるを以て亦注意を要す。胴張りものは、又は是と異らず。型板を型中に押入するとき、少しく左右支持器を動かし成形の差あるのみ。成形終りて、型より離するゝに至りて、之を取り出すには、受板（石膏製）を其の口縁に載せ、之を反えして型を上方に抜き如くすべし。割型のものは鋳込式は押型のものと同しく、先つ型の一片を取り、次に他の一片を持ちて製品を掌上に受け

取り、之を適宜に排列乾燥し、次に之を仕上ぐるものとす。型の接合点に於ける部分を検し、之を平均に仕上げて、充分に乾燥し移焼の手順に移るものとす。

## 型の保在法

原型及び模型は、之を組合せ、能く乾燥して保在する事既記の如し。使用型は能く之を乾燥して、之を数板重ね置くべし。而して、型の表面と表面とを合せ、其の上に裏面を合せて積み重ねる様にすべし。大なる型は二板乃至四板、小型は四板乃至六板を程度とすべし。碗類及び袋物は型の上部を合せたるもの数個を積み、型は堅硬なりと雖も損傷し易きものなるを以て、餘り動揺せしむれば重ねたる接觸点を損傷するを以て、之を静置すべき個所を撰ぶを要す。 　　　　　　　　　　　　　　　　　　　　（終り）

# 製図原稿用寸法

製図原稿用寸法（大正七年十二月六日）浅見五郎助氏の登り窯　304
　参考資料A　浅見五郎助窯復元図（製図原稿用寸法を元に作成）306
　参考資料B　浅見五郎助窯実測図（平成十九年、二十一年調査）307
製図原稿用寸法（大正七年十二月九日）丸山の登り窯　308
製図用原稿用寸法（大正七年十二月十日）石川　309
製図用原稿用寸法（大正七年十二月一五日調）伏見沢田宗和園の登り窯　310
製図原稿用寸法（大正七年十二月六測）京都市　清風與平氏窯　311

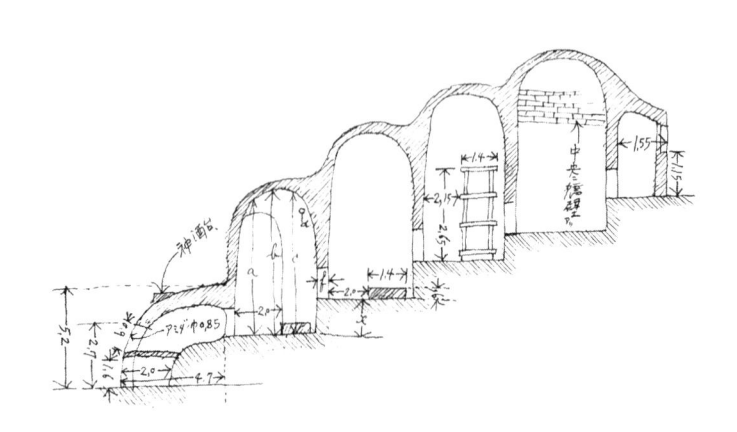

## 製図原稿用寸法 （大正七年十二月六日）

### 浅見五郎助氏の登り窯 （第二十七葉）

（記入の寸法は何れも自信ある正確なるものにして勾配の如きは水準器を以て測定せり）

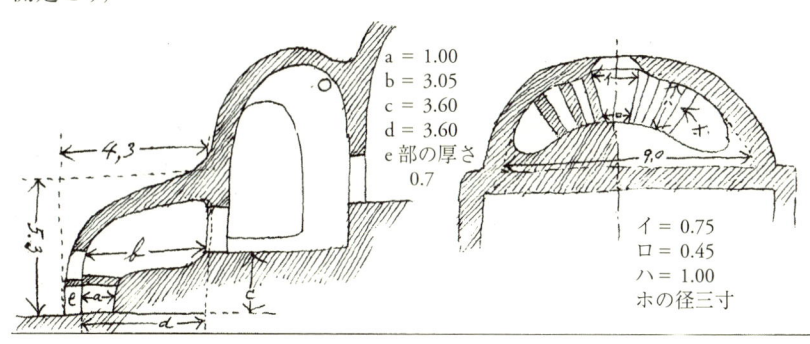

a = 1.00
b = 3.05
c = 3.60
d = 3.60
e部の厚さ 0.7

イ = 0.75
ロ = 0.45
ハ = 1.00
ホの径三寸

| 構造 \ 各室 | 室の大いさ 長 | 室の大いさ 巾 | 高さ a部に於て | 高さ b部に於て | 高さ c部に於て | 勾配の差（e部） | 狭間穴 数 | 狭間穴 巾 | 狭間穴 高 | f部の厚さ | 出入口 C部の巾 | 出入口 高さ | 側壁の厚さ | 色見穴 dの徑 | dまでの高さ | 窯床よりh部距離 | g部の距離 | 各室の勾配 | 薪材の束数 |
|---|---|---|---|---|---|---|---|---|---|---|---|---|---|---|---|---|---|---|---|
| 胴基 | 9.0 | 3.6 | — | — | — | — | | | | | | | | | | — | — | 1.00 | 2.50 |
| 一之間 | 10.1 | 4 | 5.6 | 6.2 | 6.0 | 3.6 | 9. | 0.5 | 1.0 | 0.7 | 1.80 | 4.7 | 0.7 | 0.35 | 5.2 | -0.6 | 2.30 | 0.29 | 100 |
| 二之間 | 10.8 | 4.1 | 5.45 | 6.1 | 5.75 | 1.15 | 9. | 0.6 | 1.0 | 0.65 | 1.80 | 5.1 | 0.7 | 0.30 | 5.2 | -0.15 | 2.25 | | 50 |
| 三之間 | 11.0 | 3.8 | 5.5 | 6.0 | | 1.20 | 9. | 0.6 | 1.0 | 0.65 | 2.00 | 5.1 | 0.7 | 0.35 | 5.3 | — | 1.8 | | 40 |
| 四之間 | 11.0 | 3.70 | 4.8 | 6.0 | 5.5 | | | | | | 1.7 | 5.1 | 0.7 | 0.30 | 5.2 | +0.8 | 2.0 | | 40 |
| 素焼室 | 10.3 | | 4.85 | 5.1 | 5.1 | 0.9 | 11. | 0.5 | 1.0 | 0.65 | 1.7 | 5.0 | 0.7 | — | | +1.4 | | | |

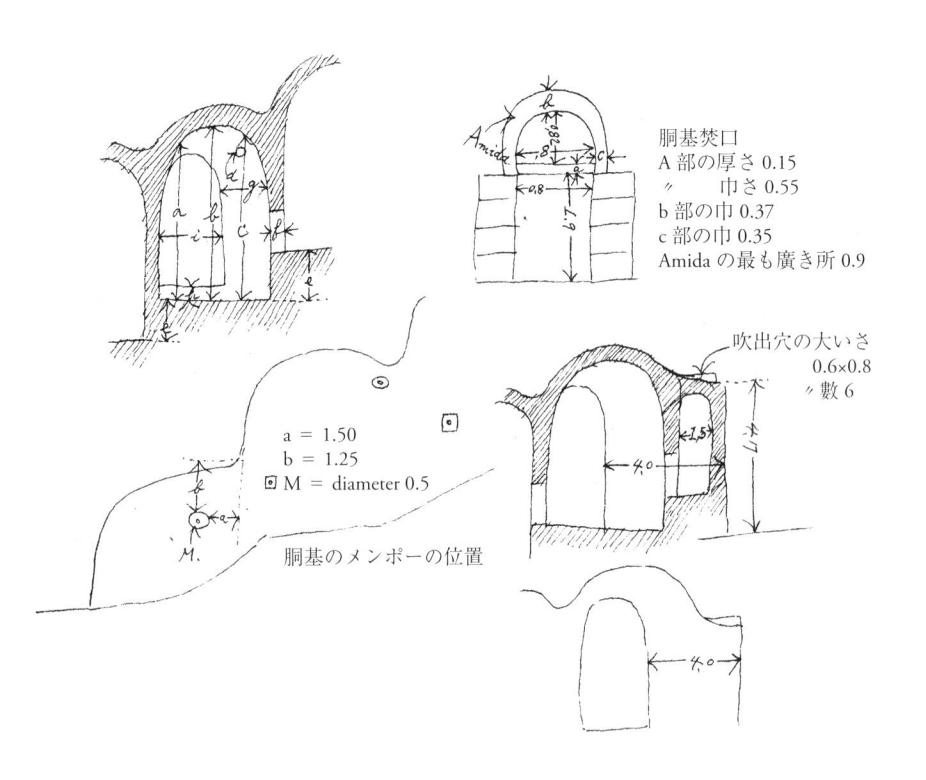

胴基焚口
A 部の厚さ 0.15
〃　巾さ 0.55
b 部の巾 0.37
c 部の巾 0.35
Amida の最も廣き所 0.9

吹出穴の大いさ
0.6×0.8
〃 數 6

a = 1.50
b = 1.25
◨ M = diameter 0.5

胴基のメンポーの位置

参考資料A　浅見五郎助窯復元図（製図原稿用寸法を元に作成）

注記
1. 本図は大正9年に浅見五郎助窯を実測したデータに基づき作成したものである。
2. 図面の単位は「尺」であるが、図面は「mm」に換算し、実測データの単位は5mm単位に、1000mm未満の寸法は5mm単位に、1000mm以上の寸法は10mm単位に丸めた値とした。(1尺＝303.03mm)
3. 実測データが無い部分の寸法は「?」と表示した。但し、全長と前高の寸法のみ（付寸法で機械の推定寸法を記入した。

（一島政勝氏作成）

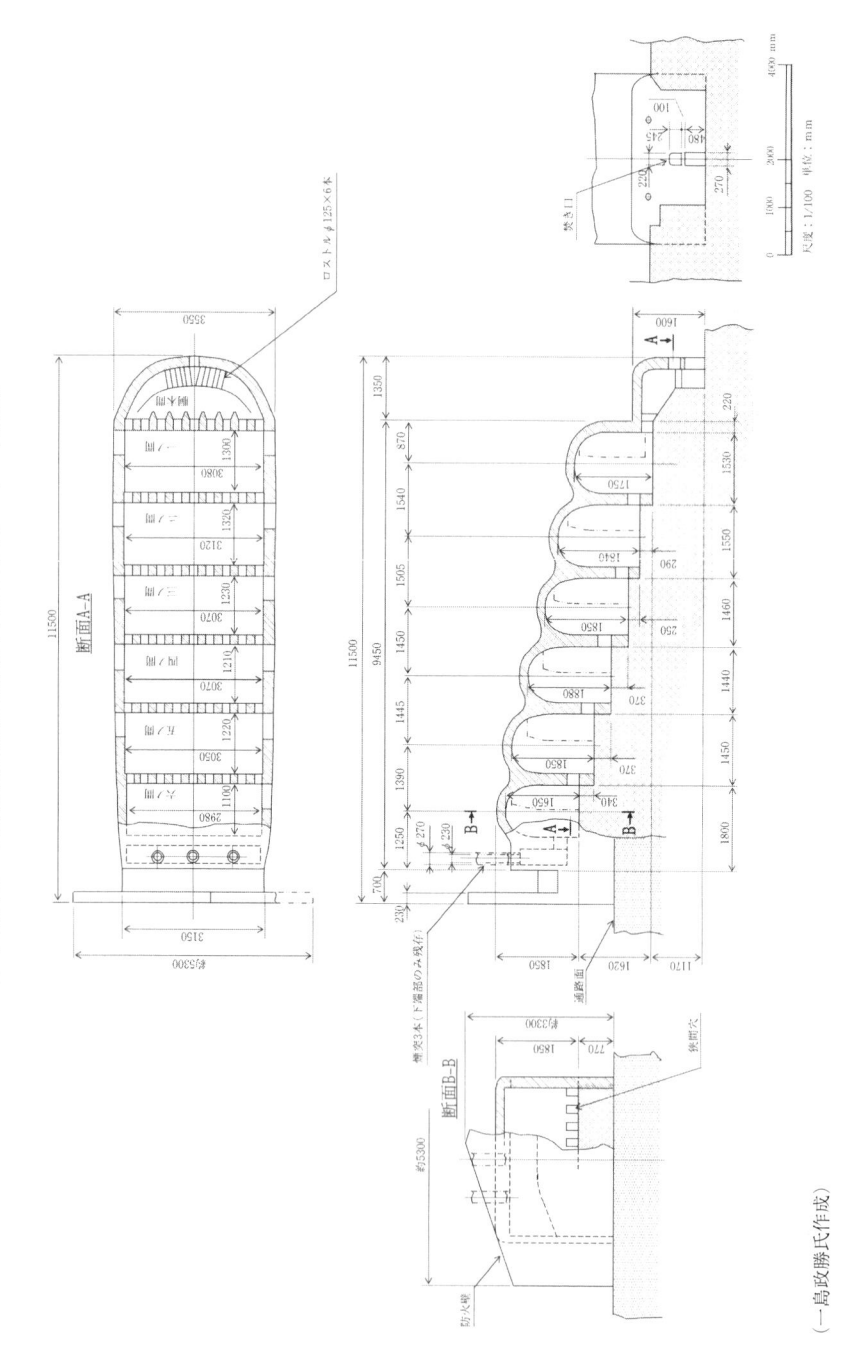

参考資料 B　浅見五郎助黒塞実測図（平成十九年、二十一年調査）

（一島政勝氏作成）

製図原稿用寸法

# 製図原稿用寸法（大正七年十二月九日）

## 丸山の登り窯（第二十八葉）

| 構造<br>各室 | 室の大いさ ||||| 勾配ノ差（e部） | 狭間穴 ||| 出入口 |||| 色見穴 || 薪材 | 各室の容積 | 狭間穴の總面積 | a/g |
|---|---|---|---|---|---|---|---|---|---|---|---|---|---|---|---|---|---|---|---|
| | 長 | 巾 | 高さ |||| 數 | 巾 | 高 | f部の厚さ | C部の巾 | 高さ | 側壁の厚さ | dの徑 | dまでの高さ | | | | |
| | | | a部に於て | b部に於て | c部に於て | | | | | | | | | | | | | | |
| 胴基 | 11.8 | 4.0 | a'4.0 | b'5.0 | c'2.2 | — | — | — | — | — | — | — | 0.5 | 2.0 | | — | — | — |
| 一之間 | 12.1 | 4.3 | 5.1 | 5.7 | 5.5 | | 9. | 0.6 | 1. | 0.7 | 1.8 | 5.2 | 0.7 | 0.27 | 5.2 | | 267.0 | 5.4 | 49.5 |
| 二之間 | 12.0 | 4.4 | 5.5 | 6.0 | 5.3 | 1. | 10 | 0.6 | 1. | 0.7 | 1.8 | 5.5 | 0.7 | 0.3 | 5.45 | | 285.1 | 6.0 | 47.1 |
| 三之間 | 9.1 | 3.7 | 5.5 | 6.0 | 5.4 | 1.4 | 10 | 0.6 | 1. | 0.7 | 1.7 | 5.3 | 0.7 | 0.3 | 5.3 | | 182.0 | 6.0 | 30.3 |
| 四之間 | 9.2 | 3.2 | 5.6 | 6.0 | 5.6 | 1. | 10 | 0.55 | 0.95 | 0.7 | 1.7 | 5.2 | 0.7 | 0.3 | 5.4 | | 158.0 | 5.2 | 30.4 |

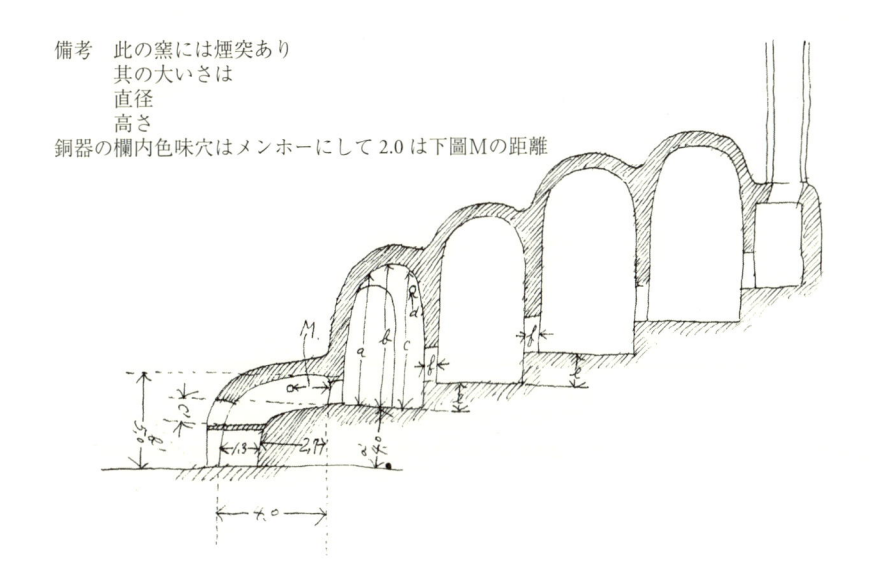

備考　此の窯には煙突あり
　　　其の大いさは
　　　直径
　　　高さ
銅器の欄内色味穴はメンホーにして 2.0 は下圖Mの距離

## 製図用原稿用寸法（大正七年十二月十日）

### 石川（第二十葉）

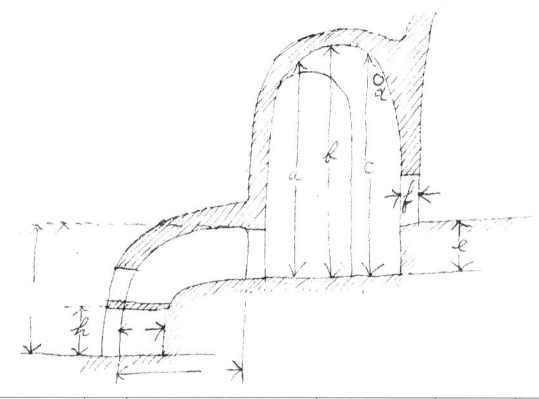

| 構造＼各室 | 室の大いさ 長 | 巾 | 高さ a部に於て | 高さ b部に於て | 高さ c部に於て | 勾配ノ差（e部） | 狭間穴 數 | 巾 | 高 | f部の厚さ | 總面積 | 出入口 C部の巾 | 高さ | 側壁の厚さ | 色見穴 徑 | 高 | 焼成に就て 薪材 束數 | 貫數 | 時間 |
|---|---|---|---|---|---|---|---|---|---|---|---|---|---|---|---|---|---|---|---|
| 胴基 | | | | | | | | | | | | | | | | | | | |
| 一 | 15.7 | 4.0 | 5.9 | 6.2 | 6.0 | 1.0 | 12. | 0.5 | 1.0 | 1.0 | | 1.8 | 5.3 | 0.7 | 5.3 | 03. | | | |
| 二 | 16.1 | 4.6 | 5.8 | 6.25 | 5.9 | 1.25 | 13. | 0.5 | 0.95 | 0.7 | | 1.85 | 5.15 | 0.8 | 5.1 | 0.3 | | | |
| 三 | | 3.8 | | | | 1.2 | 13 | | | | | 1.65 | 5.7 | 0.7 | | | | | |
| 四 | 15.6 | 3.8 | 6.1 | 6.6 | 6.35 | 1.1 | 12 | 0.55 | 0.9 | 0.8 | | 1.70 | 5.5 | 0.75 | 5.4 | 0.4 | | | |
| 五 | 15.0 | 4.1 | | | | 0.95 | 13 | 0.55 | 0.9 | 0.8 | | 1.6 | 5.3 | 0.7 | 5.3 | 0.3 | | | |
| 六 | 14.7 | 4.0 | 6.0 | 6.5 | | 1.05 | 12 | 0.55 | 0.7 | 0.7 | | 1.5 | 5.35 | 0.7 | 5.85 | 0.35 | | | |
| 七 | 14.1 | 3.9 | 6.4 | 6.6 | | | 12 | 0.5 | 0.9 | 0.7 | | 1.5 | 5.5 | 0.7 | 5.5 | 0.35 | | | |
| 八素焼 | | | | | | | | | | | | 1.7 | 5.7 | 0.7 | | | | | |
| 吹き出し | | | | | | | 11 | 0.7 | 1.0 | — | | | | | | | — | — | — |

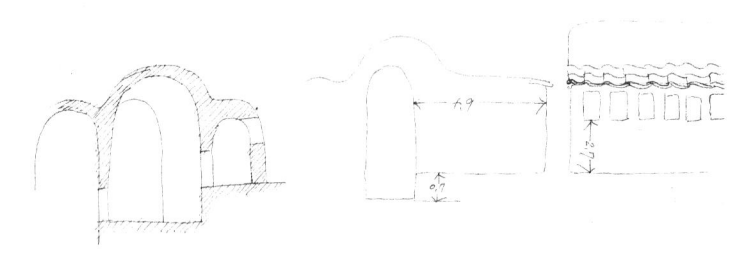

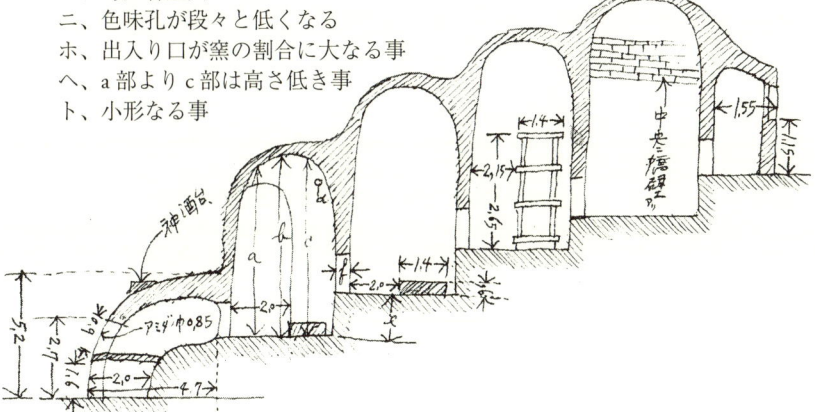

## 製図用原稿用寸法（大正七年十二月一五日調）

### 伏見沢田宗和園の登り窯（第三十三葉）

| 構造<br>各室 | 室の大いさ |||||勾配の差|狭間穴|||||出入口||| 色見穴 || 焼成 ||
|---|---|---|---|---|---|---|---|---|---|---|---|---|---|---|---|---|---|
| | 長さ | 巾 | 高さ ||| |数|巾|高|f部の厚さ|總面積|巾|高|側壁の厚さ|径|高|束|時間|
| | | | a | b | c | | | | | | | | | | | | | |
| 胴基 | 8.0 | | | | | | | | | | | | | | | 100 | 10 |
| 一 | 8.2 | 4.1 | 5.6 | 6.1 | 5.7 | 1.0 | 7 | 0.60 | 0.95 | 0.7 | | 1.8 | 5.4 | 0.65 | 0.3 | 4.8 | 40 | 3-4 |
| 二 | 8.0 | 4.0 | 5.4 | 5.8 | 5.35 | 1.0 | 7 | 0.60<br>0.55 | 1.00 | 0.7 | | 1.7 | 5.1 | 0.65 | 0.3 | 4.5 | 40 | 3-4 |
| 三 | 8.0 | 4.05 | 5.5 | 5.7 | 5.4 | 1.0 | 7 | 0.6<br>0.55 | 1.05 | 0.7 | | 1.8 | 5.1 | 0.7 | 0.3 | 4.4 | 17 | 1 |
| 四(右) | 4.05 | 3.8 | 5.4 | 5.5 | 5.3 | 1.0 | 4 | 0.55 | 1.1 | 0.7 | | 1.8 | 5.1 | 0.7 | 0.3 | 4.35 | — | — |
| 四(左) | 3.20 | ' | | | | | 3 | | | | | 1.8 | 5.05 | 0.7 | 0.3 | 4.5 | — | — |
| 吹き出し | | | | | | | 7 | 0.55 | 0.8 | 0.4<br>0.7 | | | | | — | | | |

特長

　イ、第三室に於て majorica を焼く
　ロ、第四室を煉瓦一枚積の壁を以て左右に二分す
　ハ、勾配各室共に 0.25
　ニ、色味孔が段々と低くなる
　ホ、出入り口が窯の割合に大なる事
　ヘ、a 部より c 部は高さ低き事
　ト、小形なる事

## 製図原稿用寸法(大正七年十二月六測)

### 京都市　清風與平氏窯(第二十六葉)

(記入の寸法は自信ある正確なるものにして勾配に於ては水準器を以て測定せり)

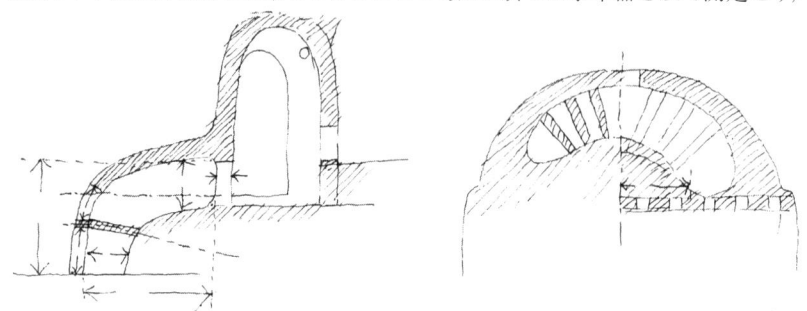

| 構造＼各室 | 室の大いさ 長サ | 巾 | 高さ a部にて | 高さ b部にて | 高さ c部にて | e勾配の差 | 狭間孔の寸法 数量 | 巾 | 高 | f部の厚さ | 出入口 巾 | 高 | 側壁の厚さ | 色見孔 高さ | 直径 | g部の距離 | 投薪孔の高さ | 吹出し口の数 | 全孔底までの高さ |
|---|---|---|---|---|---|---|---|---|---|---|---|---|---|---|---|---|---|---|---|
| 一之間 | 15.2 | 3.8 | 5.5 | 6.1 | 5.5 |  | 13 | 0.6 | 0.8 | 1.1 | 1.55 | 4.8 | 0.7 | 4.8 | 0.35 | 2.2 | 1.9 | - | - |
| 二之間 | 15.2 | 4 | 5.8 | 6.4 | 5.9 | 1.1 | 13 | 0.6 | 1.0 | 0.7 | 1.9 | 5.2 | 0.7 | 4.9 | 0.35 | 2.0 | 1.9 | - | - |
| 三之間 | 15.4 | 3.75 | 5.8 | 6.3 | 5.7 | 1.2 | 12 | 0.6 | 0.9 | 0.75 | 1.7 | 5.1 | 0.7 | 4.8 | 0.3 | 2.3 | 1.5 | - | - |
| 四之間 | 15.5 | 4.05 | 5.6 | 6.0 | 5.8 | 1.15 | 13 | 0.6 | 0.8 | 0.75 | 1.7 | 5.2 | 0.7 | 4.4 | 0.3 | 2.4 | 1.25 | - | - |
| 五之間 | 14.6 | 4.10 | 5.75 | 6.1 | 5.7 | 0.7 | 13 | 0.6 | 1.0 | 0.75 | 1.7 | 5.3 | 0.75 | 4.8 | 0.35 | 2.2 | 1.70 | - | - |
| 六之間 | 14.1 | 4.0 | 6.70 | 6.95 | 6.3 | 0.6 | 13 | 0.55 | 1.05 | 0.75 | 1.85 | 5.8 | 0.70 | 5.7 | 0.4 | 2.2 | 1.80 | - | - |
| 七之間 | 13.1 | 3.9 | 6.1 | 6.3 | 6.1 | 1.0 | 13 | 0.55 | 0.95 | 0.7 | 1.6 | 5.6 | 0.65 | 5.5 | 0.3 | 2.3 | - | - | - |
| 吹き出し |  |  |  |  |  | 0.9 | 12 | 0.55 | 1.0 | 0.7 |  |  |  |  |  |  |  | 12 | 1.5 |

〔図：次頁〕

製図原稿用寸法

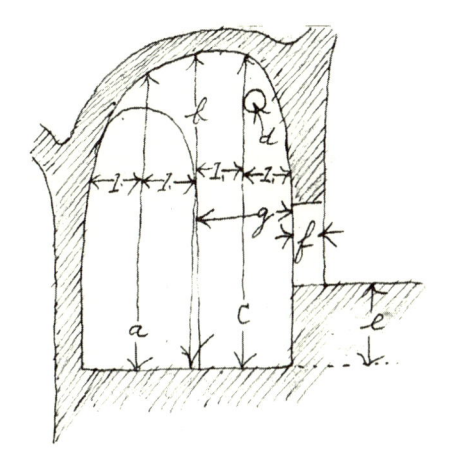

# 人名索引

本索引は、「大正時代における京都市立陶磁器試験場及び附属伝習所の活動について」と「日記（大正五年）」「日記（大正六年）」を対象とした。

## あ

赤尾半左衛門　47
浅見五郎助　11, 32, 39
有栖川宮威仁親王妃慰子　11, 74, 131

## い

池田泰山　25
石田角太郎　140, 207
板谷波山　18, 70, 71
伊藤翠壺　5, 25
伊藤友雄　89, 106, 140, 141, 147, 208
伊東陶山（初代）　18, 25, 47
井野　75, 78, 131
井上延年　136
井上格夫　25
井上柏山　32
井上久治　25
井上密　66, 67, 81, 130
井本米泉　25
入江道仙　18
岩井　62, 89

## う

植田豊橘　19-21, 23, 24, 34-37, 41, 67, 130, 149, 198
浮田楽徳　25
宇野五山　47
宇野　85, 105, 155, 171
宇野九郎　140, 141, 208

梅原政次（治）郎　22, 25

## お

大須賀真蔵　21-24, 27, 30-32, 51, 52, 59, 74, 76, 85, 99, 105, 111, 127, 142, 144, 149, 151-153, 155, 157, 167, 169, 171-173, 179, 188, 189, 193, 194, 196, 203, 206, 198
大谷光瑞　131
大森　64, 79, 104, 106, 114, 124
尾形光琳　83
岡本為治　25
小川一　56, 85
小川文斎　25, 32, 89, 115
奥嶋正雄　140, 141, 159, 164, 172, 191, 207
桶谷　113, 136, 162
尾崎　150

## か

加藤四郎左衛門（景正）　118, 137
金子　56, 88
叶 謙一（初代叶松谷）　108, 135
叶 光男　108, 135
河合栄之助　5, 25
河井寬次郎　5, 6, 20-22, 30, 32, 38, 153, 175, 178, 205, 208, 209
川崎正男　21, 30, 31, 173, 174, 176, 184, 185, 189, 191, 210
川嶋　140, 141, 159, 167, 178
川島甚兵衛　160, 197
河村喜太郎　5, 25
河村蜻山　5, 25

人名索引

河村禮吉　22
上林春松　90, 134

き

木内重四郎　160, 195
菊池左馬太郎　21, 196, 198, 211
北村彌一郎　32, 41, 67
木下清太郎　140, 141, 208
木山ハツエ　22
岐美竹涯　30, 147, 153, 156, 158, 173, 185, 187, 196, 198, 201, 207, 208
木村越山　32
清水六兵衛(三代)　198
清水六兵衛(四代)　25
清水祥次　25
清水六兵衛(五代)　5, 6, 23, 26, 37, 47, 209
行基　118, 137
錦光山宗兵衛(六代)　15
錦光山宗兵衛(七代)　12, 13, 15, 17, 18, 23, 39, 67

く

楠部弥弌　5, 25

こ

後堀川天皇　118, 137
小森忍　5, 21-23
近藤悠三　5

さ

酒見文治　25
佐谷士宗兵衛　76, 129
沢田　53

し

志立鐵次郎　36
柴原希祥　27, 28, 30, 50, 52, 57, 75, 85, 94, 98, 105, 126, 140, 176, 196, 198, 202
純宗　160, 161
城島守人　32, 42
聖武天皇　118, 137
新開完八郎　25

す

鈴木　85
スミス、アート　80, 81, 102, 103, 160
垂仁天皇　118, 137
諏訪蘇山(初代)　18

せ

清風与平(三代)　14, 15, 18, 25, 47
千　宗室(円能斎)　58

た

高倉寿子典侍　11, 86, 125, 133
高橋清山　47
高橋道八(三代)　5, 15
高橋道八(六代)　25, 47
高山耕山　18, 134
高山泰造　5, 11, 25, 134, 214
瀧田岩造　21-23, 30-32, 67, 115, 136, 144, 145, 158, 162, 166, 167
竹内栖鳳　28, 126
武田宮恒久王　46, 125
武田五一　67
竹田宮恒久王妃昌子内親王　11, 46, 126
田中利七　197
谷口香嶠　30, 208
谷口長次郎　47

# 人名索引

丹山青海　15

## て

貞明皇后　11, 48-50, 126, 131, 192, 195-199, 212
寺澤恒一　47
寺澤知為　22, 23, 196, 198, 212

## と

富田直詮　22
豊臣秀吉　58, 59, 118, 137

## な

中井　102
中川城南　25
中澤岩太　36, 40, 41
中嶋　79, 84, 90, 104, 107, 114, 147
中村孝蔵　39
中村哲夫　22, 27, 54, 55, 60, 87, 106, 111, 120, 128, 141
中村　214

## に

西村産右衛門　150
西村総左衛門　197

## の

野々村仁清　198
野見宿弥　118, 136

## は

橋本祐造　22, 23
馬場久次　29
濱田庄司　5, 6, 10, 20, 22, 23, 30, 31, 33, 142, 164, 173, 175, 178, 181, 189, 191, 196, 198, 208, 209
林　豊吉　45, 46, 48-50, 52-54, 56, 59-64, 66, 78-80, 82, 84, 86-88, 94, 95, 105, 119, 120, 124, 125

## ひ

日田　140, 159
平岡利兵衛　39, 47
平木　臻　21, 22-24, 27, 30, 97, 98, 135, 170, 171, 174, 177, 179, 188, 193, 194, 201, 206
裕仁皇太子　11, 113, 136, 167, 210

## ふ

福田直一　21, 22, 24, 27, 54, 75, 85, 97, 128
藤江永孝　6, 16, 19, 22, 24, 25, 40, 125, 128, 212
古谷紅麟　29
古谷貞次郎　22

## ほ

細川　79
堀尾竹荘（二代）　88, 133
本阿弥光悦　198

## ま

眞清水蔵六　47
松風嘉定　5, 6, 15, 16, 18, 23, 25, 39, 70, 136
松方正義　13
松林義一　→松林光斎
松林光斎　5, 25, 66, 71, 78, 83, 94, 106, 114, 115, 119, 126, 183
松林こま　46, 48, 52, 66, 73, 95, 101, 102, 113, 114, 125
松林昇斎　8, 46, 83, 91, 92, 94, 99, 104, 113, 119, 126, 183
松林鶴之助　8, 11, 20, 25, 26, 28, 29, 32, 33,

315

人名索引

　　34, 39, 43, 49, 58, 125-127, 134, 208, 209, 215
松林みね　45, 46, 56, 60-63, 87-91, 94, 95, 99, 106, 113, 119, 125, 90
松山誠二　140, 207

## み

三浦竹泉　47
三吉武郎　27, 28, 42, 50, 127
三橋 清　10, 21, 22, 24, 30, 33, 146, 174, 202, 208
幹山伝七　15
宮崎　147
宮永東山　47
三好　62, 72, 99

## む

睦仁明治天皇　129, 133
棟方志功　209
村井吉兵衛　90, 134

## め

目釜新七　22, 30, 59, 60, 129, 157, 176, 185, 196, 198, 200

## や

八木一艸　5, 25
安場史郎　22
柳 宗悦　208, 209
柳原愛子　11, 88, 133
山口　30, 171

山田直三郎　29
山田豊之助　52, 127
山田　56, 59, 63, 88, 111
山内　10

## よ

沃田　102
横山　116
吉嶋次郎　21, 22, 27, 28, 30, 52, 53, 82, 83, 97, 100, 105, 108, 118, 127, 140, 161, 167, 196, 202, 205
吉田長三郎　25
嘉仁大正天皇　11, 21, 192, 195, 196, 211

## ら

ランゲー　22

## り

リーチ、バーナード　39, 208
李王 → 純宗
李王世子 → 李垠
李垠　160
李参平　118, 137

## わ

ワグネル、ゴットフリート　5, 8, 20, 21, 32, 34, 37
和気亀亭　25, 47

316

# 事項索引

本索引は、「大正時代における京都市立陶磁器試験場及附属伝習所の活動について」と「日記（大正五年）」「日記（大正六年）」を対象とした。

## あ

青梅　28, 107, 117
青写真　173, 180, 186, 188, 196, 210
縣神社　96, 135
縣祭　96
赤土　8
アキオ（ヲ）　51, 57
麻　28, 56
朝顔　31, 140, 141,
朝日焼　8, 11, 65, 91, 135
朝日焼松林家　43
アザミ　28, 111, 117
厚美濃紙　51, 72, 107
アマリリス　31, 156
アメリカ　24
あやめ → 菖蒲
淡路　69
粟田口　14, 15
粟田焼　13, 14, 40
安南の口切り　46

## い

イギリス　12, 24
いしいし団子　46, 48, 51, 60,
『石川県陶業地方見学記』　11, 33
石川呉服雑貨部支店　→　石川呉服雑貨店
石川呉服雑貨店　65, 130
石竹　31, 211
石田放光堂　50, 84, 113, 124, 126,

イシ灰　70
イス灰釉　70
稲本文華堂　75, 131
稲荷祭　131
伊万里柿右衛門窯　71
伊万里焼　69
色土　35, 37
色見穴　70
色見板　201, 202, 204
祝部土器　156, 161, 210

## う

ヴァルサン　147
茜香　31, 171
宇治温泉 → 亀石楼
宇治川水電発電所　57, 171
薄茶茶碗　71
団扇　98, 99, 101,
団扇展覧会　98, 102, 102
裏箔　202
上絵　35

## え

衛生大掃除　11, 120, 121,
エイログラフ　18
液墨　90
恵心院　119, 137
絵具　50, 53, 54, 68, 84, 101, 124
絵具瓶　102, 154
えんどう豆　31, 159

事項索引

**お**

黄磁　35-37
黄釉　21, 35, 68
大型急須　105
大硯　52
大鉢　166
オーストリア　16
大提灯行列　12
澤潟（オモダカ）　28, 98-101
織物　198
温泉　84, 125

**か**

碍子　116, 136
海碧磁　37
蛙目粘土　69, 202, 206, 211
柿　31, 140, 141, 143
花器　79
杜若　31, 149
架橋演習　118, 119
角窯　175
額皿　65
菓子器　36
鋲留　94, 135
かたばみ草　28, 85
叶松谷窯　135
花瓶　68, 103
カブト虫　107
窯焚き　48, 175
窯出し　176, 177
紙　48, 52
雷紋　28, 48, 49, 61, 62, 73, 74
亀石楼　77, 132
唐紙　52, 56, 79, 88, 92
カラ焼　204, 206

河井寛次郎記念館　7, 32, 38
瓦　144, 150, 183
寒菊　28, 207
顔料　19, 23

**き**

祇園祭　119
機械轆轤　70, 116
菊　28, 31, 55, 140, 192, 194, 201, 203
菊屋　61, 129
生地　106
黄鐘廬　31, 185
木節粘土　69, 140-142, 146, 148, 208
擬宝珠　28, 98
『九州地方陶業見学記』　9, 11, 33
急須の穴あけ　57, 60, 65, 75-77, 80, 82, 83
京都烏丸駅　46
京都工藝品展覧会　46, 47, 63
京都高等工芸学校　130
京都国立近代美術館　7
京都御所　160
京都市公会堂　197, 198
京都市工業試験場窯業技術研究室　7
京都市産業技術研究所　38
京都市商品陳列所　197
京都市陶磁器講習所　7, 24, 38, 127
京都市陶磁器商工組合　39
京都市立絵画専門学校　28, 42, 126, 127
京都市立芸術大学　7, 38
京都市立工業研究所　38
京都市立第三高等小学校　6, 24, 25
京都市陶磁器試験所　49, 51, 54, 63
京都市立陶磁器試験場　36, 45, 48, 49
京都市立陶磁器試験場創立二十周年記念　63, 67, 72
京都市立東山開晴館　125
京都市立美術工芸学校　28, 42, 126, 127, 207, 208

京都地籍図　40
京都陶器会社　5, 32, 37
京都陶磁器協会　38-40
京都陶磁器工業組合　39, 40
京都陶磁器試験場付属伝習所　48, 64
京都陶磁器試験場参考館　194
京都陶磁器商工組合　15, 34
京都陶磁器商工巽組合　14
京都陶磁器商工艮組合　14
京都陶磁器商工同業組合　39, 67
京都陶磁器奨励会　86, 87, 133, 140, 142, 154
京都陶磁器統制組合　40
京都博覧会　37
京都府画学校　5, 37
京都府立産業技術研究所　7
京都府立植物園　149, 209
京都府立総合資料館　7, 25, 32
京都府立陶工補導所　129
京都文展陳列会　202
京都ホテル　160
清水五条坂　14, 15, 40, 70
金　68, 83, 142
銀　68, 83
金光院　162
錦光山窯　13, 32
金鳳花　28, 55
錦窯　198

## く

葛　147, 150, 151
九谷焼　69
栗　31
くり込み　31

## け

珪石　69

景徳鎮　12, 39
京阪電気鉄道　11, 128
京阪電車　46, 80, 86, 96, 109, 110, 182
芥子の花　91
芥子の花の散った絵　28
蹴轆轤　70
原料　67

## こ

『工藝之美』　29, 83, 132
硬質陶器　10, 33
興聖寺馬場　183
洪水　109
高等工業学校 → 東京高等工業学校
神戸港　39
河骨　31, 144, 146
国立陶磁器試験場　7, 24, 128, 129, 208
呉須　23, 68, 73, 75, 111, 131, 156, 162, 175, 200, 202
御前楽焼　196-198
小段冶　46
骨書筆　73
コバルト　124
胡粉　53, 54, 83, 86, 95, 124
コロミール　83

## さ

彩雲堂　124
細工昆布　160
佐賀県立有田工業学校　127
佐賀県立第一窯業試験場　127
笹百合　31, 162, 166
薩摩焼　13
皿　51, 83, 84, 158, 159
沢田宗和園　11, 32
澤文　77

事項索引

三角定規　60
酸化炎　35
酸化ユラニューム　35
産業技術総合研究所　37

し

塩小路　53
四角なで角向付　31
信楽　91
磁器　57
敷布　52
刺繍　197
実習　28
シッタ　201
実物幻燈　158
七宝　28, 62, 78, 80
芍薬　31, 185
写生　28, 31
十合呉服店　77, 78
修学院離宮　160
菖蒲　31, 141, 154
焼石膏　24
焼成　67
松竹梅　28, 97, 98
松風工業株式会社 → 松風陶器合資会社
松風陶器合資会社　115, 116, 136, 151
白粉草　31, 173, 175
白盛　111
人工呉須　23
人工歯　136
清国　16
辰砂　23, 37

す

水害　182, 183
水仙　28, 104, 112, 120

水電　110, 136
睡蓮　28, 111, 113, 115
スウィートピー　28, 99
須恵器　210
薄　31, 177
素焼　70, 206, 210
素焼焚き　157

せ

成形　67
青磁　23, 35-37, 68
青磁耳付花瓶　21
青磁釉　21
『製陶法』　10
『製陶法(其二)』　10
清風与平窯　11, 32
舎密局　5
西洋錦窯　175, 176, 185
石炭　70
石炭瓦斯　183
石竹　184
石膏型　23, 33, 34, 188
瀬戸焼民吉窯　71
施釉　67
ゼラチン　57, 83, 92, 124
煎茶茶碗　31, 61, 62, 78, 88, 107, 141
泉涌寺　40
専売特許　14, 15
専売特許条例　40

そ

象彦　83-85, 132
素地　19, 20, 34, 140, 165, 171, 181, 184, 187, 191
染物　198

事項索引

## た

耐火煉瓦　210
大根　28, 88
第三高等小学校　45, 125, 140, 162, 189, 190, 208
帯山窯　13
太子堂　48, 61, 126
大聖寺　46, 106, 124
大典記念公会堂　94, 135
大礼磁　21, 37
高島屋　197
高取焼　69
高山耕山陶器合名会社　91, 134
竹　31, 169, 170
竹紙　84, 92, 113, 116
ダミ　75, 89, 99, 100, 111, 152, 156, 166
ダリヤ　28, 31, 107, 158, 162
丹山窯　13
たんぽぽ　28, 94

## ち

茶碗　105
中書島　45
彫刻　31
長石　69
提灯行列　194, 195
提灯花　28, 99
朝陽磁　37
帳面　59
長楽館　90, 134, 160, 161

## つ

堆朱　68
衝立　197
石蕗花　28

## て

堤中金翠堂舗　72, 85, 92, 131, 94
津名郡立陶器学校　129
壺　31, 205
艶消釉　68
鶴亀　46, 51

## て

デザイン　34
手帖　49
鉄鉢　31, 165, 168-170
手轆轤　70, 75
伝習生　49
天目　23

## と

ドイツ（独逸）　12, 16, 24, 90
陶画　28, 31
陶画科　9, 10, 25-27, 29, 80, 190
陶画分科　45, 59
ドウサ　92, 105, 118, 122
陶器　35-37, 65, 68, 71, 210
東京高等工業学校　18, 21, 31-35, 37, 41, 127, 136, 176, 208, 209, 210, 214
陶磁会社　71
陶磁器　198, 206
東福寺　151
特別科　9, 10, 25, 26, 29, 97, 190
独立行政法人産業技術総合研究所中部センター　7
時計皿　141

## な

中野商店　90
茄子　31, 167, 169
なすび→茄子
なで角の菓子器　159

321

事項索引

なで角の鉢　152
なで角の向付　164
なでしこ　28, 31
『奈類美加多』　89, 90, 98, 99, 104, 106, 107, 112, 133, 135
南條紙店　107, 135, 116

に

膠　105
肉皿　69
錦窯　35
二条離宮　160
日新堂　89
乳鉢　54, 90, 168
人参　28, 117

ね

捻紙　84, 85, 98-100, 104-106, 133, 145, 146
粘土　206

の

野菊　119

は

拝観　53
パイロメーター　45, 161, 163, 165
萩　31, 180
萩焼　69
白雲紙　108
白梅　28, 79
刷毛屋　105
箱宗　57, 60, 71, 72, 78, 83, 85, 86, 97, 98, 115, 129
鉢　68
馬糞紙　59
羽箒　104

ハマ　133
ハマタタキ　86, 87
薔薇（バラ）　28, 114, 117
葉蘭　106, 107
ハリス理化学校陶器科　6, 38
春野芥子　28, 55, 61
万古焼　69

ひ

ピーチブルーム　37
彼岸桜　28, 91
美女柳　31, 168
毘沙門　28, 56
毘沙門崩し　28, 56
毘沙門堂 → 毘沙門堂青磁
毘沙門堂青磁　36
瓢箪の花　31, 170
屏風　197
日吉神社　57
日吉町　40
平岡萬珠堂　71

ふ

『ふきよ勢』　29, 105, 106, 110, 111, 135
福　78, 79
福田窯　32
袋緒　56
藤　31, 145, 149, 159
伏見　40
蓋物　106
筆　48, 50-52, 101
筆洗　49, 98, 107
筆巻　51
葡萄　31, 143, 144
布糊　84
ブリキ板　84

事項索引

文具店杉本　108
文展 → 文部省美術展覧会

ほ

棒絵具　50, 57
鳳凰　28, 85, 89, 90
奉迎　11, 49, 113
豊公祭　58
豊公廟　58
豊国神社　58, 59
方石　69
奉送　11, 49, 51, 196, 199
蛍　95, 99
ボルタ電池　147
本狸骨筆　85

ま

巻紙　59
曲絵　185
マジョリカ焼　10, 33, 65, 68, 130
マッフル窯　23
豆　31, 163, 165
豆皿　72
マヨリカ焼 → マジョリカ焼
円窯　5, 70, 175
丸窯　177
丸山　10
丸山登り窯　32

み

水引　31
水引草　28, 101, 117
三園会陳列会　36
美濃紙　92
民芸運動　208, 209

む

麦　28
向付　31, 148, 150, 153
結木　28, 122

も

木炭　183
木蓮　31, 186, 193
模型科　23, 25
桃　31, 140, 141
桃山御陵　160
文部省美術展覧会　64, 65, 129, 201, 202

や

焼石膏　135
焼明礬　92
八坂神社　74, 131
安田窯　32
柳　31, 168

ゆ

有色素地　21, 23
遊陶園　21, 36, 128
釉薬　19-21, 23, 34-36, 70, 212
湯呑　190
湯呑の長いの　31
百合　151

よ

窯業計算法　164, 210
窯業雑誌　179
洋紅　56, 57, 111
洋式円窯　45
窯変　68

323

事項索引

頼政(謡曲)　51, 56, 64

**ら**

楽焼　35, 71, 198

**り**

リスリン　92, 124

**れ**

煉瓦　70, 147, 148, 150, 174, 175, 177, 206

**ろ**

六角皿　89, 90
六ヶ割なで角の鉢　31
六兵衛窯　32
轆轤　31, 34, 141, 198
轆轤科　59, 61, 80, 85, 97, 190
ロックウッド　65, 130

# 掲載画像一覧

## 口 絵
口絵 1　京都市立陶磁器試験場外観（京都市産業技術研究所蔵）
口絵 2　京都市立陶磁器試験場および付属伝習所所在地
口絵 3　京都市立陶磁器試験場見取図（京都市立陶磁器試験場編『創立二十周年記念日記録 大正五年四月二十八日』京都市立陶磁器試験場、1916 年の挿図を元に作成）
口絵 4　京都市立陶磁器試験場附属伝習所見取図（京都市立陶磁器試験場編『創立二十周年記念日記録 大正五年四月二十八日』京都市立陶磁器試験場、1916 年の挿図を元に作成）
口絵 5　京都市立陶磁器試験場参考館（京都市産業技術研究所蔵）
口絵 6　京都市立陶磁器試験場参考館入口（京都市産業技術研究所蔵）
口絵 7　京都市立陶磁器試験場電気窯及瓦斯試験室（絵葉書、個人蔵）
口絵 8　京都市立陶磁器試験場陶画室（絵葉書、河井寛次郎記念館蔵）
口絵 9　京都市立陶磁器試験場ドイツ式円筒窯外観（林俊光『京都の明治文化財 建築・庭園・史跡』京都文化財保護基金、1968 年、127 頁より転載）
口絵 10　京都市立陶磁器試験場ドイツ式円筒窯の窯出し（京都市産業技術研究所蔵）
口絵 11　 植田豊橘《青磁耳付花瓶》33.1 cm（個人蔵）
口絵 12　目釜新七《花三嶋茶碗》 高 6.8 cm、口径 13.2 cm、高台径 4.5 cm（個人蔵）1951 年 11 月 12 日、昭和天皇の御前で制作した作品。
口絵 13　菊池左馬之助（素空）《松上鶴巣図》絹本著色、125.6 cm × 40.2 cm（個人蔵）
口絵 14　柴原希祥（魏象）《暮遅し》1907 年　絹本著色、192.5 cm × 112.5 cm（京都市立芸術大学資料館蔵）
口絵 15　岐美竹涯《英雄末路図》1897 年　絹本著色、135.5 cm × 71.8 cm（京都市立芸術大学資料館蔵）
口絵 16　河井寛次郎《白磁人物文壺：誕生歓喜》、1915 年、高 17.5 cm 、径 16.5 cm（河井寛次郎記念館蔵）
口絵 17　濱田庄司《呉須絵土瓶》1926 年、河井寛次郎の窯で制作されたと思われる、高 6.3cm、幅 15.0cm、径 12.6cm（益子陶芸美術館蔵）
口絵 18　松林鶴之助《かんぎく》1930 年、紙本著色、26.0 cm × 18.51 cm（松林鶴之助『筆の間にまに』1930 年、朝日焼松林家蔵）

## 大正時代における京都市立陶磁器試験場及び附属伝習所の活動について
画像 1　松林鶴之助（大正 12 年）（朝日焼松林家蔵）
画像 2　七代錦光山宗兵衛（錦光山和雄氏蔵）
画像 3　三代清風與平（Harper's Weekly , New York, January 22, 1898 より転載）
画像 4　松風嘉定（藤岡幸二『聴松庵主人傳』内外出版、1930 年より転載）
画像 5　藤江永孝（故藤江永孝君功績表彰会編『藤江永孝傳』故藤江永孝君功績表彰会、

掲載画像一覧

1932 年より転載）
画像 6 　梅林町附近図（『京都地籍図』京都府立総合資料館蔵）
画像 7 　植田豊橘（個人蔵）
画像 8 　東京高等工業学校本館全景（大正 2 年、東京工業大学提供）
画像 9 　陶磁器試験場職員集合写真（大正 2 年 5 月）前列右から：橋本祐造・ランゲー・藤江永孝・富田直詮・瀧田岩造・寺澤知爲、中列右から：古谷貞次郎・福田直一・三橋清・梅原政次郎・河村禮吉・大須賀真蔵、後列右から：木山ハツヱ・中村哲夫・吉島次郎・平木臻・目釜新七・安場史郎（故藤江永孝君功績表彰会編『藤江永孝傳』故藤江永孝君功績表彰会、1932 年より転載）
画像 10 　陶磁器試験場職員集合写真（大正 5 年〜 6 年）左から濱田庄司・福田直一・三橋清・小森忍・河井寬次郎・平木臻・瀧田岩造（河井寬次郎記念館蔵）
画像 11 　皇室献上の青磁花瓶・香炉と陶磁器試験場関係者集合写真、前列右より：大須賀真蔵・平木臻・橋本祐造・瀧田岩造・七代錦光山宗兵衛・（青磁香炉・青磁花瓶）・松風嘉定・寺澤知爲・小森忍、二列目中央：植田豊橘（河井寬次郎記念館蔵）

## 日 記（大正五年）

画像 1 　松林家家族写真（左端が鶴之助）（朝日焼松林家蔵）
画像 2 　「宇治川水力発電所及寶塔ヲ望ム」（手前が松林家）（絵葉書、個人蔵）
画像 3 　第二會場全景（京都市役所『京都工藝品展覧会報告』中西印刷合名会社、1917 年、京都府立総合資料館蔵）
画像 4 　参考室古陶器陳列（京都市役所『京都工藝品展覧会報告』中西印刷合名会社、1917 年、京都府立総合資料館蔵）
画像 5 　大須賀眞蔵（河井寬次郎記念館蔵）
画像 6 　吉嶋次郎（河井寬次郎記念館蔵）
画像 7 　福田直一（河井寬次郎記念館蔵）
画像 8 　中村哲夫（河井寬次郎記念館蔵）
画像 9 　平等院の夜櫻（京都府久世郡役所『京都府久世郡写真帖』1915 年、京都府立総合資料館蔵）
画像 10 　京都豊公廟（高木秀太郎『近畿名所』関写真製版印刷、1930 年）
画像 11 　豊国神社（石川兼治郎『新撰京都名所』フジヤ書店、1912 年）
画像 12 　宇治停留所（京都府久世郡役所『京都府久世郡写真帖』1915 年、京都府立総合資料館蔵）
画像 13 　目釜新七（河井寬次郎記念館蔵）
画像 14 　「宇治橋ヨリ見タル菊屋全景」（絵葉書、個人蔵）
画像 15 　大正 7 年還暦當時の中澤岩太博士（中沢岩太博士喜寿祝賀記念会『中沢岩太先生喜寿祝賀紀念帖』中沢岩太博士喜寿祝賀記念会、1935 年、6 頁）
画像 16 　官幣大社八坂神社（絵葉書、個人蔵）
画像 17 　官幣大社稲荷神社　神幸祭神輿渡御（絵葉書、個人蔵）

画像18　宇治温泉（京都府久世郡役所『京都府久世郡写真帖』1915年、京都府立総合資料館蔵）
画像19　米人冒険飛行家スミス氏の妙技（絵葉書、個人蔵）
画像20　スミス氏飛行機横轉飛行（絵葉書、個人蔵）
画像21　小田切春江編『奈類美加多』（1882年、京都府立総合資料館蔵）
画像22　国賓旅館（長楽館）（京都府立総合資料館蔵）
画像23　公會堂の全景（京都府久世郡役所『京都府久世郡写真帖』1915年、京都府立総合資料館蔵）
画像24　縣神社（京都府久世郡役所『京都府久世郡写真帖』1915年、京都府立総合資料館蔵）
画像25　平木臻（河井寬次郎記念館蔵）
画像26　「スミス氏に花瓶を贈る」（『京都日出新聞』大正5年7月16日夕刊2頁）
画像27　山田直三郎『ふきよ勢』（芸艸堂、1913年、京都府立総合資料館蔵）
画像28　「豪雨と被害」（『京都日出新聞』大正5年6月27日夕刊2頁）
画像29　瀧田岩造（河井寬次郎記念館蔵）
画像30　「松風工業株式会社本社及第一工場（藤岡幸二『聴松庵主人伝（松風嘉定）』内外出版、1930年）
画像31　宇治川架橋演習作業中（絵葉書、個人蔵）
画像32　惠心院（京都府久世郡役所『京都府久世郡写真帖』1915年、京都府立総合資料館蔵）

## 日 記（大正六年）
画像1　濱田庄司（河井寬次郎記念館蔵）
画像2　三橋 清（河井寬次郎記念館蔵）
画像3　河井寬次郎（河井寬次郎記念館蔵）
画像4　「李王殿下御所御成」（『京都日出新聞』大正6年6月24日夕刊1頁）
画像5　川崎正男（『東京工業学校大正六年卒業アルバム』東京工業大学提供）
画像6　「河水大氾濫」（『京都日出新聞』大正6年10月1日夕刊2頁）
画像7　「（宇治名所）霊利興聖寺の総門と宇治川の風光」（絵葉書、個人蔵）
画像8　「空に輝く光の海」（『京都日出新聞』大正6年11月11日朝刊3頁）
画像9　「建礼門ノ門扉」（『大正大禮京都府記事關係寫眞材料』1915年、京都府立総合資料館蔵）
画像10　「商品陳列所陶磁器陳列」（京都市役所編『京都工藝品展覧会報告』中西印刷合名会社、1917年、京都府立総合資料館蔵）
画像11　「京都市公會堂」（絵葉書、個人蔵）
画像12　寺澤知爲（河井寬次郎記念館蔵）

## 陶磁器試験場附属伝習所答辞
画像1　高山泰造と松林鶴之助（朝日焼松林家蔵）